U0316083

STUDY ON ECO-ENVIRONMENTAL PROTECTION
AND CONSTRUCTION OF TWO-ORIENTED SOCIETY

生态环境保护
和两型社会建设研究

湖南省中国特色社会主义理论体系研究中心
湖南省人民政府发展研究中心

梁志峰　唐宇文　等　/　著

中国发展出版社
CHINA DEVELOPMENT PRESS

图书在版编目（CIP）数据

生态环境保护和两型社会建设研究/梁志峰，唐宇文等著．—北京：中国发展出版社，2018.12

ISBN 978 - 7 - 5177 - 0940 - 4

Ⅰ.①生…　Ⅱ.①梁…　②唐…　Ⅲ.①生态环境—环境保护—研究—中国　Ⅳ.①X171.4

中国版本图书馆 CIP 数据核字（2018）第 287839 号

书　　　名：生态环境保护和两型社会建设研究
著作责任者：梁志峰　唐宇文　等
出 版 发 行：中国发展出版社
　　　　　　（北京市西城区百万庄大街 16 号 8 层　100037）
标 准 书 号：ISBN 978 - 7 - 5177 - 0940 - 4
经 销 者：各地新华书店
印 刷 者：河北鑫兆源印刷有限公司
开　　　本：710mm × 1000mm　1/16
印　　　张：28.5
字　　　数：430 千字
版　　　次：2018 年 12 月第 1 版
印　　　次：2018 年 12 月第 1 次印刷
定　　　价：80.00 元

联 系 电 话：（010）68990642　68990692
购 书 热 线：（010）68990682　68990686
网 络 订 购：http：//zgfzcbs. tmall. com//
网 购 电 话：（010）68990639　88333349
本 社 网 址：http：//www. develpress. com. cn
电 子 邮 件：fazhanreader@ 163. com

版权所有·翻印必究

本社图书若有缺页、倒页，请向发行部调换

本书课题组成员

课题顾问

肖君华　中共湖南省委宣传部副部长

第一首席专家

梁志峰　工信部政策法规司司长、湖南省人民政府发展研究中心原主
　　　　任、博士

唐宇文　湖南省人民政府发展研究中心副主任、研究员、硕士

成　　员

彭蔓玲　湖南省人民政府发展研究中心宏观处处长、副研究员、硕士

蔡建河　湖南省人民政府发展研究中心副巡视员、副研究员、硕士

谢坚持　湖南省建筑设计院有限公司纪委书记、副研究员、硕士

唐文玉　湖南省人民政府发展研究中心社会处处长、副研究员、硕士

禹向群　湖南省人民政府发展研究中心产业处处长、经济师、硕士

左　宏　湖南省人民政府发展研究中心财政金融处处长、助研、硕士

邓润平　湖南省人民政府发展研究中心人事教育处处长、助研、硕士

李学文　湖南省人民政府发展研究中心预测处副处长、博士

刘　琪　湖南省人民政府发展研究中心宏观处副处长、讲师、硕士

李银霞　湖南省人民政府发展研究中心产业处副处长、助研、硕士

闫仲勇　湖南省人民政府发展研究中心主任科员、讲师、博士

黄　君　湖南省人民政府发展研究中心主任科员、硕士

文必正　湖南省人民政府发展研究中心主任科员、硕士

黄　玮　湖南省人民政府发展研究中心主任科员、硕士

王　颖　湖南省人民政府发展研究中心主任科员、助研、硕士

龙花兰　湖南省人民政府发展研究中心主任科员、硕士

言　彦　湖南省人民政府发展研究中心主任科员、硕士

贺超群　湖南省人民政府发展研究中心主任科员、博士

张诗逸　湖南省人民政府发展研究中心主任科员、硕士

罗会逸　湖南省人民政府发展研究中心副主任科员、硕士

戴　丹　湖南省人民政府发展研究中心主任科员、经济师、硕士

侯灵艺　湖南省人民政府发展研究中心主任科员、硕士

王灵芝　湖南省人民政府发展研究中心主任科员、硕士

目录 / Contents

生态环境保护和两型社会建设研究

党的十八大以来，党中央、国务院高度重视生态文明建设，将生态文明建设纳入"五位一体"中国特色社会主义总体布局，提出了一系列关于生态文明建设的新理念、新思想、新战略，作出了一系列重大决策部署，出台了一系列纲领性政策文件和改革方案，生态文明建设的认识高度、实践深度、推进力度前所未有。党的十九大提出，到本世纪中叶把我国建成富强民主文明和谐美丽的社会主义现代化强国，开启了生态文明建设的新征程。面对新时代、新形势、新要求、新任务，系统研究生态环境保护和两型社会建设的思路和途径，对于深入推进生态文明建设、实现绿色发展和美丽中国梦具有重要历史意义和现实意义。

一、我国生态环境保护和两型社会建设面临的形势

（一）十八大以来我国生态环境保护和两型社会建设取得显著成效

十八大以来，党中央按照统筹推进"五位一体"总体布局的要求，把生态文明建设放在突出地位，融入经济建设、政治建设、文化建设、社会建设各方面和全过程，开展了一系列卓有成效的工作，生态环境保护和两型社会建设取得显著效果。

1. 对生态文明的认识大幅提升

党的十八大以来，党中央把生态文明建设摆在治国理政的突出位置，开

展了一系列根本性、开创性、长远性工作，深刻回答了为什么建设生态文明、建设什么样的生态文明、怎样建设生态文明的重大理论和实践问题，形成了习近平生态文明思想，集中体现在"八个观"：生态兴则文明兴、生态衰则文明衰的深邃历史观，坚持人与自然和谐共生的科学自然观，绿水青山就是金山银山的绿色发展观，良好生态环境是最普惠的民生福祉的基本民生观，山水林田湖草是生命共同体的整体系统观，用最严格制度保护生态环境的严密法治观，全社会共同建设美丽中国的全民行动观，共谋全球生态文明建设之路的共赢全球观。习近平生态文明思想，是新时代中国特色社会主义思想的有机组成部分，是马克思主义生态思想中国化的最新成果，是对人类社会发展规律的深刻揭示，是推动人类社会发展的中国智慧与中国经验。随着习近平生态文明思想深入人心，"绿水青山就是金山银山""保护生态环境就是保护生产力、改善生态环境就是发展生产力""良好生态环境是最公平的公共产品，是最普惠的民生福祉"等，成为广泛共识，贯彻绿色发展理念的自觉性和主动性显著增强。

2. 能源资源消耗强度大幅降低

全面落实资源节约战略，加快产业调整与改造升级，切实推进工业、建筑、交通等重点领域节能，推进节能型社会建设，大力发展循环经济，能源、水、土地等资源消耗强度大幅度下降，资源节约集约利用水平明显提高。2017 年，全国单位 GDP 能耗下降 3.7%，单位 GDP 用水量下降 5.6%，单位工业增加值用水量下降 5.9%。2012～2017 年，单位 GDP 能耗累计降低 20.9%，五年累计节约和少用能源 10.3 亿吨标准煤；单位工业增加值能耗五年累计降低 27.6%，高于单位 GDP 能耗累计降幅 6.7 个百分点。2017 年，煤炭消费量占能源消费总量的 60.4%，天然气、水电、核电、风电等清洁能源消费量占能源消费总量的 20.8%；2012～2017 年，煤炭消费比重下降 8.1 个百分点，清洁能源消费比重提高 6.3 个百分点。

3. 污染排放明显下降

逐年增加环境污染治理投资，2016 年达到 9220 亿元，比 2001 年增长 6.9 倍。不断加大环境污染治理力度和环境风险防控，严格执行环境影响评价和

"三同时"制度①，加快淘汰落后产能，大力推行清洁生产，积极应对气候变化，主要污染物排放量连续多年大幅下降，主要污染物减排目标全部实现。2017 年，化学需氧量、氨氮、二氧化硫、氮氧化物排放总量比 2012 年分别下降 57.8%、45%、58.7%、46.2%。2017 年全国万元国内生产总值二氧化碳排放下降 5.1%，超过 4% 的年度目标。2005～2017 年，碳排放强度下降了46%，提前完成《巴黎协定》中的承诺。2012～2015 年，共淘汰电力产能2108 万千瓦，煤炭 5.2 亿吨，炼铁 5897 万吨，炼钢 6640 万吨，水泥 5 亿吨，平板玻璃 1.4 亿重量箱，焦炭 7694 万吨，铁合金 925 万吨，电石 454 万吨，电解铝 141 万吨，铜冶炼 246 万吨，铅冶炼 315 万吨，造纸 2602 万吨。至2017 年，全国累计淘汰城市建成区 10 蒸吨以下燃煤小锅炉 20 余万台，累计完成燃煤电厂超低排放改造 7 亿千瓦，71% 的煤电机组实现超低排放。淘汰黄标车和老旧车 2000 多万辆，累计推广新能源汽车超过 180 万辆。

4. 环境质量有所改善

采取有力措施积极推进大气、水、土壤污染防治和农村综合治理工作，取得积极成果。空气质量总体呈改善趋势。2017 年，全国 338 个地级及以上城市中，空气质量达标的占 29.3%，同比提高 4.4 个百分点；平均优良天数比例为 78.8%，比 2015 年上升 2.1 个百分点。2017 年，全国 338 个地级及以上城市 PM10、PM2.5 平均浓度比 2013 年分别下降 22.7%、44.2%；京津冀、长三角、珠三角地区 PM2.5 平均浓度比 2013 年分别下降 39.6%、34.3%、27.7%。2017 年全国平均霾日数 27.5 天，比 2013 年减少 19.4 天；京津冀、长三角、珠三角平均霾日数分别为 42.3 天、53.3 天、17.9 天，比 2013 年分别减少 28.8 天、35.7 天、15.6 天。2017 年全国酸雨面积占国土面积比例由历史高点的 30% 左右下降到了 6.4%。水污染治理效果显现。地表水优良水质断面比例不断提升，2017 年，Ⅰ～Ⅲ类水体比例达到 67.9%，劣Ⅴ类水体比例下降到 8.3%；大江大河干流水质稳步改善；近岸海域水质总体向好，

① "三同时"制度，指一切新建、改建和扩建的基本建设项目、技术改造项目、自然开发项目，以及可能对环境造成污染和破坏的其他工程建设项目，其中防治污染和其他公害的设施及其他环境保护设施，必须与主体工程同时设计、同时施工、同时投产使用的制度。

2017 年达到一、二类海水水质的监测点占 67.8%，三类占 10.1%，四类、劣四类占 22.1%。城乡居民生活环境持续改善。

城市环境基础设施建设水平进一步提高。36 个重点城市建成区的黑臭水体基本消除，城乡饮用水水质监测覆盖全国所有地市、县区和 85% 的乡镇。2017年，城市生活垃圾无害化处理率为 97.7%，比 2001 年提高 39.5 个百分点；县城污水处理率为 90.21%，比 2015 年提高 4.99 个百分点。与 2000 年比，2017年，城市用水普及率 98.3%，提高 34.4 个百分点；城市燃气普及率 96.26%，提高 50.86 个百分点；建成区绿地率 40.9%，提高 17.2 个百分点；城市人均公园绿地面积 14.01 平方米，增长 2.8 倍；城市集中供热面积 83.1 亿平方米，增长 6.4 倍。

农村环境质量明显改善。2.8 万个村庄完成环境综合整治，农村生活垃圾得到处理的行政村比例达 74%。96 个畜牧养殖大县整县推进畜禽粪污资源化利用，2017 年，畜禽粪污综合利用率达到 70%，秸秆综合利用率超过 82%。农药使用量连续三年负增长，化肥使用量提前三年实现零增长。2016 年，全国建制镇用水普及率 83.9%，污水处理率 52.6%，生活垃圾无害化处理率46.9%；乡用水普及率 71.9%，污水处理率 11.4%，生活垃圾无害化处理率17.0%；农村卫生厕所普及率 80.3%，比 2000 年提高 35.5 个百分点。

5. 重要自然生态系统有所恢复

稳步实施河湖与湿地保护修复、防沙治沙、水土保持、石漠化治理等一批重大生态保护与修复工程，完善生态补偿机制，生态安全屏障逐步构建，自然生态系统有所改善，自然保护区数量增加，森林覆盖率逐步提高，湿地保护面积增加，水土流失治理、沙化和荒漠化治理取得初步成效。2017 年，全国造林面积 736 万公顷，2013~2017 年森林面积增加 1.63 亿亩。森林覆盖率由 2014 年的 18.2% 提高到 2017 年的 21.63%。2017 年，全国草原面积3.93 亿公顷，占国土面积的 40.8%。2017 年，有自然保护区 2750 个，比2012 年增加 81 个；自然保护区面积 14716.7 万公顷，占国土面积的 14.3%。自然湿地保护率由 2013 年的 43.51% 提高到 2016 年的 46.8%。荒漠化和沙化状况连续三个监测周期实现面积"双缩减"，近年沙化土地面积年均缩减近

2000 平方公里。

6. 资源环境法治不断完善

《环境保护法》《大气污染防治法》《水污染防治法》《土壤污染防治法》《环境影响评价法》《环境保护税法》《核安全法》等多部相关法律法规完成制修订，环境空气质量标准等多个标准完成制修订，生态环境损害责任追究办法等制度陆续出台。从健全法律法规、完善标准体系、健全自然资源资产产权制度和用途管制制度、完善生态环境监管制度、严守资源环境生态红线等方面，形成了生态环境保护和两型社会建设的制度架构。生态环境监管执法日趋严格，环保督察深入开展，全社会生态文明法治观念不断增强。

（二）存在的问题仍较突出

我国正处在工业化、城镇化、农业现代化快速推进时期，改革开放近 40年来快速发展中累积的压缩性、复合性、累积性环境问题集中显现，老的环境问题尚未解决，新的环境问题接踵而至。环境容量有限，环境承载能力超过或接近上限，污染重、损失大、风险高的生态环境状况还没有根本扭转，环境问题短期内难以根治。

1. 资源短缺，存在浪费

我国主要资源（包括能源、煤炭、石油和钢等）消费增加量占全球总增加量的比例均居世界第一位。矿产资源总量较大但品质不高，原油、铁矿石、铜矿、铝土矿等大宗矿产品进口量持续增加，2011～2016 年，原油进口比例由 57.7% 升至 66%，铁矿石进口比例由 50.7% 升至 61.5%。矿产资源综合利用率不高，矿产资源总回收率和共伴生矿产资源综合利用率平均为 30% 和35% 左右，比国际先进水平低 20% 左右。金属矿山尾矿综合利用率仅为 10%左右，远低于发达国家 60% 的水平。国土面积中干旱、半干旱土地约占一半，难以利用的土地占 30% 左右。耕地资源中，中下等和有限制耕地占 60%，其余 40% 耕地中，缺乏水源保证、干旱退化、水土流失、污染严重的耕地占较大的比例。城镇低效用地占到 40% 以上，土地利用粗放和闲置浪费现象较严重。水资源分布极不平衡，是世界上用水最多的国家，也是水资源浪费最严重的国家之一。我国淡水资源总量占全球的6%,用水总量占全球的15.4%。2017年,我国人均水资源量为2074.5立方米/人,仅为世界平均水平的1/4左右,整体接近中度缺水,有16个省区重度缺水,6个省区极度缺水。黄河流域、淮河流域和海河流域水资源开发利用率分别高达70%、60%和90%,远高出国际上公认的应低于40%的水平。农村水资源利用效率不高,渠道灌溉区只有30%~40%,机井灌溉区也只有60%,远低于发达国家80%的水平。

2. 污染物排放量大面广,环境污染严重

2017年,全国化学需氧量、二氧化硫、氮氧化物排放量分别为1021.97万吨、875.4万吨、1258.83万吨,近几年下降较快,但绝对量仍然大。大气质量:2017年,70.7%的城市空气质量未达标,重度及以上污染天数比例占1.9%,部分地区冬季空气重污染频发高发。水质量:饮用水水源安全保障水平亟须提升,地下水环境质量恶化;排污布局与水环境承载能力不匹配,农村水污染防治设施建设落后,城镇排污管网建设滞后;城市建成区黑臭水体大量存在;湖库富营养化问题依然突出,部分流域水体污染仍然较重,"十二五"期间,长江流域Ⅰ类水质断面比例降低1个百分点,西南诸河无Ⅰ类水质断面、Ⅱ类水质断面比例下降4.1个百分点;入海河流水质状况不容乐观,2017年,连续监测的55条河流入海断面,枯水期、丰水期、平水期水质为劣Ⅴ类的河流比例分别达到44%、42%和36%。土地质量:生态环境10年变化(2000~2010年)调查评估结果显示,全国土壤点位超标率16.1%,耕地土壤点位超标率19.4%。工矿废弃地土壤污染问题突出,长三角、珠三角、东北老工业基地等部分区域土壤污染问题较突出,西南、中南地区土壤重金属超标范围较大。城乡环境公共服务差距大,治理和改善任务艰巨。

3. 山水林田湖草缺乏统筹保护,生态系统脆弱

《全国生态脆弱区保护规划纲要》确定了8个生态脆弱区,但未发布全国生态脆弱区空间分布图;中度以上生态脆弱区域占全国陆地国土面积的55%,其中极度脆弱区域占9.7%,重度脆弱区域占19.8%,中度脆弱区域占25.5%;荒漠化和石漠化土地占国土面积的近20%。森林系统低质化、森林结构纯林化、生态功能低效化、自然景观人工化趋势加剧,每年违法违规侵占林地约 200 万亩，森林单位面积蓄积量只有全球平均水平的 78%。草原生态总体恶化局面尚未根本扭转，中度和重度退化草原面积仍占 1/3 以上，已恢复的草原生态系统较为脆弱。湿地面积前几年每年减少 500 万亩左右，900 多种脊椎动物、3700 多种高等植物生存受到威胁。资源过度开发利用导致生态破坏问题突出，生态空间不断被蚕食侵占，一些地区生态资源破坏严重，系统保护难度加大。

4. 产业结构和布局不合理，生态环境风险高

化学品生产量和消费量大，有毒有害污染物种类不断增加。环境风险企业数量庞大、近水靠城，危险化学品安全事故导致的环境污染事件频发。突发环境事件呈现原因复杂、污染物质多样、影响地域敏感、影响范围扩大的趋势。2005～2015 年年均发生森林火灾 7600 多起，森林病虫害发生面积 1.75 亿亩以上。近年年均截获有害生物达 100 万批次，动植物传染及检疫性有害生物从国境口岸传入风险高。

5. 环境服务供需矛盾加剧，两方面存在认识偏差

一方面，一些地方政府和部门对"经济发展与环境保护可以共赢"的认知不足，生态环境保护责任落实不到位。有些领导干部认为环保是包袱，存在着不能为、不想为、不敢为的问题。特别是一些资源型城市，以历史包袱重为借口，存在靠山吃山的惯性思维，对保护环境而牺牲"大好项目"心有不甘。同时，环境设施供给和公共服务滞后，与日益增长的环境公共服务需求之间的矛盾正迅速上升为社会主要矛盾的突出表现形式之一，环境公共服务水平、数量、质量、方式及其均衡性等供需矛盾亟待解决。另一方面，社会公众对环境风险的认知和防范意识越来越强，对环境风险容忍度越来越低，对可能产生污染、有"邻避"风险的项目往往过度应激，由此引发的环境群体性事件日益增多，1996 年以来保持年均 29% 的增速，既造成社会矛盾扰乱公共秩序，也极大地影响了产业有序发展。

（三）我国生态环境保护和两型社会建设迎来重大机遇

1. 新理念、新思想，指明方向、凝聚人心

党的十八大提出了"创新、协调、绿色、开放、共享"的新发展理念和建设"美丽中国"的宏伟目标，系统地提出了生态文明建设的理念和框架，确立了一系列基本制度。十九大确立了新时代中国特色社会主义思想，将"建设美丽中国"提升到人类命运共同体理念的高度，将生态文明建设确立为中华民族永续发展的"千年大计"，将"美丽中国"纳入国家现代化目标之中，树起了中国特色社会主义新时代生态文明建设的里程碑，描绘了生态文明建设和生态环境保护的蓝图，作出了加快生态文明体制改革、建设美丽中国的战略部署。2018年5月召开的全国生态环境大会，确立了习近平生态文明思想，为全面推进生态文明建设，推动形成人与自然和谐发展现代化建设新格局，建设美丽中国，保障中华民族的永续发展，提供了科学系统的思想引领和行动指南。全国上下对生态文明的认识有了极大的提升，思想和行动正在统一到中央关于生态文明建设的决策部署上来，思想和行动定力正在形成。

2. 新阶段、新战略，推动转型升级、绿色发展

当前我国发展进入新阶段，绿色发展是新阶段的必然要求和重要特征，这就为全面推进生态环境保护和两型社会建设提供了根本路径。新阶段的目标是经济发展质量和生态环境质量的全面提升，产业结构迈向中高端，新阶段要求坚持绿色发展理念，调整产业结构，加快转变经济发展方式，大力实施创新驱动战略，发展壮大绿色循环低碳经济，推动经济增长从"高投入、高消耗、高污染、低效益"向"低消耗、少排放、可持续发展"转变。供给侧结构性改革，为加快发展新兴产业，加速化解过剩产能、淘汰落后产能，推动产业优化升级，促进产业迈向全球价值链中高端，从根本上推动资源节约、污染减排，提供了有效途径。

3. 新科技革命、新产业革命，提供强劲动力

当今世界，以信息化和工业化深度融合为基本特征的新科技革命和新产业革命加速孕育和发展，绿色是本轮科技革命和工业革命的一个重要特征。科技革命带动绿色技术发展，不同学科、领域之间的技术在信息共享时代相互融合的范围、深度进一步扩大，将形成有别于传统产业的绿色高端产业体系，信息和互联网、可再生能源、先进制造、生物产业、新材料、现代服务业等产业将成为未来主导。信息技术和信息产业进入新的发展时期，云计算、大数据、人工智能、虚拟现实、移动互联网、物联网等技术突破，将给信息技术应用模式带来深刻变革，为我国解决资源环境问题、推动绿色发展提供有效途径。信息技术与新能源的结合将产生新型工业模式，使每个家庭、每个建筑不再是单纯的能源消费者，也能够成为部分能源的生产者甚至输出者，这将推动能源生产和消费方式实现重大变革，破解能源瓶颈。材料的精确设计和制造过程的智能化、柔性化，将使材料更加绿色化、个性化，从而提高其清洁、高效、可循环利用。新技术革命和新产业革命，将成为我国生态环境保护和两型社会建设的强劲动力。

4. 新改革、新力量，有助于形成新的合力

一方面，新机构有利于全面加强宏观管理。2018 年 3 月全国人大审议通过国务院机构改革方案，组建新的自然资源部和生态环境部，这是推进生态文明建设、提升治理体系现代化和治理能力现代化的一场深刻变革和巨大进步，是治本的改革。新的自然资源部，整合此前 8 个部门的相关职能，统一对自然资源开发利用和保护进行监管，建立空间规划体系并监督实施，履行全民所有各类自然资源资产所有者职责，将从制度上解决土地、森林、水等自然资源管理分散在不同的管理部门，没有统一管理模式的矛盾。新的生态环境部，整合此前 7 个部门的相关职责，统一行使生态和城乡各类污染排放监管与行政执法职责，将从根本上解决生态环保领域体制机制存在的职责交叉重复、监管者和所有者没有很好区分的突出问题。新一轮机构改革，无疑从根本上为形成生态环境保护和两型社会建设合力创造了有利条件。

另一方面，民众成为环境保护的新力量。民众环境权益观日益增强，环境公平正义诉求与环境质量改善的要求提升，这就要求政府加大生态环境保护投入，加大污染治理和监管力度，不断完善公众参与机制，使之制度化、规范化，广泛凝聚社会力量，最大限度地形成治理环境污染和保护生态的合力。

此外，我国改革开放 40 年的发展和积累，为解决生态环境问题提供了坚实的物质、技术和人才基础，到了有条件有能力解决突出生态环境问题的窗口期，经济社会发展和环境保护相协调的基础正在夯实，改革红利的逐步释放，环境保护红利的逐步释放，非常有利于形成生态环境保护和两型社会建设的强大合力。

（四）我国生态资源环境面临的挑战

1. 各类资源保障难度不断加大

据国家发改委预测，到 2020 年，我国重要金属和非金属矿产资源可供储量的保障程度，除稀土等有限资源保障程度为 100% 外，其余均大幅度下降，其中铁矿石为 35%、铜为 27.4%、铝土矿为 27.1%、铅为 33.7%、锌为 38.2%、金为 8.1%。能源和重要矿产供需缺口不断加大，石油和铁矿石的对外依存度不断攀升，石油从 2008 年的 49% 上升到 2017 年的 67.4%，铁矿石从 2010 年的 65.5% 上升到 2017 年的 89%；铜矿对外依存度 2016 年达到 72.06%，钾盐多年保护在 50% 左右。资源运输安全形势不容乐观，我国进口石油的一半以上来自动荡不安的中东地区，约 4/5 的海上石油运输要经过马六甲海峡，一旦受阻，石油安全将受到严重威胁。

2. 环境协同治理难度大、困难多

我国正处于工业化、城镇化、农业现代化深入推进时期，未来一段时期内，既要治理工业化带来的废水、废气、废渣污染，也要治理城镇化带来的汽车尾气、垃圾、光化学等污染，还要治理农村大量存在的农业面源污染和畜禽水产养殖等污染。新老环境问题交织，新型污染层出不穷，二次污染防不胜防，污染的来源广、因子多、成因复杂，不同的区域污染物又相互影响，治理难度非常大。同时，我国还面临在较低收入水平下解决更为复杂的环境问题的困难，二次污染需要更多的投入才能解决，改善环境质量的边际成本在增加、边际效益在下降，资金压力巨大。此外，环境治理和生态保护需要多部门相互协调配合，需要政府、企业、社会的广泛参与。我国现行的行政管理体制下，相关部门间的利益关系仍未完全理顺，协同治理机制有待进一步建立和完善，地方政府、企业、社会公众在参与过程中仍然力量分散，整体的协同效应还没有形成。

3. 发展与保护的矛盾突出

我国工业化、城镇化、农业现代化的任务尚未完成，经济社会发展与生态环境保护的矛盾仍然突出。经济新常态下，我国发展速度放缓、发展方式逐步转变，环境压力在减少，但这是在高基数上的放缓，污染物排放量依然处于高位，2017 年，全国二氧化硫和氮氧化物排放总量为 875.4 万吨和1258.83 万吨，环境压力仍然很大。我国要实现十几亿人口的现代化，面临经济社会发展规律、自然规律的客观限制，难度巨大。同时，我国区域经济社会发展不平衡，区域环境分化趋势明显，东部一些地区进入工业化后期，环境质量出现好转态势，但中西部地区大部分仍处于重工业集聚发展阶段，仍然没有摆脱传统的粗放发展模式。西部生态环境敏感度高、监管能力弱，一旦出问题，将会是灾难性的。伴随着经济下行压力加大，一些地方解决环境问题的责任和动力可能出现松懈。

4. 国际社会要求承担更多责任

随着中国国际影响力的提升，国际舆论开始炒作"中国责任论"，认为中国正在崛起，所以中国应该履行更多的国际责任。我国作为负责任的大国，坚决支持全球气候治理进程，为《巴黎协定》的签署和快速生效做出了重大贡献。积极实施应对气候变化国家战略，落实《巴黎协定》和中国国家自主贡献目标，落实 2030 年可持续发展议程，取得积极进展，到 2017 年，碳排放强度比 2005 年降低约 46%，提前 3 年实现到 2020 年下降 40%～45% 的目标。但是，西方国家有时候还是会要求中国承担一些既超出中国能力又超出中国义务的责任，特别是发达国家要求我国承担更多环境责任的压力日益加大。

二、我国生态环境保护和两型社会建设的总体思路

（一）指导思想和基本原则

指导思想：全面贯彻落实党的十八大、十九大精神，以邓小平理论、"三个代表"重要思想、科学发展观和习近平新时代中国特色社会主义思想为指

导，统筹推进"五位一体"总体布局和协调推进"四个全面"战略布局，牢固树立和贯彻落实创新、协调、绿色、开放、共享的发展理念，将生态文明融入经济建设、政治建设、文化建设、社会建设和党的建设各方面和全过程。以习近平生态文明思想为基本遵循，牢固树立社会主义生态文明观，坚持人与自然和谐共生，坚持节约优先、保护优先、自然恢复为主的方针，推动形成节约资源和保护环境的空间格局、产业结构、生产方式、生活方式。坚持节约资源和保护环境的基本国策，实行最严格的生态环境保护制度，坚持绿色发展政策导向，突出国土空间科学开发利用、资源节约集约利用、生态产品价值实现、山水林田湖草系统治理。深化生态文明体制改革，推进生态环境治理体系和治理能力现代化。加快建设资源节约和环境友好型社会，提供更多优质生态产品，创造良好的生产生活环境，为中国美丽和全球生态安全做出贡献。

基本原则：坚持生态环境保护与经济社会发展相统一，坚持问题导向与系统施治相协同，坚持重点突破与整体推进相协调，坚持政府推动与社会共治相配套。

（二）战略目标

到 2020 年，能源资源开发利用效率大幅提高，能源和水资源消耗、建设用地、碳排放总量得到有效控制，主要污染物排放总量大幅减少。生态环境质量总体改善，农村人居环境明显改善，空气和水环境质量总体改善，土壤环境恶化趋势得到遏制，环境风险得到有效控制，生物多样性下降势头得到基本控制。生态系统稳定性明显增强，生态安全屏障基本形成。生态环境领域国家治理体系和治理能力现代化建设取得重大进展，生态文明制度体系不断完善。生产方式和生活方式绿色、低碳水平上升，生态文明建设水平与全面建成小康社会目标相适应。长株潭城市群和武汉城市圈两型社会建设试验区综合配套改革任务全面完成。

到 2035 年，全国城市化格局、农业发展格局、生态安全格局、自然岸线格局基本科学合理，节约资源和保护生态环境的空间格局、产业结构、生产方式、生活方式总体形成，绿色投资、绿色生产和绿色消费体系基本建立，产权清晰、多元参与、激励约束并重、系统完整的生态文明制度体系基本形成。生态环境质量根本好转，城市环境空气质量基本达标，水环境质量达到功能区标准，土壤环境质量得到好转，经济社会发展与生态环境保护基本协调，生态环境领域国家治理体系和治理能力现代化基本实现，美丽中国目标基本实现。

到 21 世纪中叶，生态文明全面提升，实现生态环境领域国家治理体系和治理能力现代化，建成美丽中国。

（三）战略任务

围绕一个愿景，搞好三大试点试验，突出三大重点区域，打赢三大战役，构建九大支撑体系。

1. 一个愿景：实现美丽中国梦

建设美丽中国，实现美丽中国梦，是实现中华民族永续发展、实现中华民族伟大复兴的中国梦的重要内容，也是生态环境保护和两型社会建设的中长期目标。实现美丽中国梦，必须坚持和贯彻尊重自然、顺应自然、保护自然的新发展理念，坚持节约资源和保护环境的基本国策，加快构建科学适度有序的国土空间布局体系、绿色循环低碳发展的产业体系、约束和激励并举的生态文明制度体系、多方共治的绿色行动体系，努力实现经济社会发展和生态环境保护协同共进，生产生活方式绿色转型，生态环境持续改善，中华大地天更蓝、山更绿、水更清、环境更优美，人民更幸福。

2. 搞好三大试点试验：两型社会建设改革试验、生态文明试验、生态省建设

（1）两型社会建设改革试验，重在加快向全国推广经验模式。一方面，长株潭城市群和武汉城市圈作为全国资源节约型和环境友好型社会建设综合配套改革试验区，要进一步加大改革力度，在形成资源节约环境友好的新机制、系统积累传统产业成功转型的新经验、形成城市群发展的新模式上取得新突破，确保 2020 年全面完成改革试验任务。另一方面，国家层面要加大力度推广两型试验区的成功经验模式，如湘江流域综合治理、城乡环境同治、政府绿色采购、绿色标准认证、绿色文化理念传播、环保信用评价制度、精准扶贫与生态保护联动等。

（2）生态文明试验，重在加快探索推进。福建、江西、贵州和海南四省作为国家生态文明试验区，应以体制创新、制度供给、模式探索为重点，加快改革试验，率先建成较为完善的生态文明制度体系，形成一批可在全国复制推广的重大制度成果。一要突出五方面重大制度开展先行先试。①有利于落实生态文明体制改革要求的制度，如自然资源资产产权制度、自然资源资产管理体制、主体功能区制度、"多规合一"等。②有利于解决突出资源环境问题的制度，如生态环境监管机制、资源有偿使用和生态保护补偿机制等。③有利提供更多生态产品的制度，如生态保护与修复投入和科技支撑保障机制，绿色金融体系等。④有利于提升生态文明领域治理能力的制度，如资源总量管理和节约制度、能源资源消耗和建设用地总量和强度双控、生态文明目标评价考核等。⑤有利于体现地方首创精神的制度。二要强化落实。试验区所在地区要细化实施方案，明确改革试验的路线图和时间表，确定改革任务清单和分工。国家层面要加强协调、评估和跟踪督查。三要注重成果推广。根据成熟程度分类总结推广，成熟一条、推广一条。

（3）生态省建设，重在形成示范效应。一要加强成效评估和经验总结，及时推广已形成的可复制、可借鉴的创建模式，加强典型示范宣传。二要更加注重生态省建设与生态环保重点工作的协调联动，完善激励机制，引导更多的地区开展示范创建，打造更多的示范样板，形成强大的示范效应。

3. 突出三大区域绿色发展："一带一路"、京津冀、长江经济带

（1）推进"一带一路"绿色化建设。加强中俄、中哈以及中国－东盟、上海合作组织等现有多双边合作机制，积极开展澜沧江－湄公河环境合作，加强与各国特别是沿线国家环境交流和合作，积极引进国外先进环保技术。建立健全绿色投资与绿色贸易管理制度体系，落实对外投资合作环境保护指南。开展环保产业技术合作园区及示范基地建设，推动环保产业走出去。培育国际化的节能环保企业，鼓励有实力的企业通过海外并购实现跨越式发展。

实施中国铁路、电力、汽车、通信、新能源、钢铁等优质产能绿色品牌战略，打造中国绿色名片。推动"一带一路"沿线省（区、市）绿色产业链延伸；开展重点战略和关键项目环境评估，提高生态环境风险防范与应对能力。

（2）推动京津冀地区协同保护。强化区域环保协作，联合开展大气、河流、湖泊等污染治理，加强区域生态屏障建设，共建坝上高原生态防护区、燕山－太行山生态涵养区，推动光伏等新能源广泛应用。创新生态环境联动管理体制机制，构建区域一体化的生态环境监测网络、信息网络和应急预警体系，建立区域生态环保协调机制、水资源统一调配制度、跨区域联合监察执法机制，建立健全区域生态保护补偿机制和跨区域排污权交易市场。

（3）推进长江经济带共抓大保护。统筹水资源、水环境、水生态，推动长江上中下游协同发展、东中西部互动合作，加强跨部门、跨区域监管与应急协调联动，把实施重大生态修复工程作为推动长江经济带发展项目的优先选项，共抓大保护，不搞大开发。统筹江河湖泊生态要素，构建以长江干支流为经络，以山水林田湖为有机整体，江湖关系和谐、流域水质优良、生态流量充足、水土保持有效、生物种类多样的生态安全格局。妥善处理江河湖泊关系，实施长江干流及洞庭湖上游"四水"、鄱阳湖上游"五河"的水库群联合调度，保障长江干支流生态流量与两湖生态水位。统筹规划、集约利用长江岸线资源，控制岸线开发强度。强化跨界水质断面考核，推动协同治理。

4. 打赢三大战役：大气、水、土壤污染防治攻坚战

（1）坚决打赢蓝天保卫战。以京津冀及周边、长三角和汾渭平原为重点区域，突出 PM2.5 重点防控污染因子，突出秋冬季重点时段，突出钢铁、火电、建材等重点行业，突出"散乱污"企业、散煤、柴油货车、扬尘等重点领域，加快调整优化产业结构、能源结构、运输结构、用地结构，强化环保执法督察、区域联防联控、科技创新和宣传引导，推动环境空气质量明显改善。一是加强工业企业大气污染综合治理，加快不达标产能依法关停退出，全面整治"散乱污"企业及集群。二是推进散煤治理和煤炭消费减量替代，减少重点区域煤炭消费。三是加强油、路、车治理和机动车船污染防治，专项整治柴油货车超标排放，加快淘汰老旧车船，构建机动车船和燃料油环保达标监管体系。四是加强重污染天气应对，强化区域大气污染联防联控联治和应急联动，重点区域、重污染时段实施错峰生产、错峰运输。五是强化国土绿化和道路、施工等扬尘管控。

（2）努力打胜碧水保卫战。围绕保好水、治差水，保障饮水安全，守住水环境质量底线目标，系统推进水环境治理、水生态修复、水资源管理和水灾害防治。一是强化工业、农业、生活污染源整治，大幅减少污染物排放。二是有效保障饮用水安全。突出保护好水源地，深入推进集中式饮用水水源保护区划定和规范化建设，依法清理整治水源保护区内违规项目和违法行为。强化南水北调水源地及沿线生态环境保护。加强地下水污染综合防治。加强水源水、出厂水、管网水、末梢水的全过程管理。三是大力整治不达标水体、黑臭水体和纳污坑塘。实施城镇污水处理"提质增效"行动。加强城市初期雨水收集处理设施建设，推进城镇和工业园区污水处理设施建设与改造。完善污水处理收费政策。四是加大重点流域污染防治，突出打好长江保护修复攻坚战。实施流域环境综合治理和管理，统筹上下游、左右岸、陆地水域，进行系统保护、宏观管控、综合治理。扎实推进河（湖）长制。完善流域上下游协调联动机制，推进按流域设置环境监管和行政执法机构试点。五是加强近岸海域综合治理，重点打好渤海综合治理攻坚战。坚持河海兼顾、区域联动，开展入海河流综合整治，加强沿海城市污染源治理，清理非法或不合理设置入海排污口，逐步减少陆源污染排放。严控围填海和占用自然岸线的开发建设活动，推进海洋生态整治修复。六是强化农业农村污染治理。加快推进农村人居环境整治。严控高毒高风险农药使用，推进有机肥替代化肥、病虫害绿色防控替代化学防治，减少化肥农药使用量。推进废弃农膜回收。因地制宜推行种养结合模式，就地就近消纳利用畜禽养殖废弃物。优化水产养殖空间，深入推进水产健康养殖，开展重点江河湖库及重点近岸海域破坏生态环境的养殖方式综合整治。

（3）持续打好净土保卫战。围绕改善土壤环境质量、防控环境风险目标，打基础、建体系、守底线。一是加强农用地和建设用地管控。加快完成农用地土壤污染状况详查和重点行业企业用地土壤污染状况调查，编制耕地土壤环境质量分类清单，严格管控重度污染耕地；建立建设用地土壤污染风险管控和修复名录，限制用地用途；建立土壤环境分类管理和联动监管机制，有效管控土壤环境风险。二是开展土壤污染治理与修复。实施耕地土壤环境治理保护重大工程，开展重点地区涉重金属行业排查和整治；严格土壤污染重点行业企业搬迁改造过程中拆除活动的环境监管；开展受污染耕地安全利用与治理修复，推进种植结构调整和退耕还林还草。三是加快推进垃圾分类处置。提高城镇垃圾分类处理能力，加快建设生活垃圾分类处理系统；推进垃圾资源化利用，大力发展垃圾焚烧发电；推进农村垃圾就地分类、资源化利用和处置，建立农村有机废弃物收集、转化、利用网络体系。四是强化固体废物污染防治。全面禁止洋垃圾入境，严厉打击走私；调查、评估重点工业行业危险废物情况；完善危险废物经营许可、转移等管理制度，实施危险废物全过程监管；严厉打击危险废物非法跨界转移、倾倒等违法犯罪活动；严格限制高风险化学品生产、使用、进出口，并逐步淘汰、替代。

5. 构建九大支撑体系

即构建基于主体功能区战略的空间治理体系、基于新一轮产业革命的绿色产业体系、基于供给侧结构性改革的绿色供给体系、基于消费升级视角下的绿色消费体系、基于自然价值和自然资本的生态资源环境市场体系、基于利益相关者视角下的环境治理体系、基于新一轮科技革命的绿色技术创新体系、基于全面深化改革的资源环境体制机制创新体系、基于大数据的绿色发展评价体系。

（四）战略路径

1. 强力推进生态资源环境建设的法制化

一是健全法制体系。及时填补和修订生态资源环境相关法律法规。加强环境保护督察。严格环境执法，推动执法力量向基层延伸。设立环境审判法庭，司法裁判引入生态修复等非刑罚手段。二是完善生态资源环境标准和技术规范体系。加快制修订一批强制性能效标准、能耗限额标准、污染物排放标准、土壤环境质量标准等。完善生态保护红线监管等技术规范。三是健全环境权责体系。以环保督察巡视、编制自然资源资产负债表、领导干部自然资源资产离任审计、生态环境损害责任追究等压实党委政府环境保护主导和监管责任，以环境司法、排污许可、环境损害赔偿等落实企业环境保护主体责任，加快推进生态环境损害赔偿。保障社会各界的环境知情权、决策参与权、监督权和表达权。

2. 加快推进生态资源环境建设的市场化

一是健全市场化机制。完善促进资源节约的市场机制，改革资源产权制度，建立健全自然资源环境生态产权交易市场，加强公共资源交易平台建设，加快形成统一、开放、有序的资源初始产权配置机制和二级市场交易体系。完善资源有偿使用制度，探索实行公共资源的公开竞价及拍卖方式，逐步建立全面反映市场供求、资源稀缺程度、生态环境损害成本和修复效益的价格形成机制。建立多元化的投融资机制，加大政府购买环境服务力度，加快发展绿色金融。二是培育市场主体。通过收购、兼并、联合、重组等方式，形成一批创新能力强、带动性强的环保龙头企业，打造一批技术领先、品牌影响力大的国际化的环保公司，建设一批聚集度高、优势特征明显的环保产业示范基地和绿色技术转化平台。三是推行市场化模式。推进污染治理市场化运营，推行合同能源管理、合同环境服务等环境污染第三方治理模式，稳步推进 PPP 模式。四是规范市场秩序。建立公平、开放、透明的资源环境产权交易市场规则，实行统一的资源环境市场准入制度，坚决清除非公企业面临的资源使用、污染排放歧视等体制性壁垒或行政壁垒。大力推行生态环境"互联网＋监督"。建立健全环境信用体系，完善守信激励与失信惩戒机制。

3. 大力推进生态资源环境建设的社会化

一是提高全社会资源节约、环境保护意识。实施全民环境保护宣传教育行动计划，将生态文明教育纳入国民教育体系和干部教育培训体系，深入开展多种形式的宣传活动，倡导勤俭节约、绿色低碳的社会风尚，引导公众践行绿色简约生活和低碳循环模式。二是强化信息公开。建立生态资源环境信息统一发布和反馈机制，健全信息公开平台，完善生态环境保护新闻发言人制度，引导新闻媒体加强舆论监督。三是健全社会公众参与机制。建立公众参与环境管理决策的有效渠道和合理机制；逐步提高政府对公众参与环保的奖励、补贴的标准和范围；支持生态环保社会组织发展，提高其参政能力，加强生态环保民间社会组织同政府组织及其他社会组织的有效合作。加强生态环保领域的国际交流与合作。

三、深入实施主体功能区战略，加强空间治理

（一）明确空间保护边界

按照国家"两横三纵"城市化战略格局、"七区二十三带"农业战略格局、"两屏三带"生态安全战略格局等主体功能区布局，各地在系统开展资源环境承载能力和国土空间开发适宜性评价的基础上，确定城镇、农业、生态空间，划定生态保护红线、永久基本农田、城镇开发边界三条控制线。对自然生态空间进行统一确权登记，划定生产、生活、生态空间开发管理界限。

（二）科学编制空间规划

推进"多规合一"，以主体功能区规划为基础，对城乡规划、国土规划、发展规划、环保规划等主要空间性规划进行整合，集成各类空间要素，统一多规衔接的技术标准，形成以生态为本底，以承载力为支撑，以开发边界为主要内容的空间规划体系，形成融发展与布局、开发与保护为一体的"一张蓝图"。

（三）严格空间用途管制

建立国土空间用途管制制度，以土地用途管制为基础，将用途管制扩大到所有自然生态空间。严格落实《自然生态空间用途管制办法》，生态保护红线原则上按禁止开发区域的要求进行管理。生态保护红线外的生态空间原则上按限制开发区域的要求进行管理，按照生态空间用途分区，依法制定区域

准入条件。从严控制生态空间转为城镇空间和农业空间，严格控制新增建设占用生态保护红线外的生态空间。制定生态保护红线、环境质量底线、资源利用上线和环境准入负面清单的技术规范。完善国土空间开发许可制度。建立资源环境承载能力监测预警机制。建立空间管理信息共享机制，加快推进部门间信息的互联互通。

（四）实行差异化绩效考核

根据不同主体功能区定位要求，健全差别化的财政、产业、投资、人口流动、土地、资源开发、环境保护等政策。实行差异化分类考核的绩效评价办法，完善考核指标体系，健全考评结果应用机制。

四、把握新一轮产业革命机遇，加快发展绿色产业

（一）打造四大绿色基地

一是全球绿色经济创新基地。建立绿色技术开发体系和产学研金政紧密结合的创新成果转化体系。打造一批绿色发展知识创新和技术创新基地，重点实施一批支撑绿色经济的重大科技专项，攻关一批绿色低碳关键技术和共性技术。二是全球绿色先进制造基地。推进制造业绿色改造升级，培育再制造产业和节能环保装备制造产业。全面推进绿色制造体系建设，建设一批绿色先进制造企业和绿色先进制造示范园区，形成具有核心竞争力的绿色先进制造业产业集群。三是全球新能源应用示范基地。建设成为全球的太阳能、风能、地源（水源）能和生物质能等综合性新能源应用示范基地，全球最大的新能源汽车使用国。四是全球生态农业基地。着力打造全球生物农业、生物制药、观光生态农业基地。

（二）发展五类绿色产业

一是节能环保产业。主要包括节能技术装备、环保技术装备、资源循环

利用技术装备，以及以节能节水服务、环境污染第三方治理、环境监测和咨询服务、资源循环利用服务等为重点的节能环保服务业。二是清洁能源产业。主要包括太阳能、风能、生物质能、潮汐能、地热能、氢能等。三是绿色先进制造业。主要包括新能源汽车和新能源装备制造业、节能环保装备制造业、再制造产业、增材制造产业、绿色新材料行业等。四是绿色服务业。主要包括绿色物流、绿色文化服务、生态旅游、绿色金融服务、绿色科技服务、绿色消费服务、分享经济等。五是生物产业。主要包括生物农业、生物医药产业、生物医药工程产业、生物制造产业、生物医药服务业等。

（三）强化五项措施

一是围绕新一轮产业革命制定绿色产业发展规划。梳理融合绿色与创新两个战略规划，形成面向新一轮技术方向的绿色产业规划。开展第三次工业革命专项试点，探索一批高技术绿色发展模式。二是围绕"大众创业，万众创新"战略打造绿色孵化体系。建立绿色创新资源共享平台，发展绿色孵化公司，加快绿色孵化器集群建设。三是实施绿色产业重大应用项目。如能源互联网应用、环境大数据应用、住宅4.0推广、智慧-绿色交通应用示范等。四是强化绿色产业亮点扩散和产业链延长。推进补链、建链、强链三大工程。五是加强绿色产业制度创新配套。围绕产业准入、环境优化、扶持政策、要素保障等方面开展一揽子改革试点，实施"负面清单"＋"正面清单"管理，进一步厘清政府政策扶持方向和扶持方式，以不影响市场机制为原则，对政策体系进行优化。

五、借力供给侧结构性改革，增加绿色供给

（一）扩大绿色供给规模

一是突出七大领域。主要包括自然生态产品、优质绿色农产品、绿色工业品、绿色建筑、绿色能源、绿色交通、生态旅游等。二是打造八大载体。创建一批生态基地（包括国家公园、森林公园、自然保护区等），创建一批农

产品质量安全县（市），建设一批生态工业示范园区，培育一批绿色低碳循环示范企业，推广一批绿色示范产品，构建一批绿色供应产业链，制定一批绿色供给相关标准，完善一批绿色供给制度。三是实施七大工程。高标准农田绿色示范区建设工程，清洁能源替代改造工程，园区企业绿色化改造提升工程，落后产能淘汰工程，绿色供应链管理示范工程，绿色技术研发应用工程，绿色产品标准标识认证建设工程。

（二）培育绿色供给增长动力

一是推动互联网、大数据、人工智能等现代技术和绿色经济深度融合，在创新引领、绿色低碳、共享经济、现代供应链等领域培育新增长点，形成绿色供给新动能。二是加大绿色改造投入力度，推动传统产业绿色化升级。三是更加严格执行环保、能耗、技术、质量和安全等法规和标准，更多运用市场机制实现优胜劣汰。

（三）强化绿色供给基础支撑

一是建立健全标准体系、认证标识体系。制定绿色产品、绿色供应链行业、绿色低碳循环企业等评价标准，逐步建立覆盖全品类绿色产品的标准。统一制定认证规则和认证标识。培育相关领域专业服务机构。二是完善绿色准入、提升机制。设置行业绿色准入门槛。探索全国农产品检测信息共享、检测结果互认、产地准出和市场准入制度。实施绿色供应链制度，引导上下游企业完善采购标准和制度；实施绿色创新补偿制度，鼓励企业加大绿色技术投入；探索环境信用制度，激励和约束企业绿色生产。推行生产者责任延伸制度，选择重点产品探索实行押金制、目标制。三是加快发展绿色金融。探索设立市场化绿色发展基金，助推绿色企业成长。积极发展绿色信贷，根据环境信用评级实行差异信贷政策。支持绿色债券发展，培育第三方绿色债券认证机构。完善绿色金融激励机制，规定商业银行绿色信贷比例，设置发行地方债券的绿色 GDP 比重门槛。

六、顺应消费升级趋势，扩大绿色消费

（一）健全促进绿色消费的法规和政策体系

修订《节约能源法》《循环经济促进法》等法律，研究制定废弃物管理与资源化利用条例、限制商品过度包装条例等专项法规。建立绿色消费税制，将高耗能、高污染产品及部分高档消费品纳入消费税征收范围。完善绿色采购政策，扩大政府绿色采购范围。

（二）完善绿色消费推进体系

倡导绿色生活方式，推广绿色居住，提倡家庭节约行为，鼓励绿色低碳出行。鼓励减少使用一次性用品，支持发展共享经济，鼓励个人闲置资源有效利用。鼓励消费绿色产品，大力推广节能家电、新能源汽车、绿色建材和环保装修材料、无公害农药化肥、节水产品、环境标志产品等。建立健全"以旧换再"的消费者激励机制。深入实施节能减排全民行动、节俭节约全民行动，组织开展绿色家庭、绿色商场、绿色景区、绿色饭店、绿色食堂、节约型机关、节约型校园、节约型医院等创建活动。

（三）健全绿色消费市场体系

畅通绿色产品流通渠道，鼓励建立绿色批发市场、绿色商场、节能超市、节水超市、慈善超市等绿色流通主体。鼓励开设跳蚤市场，开设绿色产品销售专区。建立流通企业与绿色产品提供商有效对接机制。完善农村消费基础设施和销售网络，通过电商平台提供面向农村地区的绿色产品，拓展绿色产品农村消费市场。

（四）规范绿色消费监管体系

进一步明确监管机构职责。健全标识认证体系，逐步将目前分头设立的环保、节能、低碳、有机等产品统一整合为绿色产品，建立统一的绿色产品认证标识等体系。加强绿色产品质量监管，建立绿色产品追溯制度，强化企业产品负责制。健全监督机制，加强市场诚信和行业自律机制建设，加强事中事后监管，完善信用体系，加强信息公开，运用大数据等技术创新绿色监管方式。强化消费者协会职能，维护消费者的绿色消费权益。

（五）健全绿色消费引导体系

深入开展全民绿色教育，传播绿色发展理念和绿色消费知识，倡导绿色生活方式。企业通过绿色广告、绿色推销、绿色公共关系和绿色营业推广等宣传和传递产品的绿色价值。消费者积极实践绿色消费行为，拒绝资源消耗多、污染排放大的产品，摒弃过度消费、奢侈消费，形成适度消费、健康消费、绿色消费的良好消费行为。

七、遵循自然价值和自然资本，建立健全生态资源环境市场

（一）明晰生态资源产权和环境权益价值

理清各类生态资源有偿取得、使用、转让中所有者、投资者、使用者的产权关系。系统构建土地、水源、草地、林地、矿产等生态资源产权体系，充实各项自然资源产权的权能，对各类生态资源进行确权。建立排污权、碳排放权、用能权等环境权益的价值标准，完善初始分配制度，科学核算配额、核定初始分配值。

（二）完善市场化的生态资源产权和环境权益定价机制

完善各类生态资源价格形成机制和评估制度，在市场定价的基础上，根据资源的价值属性和稀缺程度，利用"税""费"等工具，对自然资源价格进行适度干预和调整。建立专业统一的自然资源定价机构，负责制定包括自然资源价格在内的自然资源管理政策等，统一核查自然资源基本情况和变动情况。完善环境合同服务、特许经营等收益确定机制，特许经营、委托运营

类收益逐步向约定公共服务质量下的风险收益转变，环境绩效合同服务收益与治理绩效挂钩。

（三）建立多样化的资源环境交易市场

一是建立健全水权、排污权、碳排放权、节能量（用能权）等资源环境产权交易市场。加强顶层设计，完善相关制度机制，搭建统一交易平台，不断拓宽交易主体范围，激活交易二级市场。水权交易，及时总结试点经验，抓紧制定管理办法和相关制度；有序推进重要跨省江河水量分配；逐步加大合同节水量水权交易、城市用水指标交易、农业高效节水项目水权交易以及丰水地区水量－水质双指标水权交易等。排污权交易，要扩大试点范围，扩大涵盖的污染物覆盖面；在重点流域和大气污染重点区域，推进跨行政区交易；推动建立全国性交易市场。碳排放权交易，要深化试点，以发电行业率先在全国开展碳交易为突破口，逐步扩大参与碳市场的行业范围和交易主体范围，增加交易品种；发展各类碳金融产品；加快形成完整的碳交易法律体系。节能量（用能权）交易，要加大试点力度，推进节能量交易，并逐步改为用能权交易。二是健全环境治理市场。推行环境合同服务和污染第三方治理，加大在环境公用设施、工业园区等领域推行力度，并拓展到其他适合的领域。推进环境监测市场化，加快放开服务性的监测领域，有序放开大气质量、跨境水体、突发环境事件应对等公益性、监督性的监测领域。推进环保设施设备服务业市场化，对可经营性好的设施，采取特许经营、委托运营等方式，通过资产租赁、转让产权、资产证券化等方式盘活存量资产。

（四）健全法律法规和监管体系

一是加快构建生态产权法律体系。制定和完善相关法律法规、细则和技术指导，对市场中的配额发放、交易与核证规则、利益冲突防范等，在法律中予以明确。二是规范市场秩序。对环境权益，应制定合理的交易制度，建立完善的核查和审计制度，保证数据的真实准确性。对环境公用设施，一律采用公开招标或竞争性谈判方式确定特许经营方或委托运营方。三是完善监管体系。健全政府、企业、投资者、公众等共同参与的监督机制，实行准入、交易、运营、退出全过程监管。探索实施黑名单制度。增加环境权益信息透明度，依法公开第三方治理项目环境监管信息。

八、发挥利益相关者作用，全面加强生态环境治理

（一）完善党委政府在生态环境保护工作中的统筹调节和监管机制

建立国家环境经济账户，科学衡量经济活动对环境负面影响的社会反应程度。加大公共环境治理的财政支出。加快培育环境治理市场主体。建立全国统一的实时在线环境监控系统，强化生态环境质量监测。落实环境损害责任追究制度，严格执法。

（二）约束企业环境污染行为

建立覆盖所有固定污染源的企业排放许可证制度，改革环境影响评价制度，健全生态补偿制度，严格执行生态环境损害赔偿制度。实施绿色信贷，强化环境保护税征管，运用环保税收、收费及差别化的价格政策，使企业排污承担的支出高于主动治理成本，倒逼企业主动治污减排，落实企业环境治理主体责任。

（三）提高公众环境维权能力

加强资源环境和生态价值观教育，提高公民环境意识。加快环保领域社会组织健康有序发展。保障社会公众生态环境相关的知情权、议政权、监督权、污染损害索赔权。全面推进环境信息公开。倡导文明、节约、绿色的消费方式和生活习惯，把公民环境意识转化为保护环境的行动，让人人成为保护环境的参与者、贡献者、监督者。

（四）完善合作治理机制

健全责任共担机制，科学划分和界定政府、企业和公众的责任。完善多

元参与机制，疏通参与渠道，创新参与形式，保障参与权利。建立激励约束机制，把污染治理效果作为各级政府和官员绩效考核的重要指标；根据排污情况、产品结构调整情况、治理污染的积极主动性等，对企业进行奖惩或税收调节；通过物质奖励和精神表彰，引导公众参与。完善监督问责机制，通过巡视督察强化对地方党委政府的监督，通过执法检查强化对企业的监督，发挥环保公益组织和公众的监督作用。完善利益共享和补偿机制以及冲突化解机制，保证各治理主体实现合作目标。

九、紧跟新一轮科技革命趋势，推进绿色技术创新

（一）培育创新主体

一是强化企业技术创新主体地位，建设企业技术中心、工程技术研究中心、重点实验室等创新机构，提升企业技术创新能力。二是支持企业牵头联合高校、科研院所组建绿色技术创新战略联盟及技术研发基地，攻克一批绿色前沿技术和关键共性 技术，形成一批具有自主知识产权的核心技术成果，培育资源生态环境领域知识产权优势企业。

（二）集聚创新资源

一是创新财税支持绿色技术创新的方式。探索建立政府公共引导基金，健全多层次财政补贴体系。提高税收绿色化程度，征收环境资源税和环境补偿税，促使企业积极研发绿色技术。完善绿色信贷政策。二是完善绿色技术资本市场融资机制，继续开展节能量交易、碳排放权交易、可再生能源交易等多样化试点。三是建立健全绿色技术高端人才培养和引进的优惠政策、激励机制和评价体系，完善人才、智力、项目相结合的柔性引进机制。

（三）夯实创新基础

一是加快构建绿色技术信息服务平台，搭建绿色技术信息智能共享云平台；二是畅通绿色技术创新申报和使用渠道，完善绿色专利快速审查制度；

三是创新绿色技术专利许可制度，定期向公共领域开放一定数量的绿色技术专利；四是构建与国际接轨的绿色技术标准体系，加快制定涉及我国安全、卫生、健康、环保等方面的绿色技术强制性标准，鼓励国内企业、科研机构积极参与国际绿色技术标准制定；五是积极推进绿色技术贸易全球化发展，争取绿色技术贸易中的主动权，促进绿色技术在"一带一路"重大基础设施建设中的应用；六是健全绿色技术创新统筹协调机制。

（四）优化创新环境

一是制定和完善绿色技术创新相关的法律法规和标准体系；尽快修订《政府采购法》中关于绿色采购的内容，逐步扩大绿色采购范围。二是逐步建立起多元化的绿色技术市场体系，实行严格的市场准入制度，理顺长期扭曲的价格体系，充分发挥市场作用。三是营造有益的政策和社会舆论环境，引导和激励企业绿色技术创新，强化全社会创新和绿色发展意识，营造绿色技术创新正向激励环境。

十、深化改革，创新生态资源环境体制机制

（一）建立健全资源节约高效利用机制

一是完善耕地保护、土地节约集约利用、水资源管理、能源消费总量和强度管理、天然林草原湿地保护、沙化土地封禁保护、海洋资源开发保护、矿产资源开发利用、资源循环利用等制度。二是建立健全用能权、用水权、碳排放权初始分配制度，创新有偿使用、预算管理、投融资机制。三是健全节能、节水、节地、节材、节矿等标准体系。四是建立健全节能环保考核和奖励机制。

（二）健全资源有偿使用和生态补偿制度

一是加快自然资源及其产品价格改革，建立自然资源开发使用成本评估机制，将资源所有者权益和生态环境损害等纳入自然资源及其产品价格形成

机制；建立定价成本监审制度和价格调整机制，完善价格决策程序和信息公开制度。二是加快资源环境税费改革，逐步将资源税扩展到占用各种自然生态空间。三是完善土地、矿产资源、海域海岛有偿使用制度，扩大有偿使用范围。四是完善生态补偿机制。探索建立多元化补偿机制，完善生态保护成效与资金分配挂钩的激励约束机制，制定横向生态补偿机制办法。

（三）完善环境治理制度机制

一是全面推行排污许可制度，逐步完善严格监管所有污染物排放的环境保护管理制度。二是建立健全生态资源有偿使用和交易制度。三是健全污染防治区域联防联控联动机制。四是培育环境治理市场机制，推行合同能源管理、合同环境服务、环境污染第三方治理，因地制宜推广 PPP 等模式。

（四）优化资源环境监管体制机制

一是完善政府管理体制。机构改革中进一步理顺自然资源、生态环境相关部门的职能职责划分，加快推进省以下环保机构监测监察执法垂直管理制度，探索建立跨地区环保机构。二是完善统筹协调机制。以河（湖）长制为基础，探索土、气等其他绿色发展领域跨区域、跨部门管理制度。三是强化企业环境信用记录和违法排污黑名单制度，健全环境信息公开制度。四是健全社会公众环境权益保护机制。创新生态文明教育机制，健全社会公众参与激励机制，形成多渠道对话机制，完善环境公益诉讼制度。五是完善环境质量目标责任制和绩效评价考核机制。健全环境损害赔偿相关法律制度、评估方法和实施机制，严格执行生态环境损害赔偿制度，实行生态环境损害责任终身追究制度。

第一章

文献综述

一、相关概念界定

（一）生态环境保护

广义的生态环境保护是指对人类赖以生存和发展的水资源、土地资源、生物资源和气候资源等进行保护，合理开发和利用自然资源，并解决长期以来利用和改造自然过程中所产生的环境破坏和污染等一系列危害人类生存的负效应。

针对我国目前形势，生态环境保护的含义是通过法律、行政、经济、宣传等一系列手段，促进经济发展方式、居民生活方式转变，减少环境污染和生态系统破坏，并调动全社会力量对水、土、气等环境污染进行治理和生态系统修复。

（二）两型社会建设

两型社会指的是资源节约型、环境友好型社会。资源节约型社会是指在生产、流通、消费等各领域各环节，通过采取技术和管理等综合措施，厉行节约，不断提高资源利用效率，尽可能地减少资源消耗和环境代价满足人们日益增长的美好生活需求的发展模式；环境友好型社会是一种人与自然和谐共生的社会形态，其核心内涵是人类的生产和消费活动与自然生态系统协调可持续发展。两型社会建设就是资源节约型和环境友好型社会建设的简称。

二、理论综述

（一）国外研究综述

随着工业文明的发展，世界面临的环境挑战越来越多，国外许多学者专家从不同的角度对生态环境保护和两型社会建设进行了反思和研究，以从哲学领域进行研究的生态价值观为基础，对如何促进资源节约、环境保护，以及如何从生态角度对经济社会发展进行评价进行了大量研究。

1. 生态价值观

许多西方学者从哲学的角度分析生态问题的来源及解决办法，同时探讨人与自然和谐发展的理论问题和实现途径，在西方也称为环境伦理学。西方环境伦理学主要思潮包括人类中心主义和非人类中心主义。人类中心主义发展历史悠久，从古希腊开始起源。传统人类中心论强调人的主宰地位，自然的存在是为了满足人类的需求，人与自然的关系是征服和被征服的关系。传统人类中心主义的弊病，受到学术界的批判，被认为是破坏自然的根源。20世纪70年代以来，全球性环境危机日趋明显，为寻求新的理论支撑，出现了现代人类中心主义和非人类中心主义。

现代人类中心论是传统人类中心论在现代的发展，这一观点认为，人类对环境问题和生态危机的道德责任和伦理义务，最终是源于对人类自身生存和利益的基本关注；现代人类中心论从人类的角度思考如何改善生态环境，认为人类只有以整体利益和长远利益为出发点和目标，把改造自然和保护自然有机结合起来，才能实现人与自然的和谐发展。1974年，澳大利亚哲学家 John Passmore 在他的著作《人类对自然的责任：生态问题与西方传统》中首次提出现代人类中心论，认为生态环境问题的原因是人类的贪婪、短视行为。之后一些学者从不同角度对这一理论进行完善，如美国植物学家 W. H. Murdy（1975）侧重于研究人类在自然界的主体地位，认为人类对自然具有很高道德价值，提出人类必须与自然建立和谐的关系，随着科学和知识进步，人类必然能成功保护和改善自然环境；美国哲学家 Bryan G. Norton（1982）侧重于研究人类社会中自然的作用，认为应当建立一种弱势人类中心主义，与强势人类中心主义相区别，在人与自然关系上，承认自然具有满足人类需求的多层次价值，人类能够从人类生存和长远发展的角度出发，协调好人与自然的关系；H. J. Mecloskey 在他 1983 年出版的《生态伦理学与政治》一书中提出人与自然的关系中，为了长远利益，人类必须维持和保护良好的自然环境。一直到 1987 年，世界环境与发展委员会在《我们共同的未来》报告中提出可持续发展概念，是对现代人类中心论的升华，可持续发展观关注人类整体和长远利益，强调环境与经济的协调发展，致力于构建人与自然和谐相处的生态环境。

非人类中心主义根据道德关怀的对象不同分为动物权力论、生物中心主义和生态中心主义。非人类中心主义从非人类的生态、生物等角度出发，认为自然拥有和人同等的地位，具有受到保护并得到发展的权利。动物权利论的代表人物是美国伦理学家 Peter Singer，他在 1973 年首次提出动物解放，认为因为动物也能体会痛苦，所以将动物排斥在道德关怀以外是一种种族歧视行为，对于具有感觉能力的动物的共同利益，都应该给予平等的关心。生物中心主义的代表人物是美国哲学家 Paul W. Taylor，1986 年，他在《尊重自然界：一种生态伦理的理论》一书中提出自然界中人、动物和植物都是美丽的，为了维护这种美丽，应该将道德关怀的范围拓展到自然界，把尊重自然作为一种终极的道德态度。生态中心主义认为应当将价值概念扩展到整个生态系统，赋予有生命的有机体和无生命的自然界以同等的价值意义，发展到现代，进化为深层生态学。挪威学者 A. Naess 是生态中心主义的代表，他在 1993 年提出深层生态学关心的是整个自然界的利益，从社会、文化和人性方面探讨环境危机的根源，并主张重建人类文明的秩序，使之成为自然整体中的有机部分。

虽然人类中心主义和非人类中心主义都将人与自然作为两个割裂的整体来看待，但是现代人类中心主义和非人类中心主义从不同的角度分析了人与自然的关系，指出了自然和生态的重要性，并提出了如何实现人与自然的和谐相处。

2. 资源节约相关理论研究

20 世纪 60 年代，环境保护兴起，循环经济理论开始萌芽。美国经济学家 Kenneth Boulding 在 1966 年首次提出生态经济学概念，他强调资源的循环利用，认为要想延长地球寿命，必须要实现资源的循环利用。循环经济是由生态经济发展而来，在 20 世纪 70 ~ 80 年代，循环经济开始在工厂推行。70 年代，循环经济的 "3R" 原则在美国福特公司最早开始实施。以此为基础，对循环化工业园的研究开始兴起。1989 年，学者 Frosch Robert 和 Nicholas E. Gallopoulos 提出工业生态理论及工业生态园概念，他们认为工业企业进行集中生产和管理，能够建立工业生态系统，实施一体化生产运作，企业和企业之间的资源和能源完全可以形成一体化的循环方式，降低资源和能源消耗。从 90 年代开始，循环经济理论飞速发展，1990 年英国环境学家 Pearce D. W. 和 Turner R. K 首次提出循环经济模型，他们指出，环境经济是一个大的系统，这个系统本身应该是循环性的，人类在生产生活的时候必须要协调经济和环境之间的关系，保证整个系统的良性循环。其后，学者从资源循环化利用、生产者责任、科技创新等角度对循环经济进行了大量研究。资源循环化利用方面，Stuart Ross 对制造业的产品进行生命周期评价后认为，循环利用是提高产品生命周期有效的办法。生产者责任方面，A. Lans Bovenbergde 对环境赋税进行研究，提出环境赋税能够从两个途径促进循环经济发展；Bruvoll 分析了征收矿产税对废弃物排放量和资源循环利用量的影响，认为征收矿产税是减少污染、促进资源循环利用的有效手段。科技创新方面，Lester. R. Brown 在他 2001 年出版的著作中指出技术创新可以提高资源利用效率，同时也会导致自然资源的过度开采，因此循环经济需要依靠技术创新，但是人类要合理适度地利用技术创新的成果。

低碳经济理论发展源于国际社会对气候变化的关注。2003 年，英国政府在《我们能源的未来：创建低碳经济》中第一次提出低碳经济的概念。学术界围绕低碳经济的研究也不断丰富。一是对碳排放与经济发展的研究。2006 年，Ramakrishman Ramanathan 采用数据包络分析法对碳排放和 GDP、能源消耗之间的关系进行分析，得到了碳排放与能源消耗的曲线图；2007 年 Ugur

Soytas 对美国能源消耗、GDP 和碳排放之间的关系进行分析，得出能源消耗是碳排放的主要原因。二是从碳交易、碳治理角度对如何实现低碳经济的研究。Adam 和 Liverman 在 2007 年对碳补偿的清洁发展机制和无偿碳补偿市场机制进行了研究，分析了清洁发展机制和资源碳补偿机制治理结构的差异，以及碳补偿如何在国际市场上针对气候治理实现资本积累战略；Ebi 和 Semenza 认为可以通过制定和实施合理的社区碳减排项目，组织个人加入邻近的社区小组，实现不同小组的联合，并让各个小组与政府职能部门对接，通过这种集体参与的方式来应对全球气候变化；Sadownik 和 Jaccard 通过分析得出，通过城市土地利用、建筑设计和交通的引导政策，可以有效地减少城市碳排放。

在推进绿色发展的过程中，技术越来越受到重视，特别是新一轮技术革命到来，国外学者的研究重点越来越向以绿色技术创新为基础的绿色发展理论倾斜。在绿色技术概念兴起的同时，与之相反的依赖资源消耗的棕色技术概念也被提出。Smulders 和 De Nooij 在 2003 年研究发现，根据资源投入和资本投入的互补性，资源投入下降时，资本收益和棕色技术创新带来的收益会下降，使经济增长停滞，而绿色技术创新的收益会提高，从而刺激绿色技术投资，带动经济增长水平提高。Goulder 在 2004 年利用局部均衡模型证实，绿色和棕色技术同时存在会使环境政策的实施成本更低，环境政策会影响绿色技术创新领域。Acemoglu 在 2012 年指出，假定使用绿色技术的厂商和使用棕色技术的厂商生产相似的产品，他们均可以通过技术创新提高生产率，但是前者没有污染，后者会增加污染，绿色技术厂商的创新由于资源投资更低可以通过降低产品价格，逐步替代棕色技术产品，从而减少环境污染。J Witajewski Baltvilks 在 2017 年通过研究构建了均衡增长路径模型，通过模型分析表明，绿色技术创新活动水平取决于能源发电成本的增长率，并且由于技术创新，能源成本的提高不会改变单位能源所能取得的收益。

国外围绕资源节约的相关理论研究对我国开展相关研究提供了很好的借鉴意义，特别是在当前技术革命背景下如何推进绿色技术创新和发展绿色经济。但是，目前对资源节约的研究中，从微观角度开展的研究还较少，资源节约和行为经济学的融合研究是一个有待深入研究的领域。

3. 环境保护相关理论研究

国外学者试图利用数量分析，推导出环境污染和经济增长等之间的关系，从而按照客观规律开展环境治理与保护。1991 年美国经济学家 Grossman 等提出了"环境库兹涅茨曲线"概念，他们通过实证研究，得出污染与人均收入的关系是：污染在低收入水平上随人均 GDP 的增加而上升，高收入水平上随人均 GDP 增加而减少。1995 年，Selden 和 Song 验证了"环境库兹涅茨曲线"，他们通过分析认为污染物排放量同经济增长呈倒"U"形关系，即环境会随着经济增长逐渐变坏，当达到一个临界点后，又会随着经济增长不断改善。2006 年，Lantz 和 Feng 采用模型对加拿大 1970~2000 年人均 GDP、人口、技术和 CO_2 排放进行了回归分析，得出人口与 CO_2 排放成倒"U"形关系，而技术与 CO_2 排放成"U"形关系，认为由于技术不断进步，经济发展与碳排放的关系是一个先污染后治理的过程。Birdsall 研究了人口增长对环境产生的影响，认为人口增长会从对资源需求的增长和对环境的破坏增加两方面引起环境恶化。OECD、Tapio 分别研究了环境压力和驱动力之间的脱钩评价指标，反映经济增长与资源消耗量或废物排放量的关系，判断是否发生脱钩现象，从而对环境政策进行评估。

此外，为了综合考虑环境治理各个主体行为，国外学者利用博弈论对环境治理进行分析，主要从环境污染产生根源、环境污染治理和越界污染治理三方面进行了研究。环境污染产生根源方面，Pigou 在 1920 年提出，由于私人边际产品与社会边际产品的差异，将导致市场失灵现象，使市场机制无法自发实现资源配置的帕累托最优，环境污染的产生是市场失灵的结果；Horst Siebert 在 1987 年提出环境是一种公共资源，因为不具有排他性财产权利，大家可以无限制地使用，从而导致污染。环境污染治理方面，Coase 在 1960 年提出，为防止"公共地悲剧"的发生，可以通过私人之间的谈判和交易成本的选择等来使外部性问题内部化，明确的产权界定将是解决这一问题的根本办法，这为自然资源产权制度奠定一定的基础。越界污染治理方面，Akihiko Yanase 在 2009 年运用微分博弈模型对环境污染下的国际双寡头国家的博弈策略进行了研究，通过对第三方国家市场上两个国家在环境污染治理上的博弈关系分析得出，更严厉的排放政策将提高外国公司的竞争能力，而外国公司还能享受到由于这个国家排放减少的努力通过环境"越界效应"所导致的全球环境提高的好处，由于这些策略效应，非合作政策博弈中环境政策的效应将会偏离社会最优的水平，并且认为排放税博弈要比命令控制型博弈的结果对污染和社会福利的影响更加扭曲。

随着环境保护成为国际社会共识，学者们越来越集中于环境保护政策的研究，这类研究主要集中在两个方面，一是环境政策效用研究，二是环境政策对经济的影响研究。Dufournaud 在 1988 年将污染物排放和治理行为引入可计算一般均衡模型，假设政府对污染处理部门支付治理费用，建立了环境可计算一般均衡模型，对政府支付的效用进行分析；2001 年 Babiker 建立了全球 GTAP 模型，对《京都议定书》框架下排污权国际交易对各国社会福利的影响进行分析。环境政策对经济的影响，国外学者也进行了一系列研究。Hallegatte 等人提出环境政策具有投入效应，认为环境政策通过传导机制可以改变资本、劳动力和技术等因素对经济增长的影响。Hart 从技术的角度进行研究，认为若下一代产品比上一代产品更清洁，此时污染税等政策可加速落后产能淘汰，促进技术创新。Ricci 认为科学有效的环境政策可以通过投入效应和创新效应等低效环境政策对粗放型生产模式的抑制性作用，从而促进经济增长。Schmalensee 指出经济增长与环境之间的协同关系非常复杂，简单认为环境政策能促进经济增长是不成熟的。Vanden Bergh 认为环境监管等成本会降低资本的边际产出，从而影响投资，进而抑制经济增长。

国外学者对环保和经济协调发展的研究以及环保各主体的博弈研究值得借鉴，引入我国后我国学者进行了深入的研究，对制定相关政策形成了一定指导。对于环境政策的研究是当前环境保护相关研究的重点，但是目前对如何应对环境政策带来的经济负面影响的研究及对政策的量化模拟研究较少，未来研究应该将模拟环境政策对经济系统的冲击作为重点方向，提前为政策出台提供依据。

4. 绿色发展评价研究

国外对绿色发展评价体系的研究主要集中在可持续发展领域。自 20 世纪 70 年代，国外机构和学者为对经济绿色发展情况进行直观的描述和评价，从统计学的角度对可持续发展评价进行了探讨，主要包括单指标评价和综合指标评价。

单指标评价是从某一方面如经济、社会、生态等，用构建一个综合性指标或用单个指标对持续发展进行评价。经济方面，主要是对经济发展的绿色核算。1972 年，美国学者 James Tobin 和 William Noedhaus 等提出净经济福利指标，主张将城市中的污染、国防开支和交通堵塞等产生的成本从 GDP 中扣除后再对经济发展进行核算；美国学者 Robert Repetoo 等在 1989 年提出国内生产净值（Net Domestic Product），他们选择印度尼西亚为研究对象，对自然资源耗损和经济增长之间的关系进行分析；随后，世界银行资深经济学家 Daly 和 Cobb 提出可持续经济福利指标，这套指标包含了一些过去没有的内容，将社会因素所造成的成本损失考虑在内，对经济活动的成本和收益进行了更清晰的区分；1993 年，世界银行的 Pearce 和 Atkinson 提出真实储蓄，即传统国民净储蓄减去自然资源枯竭损失和污染损失后的净值，更能反映一个国家发展的现状和潜力。生态方面，主要是对生态系统健康状态进行核算。1971 年，麻省理工学院提出生态需求指标，该指标指出了经济增长的资源需求、丢弃废弃物的需求与生态的关系；1994 年，Willian E. Rees 提出生态足迹，通过测定现今人类为了维持自身生存而利用自然的量来评估人类对生态系统的影响。社会方面，主要从人的发展角度来进行核算。耶鲁大学提出的环境绩效指数（2012 年）包括环境健康、生态系统活力 2 个一级指标、10 个二级指标和 22 个三级指标，对社会环境面临的焦点问题进行了测度；1990 年，联合国开发计划署在《1990 年人文发展报告》中提出人类发展指数，以预期寿命、教育水平和生活质量三个变量，按照一定的计算方法得出的综合指标，反映社会的发展。

综合指标评价是综合考虑各类影响因素构建指标体系，对可持续发展进行评价。1994 年，联合国统计局以《21 世纪议程》中的主题章节作为可持续发展进程中应考虑的主要问题对指标进行分类，形成了可持续发展指标体系的框架；1995 年，世界银行公布了其独立设计的可持续发展指标体系，以国家财富作为衡量可持续发展的依据，通过自然资本、生产资本、人力资本和社会资本四个方面来构建指标体系；1996 年联合国可持续发展委员会提出可持续发展指标体系，该指标体系依据《21 世纪议程》按 "DSR" 模型原理构建，包含 134 项指标；2009 年，联合国亚太经济与社会理事会提出的生态效率指数体系从宏观经济层面和各部门层面构建指标体系，能够为政府决策者提供反映生态环境影响和政策效应的直观结果；2011 年，联合国经济合作与发展组织建立的绿色增长监测指标体系以环境和资源生产率、自然资产基础、生活质量的环境因素、经济机遇和政策响应为一级指标，包括 14 个二级指标和 23 个三级指标，该指标体系在荷兰、韩国、捷克、墨西哥等国得到进一步应用；2012 年，联合国环境规划署提出的绿色经济测度指标体系包括经济转型、资源效率、社会进步和人类福祉三大块内容，该指标体系更加注重环境保护和社会进步。除国际组织构建的指标体系外，许多国家和地区也构建了自己的指标体系。英国环保部 1995 年制定了以保持经济健康发展，保护人的健康和环境，不可再生资源必须优化利用，可再生资源必须可持续利用，经济活动对环境承载力、人的健康和生物多样性构成的危险必须最小化为目标的指标体系；美国可持续发展委员会 1996 年设立了包含健康与环境、经济繁荣、平等、自然保护、资源管理、可持续发展社会、公民参与、人口、国际责任、教育 10 个目标的可持续发展指标体系；美国加州的绿色创新测度体系（2012 年）包括低碳经济体系、能源效率体系、绿色科技创新体系、可再生能源体系和交通运输体系五个部分，将科技创新放在了对促进绿色发展非常重要的位置。

　　国外学者和机构对评价体系的研究根据实际需要侧重点不同，我们在进行研究的过程中，需要结合研究目的，综合借鉴各种评价体系在指标设定上的经验，结合我国实际进行指标选取和设定，同时采用新的信息技术和统计方法进行数据收集和测度。

（二）国内研究综述

根据研究重点和研究方向不同，国内生态环境保护和两型社会建设的研究主要包括内涵研究、资源节约、环境保护和评价体系研究等方面。

1. 生态环境保护与两型社会建设内涵研究

国内关于生态环境保护和两型社会建设的理论和内涵研究重点包括可持续发展观、生态文明和两型社会内涵等。

20 世纪 70 年代开始，国内学者开始对可持续发展理论进行研究，重点对什么是可持续发展以及可持续发展的意义等问题进行探讨。刘思华（1997）认为当今世界正处于现代经济发展的"三重转变期"，即物质经济向知识经济、工业文明向生态文明、非持续发展向可持续发展的转变，他认为新经济由知识经济和可持续发展经济两部分组成。戴星翼（1998）认为经济发展要至少保证自然资源存量不减少，使未来能够保持和现在同样的产出，应通过提高资源环境利用效率来达到减缓环境退化的趋势，这需要通过科技进步和减少资源浪费来实现。厉以宁（1995）提出走生态效益型经济发展道路，才能兼顾经济和生态环境的协调发展。

国内关于生态文明内涵的研究主要集中在生态文明包含内容方面。卢风（2013）认为生态文明是谋求人与自然和谐共生、协同进化，用生态学指导建设的文明。邓本元（2013）认为生态文明是要实现自然和建设目的的统一，不是限制发展，而是要在发展中实现的更高形态。郇庆治（2014）认为生态文明是对现代工业文明的扬弃和超越，体现了人与自然、社会与自然、人与人之间的和平、和谐和共生。

两型社会的理论与内涵研究是在可持续发展和生态文明观念基础上发展起来的。张萍（2008）指出建设资源节约型和环境友好型社会，就是要在社会生产、建设、流通、消费的各个领域，在经济社会发展的各个方面，切实节约资源和保护环境，以尽可能少的资源消耗和尽可能小的环境代价，获得最大的经济效益和社会效益。黄志斌、刘晓峰（2011）认为两型社会建设主要是基于自然生态的本然价值，是对自然生态内在意义和价值的实践肯定，体现了自然价值和社会价值的统一。王鹏（2009）认为两型社会建设体现在生产、流通和消费等领域，要合理利用资源，以有限的资源消耗获取更大的经济效益和社会效益。

随着时代发展，对生态环保和两型社会建设的理论和内涵不断充实，在新的形势下，我们对生态环保和两型社会建设理论和内涵的研究应该着重进行更加全面和更加细致的研究，既拓宽研究覆盖面，又深入到每个领域的深层次问题。

2. 资源节约相关理论研究

国内对资源节约的相关理论研究主要集中在推动循环经济、低碳经济发展，构建绿色经济体系，发展绿色技术和生态文化等领域。循环经济理论从20世纪90年代开始在我国兴起。低碳经济理论在21世纪初提出后，在我国也得到迅速发展。付允等（2008）从宏观、中观、微观视角论证了低碳经济发展的模式是，以低碳为方向，以节能减排为方式，以碳中性技术为方法，并提出提高能源利用效率、发展再生能源、开发低碳技术等对策。解振华（2010）提出我国应从加强引导和协调、落实政策措施、部署低碳试点、加强低碳经济能力建设、加强宣传教育、加强对外交流合作等方面推动低碳经济的发展。王文军（2009）提出技术和制度是发展低碳经济的核心，其次是要依靠公众的行动。程启智等（2007）认为循环经济需要人类生态理性的回归、政府引导、技术进步三方面推动，使循环经济从低级向高级发展。吴广谋（2007）认为，不确定因子或弹性因子的变大将使循环经济的总利润呈下降趋势，企业利润变小，所以市场需求的稳定是发展循环经济的关键。陈晓红（2011）认为，发展两型产业是建设两型社会的必然选择，并提出加强规划引领、培育战略性新兴产业、推动传统产业转型、加强财税金融支持、加强人才和政策保障等政策建议。阳毅（2012）提出应通过改革投融资体制、创新企业制度体系、完善产学研合作机制、建立区域循环经济体系促进两型社会建设。

国内学者还致力于构建一个绿色经济体系。北京工商大学季铸教授是绿色经济系统理论的创建者和实践者之一，他将绿色经济定义为：绿色经济是以效率、和谐、持续为发展目标，以生态农业、循环工业和持续服务产业为基本内容的经济结构、增长方式和社会形态。李正图（2013）指出当代世界发展绿色经济的趋势使中国必须发展绿色经济，他分析了中国发展绿色经济的主客观条件，并提出了中国从传统经济发展方式转型为现代经济发展方式，实现自然圈、生物圈、经济圈、社会圈的平衡和循环，发展绿色经济的总体思路。胡鞍钢、周绍杰（2014）构建了绿色发展的"三圈模型"，分析了经济系统、自然系统和社会系统的共生性和交互机制，并指出绿色增长管理的重要性。李霞（2016）提出绿色经济系统、绿色技术系统、绿色生活方式系统、绿色生态系统等因素是构建绿色经济发展之路的关键因素。黄寰、郭义盟（2017）指出生态城市群建设应根据生态承载功能实现产业错位发展，通过区域互联互通、联防联控构建生态、交通、科技、市场等一体化区域。

国内绿色技术创新研究始于 20 世纪 90 年代，主要包括绿色技术创新的内涵和影响因素及实现路径研究。在内涵方面，杨发明（1998）等人认为绿色技术创新包含三个层次，即处理已产生污染的末端治理技术创新、将污染降到最低的绿色工艺创新和全过程预防和减少污染的绿色产品创新。后来学者主要集中在绿色技术创新的影响因素和实现路径的研究方面，王文普、陈斌（2013）根据 2001～2009 年中国 31 个省级环境专利面板数据，通过非线性设定探讨了环境政策对绿色技术创新的影响，得出环境政策对绿色技术创新有显著刺激作用。顾彬（2015）针对促进企业绿色技术创新的有效途径展开了探讨，并从倡导绿色消费、政策鼓励、构建法制保障体系、培育绿色技术市场等角度提出构建绿色技术创新体系的建议。杨发庭（2016）提出要构建涉及政策激励制度、现代市场制度、社会参与制度、文化提升制度、法律保障制度的绿色技术创新联动制度体系，以促进绿色技术创新发展。金凤君（2017）结合十九大精神，提出绿色科技是绿色发展的基础支撑，在实施可持续发展战略的过程中，必须以绿色科技统领创新，构建绿色技术创新体系，推动发展转型。

国内学者对发展生态文化，推动绿色消费进行了大量研究。对生态文化意识培养的研究主要集中在构建怎样的生态文化和如何构建生态文化方面。舒永久（2013）指出生态文化是一个文化体系，它是坚持人、社会、自然和谐共生的一种文化，它是社会主义先进文化不可缺少的部分。国内对于生态环境保护与两型社会建设的文化教育方面的研究，主要集中在生态意识培养和生态宣传方式的研究方面，如朱群芳（2009）借鉴美国学者的环境素养理论，结合环境教育实践，提出环境素养新概念；刘建雄和张丽（2012）认为，在当前的生态文明宣传教育中，如何充分运用一些有形效果进行生态文明宣传教育，会比科普常识教育更具有针对性的形象化说服力；徐梓淇（2013）认为应加强生态公民培养，并提出建立政府负责、公众参与、市场优化配置的生态公民培育的中国模式；张保伟（2010）提出必须积极培育生态文化，将其植入社会发展，促进两型社会建设。如何推进绿色消费研究方面，何志毅（2004）对绿色消费者的行为特点和消费方式进行分析后，认为绿色消费者具有见解独到、愿意尝试新产品、注重理性消费、愿意付出更多价格进行绿色消费等特点；白光林（2012）研究得出，消费者对涉及健康、安全和能够带来经济利益的绿色消费行为比较欢迎，而其他需要承担较高溢价的绿色产品则不愿接受；崔巧环（2007）认为，受到消费市场、价格、意识、环境等的影响，绿色消费在我国还未形成共识，需要从树立消费理念、培养绿色消费者、开展绿色经营、加强政府管理等方面进行改善；董淑芬（2009）认为培养绿色消费模式应充分发挥政府、企业和消费者三大主体作用，其中政府绿色采购因为市场效应大，对绿色消费模式的形成具有重大的推动作用。

国内研究对如何实现产业绿色化循环化发展从政府、企业、公众等角度进行了系统的分析，但是如何依靠新一轮产业革命和科技革命，构建完善了绿色产业体系，这方面研究还存在缺失；对生态文化和绿色消费的研究从政府、市场、消费者等层面进行了全面的研究，但是对如何发挥政府和社会的力量，构建完善的生态文化体系和绿色消费体系方面的研究还较少。下一步，我们研究的重点应集中在如何构建全民生态文化、建立绿色消费体系，促进生态环境保护和两型社会建设理念的进一步覆盖。

3. 环境保护相关理论研究

国内对环境保护的相关理论研究主要有环境保护经济学理论、环境治理模式研究以及环保政策等方面。

　　环境保护的经济理论研究主要包括环保与经济的关系研究和环境保护博弈论研究。环保与经济的关系方面，曹光辉等（2006）在对我国经济增长和环境污染相关数据进行实证分析的基础上，得出我国可能处于库兹涅兹曲线的上升阶段，但是也可能不存在库兹涅兹曲线现象，需要通过积极的环境政策干预，才能使环境保护与经济发展协调；黄菁、陈霜华（2011）将环境保护和环境污染治理引入内生增长模型，得出清洁要素和清洁技术的使用是可持续发展的关键；王敏、黄滢（2015）在对我国经济增长和大气污染浓度数据进行分析的基础上，得出所有的大气污染浓度指标和经济增长都符合环境库兹涅兹曲线关系，但是通过对比每个城市的数据发现，并不是所有的高增长都导致高污染。环境污染和治理博弈论研究，旨在研究环境污染和治理中各方的相互关系，并寻求最优解。孙米强、杨忠直（2006）通过对政府、企业和公众在排污与监管过程中的策略行为进行分析，提出要扭转环境污染的态势，政府需要加大处罚的力度，鼓励公众参与环境污染治理，同时应该降低环保设备和污染处理的技术成本；刘洋、万玉秋（2010）认为地方政府作为利益主体面临经济发展和环境保护的双重压力，在环境事务的合作治理中，为争取自身利益的最大化展开博弈，需要健全相应的制度，促进区域间环境事务的合作和交流。陈真玲、王文举（2017）对环境税制背景下企业和政府的博弈关系进行了分析，得出严格的污染监督机制配合环境税制将达到推动企业减排和转型发展的目的。

　　国内对环境治理模式的研究重点在于对各种公共治理模式探讨及这些模式在我国的应用价值，根据不同主体组织形式，主要有网络治理、协同治理、多中心治理和整体性治理四种模式。夏金华等（2009）对网络治理的内涵进行了探讨，他认为网络治理是通过集体行动者彼此间沟通和协作，共享公共治理和提供公共服务。锁利铭、马捷（2014）针对水污染治理，提出我国水资源网络治理模式需要引入非正式力量，创新公众参与机制。黄爱宝（2009）对如何构建协同治理模式进行了探讨，认为协同治理是体现环境价值理性的一种模式，主张从建构合作政府范式的高度来促成环境合作政府建设。李胜（2012）针对我国水环境协同治理，指出目前我国存在流域管理体制不科学、地方政府之间恶性竞争、环境执法有效性不足、治理主体之间权利和信息不对称等问题，阻碍了协同治理模式的构建。陈宏泉（2014）运用多中心治理理论，强调多种主体间的彼此独立和相互配合，各主体需要在整个体系中进行定位，在规则范围内追求利益。严丹屏、王春凤（2010）提出要建立环境多中心治理模式，需要地方政府加强横向协作，加强企业环境治理意识培养，形成生态环境治理的规模经济效应。万长松、李智超（2014）对京津冀地区的整体性治理模式进行了探讨，认为京津冀地区的环境治理，需要通过建立跨域环境治理专项委员会，完善治理协调运行机制，加强政企合作，加强公众参与，建立环境治理信息共享系统，构建整体性环境治理网络，使环境合作治理常态化。此外，还有学者对环境治理模式的效益进行研究。李红祥（2013）对"十一五"时期 COD 和 SO_2 减排的费用和效益进行分析，得出两项污染物减排的环境效益和经济效益显著。朱海娟（2015）对政府主导型的荒漠化治理制度内部运行机制和该制度的优势和缺点进行分析，构建了以政府调控为核心，以农户和委托公司为三方的市场化生态环境治理制度框架，并对宁夏荒漠化治理的效益进行评价，得出该地区综合效益逐步提高的结论。

国内对生态环境保护的制度研究主要包括环境保护税、环境资源产权交易制度、排污权市场交易、能源价格机制的设计与研究等。环保税方面，李伯涛（2016）分析了环保税在我国税收体系中的定位，提出需要完善环境监测技术和方法、建立严格的排污总量控制和监管制度、健全环境治理多样机制等措施，以充分发挥环保税的作用；苏明等（2016）对《环境保护税法（征求意见稿）》进行研究，提出完善环境保护税的一系列政策建议。《中华人民共和国环境保护税法》于 2018 年 1 月 1 日起施行，其中采纳了许多专家的意见建议。环境资源产权制度方面，左正强、郭亮（2013）对环境资源产权制度的内涵进行探讨，认为环境资源产权制度是界定、配置、行使和保护环境资源产权的一系列规则；马永欢、刘清春（2015）对我国自然资源产权制度存在的问题进行分析，认为要加强法律修编、完善有偿使用制度、推进不动产统一登记、完善环境经济政策和制定生态文明战略行动纲要等方面工作。排污权交易方面，杜群飞（2015）对我国排污权交易存在的问题进行分析，认为需要通过建立全国性的排污权交易体系、完善市场化交易制度、建立排污目录清单、强化总量管理等来建立排污权交易市场机制；陈忠全等人（2015）基于产权理论和最优决策理论，研究了排污权交易的内生机制及其对污染治理产业化的作用。能源价格机制方面，刘喜梅等（2013）从能源价值体系、能源供需机制、能源市场体系与能源政策角度构建了能源价格形成机制分析框架。国内对于生态法律法规方面的系统研究还比较少，曹明德（2007）借鉴西方工业革命对环境的破坏，提出完善生态文明法律制度极为重要；王灿发（2014）认为，构建生态文明建设法律保障体系应当制定以《生态文明建设基本法》或《环境保护基本法》为龙头，以污染防治、资源保护、生态保护、资源和能源节约法为分支的完整体系。

国内学者对环保经济理论进行了深入的探讨，但是目前对如何平衡各方利益，实现共同推进绿色发展和环境保护还需进行更深入的研究。针对环境治理的各个领域和各种不同情况，学者进行了有效的实证分析，但是针对一个区域如何进行综合治理，实现经济发展和生态改善同步发展方面的研究还较少。与国外研究一样，目前国内对环境政策的量化研究还较少。此外，对有些新的领域的制度如何完善的相关研究还较少；并且，针对某一具体领域的较多，综合考虑如何推进改革，构建全面完善的体制机制体系的研究还较少。

4. 绿色评价体系研究

我国对生态环境保护和两型社会建设评价指标体系的研究大约开始于20世纪90年代末期，最初的研究是在联合国可持续发展指标体系的基础上进行，随着生态文明建设和两型社会建设的深入推进，国内许多机构和学者进行了大量研究，目前研究主要集中在指标选取和方法创新上。

大部分机构的研究比较注重对指标选取方面的创新，从而实现生态环保和两型社会建设某些特定领域的评价。如中科院可持续发展战略研究组（2006）提出了资源环境综合绩效指数，对各个地区的资源消耗和污染排放绩效进行检测和综合评价，该指标体系选取了资源消耗强度和污染物排放强度2个一级指标和7个二级指标，采用等权赋值方法进行综合评估；中央编译局和厦门市政府（2008）发布的生态文明建设指标体系通过环境现状、地方治理、制度保障等指标对每个地区生态文明建设进行评价；北师大等（2010）将绿色和发展结合提出绿色发展指数，它从经济增长绿色度、资源环境承载潜力、政府政策支持度三个方面对我国绿色发展水平的大致趋势进行了测度；国家环保总局（2011）从经济发展、社会发展、环境与资源指标体系、域外影响与可持续发展四个方面构建了可持续发展城市判定指标体系；国家发展改革委、国家统计局、环境保护部、中央组织部（2016）联合发布了绿色发展指标体系，这是目前最完善的对各省市绿色发展进行评价的指标体系，该指标体系包括资源利用、环境治理、环境质量、生态保护、增长质量、绿色生活 6 个分类指数和公众满意程度 1 个主观调查指标，根据该指标体系，每年由国家统计局发布各省份绿色发展指数。

除机构外，一些著名学者也针对生态环境保护和两型社会建设构建了评价指标体系，如陈晓红等（2012）从两型社会建设的本质出发，构建了包括经济建设、社会民生、资源消耗水平、资源再利用水平、环境质量、污染治理 6 个二级指标的指标体系，对两型社会建设的成效进行评价；刘某承等（2014）选取生态系统服务、生态足迹、人均 GDP 三个指标建立区域生态文明建设综合评估指标，对我国各省生态文明建设水平进行了综合评估。大部分学者的研究侧重于统计和评价方法的创新，如马道明（2009）结合 5 维度评价指标体系，利用模糊评价模型对生态文明城市进行综合评价；何思思（2010）运用多目标决策的方法对长株潭两型社会建设情况进行了综合评价；叶文忠等（2010）提出基于粗糙集和模糊聚类法的评价模型，通过粗糙集的可辨识矩阵挖掘各项指标权重，提高了评价方法的科学性；朱孔来、王如燕（2012）结合模糊集合理论和欧式贴近度，采用熵值法确定权重系数，建立了包括资源消耗、经济发展、社会发展、生态环境、科技发展 5 个子系统的评价指标体系；曹玮（2012）运用突变级数法构建了包括 28 个基层指标、10 个三级指标、4 个二级指标的两型社会综合指标体系；李勇等（2013）将模糊评价和灰色模型赋权方法相结合进行生态文明建设评价，该方法有效解决了数据不确定性问题。

国内评价体系的研究对于模型的构建和指标的选取考虑较多，但是在选取指标时，对指标体系进行更大范围推广的考虑较少，因此应用存在局限性；此外，目前的指标体系在构建过程中存在缺失，对有些指标如政策因素、噪声等部分污染因素考虑较少，存在缺陷。

三、国内外实践综述

（一）国外实践

为应对日益严重的环境问题，主要发达国家在发展低碳经济，促进资源循环利用，加强污染治理和环境保护方面进行了一系列实践，取得了显著成效。

1. 绿色发展方面

为提高资源利用效率、减少排放，主要发达国家积极发展新能源、开发低碳技术、发展循环经济，加速生产方式的转变，形成了一些有价值的经验。

（1）丹麦：绿色能源战略

20世纪70年代以前，丹麦能源99%依靠进口，并且以石油为主，第一次世界石油危机，使丹麦经济受到严重冲击，为应对这一局面，1976年，丹麦成立丹麦能源署，实行绿色能源战略。

一方面，减少石油能源使用和提高能源效率。丹麦采取能源税收政策，提高能源消费价格，通过对石油、煤炭、天然气等征收高额能源税，达到减少石化能源消耗量的目的。同时通过立法促进节能，注重建筑的节能设计，对建筑材料、窗口面积进行规定，推动绿色建筑发展，有效减少了能源消耗；通过热电联产和集中供热提高供电和供热效率；对节能工业企业进行补助推动工业节能；提高车辆购置和使用成本，减少车辆使用。

另一方面，大力发展新能源。通过财政补贴、优惠贷款等一系列优惠政策，大力发展风能、开发其他可再生能源，利用丰富的风能资源和风能基础设施，大力发展陆上和海上风电；大力发展生物质能，通过修改供热法案，促进大型热电厂生物质的使用量，同时加强沼气基础设施发展，对沼气的生产和使用给予补贴；加强废物回收循环利用，有效解决了能源供给问题。

（2）英国：低碳计划与法案

英国对减少温室气体等污染物排放进行了大量探索，到 2000 年以后，英国空气质量已经有了巨大改善，为进一步改善空气质量，提高能源利用效率，在广泛征求民意的基础上，2003 年后英国政府将低碳经济作为发展目标提上日程，取得了明显成效。

2003 年，英国政府发布《英国能源白皮书》，明确提出低碳发展的战略和目标，并出台多项低碳计划和法案，推动低碳经济的发展。如《英国低碳工业战略》《可再生能源战略》《气候变化法》《英国低碳转型计划：能源和气候国家战略》等，对英国保证能源安全、发展可再生能源、消费者节能意识培养、节能产品使用等方面提出了明确要求。此外，英国还制定了一些政策推进低碳经济发展，如通过碳预算制度、财政补贴和奖励政策推动低碳经济发展，征收气候变化税提高能源利用效率；通过节能信托基金、碳信托基金和绿色银行等方式进行融资，推动低碳项目建设、推进低碳技术开发。

（3）德国：绿色生态工业

德国循环经济和新能源发展始于 20 世纪 70 年代，由于环境污染问题和资源匮乏情况日益严重，德国通过立法大力推行循环经济和新能源使用。

德国先后出台 1972 年的《垃圾处理法》、1974 年的《控制大气排放法》、1983 年的《控制燃烧污染法》，促进废物再利用和提高能源利用效率。到 20 世纪 90 年代，德国通过欧盟气候变化行动计划、国家能源效率行动计划、能源与气候一揽子计划对国内发展循环经济进行引领，德国通过制定《循环经济与废弃物管理法》《节省能源法案》《废弃物限制及废弃物处理法》等促进循环经济发展，加强资源的重复利用。

同时，德国将发展新能源和可再生能源技术作为全民义务，在金融方面进行支持，如德国国有发展银行、欧洲银行设立专项资金为新能源、可再生能源提供专门的投资贷款。出台专门法规如《热点联产法》《电力输送法》对使用新能源和可再生能源进行财政补贴和价格支持，并通过征收生态税，对直接污染者征收高额的惩罚性税收，以提高能源使用效率。

（4）美国：低碳经济新政

与布什政府退出《京都议定书》，认为减少温室气体排放会阻碍美国经济发展相反，为保障能源安全、应对全球气候变化，实现经济转型，刺激经济增长，奥巴马政府采取积极政策，推行"低碳经济"新政。

一方面，美国政府通过法制推动绿色能源和低碳经济发展。2009年，美国先后出台了《清洁能源安全法案》《美国复苏与再投资法案》《2009年美国绿色能源与安全保障法案》等，对美国温室气体减排、排放权交易、低碳经济补贴、发展清洁能源等进行了部署，推动美国绿色能源发展，提高资源能源利用效率，促使经济低碳转型，重点推进绿色建筑、绿色电力、绿色汽车的发展。

另一方面，美国大力推进低碳技术创新和清洁可再生能源开发使用。美国政府成立了专门的研究机构为发展低碳技术提供研发资金和技术指导等方面支持，并统一协调低碳技术的开发和应用；美国政府在财政预算中加强对环保技术、新能源技术、清洁能源和生产技术等的支持，并通过制定税收优惠等政策，使新政策向新能源领域倾斜。

（5）日本：建设低碳社会行动计划

20世纪，日本经济高速发展，同时环境遭到严重破坏，环境公害事件频发。为解决环境问题、实现经济效率和多目标协同，日本很早就开始实践绿色发展模式。到2007年5月，时任日本首相安倍晋三明确提出低碳社会是日本的发展方向。2008年7月，日本内阁通过"实现低碳社会行动计划"。

日本重视低碳技术的研发和应用，强调政府在低碳技术基础研究方面的责任，同时鼓励私有资本对科研的投入，并保证资金投入；在政府的主导之下形成了"产业－政府－学术界"一体化创新体系和成果推广途径，通过科研机构合力，提高了技术研发的能力和效率。

注重财政支持，先后出台了领跑者计划、特别折旧制度、预算补助金制度、特别会计制度等多项措施，引导发展低碳经济。日本注重对低碳理念的推广，通过碳足迹制度、碳抵消推进法、绿色积分制度、实施低碳化教育等方法来加速资源节约理念的传播。

此外，日本尤为重视循环经济发展，出台了《促进循环型社会形成基本法》《循环型社会形成推进基本计划》，对资源生产率、物质循环利用率、物质最终处理量等发展目标进行规定，有效促进了循环经济发展。

总体来看，国外推进资源节约、低碳循环发展各有侧重，从政策、宣传、教育等角度出发，推动绿色经济发展，对我国具有很好的借鉴意义。

2. 环境污染治理

工业革命为各国带来高速发展的同时，也带来一系列环境问题，为应对环境污染，国外进行了一些探索，取得了很多成功的经验。

（1）大气污染治理

为解决日益严重的大气污染问题，发达国家从 20 世纪 50 年代开始采取了一系列措施并取得了很好的成效。

美国大气污染治理源于 20 世纪 50 年代发生的洛杉矶光化学烟雾事件，先后颁布了《空气污染控制法》《清洁空气法》以及为解决近地面 O3 和 PM2.5 污染问题而发布的"清洁空气州际法规"。为了加强区域间协调，梳理好政府责任，组建了美国环境保护署，在美国各地划定了由相关的州政府组成联合委员会管理的州际控制区和由本州单独管理的州内控制区。美国环保署根据地理和经济等条件，将全美分成 10 个环境治理区域，对各个区域赋予环境立法和执法权，对区域内的独立执法和全美空气治理的协同形成了有效保证。

英国大气污染治理始于 1952 年发生的伦敦烟雾事件。1956 年，英国出台了世界上首部环境空气污染防治法律《清洁空气法》，以解决伦敦的大气污染问题。英国政府要求各个城市必须进行环境空气质量评价，对于那些不能达标的区域，政府划定了特殊的管理区，要求在限定的时间内必须达标。同时英国还通过调整能源结构、控制机动车尾气污染、加强城市绿化等措施，减少大气污染物排放。

日本大气污染治理源于 1960 年石化工厂附近患哮喘类疾病的病人数量激增事件，出台了《大气污染防治法》和《烟尘控制法》对大气污染进行约束。日本政府对重污染企业的脱硫脱硝设备和汽车的尾气净化装置等空气处理设备的安装进行了严格的规定，严格控制大气污染物排放。此外，日本政府重视绿化，倡导增加城市绿化面积。

（2）水污染治理

国外尤其是发达国家某些河流曾经遭受到严重污染，因此其治理经验具有很强的借鉴意义。

莱茵河流经欧洲 9 个国家，它的治理成功是多国共同努力的结果。为恢复莱茵河生态系统，1950 年成立了保护莱茵河国际委员会，由委员会根据目标协调各国的行动和进行决策，负责水质监测、恢复重建莱茵河流域生态系统以及监控污染源等工作。委员会制定了严格的排污标准和环保法案，严格控制污染排放，并采用生态系统治理和排污、清污同时进行的手段对莱茵河进行恢复。

为应对泰晤士河的污染问题，20 世纪 60 年代英国分别成立了高度集权的跨地区的泰晤士综合治理委员会和泰晤士水务公司进行管理。泰晤士河沿岸大力建设污水处理厂，通过设立严格的标准，规定工厂必须自行处理达到标准或经污水处理厂处理达到标准后才能排放。通过供水收费及上市公司股票及市场集资、融资等渠道，对泰晤士河污染治理形成了有效的资金保障，这些资金主要用于科技投入和基础设施建设。

为解决密西西比河污染问题，美国成立了密西西比河管理委员会，统一负责密西西比河的污染整治工作。美国制定了很多相关的法律来加强约束，如《流域保护方法框架》等，实施排污许可制度，并建立跨州协调机制，流域内的广大企业和居民根据法律自觉维护自身用水合法权益，政府进行监督，国家依法对违法行为进行处罚。

由于水质富营养和 DDT 等问题，北美五大湖区面源污染问题相当严重，为修复遭到破坏的生态系统，20 世纪 70 年代，美国和加拿大政府开始对五大湖区进行治理。在治理过程中，首先是非常注重区域合作。1972 年，美国和加拿大政府签订了五大湖区水质量协定；1983 年，湖区 8 个州建立了大湖区州长委员会，后来扩充到 10 个州；2002 年通过了五大湖地区发展战略，推动区域发展。其次是严格控制污染排放，凡是排入湖区的工业废水和生活污水，都要事先经过污水处理厂净化后再排入。再次是注重生态修复，重点是对水资源开发进行总量控制并致力于湿地恢复。最后是注重公众参与，以公共咨询为基础，进行生态系统资源管理的决策，让湖区居民都能参与到解决问题的过程中。

（3）土壤污染治理

由于土壤重金属污染，1955～1972年，日本富士县神通川流域爆发骨痛病事件，土壤污染治理问题开始引起政府和公众重视。日本注重立法，保障污染治理顺利进行，1970年针对骨痛病发生的农用地污染问题出台《农用地土地污染防治法》，2002年出台《土壤污染对策法》，将农用地和工厂迹地污染区别对待，并根据实际情况适时对两部法律进行了多次修订。日本建立了高效灵活的环境污染防治体系，地方政府在法律指导下具有很大的灵活性，并且非营利性环保机构异常活跃，成为行政机构的有力补充。建立了严格的责任追究机制，规定对污染单位和负责人、直接责任人都给予处罚。制定污染防治相关标准，1991年制定了有关土壤污染的环境基准，规定了25种有害物质的限值。建立了科学的污染区划定制度，根据调查和评估，在调查中发现污染物质超过标准即划为污染区，并进行登记，并根据是否存在健康风险分为需治理污染区和需报告区，需治理污染区消除健康危害后可变更为需报告区，需报告区污染降低到法定标准以下后可以从污染区登记中删除。注重信息公开，土壤污染法规中明确规定了污染信息的公开和汇报制度，对策法中规定公众有权查阅污染土壤登记簿。

德国为应对土壤污染问题，全面开展了污染场地调查和土壤监测，掌握土壤污染情况及发展趋势，对治理措施进行评估。根据污染程度，对重点污染土壤进行详细的模拟、修复技术研究和制定修复方案。建立污染场地数据库，对土壤保护进行动态管理。设计专门的指标体系来评估土壤风险，并给出红黄绿标识：在绿色线上的，主要是预防土壤恶化；在黄色线上的，要发出警告；在红色线上的，必须进行清理。此外，德国还规定了严格的土地转型利用总量，加强土地重复利用。

澳大利亚将重污染工厂和企业进行搬迁后，留下大量污染土地，为解决这些土地污染问题，澳大利亚政府制定了严格的标准和规格，根据土地污染严重程度，将土壤运走或与有机物相结合的方法，对污染土壤进行严格的密封处理。在原有地块上进行建设大型的森林公园、湖滨公园等，通过栽种特有树木，使土壤自然修复，实现污染土地转型。

发达国家污染治理的实践经验，一方面是针对具体的环境问题成立专门的机构和组织，全权负责具体环境治理工作；另一方面是强调立法，通过完善的法律对企业和个人行为进行约束；此外还注重方法和技术创新，如土壤污染治理的技术与方法。这些对于我国才起步的污染土地修复工作具有很好的借鉴意义。

（二）国内实践

近年来，我国在生态文明与两型社会相关试点示范建设、生态环境保护与治理方面进行了大量的探索，形成了一些有价值的经验。

1. 相关试点示范建设

我国试点试验示范建设主要有两型社会试验区、生态文明先行示范区、低碳省区和低碳城市、国家循环经济示范区等，这里主要对两型社会试验区、生态省建设和低碳省区试点的部分经验进行总结。我国试点示范建设形成了一系列有价值的经验，其中有许多经验已经在全国进行推广，有效促进了我国生态环境保护和两型社会建设。

（1）两型社会试验区

2007 年 12 月国家正式批准长株潭城市群和武汉城市圈为两型社会建设试验区。经过 10 年改革创新和先行先试，长株潭城市群和武汉城市圈形成了推进两型社会建设的先进经验。

长株潭城市群在两型社会建设方面进行了一系列创新，形成了一些有价值的经验。体制机制创新方面，通过政策文件推进体制机制创新，在阶梯电价、水价，生态资源补偿、排污权交易、环境污染保险等方面进行了改革；出台了两型景区、两型园区、两型村庄等一系列两型标准，以标准为引导促进两型发展；通过两型文化进校园进社区、两型示范创建等方式，加强两型宣传教育。一体化发展方面，坚持推进"交通同网、能源同体、信息同享、生态同建、环境同治"，重点实施湘江开发、湘江沿江防洪景观道路、长株潭大外环、长株潭城市轨道交通、公交一体化、通讯同城化、绿心保护等重大工程和行动计划，取得了显著成效。产业发展方面，重视发展文化产业、新能源产业等战略新兴产业，使文化产业以及光伏等新能源产业在全国处于领先地位；不断完善科技创新机制，鼓励和支持两型技术开发和两型产品生产；注重循环经济发展，打造了一批循环经济试点园区和企业。环境治理方面，实施省政府"一号工程"——湘江水污染治理工程，围绕湘江和洞庭湖治理，开展湘江沿岸重点企业和重点区域整治搬迁，加强污水和垃圾处理等基础设施建设，湘江流域水和土壤污染治理取得了明显成效。

武汉城市圈两型社会建设打造了一系列亮点，形成了一些可资借鉴的经验。首先是注重规划引领。编制了武汉城市圈改革试验总体方案，配套编制了空间规划、产业发展规划、综合交通规划、社会事业规划和生态环境规划等5个专项规划，并出台政策对投资、财税、土地、环保、金融、人才等领域进行支撑，对两型社会建设形成指导。其次是注重一体化建设和特色建设。加强了产业、交通、市场、农业产业、基本公共服务等方面的一体化建设，推行了武汉大东湖生态水网构建工程、梁子湖流域生态保护工程、汉江中下游流域生态补偿和梁子湖流域生态补偿办法等一系列特色建设。再次是注重两型宣传和示范创建。加强宣传教育，引导武汉城市圈倡导节约、环保、文明的生产方式和消费方式，让节约资源、保护环境成为每个社会成员的自觉行动；以两型创建和集中区建设加强示范，推行了两型社区、两型机关等示范创建活动，开展了两型集中展示区建设。

（2）生态省建设

海南省1999年率先提出建设生态省，经过多年建设，取得了显著成效。海南省注重产业布局，通过编制《海南生态省建设规划纲要》，对区域布局进行了明确，对生态旅游区、农业区、工业区进行了严格规定。对工业发展进行严格控制，将工业集中布局在西部五大工业区，并且集约发展循环经济，使资源利用效益最大化的同时，生态负面影响最小化。海南省不断完善生态补偿机制，加大财政投入，落实生态补偿政策，加强生态功能区保护。开展形式多样的宣传教育活动，如系列电视片、环保知识竞赛、生态培训等，推动社会形成共识。出台系列措施制度，如《海南生态省建设规划纲要》《松涛水库生态环境保护规定》《万泉河生态环境保护规定》《海南生态省建设考核办法（暂行）》《海南省饮用水水源保护条例》《关于加强生态文明建设谱写美丽中国海南篇章的决定》等，覆盖生态文明建设各个方面，强化政策法规保障。

2002 年，福建省成为首批生态省建设试点之一，2014 年成为全国第一个生态文明先行示范区，在生态文明建设方面取得了许多成功的经验。强调规划引领，以厦门多规合一试点为契机，根据生态控制线确定发展蓝图，逐步在全省进行推广，有效促进空间协同管控和服务管理优化。在产业发展方面，根据主体功能区规划，合理布局产业，实现资源集约节约利用和污染集中治理，大力发展战略性新兴产业，并通过价格机制、等量淘汰、财政奖励等方式淘汰落后产能和推进产业绿色转型。体制机制方面，建立了资源环境承载能力预警系统，加强监管；完善生态补偿机制，加大生态补偿投入；加强生态环保市场化建设，完善排污权交易、水权交易、碳排放权交易等制度；强化环保责任，明确生态环境质量党政领导责任。强化司法保障，加强生态环境保护与司法衔接，实现设区市生态环境审判庭全覆盖。

（3）低碳省区试点

广东省低碳省试点自 2010 年获批以来深入推进，试点工作取得很大成效。广东省注重试点示范，通过建立涵盖城市、城镇、园区、社区、企业、产品等的多层次低碳试点示范体系，促进社会低碳意识的形成，并让群众受到实惠。促进产业转型和生活方式转型，注重低碳产业的发展，并加强对低碳技术开发的支持，提高低碳能源使用比例。在生活方面，强调低碳生活方式，并大力推行低碳交通和低碳建筑。注重信息化，信息化平台实现了对温室气体数据、碳排放信息、企业交易数据等全覆盖，既能提供碳排放统计数据，同时也能为碳排放权等交易提供支撑。实行温室气体清单化管理，对温室气体排放进行科学统计，健全了省、地级以上市和重点企业的温室气体基础统计报表制度。

（4）生态文明示范创建

2017 年 9 月，国家环境保护部公布了第一批国家生态文明建设示范市县，福建省永泰县是 46 个市县之一。永泰县坚持规划引领，2014 年 12 月编制完成《永泰县生态文明建设规划》，县、乡（镇）政府和县直各部门在实施生态建设中，坚持以生态文明建设规划为基准，统筹推进各项生态建设工作。推行政府权力清单，严格依照法定权限和程序要求，督促各乡镇、部门履行生态保护监督管理职责，形成绿色考评和决策机制；完善生态保护管理机制，编制自然资源资产负债表，推动建立河长制、生态环境损害赔偿制度等机制；推动市场化机制形成，建立和完善了水权交易机制、森林赎买机制、水资源价格引导机制。突出生态保育，实施了生态系统保护建设工程、水资源保护工程、环保基础设施建设工程、水土流失防治工程。注重绿色产业发展，重点扶持和推动了生态旅游、生态工业、生态农业、生态林业的发展。

总体来看，我国生态环境保护和两型社会建设相关的试点取得了很多成功的经验，尤其是在"加强规划引领，强调多规合一；注重标准建设，完善标准体系；发展战略性新兴产业，促进绿色发展；加强宣传推广，实现全民参与；推动环保市场化"等方面积累了很多好的做法，有待全面推广。

2. 环境治理实践

近年来，国内环境问题日益受到政府和公众的关注，污染防治等工作的力度不断加大，水、土、气环境治理不断推进，积累了一些成功的经验。

（1）水环境治理

随着经济的快速发展，我国许多河流、湖泊遭到严重污染，为解决日益严重的水污染问题，各地进行了长期的污染治理行动，形成了一些具有很强实践价值的经验。

秦淮河污染治理从 20 世纪 80 年代开始，南京市政府对秦淮河综合整治和复兴从居民生活、基础设施、污染治理、历史文化资源保护等方面提出目标。整治项目包括安居、水利、市政、环保、旅游、交通等多个子项目，其中河流整治采取的主要措施包括清淤拓浚、污水截流、调水工程等，在 2002

年之后的新一轮整治工程中，除延续之前的工程外，同时还涉及防洪工程、安居工程、文化与景观工程。为保障资金和工作顺利实施，南京市政府授权成立了集投资、融资、建设、管理与经营一体的秦淮河建设开发公司，采取市场化运作方式，成为一大创新。通过一系列治理工程，秦淮河水污染治理取得了瞩目的成效。

2007 年，太湖蓝藻暴发造成供水危机，江苏省开始对太湖进行治理，提出"铁腕治污、科学治太"。2007 年江苏省修订出台了《江苏省太湖水污染防治条例》，以法规进行统领；制定《江苏省太湖流域污水处理厂和重点工业行业污水排放限值》，严格排放标准；实施了排污费差别化征收、污水处理收费领跑标准、排污权有偿分配和交易试点、水环境区域补偿、生态补偿、绿色保险、绿色信贷、环境质量达标奖励和污染物排放总量挂钩等一系列政策，控制污染排放和推进污染治理。对流域的自来水厂进行深度处理改造，保证了饮用水安全；建立蓝藻打捞处置网络，开展清淤，保证水质。对印染、电镀、造纸等重污染企业以及养殖场进行治理、关停和搬迁，并开展湿地修复，建成了全国最大的环保模范城市群和生态城市群。

20 世纪 80 年代，云南省高度重视滇池水体污染问题，经过多年治理，积累了许多成功经验。注重政策和法规的引领，1980 年，颁布了《滇池水环境保护条例（试行）》，1988 年颁布了《滇池保护条例》，明确了滇池保护范围、水质标准、部门职责，推行取水许可和有偿使用制度；通过编制滇池污染治理规划，从政策、资金等方面给予保障。建立目标责任制，建立细化和量化的从省、市职能部门到乡、村政府的责任体系，对各级部门负责人进行考核和问责。成立专门机构统筹滇池治理，成立了昆明市滇池管理局，并成立了下属执法机构滇池管理综合行政执法局，强化执法能力，加强对滇池的保护。不断加强面源治理，全面取缔了流域范围内的规模化畜禽养殖，并不断加强污水处理厂等污水收集处理设施建设；开展水体置换、疏浚、环湖生态建设等工程，不断改善滇池整体生态。

浙江省从 2013 年开始开展了以治污水、防洪水、排涝水、保供水、抓节水为内容的"五水共治"行动，进行了一些有价值的探索和创新。浙江省创新建立了"河长制",由各级党政主要负责人和基层党员干部担任"河长",形成五级联动的"河长制"体系,并出台"河长制"考核办法,强化"河长"考核。为发挥企业和民间组织作用,又设立了"企业河长""民间河长",并配套建立"警长制",加强环境执法。"五水共治"注重发挥市场的决定作用,建立了水权交易、水污染权交易、水生态补偿等制度,推动价格机制的建立,使市场在治水中发挥重要作用。注重技术支撑,浙江省成立了"五水共治"技术服务团,对治理提供技术支撑和技术服务。

(2)大气环境治理

我国大气污染从环境问题日益上升为社会问题,雾霾成为社会关注焦点,针对这一情况,全国各地不断加大大气污染治理力度,空气质量明显好转。

近年来,京津冀地区严重的大气污染问题已成为该区域的焦点话题,在京津冀一体化的背景下,大气污染治理工程开始推进。首先是建立区域协作机制。逐步形成了跨部门、跨省区联防联控联治工作机制,建立了"2+26"城市联防工作机制,并与中石油、中石化、神华集团等企业建立煤改气等协调机制。其次是完善考核机制。北京市设立了环境保护督察处,对大气污染进行专项督查;河北省各级政府成立了大气污染防治工作领导小组,签订了目标责任状。再次是加强污染源控制。对联防区域内"小散乱污"企业进行了取缔工作;并在"2+26"城市推行冬季清洁取暖;全面推行排污许可管理,推动重点行业环保设施升级改造;通过限行、柴油车管控等措施控制机动车排放。

兰州的空气质量曾经在全国排名靠后的位置,自2011年起,通过多种举措,兰州成为全国空气质量改善最快的城市。一是出台了严格的控制排放和污染治理相关政策法规,通过地方立法,加强对环境违法行为的打击惩处力度,并成立了市公安局环保分局,加强执法力度。二是重视节能环保技术推广,提升化石能源品质,从源头减少污染,对传统设备进行改造,提高能源综合利用率和减少污染物排放,并采取多种监管模式加强污染排放监管。三是创新体制机制,开展国家环境审计试点,建立区域性排污权交易试点制度,实现对排放总量的有效控制。四是对全市进行网格化管理,实现精准监控和精准治污。

（3）土壤污染治理

我国的土壤污染治理和修复起步较晚，目前还处在边实践、边提高、边摸索、边总结的阶段，但是也有一些地区通过近两年的探索形成了一些经验。

贵州省是我国重金属主产区，长期以来重金属污染严重，近年来，贵州省通过实践，进行了一些有益的探索，土壤重金属污染问题有了缓解。2014年贵州省出台《贵州省一般工业固体废物贮存、处置场污染控制标准》，对工业固废的贮存、处置进行规范；编制《贵州铅锌矿采冶废渣污染场地原位（综合治理）修复工程指南（试行）》，对污染场地的修复工作进行规范；通过建立重金属污染防治专家库等形式，加强重金属污染防治技术的推广和应用。建立省市县三级环境监测、监控、监管体系，提高重金属环境风险的防范能力。通过多部门联合执法的形式加强对重金属污染的环境执法力度，在重点企业开展强制性清洁审核，并对落后产能企业进行关停。

江西新余市通过关停污染企业、发展苗木产业的方式治理重金属污染。新余市采取先关停后整治的方式对污染企业进行关停整治，并对污染区内所有居民实行整体搬迁。在企业关停、居民搬迁后，在污染区大力扶持苗木种植，实现对土地的修复。在扶持苗木种植的过程中，充分调动公众积极性，并鼓励社会资本参与，引入国内种苗产业化龙头企业，有效提高了居民收入，实现了污染治理和经济效益的有效结合。

总体来说，我国水、土、气污染治理近年来效果显著，尤其是在水治理方面，"河长制""湖长制"的全面推广是治水方法的明显进步。大气污染治理也取得了一些成功的经验，但是还不能有效解决目前严重的大气污染问题；大面积土壤污染的治理目前还缺乏兼顾效果和成本的有效办法，需要进一步进行实践探索。

第二章

生态环境保护和两型社会建设面临的形势分析

　　资源与环境问题是人类面临的共同挑战，可持续发展已成为全球战略共识。十八大以来，在党中央、国务院的坚强领导下，我国生态环境保护和两型社会建设力度前所未有，生态环境质量不断改善，资源综合利用水平不断提高。但总体上看，我国资源环境承载能力已经达到或接近上限，资源浪费大、环境污染重，生态环境恶化趋势尚未得到根本扭转，已成为全面建成小康社会的突出短板（环保部，2016）。在经济新常态背景下，我国正面临由环境污染临界状态走向环境质量总体改善转折点的重要窗口机遇（俞海等，2015）。

一、我国生态环境保护和两型社会建设探索历程

　　从全球视野看，人类面对的环境问题，主要经历了"沉痛的代价、宝贵的觉醒、奋起的飞跃"三个阶段（详见专栏 2 - 1）。我国生态环境保护和两型社会建设的探索是伴随着对资源、环境认识的提高而摸索前行的，经历了从最初的解决工业公害到完善资源环境政策法规体系，再到开展节能减排、转变发展方式、建设美丽中国等一系列实践活动的过程，可大致划分为三个阶段。

（一）第一阶段：觉醒摸索的防治（1949～1978年）

新中国成立初期，我国工业基础十分薄弱，人口总量不大，经济建设与环境保护之间的矛盾尚不突出，所产生的环境问题大多是局部性的生态破坏和环境污染。在当时非常封闭的情况下，人们对于环境问题比较陌生，甚至连"环境保护"这个词都没听说过，认为环境保护就是打扫卫生、垃圾处理这类事（冯建华，2009）。虽然没有环境保护的概念，但在"绿化祖国"、治理环境卫生、保护资源、积极搞好老城市改造、兴修水利等环境保护工作的实践方面做了大量工作，出台了《绿化规格（草案）》（1956年）、《中华人民共和国水土保持暂行纲要》（1957年）等自然资源和生态保护的法规与制度。其中，"绿化祖国"包括植树造林、消除荒地荒山，合理砍伐、防止森林火灾等；治理环境卫生包括工业企业采取防治措施，号召人民群众开展爱国卫生运动等；保护资源包括加强土壤改造、防止水土流失、节约资源和综合利用资源，发展可再生资源等。"一五"期间，在优先发展重工业的战略方针指导下，我国自然环境破坏、工业生产污染等方面问题开始凸显。特别是全民大炼钢铁和国家大办重工业时，经济建设强调数量、忽视质量，片面追求产值，环境污染和生态破坏明显加剧（王灿发，2010）。由于生态破坏，我国当时的水土流失面积达到153万平方公里，每年冲走的泥土达50亿吨，相当于全国耕地1厘米厚的土层被冲走（张坤民，1994）。"文化大革命"时期，受极"左"思潮的影响，当时流行的观点是"社会主义没有污染""说社会主义有污染是对社会主义的污蔑"，谁要是说中国有污染问题就是给社会主义抹黑，人们不愿也不敢承认中国有环境污染，认为污染只是西方资本主义国家的顽症。还有一些人根据环境污染会危害人体健康的现象，认为环境问题属于卫生问题，无形之中降低了环境污染对经济社会危害的严重性（杨文利，2008）。时任国务院总理周恩来首先看到了污染的严重性、紧迫性，大胆提出社会主义也存在污染问题。早在20世纪50年代中期，周恩来在不少讲话中就已经非常明确地谈到防治污染和其他公害（当时国内称环境污染为公害）问题，特别是工业污染的问题。在环境保护远没有成为全民共识的时候，周恩来及时提出并着手推动环境保护工作的开展（杨文利，2008）。60年代末

70 年代初，他敏锐捕捉来自国际社会的相关信息，并联系国内的环境问题，推动相关工作（翟亚柳，2012）。他一再提出"环保问题一定要有个人管起来"（何立波，2010），强调要正视存在的问题并加以解决，"不能将环境问题看成是小事，不要认为不要紧，不要再等了"（周生贤，2013）。据原国家环保局局长曲格平回忆，仅 1970～1974 年，周恩来对环境保护作了 31 次讲话。特别是从 1971 年开始，每年的全国计划会议上，周恩来都会在讲话中提到治理"三废"、综合利用，向各地主要领导干部灌输环境保护的思想，提出防治环境污染的要求（中央文献研究室，2000）。

1972 年 6 月，国务院批准了国家计划委员会、国家基本建设委员会关于官厅水库污染情况和解决意见的报告，建立了官厅水库水源保护领导小组，开始了中国第一个水域污染的治理。同月，联合国在瑞典首都斯德哥尔摩召开了第一次人类环境会议。这次会议无疑是一次意义深远的环境启蒙，使我们开始看到了自身的环境顽疾。1973 年 8 月，在周恩来总理的亲自过问下，在北京召开了中国第一次环境保护会议，审议通过了"全面规划、合理布局、综合利用、化害为利、依靠群众、大家动手、保护环境、造福人民"的环境保护工作 32 字方针和我国第一个环境保护文件《关于保护和改善环境的若干规定》。从此，中国的环境保护事业开始了艰难的起步。1973 年 11 月，国家计委、国家建委、卫生部联合批准颁布了我国第一个环境标准——《工业"三废"排放试行标准》，为开展"三废"治理和综合利用工作提供了技术标准依据。1974 年 12 月，我国历史上第一个环境保护机构——国务院环境保护领导小组成立，标志着中国环境保护管理机构建设开始起步。1977 年 4 月，国家计委、国家建委和国务院环境保护领导小组联合下发了《关于治理工业"三废"，开展综合利用的几项规定》的通知，标志着中国以治理"三废"和综合利用为特色的污染防治进入新的阶段。1978 年 2 月，五届人大一次会议通过的《中华人民共和国宪法》规定："国家保护环境和自然资源，防治污染和其他公害。"这是新中国历史上第一次在宪法中对环境保护做出明确规定，我国环境保护从此步入正轨。

【专栏 2 - 1】　　　　　国际环境保护发展历程

第一阶段：沉痛的代价

工业革命以来，人类征服和改造自然的能力大大增强。随着科学技术、商品经济的发展和工业化的快速推进，人类的生产力水平有了极大提高。传统工业化在创造无与伦比的物质财富的同时，也过度消耗自然资源，大范围破坏生态环境，大量排放各种污染物，人类为此付出了沉痛的代价。从 20 世纪 30 年代开始，英、美、日等发达国家相继发生了比利时马斯河谷烟雾事件、美国洛杉矶烟雾事件、英国伦敦烟雾事件、日本水俣病事件等八大公害。例如，1943 年 5 ~ 10 月发生在美国洛杉矶的烟雾事件，大量汽车尾气产生的光化学烟雾，在 5 个月时间内造成 65 岁以上老人死亡 400 多人。1952 年 12 月英国伦敦由于冬季燃煤产生大量煤烟，引起大面积烟雾，发生严重的烟雾事件，能见度突然变得极差，整座城市弥漫着浓烈的臭鸡蛋气味，居民普遍呼吸困难，短短几天就导致 4000 多人死亡，此后两个月内又有 8000 多人陆续丧生，震惊世界。

第二阶段：宝贵的觉醒

日趋严重的环境问题促使人类的环境意识开始觉醒。在环境觉醒历史进程中，出现过著名的 3 本书。第一本书是《寂静的春天》，作者蕾切尔·卡逊是一位美国海洋生物学家。这本书揭露了为追求利润而滥用农药的事实，因而也有人把它叫做《没有鸟鸣的春天》。其代表性语言是："不解决环境问题，人类将生活在幸福的坟墓之中。"第二本书是《增长的极限》，是 1972 年由来自世界各地的几十位科学家、教育家和经济学家会聚在罗马提出的一份报告。该报告的代表性观点是，"没有环境保护的繁荣是推迟执行的灾难"。第三本书是《只有一个地球》，是 1972 年斯德哥尔摩联合国第一次人类环境会议秘书长莫里斯·斯特朗委托经济学家芭芭拉·沃德和生物学家勒内·杜博斯撰写的。这本书的主要观点是，"不进行环境保护，人们将从摇篮直接到坟墓"。

第三阶段：奋起的飞跃

经历了沉痛的代价和宝贵的觉醒之后，人类对环境问题的认识逐步深入，对发展不断进行深刻反思。以4次世界性环境与发展会议为标志，人类对环境问题的认识发生了历史性转变，期间发生了4次历史性飞跃。第一次飞跃是1972年6月5～16日在瑞典斯德哥尔摩召开的联合国人类环境会议，世界各国开始共同研究解决环境问题。会议通过了《人类环境宣言》，确立了人类对环境问题的共同看法和原则。会议开幕日被联合国确定为世界环境日，每年的这一天世界各国都会举行丰富多彩的纪念活动。第二次飞跃是1992年6月3～14日在巴西里约热内卢召开的联合国环境与发展大会。会议第一次把经济发展与环境保护结合起来进行认识，提出了可持续发展战略，标志着环境保护事业在全世界范围启动了历史性转变。由我国等发展中国家倡导的"共同但有区别的责任"原则，成为国际环境与发展合作的基本原则。第三次飞跃是2002年8月26日至9月4日在南非约翰内斯堡召开的可持续发展世界首脑会议。会议提出经济增长、社会进步和环境保护是可持续发展的三大支柱，经济增长和社会进步必须同环境保护、生态平衡相协调。第四次飞跃是2012年6月20～22日在巴西里约热内卢召开的联合国可持续发展大会。会议发起可持续发展目标讨论进程，提出绿色经济是实现可持续发展的重要手段，正式通过《我们憧憬的未来》这一成果文件。

【专栏2-2】   历年世界环境日（World Environment Day）主题

1974年：Only one Earth（只有一个地球）

1975年：Human Settlements（人类居住）

1976年：Water: Vital Resource for Life（水，生命的重要源泉）

1977年：Ozone Layer Environmental Concern; Lands Loss and Soil Degradation; Firewood（关注臭氧层破坏、水土流失、土壤退化和滥伐森林）

1978年：Development Without Destruction（没有破坏的发展）

1979 年：Only One Future for Our Children-Development Without Destruction（为了儿童的未来——没有破坏的发展）

1980 年：A New Challenge for the New Decade：Development Without Destruction（新的十年，新的挑战——没有破坏的发展）

1981 年：Ground Water；Toxic Chemicals in Human Food Chains and Environmental Economics（保护地下水和人类食物链，防治有毒化学品污染）

1982 年：Ten Years After Stockholm（Renewal of Environmental Concerns）（纪念斯德哥尔摩人类环境会议 10 周年——提高环境意识）

1983 年：Managing and Disposing Hazardous Waste：Acid Rain and Energy（管理和处置有害废弃物，防治酸雨破坏和提高能源利用率）

1984 年：Desertification（沙漠化）

1985 年：Youth，Population and the Environment（青年、人口、环境）

1986 年：A Tree for Peace（环境与和平）

1987 年：Environment and Shelter：More Than A Roof（环境与居住）

1988 年：When People Put the Environment First，Development Will Last（保护环境、持续发展、公众参与）

1989 年：Global Warming；Global Warning（警惕全球变暖）

1990 年：Children and the Environment（儿童与环境）

1991 年：Climate Change. Need for Global Partnership（气候变化——需要全球合作）

1992 年：Only One Earth，Care and Share（只有一个地球——关心与共享）

1993 年：Poverty and the Environment-Breaking the Vicious Circle（贫穷与环境——摆脱恶性循环）

1994 年：One Earth One Family（同一个地球，同一个家庭）

1995 年：We the Peoples：United for the Global Environment（各国人民联合起来，创造更加美好的世界）

1996 年：Our Earth, Our Habitat, Our Home（我们的地球、居住地、家园）

1997 年：For Life on Earth（为了地球上的生命）

1998 年：For Life on Earth-Save Our Seas（为了地球的生命，拯救我们的海洋）

1999 年：Our Earth-Our Future-Just Save It!（拯救地球就是拯救未来）

2000 年：2000 The Environment Millennium-Time to Act（环境千年，行动起来）

2001 年：Connect with the World Wide Web of life（世间万物，生命之网）

2002 年：Give Earth a Chance（让地球充满生机）

2003 年：Water-Two Billion People are Dying for It!（水——二十亿人生命之所系）

2004 年：Wanted! Seas and Oceans-Dead or Alive?（海洋存亡，匹夫有责）

2005 年：Green Cities-Plan for the Planet（营造绿色城市，呵护地球家园）

中国主题：人人参与创建绿色家园

2006 年：Deserts and Desertification-Don't Desert Drylands!（莫使旱地变为沙漠）

中国主题：生态安全与环境友好型社会

2007 年：Melting Ice-a Hot Topic?（冰川消融，后果堪忧）

中国主题：污染减排与环境友好型社会

2008 年：Kick the Habit! Towards a Low Carbon Economy（促进低碳经济）

中国主题：绿色奥运与环境友好型社会

2009 年：Your Planet Needs You-Unite to Combat Climate Change（地球需要你：团结起来应对气候变化）

中国主题：减少污染——行动起来

2010 年：Many Species. One Planet. One Future（多样的物种，唯一的地球，共同的未来）

中国主题：低碳减排·绿色生活

2011 年：Forests：Nature at Your Service（森林：大自然为您效劳）

中国主题：共建生态文明，共享绿色未来

2012 年：Green Economy：Does it include you?（绿色经济：你参与了吗?）

中国主题：绿色消费，你行动了吗?

2013 年：Think. Eat. Save.（思前、食后、厉行节约）

中国主题：同呼吸，共奋斗

2014 年：Raise your voice not the sea level（提高你的呼声，而不是海平面）

中国主题：向污染宣战

2015 年：Sustainable consumption and production（可持续消费和生产）

中国主题：践行绿色生活

2016 年：Go Wild for Life（为生命呐喊）。

中国主题：改善环境质量推动绿色发展

2017 年：Connecting People to Nature（人与自然，相联相生）

中国主题：绿水青山就是金山银山

2018 年：Beat Plastic Pollution（塑战速决）

中国主题：美丽中国，我是行动者

（二）第二阶段：建章立制的探索（1979～2011 年）

改革开放后，我国从建章立制入手，将保护环境、节约资源、保护耕地、水土保持等作为我国的基本国策（详见专栏 2 - 3），摸索出环境保护的"三大政策"和"八大制度"（详见专栏 2 - 4），逐步建立和完善生态环境保护和两型社会建设的"四梁八柱"。

【专栏 2-3】　　　　　我国资源和环境方面的基本国策

1. 环境保护

基本国策的确立：1983 年，李鹏在全国环境保护大会上宣布："环境保护是中国现代化建设中的一项战略任务，是一项基本国策。"1990 年《国务院关于进一步加强环境保护工作的决定》："保护和改善生产环境与生态环境、防治污染和其他公害，是中国的一项基本国策。"1996 年，江泽民在第四次全国环境保护会议上的讲话："控制人口增长，保护生态环境，是全党全国人民必须长期坚持的基本国策。"

基本内容：产生环境污染和其他公害的单位，必须把环境保护工作纳入计划，建立环境保护责任制度；采取有效措施，防治在生产建设或者其他活动中产生的废气、废水、废渣、粉尘、恶臭气体、放射性物质以及噪声振动、电磁波辐射等对环境的污染和危害。

2. 节约资源

基本国策的确立：1997 年全国人大通过、2007 年修订的《中华人民共和国节约能源法》第四条："节约资源是中国的基本国策。国家实施节约与开发并举、把节约放在首位的能源发展战略。"

基本内容：国家实行有利于节能和环境保护的产业政策，限制发展高耗能、高污染行业，发展节能环保型产业。国家鼓励、支持开发和利用新能源、可再生能源。

重要举措：节能目标纳入地方政府考核，将节能目标完成情况作为对地方人民政府及其负责人考核评价的内容。耗能大户每年提交用能报告，重点用能单位应当每年向管理节能工作的部门报送上年度的能源利用状况报告。促进节能有激励政策，国家对生产、使用法律规定推广目录的需要支持的节能技术、节能产品，实行税收优惠等扶持政策。

3. 十分珍惜、合理利用土地和切实保护耕地（简称保护耕地）

基本国策的确立：1998 年全国人大第二次修订的《中华人民共和国土

地管理法》第三条："十分珍惜、合理利用土地和切实保护耕地是中国的基本国策。"

基本内容：任何单位和个人不得侵占、买卖或者以其他形式非法转让土地。各级人民政府应当采取措施，全面规划，严格管理，保护、开发土地资源，制止非法占用土地的行为。国家保护耕地，严格控制耕地转为非耕地。国家实行基本农田保护制度。

重要规划：《全国土地利用总体规划纲要（2006－2020年）》，提出了未来15年的土地利用目标和任务：守住18亿亩耕地红线。

4. 水土保持

1993年《国务院关于加强水土保持工作的通知》指出："水土保持是山区发展的生命线，是国民经济和社会发展的基础，是国土整治、江河治理的根本，是我们必须长期坚持的一项基本国策。"

【专栏2－4】　　环境保护的"三大政策"和"八大制度"

三大政策

"预防为主、防治结合""谁污染，谁治理"以及"强化环境管理"。

八大制度

（1）环境影响评价制度：指在进行建设活动之前，对建设项目的选址、设计和建成投产使用后，可能对周围环境产生的不良影响进行调查、预测和评定，提出防治措施，并按照法定程序进行报批的法律制度。

（2）"三同时"制度：指建设项目中的环境保护设施必须与主体工程同时设计、同时施工、同时投产使用的制度。

（3）征收排污费制度：又称排污收费制度，指国家环境管理机关依据法律规定对排污者征收一定费用的一整套管理措施。

（4）城市环境综合整治定量考核制度：对环境综合整治的成效、城市环境质量制定量化指标进行考核，评定城市各项环境建设与环境管理的总体水平。

（5）环境保护目标责任制度：以签订责任书的形式，具体规定省长、市长、县长在任期内的环境目标和任务，并作为政绩考核内容之一，根据完成的情况给予奖惩。

（6）排污申报登记和排污许可证制度：排污申报登记制度指排放污染物的企、事业单位向环境保护主管部门申请登记的环境管理制度。排污许可证制度指向环境排放污染物的单位或个人，必须依法向有关管理机关提出申请，经审查批准发给许可证后，方可排放污染物的管理措施。

（7）限期治理制度：对现已存在的危害环境的污染源，由法定机关做出决定，令其在一定期限内治理并达到规定要求的一整套措施。

（8）污染集中控制：在一个特定的范围内，依据污染防治规划，按照废水、废气、固体废物等的不同性质、种类和所处的地理位置，分别以集中治理为主，以求用尽可能小的投入获取尽可能大的环境、经济与社会效益的一种管理手段。

1. 管理机构方面

1979年后，各省、自治区、直辖市和国务院有关部门陆续建立起环境管理机构和环保科研、监测机构，分别负责本地区、本部门的环境资源保护管理工作。1982年3月，国务院环境保护领导小组办公室与国家建委、国家城建总局、建工总局、国家测绘总局合并组建城乡建设环境保护部，内设环境保护局；12月，国务院撤销国务院环境保护领导小组，将其业务并入城乡建设环境保护部，在该部内设立国家环境保护局。1984年5月，国务院为加强部门协调，决定成立国务院环境保护委员会；12月，城乡建设环境保护部下属的环境保护局改为国家环境保护局，作为国务院环境保护委员会的办事机构，负责全国环保的规划、协调、监督。地方政府也陆续成立环境保护机构。1989年新修订的《中华人民共和国环境保护法》明确规定了统一监督管理与分级、分部门管理相结合的环境保护管理体制。1998年，国家将环境保护局升格为部级的国家环境保护总局，作为国务院的主管环境保护工作的直属机构，同时撤销国务院环境保护委员会，把原国家科委的国家核安全局并入国家环境保护总局。2008 年 3 月，国家环境保护总局进一步升格为环境保护部，作为国务院组成部门。

1990 年之前，我国自然资源资产管理体制一直处于探索研究阶段。尽管国家从制度上提出了所有权、使用权分离，提出了有偿使用制度，但在实际中并未真正实施。之后 20 年是自然资源资产分散管理体制逐步形成阶段。这一时期，初步形成了目前自然资源资产分类管理的体制，资源有偿使用制度得以全面推进，要素市场建设步伐加快；由于不同资源资产化步伐不一，因此体制呈现分类分级、相对集中、混合管理态势，但并未设立专门的资源资产管理机构。

2. 政策法规方面

1979 年 9 月，我国第一部专门的《环境保护法（试行）》颁布，明确规定了各级环境保护行政机构及其职责，为中国的环境保护管理机构的设立和职责定位提供了法律基础，标志着环境保护工作开始走上法制化轨道（王灿发，2010）。随着可持续发展观念在我国的进一步传播和影响的扩大，在 20 世纪 90 年代末至 21 世纪初，我国出现一波环境与资源立法修订的热潮，颁布实施了 20 多部环境与资源保护的法律，有关环境与资源保护的法规和规章等规范性文件更是不计其数，加上各地制定实施的地方性环境与资源保护法规等，我国形成了一个范围广阔、内容庞大的资源环境法体系（详见专栏 2 - 5）。1992 年以后，环境保护法规和政策等制度建设加速，环境保护被纳入我国经济社会发展的整体加以统筹规划和安排。"九五"期间，全国实行污染防治与生态保护并重、生态保护与生态建设并举的方针，实施《全国主要污染物排放总量控制计划》① 和《中国跨世纪绿色工程规划》② 两大举措，全面推进工业污染企业排放达标和重点城市环境质量达标，重点治理"三河、三

---

① 该计划对 12 种污染物（烟尘、工业粉尘、二氧化硫、化学需氧量、石油类、氰化物、砷、铅、汞、镉、六价铬和工业固体废弃物）的排放总量进行控制。

② 《跨世纪绿色工程规划》是针对一些重点地区、重点流域和重大环境问题的具体污染治理工程规划。该规划重点治理"三河"（淮河、海河、辽河）"三湖"（太湖、滇池、巢湖）的水污染和西南、华中、华东地区的酸雨以及 30 个重点城市的大气污染。

湖、两区、一市、一海"① 的污染。取缔、关停了 8.4 万多家污染严重又没有治理前景的"15 小"② 企业。同时还通过产业政策、投资政策、财税政策、价格政策、技术政策、进出口政策等经济手段推进资源节约和环境保护，如给予资源综合利用企业所得税优惠、利用价格政策调整企业行为、将环境污染纳入消费税考虑范围，出台《中国节能技术政策大纲》等技术政策、环境保护专项资金政策，改革环境影响评价制度、环保标志制度、清洁生产制度及排污交易试点等。环境管理制度已经发展成为包含环境规划、环境标准、环境影响评价、"三同时"、排污申报登记、排污收费、排污许可、现场检查、环境监测、限期治理、突发环境事故应急处理等众多制度的综合体系。

【专栏 2 - 5】　　　　我国资源和环境立法相关情况

1. 资源保护与综合利用的立法情况

目前，我国已制定有《森林法》《草原法》《渔业法》《矿产资源法》《土地管理法》《海域使用管理法》《水法》《煤炭法》等自然资源法律，《节约能源法》《循环经济促进法》《废弃电器电子产品回收处理管理条例》《再生资源回收管理办法》《国家鼓励的资源综合利用认定管理办法》等法律法规规章，以及《中国资源综合利用技术政策大纲》《矿产资源节约与综合利用鼓励、限制和淘汰技术目录》《关于资源综合利用及其他产品增值税政策的通知》《新型墙体材料专项基金征收使用管理办法》《资源综合利用产品和劳务增值税优惠目录（2015 年版）》等政策措施，初步形成了资源综合利用的法规政策体系。

2. 污染防治的立法情况

包括：《海洋环境保护法》（1982 年、1999 年、2013 年、2016 年）、《水

---

① 具体指三湖（太湖、巢湖、滇池）、三河（淮河、海河、辽河）、两区（酸雨和二氧化硫污染控制区）、一市（北京市）和一海（渤海）的环境治理工程，简称"33211 工程"。

② "15 小"指的是资源消耗高、污染严重、不符合产业政策要求的小煤窑、小炼焦、小造纸等15 类小型企业。

污染防治法》（1984 年、1996 年、2008 年）、《大气污染防治法》（1987 年、1995 年、2000 年、2015 年）、《环境噪声污染防治法》（1996 年）、《清洁生产促进法》（2002 年、2012 年）、《放射性污染防治法》（2003 年）、《固体废物污染环境防治法》（2004 年、2013 年、2015 年、2016 年）等，其中多部法律根据我国环境保护的实际发展情况进行过多次修订。此外，我国还制定了针对化学品安全、核安全、农药使用、电磁辐射等控制和管理的行政法规和部门规章，以及相关的环境标准。

3. 生态保护的立法情况

《野生动物保护法》及其两个实施条例、《森林和野生动物类型自然保护区管理办法》《自然保护区条例》《水土保持法》及其实施条例、《野生植物保护条例》《植物新品种保护条例》《农业转基因生物安全管理条例》《病原微生物实验室生物安全管理条例》《风景名胜区条例》《濒危野生动植物进出口管理条例》等法律法规。

4. 其他法律关于环境保护的内容

1997 年修订的《刑法》增设了"破坏环境资源保护罪"①，并在其他章节规定了环境监管失职罪；《乡镇企业法》有多条规定涉及环境和资源保护；《农业法》规定"发展农业和农村经济必须合理利用和保护土地、水、森林、草原、野生动植物等自然资源，合理开发和利用水能、沼气、太阳能、风能等可再生能源和清洁能源，发展生态农业，保护和改善生态环境"；《物权法》明确规定"不动产权利人不得违反国家规定弃置固体废物，排放大气污染物、水污染物、噪声、光、电磁波辐射等有害物质"；等等。

进入 21 世纪后，我国的工业化进入加速发展阶段，环境污染、资源消耗和浪费的问题日益暴露，由此带来的资源和环境问题进一步加剧。为此，中

---

① 破坏环境资源保护罪的主要罪名：非法排放、倾倒、处置危险废物罪，越境转移固体废弃物的犯罪，非法捕捞水产品罪，破坏野生动物资源的犯罪，毁坏耕地罪，破坏矿产资源罪，非法采伐珍贵树木罪，破坏林木罪等。

央有针对性地出台了一系列政策，中央领导同志也在多个场合表明了党和政府对环境和生态问题的重视以及治理环境问题的决心和理念（李建波，2013）。党的十五大明确提出了"转变经济增长方式，改变高投入、低产出，高消耗、低效益的状况"。"十五"期间，淘汰了一批高消耗、高污染的落后生产能力，加快了污染治理和城市环境基础设施建设，重点地区、流域和城市的环境治理不断推进；采取了一系列应对气候变化的对策措施，市场化机制开始进入环境保护领域，全社会环境保护投资比"九五"时期翻了一番，占GDP的比例首次超过1%；环境管理能力有所提高，环境执法力度有所加强；全社会的环境意识和人民群众的参与程度明显提高，对我国环境保护规律性的认识不断深化。党的十六大把改善生态环境、提高资源利用效率确定为全面建设小康社会的目标，十六届五中全会又一次明确了加快推进粗放型经济增长方式转变的重要性，从我国国情出发提出了建设"两型社会"① 的重大决策。"十一五"期间，国家把节能减排作为调整经济结构、转变发展方式、推动科学发展的重要抓手，采取强化目标责任、调整产业结构、实施重点工程、推动技术进步、强化政策激励、加强监督管理、开展全民行动等一系列强有力的政策措施。国务院批准武汉城市圈和长株潭城市群成为全国资源节约型和环境友好型社会建设综合配套改革试验区。国家发改委密集出台多项规范限制高能耗、高污染行业发展政策，加强对钢铁、水泥等行业的投资和贷款的控制，促进产业结构调整和优化升级。同时支持一批节约和替代技术、能量梯级利用技术、可回收材料和回收处理技术、循环利用技术、"零排放"技术等重大技术开发和产业化示范项目（姜伟新等，2006）。党的十七大首次把"建设生态文明"列入全面建设小康社会奋斗目标的新要求，将"转变经济增长方式"改为"转变经济发展方式"，开创性地提出了"加快转变经济发展方式"，把建设资源节约型环境友好型社会放在工业化、现代化发展战略的突出位置，切实抓好落实。"十二五"期间，我国大力实施天然林资

---

① "两型社会"是指资源节约型、环境友好型社会。资源节约型社会是整个社会经济建立在节约资源的基础上，其核心内涵是节约资源；环境友好型社会是一种人与自然和谐共生的社会形态，其核心内涵是人类的生产和消费活动与自然生态系统协调可持续发展。

源保护、退耕还林、退牧还草等生态修复工程，积极推进生态保护红线划定，着力开展生态文明示范建设，补齐农村环保短板，加强饮用水水源地环境保护。环保制度逐步完善，区域联防联控机制日臻完善，排污权有偿使用和交易稳步铺开，绿色信贷信息共享机制逐步健全，环保费改税稳步推进；中央环境保护督察巡视、生态环境损害责任追究、生态环境监测事权上收、生态环境损害赔偿制度改革、自然资源资产负债表编制、自然资源资产离任审计等已在部分省份展开试点；环境司法取得重大进展，建立行政执法与刑事执法协调配合机制。环境保护部已相继完成五大区域（环渤海沿海地区、北部湾经济区沿海、成渝经济区、海峡西岸经济区、黄河中上游能源化工区）战略环评、西部大开发战略环评和中部地区发展战略环评。

党的十六大以来，党中央、国务院对资源环境的认识逐步深化，提出树立和落实科学发展观、构建社会主义和谐社会、建设资源节约型环境友好型社会，让江河湖泊休养生息，推进环境保护历史性转变，环境保护是重大民生问题，探索环境保护新路等新思想新举措（周生贤，2013）。

（三）第三阶段：生态文明的崛起（2012年至今）

党的十八大以来，习近平总书记围绕生态文明建设和环境保护，发表一系列重要讲话，作出一系列重要批示指示，提出一系列新理念新思想新战略，深刻回答了为什么建设生态文明、建设什么样的生态文明、怎样建设生态文明等重大问题，形成了科学系统的生态文明建设战略思想，拓展了马克思主义自然观和发展观，顺应了人民群众新期待，深化了对经济社会发展规律和自然生态规律的认识，带来了发展理念和执政方式的深刻转变，为实现人与自然和谐发展、建设美丽中国提供了思想指引、实践遵循和前进动力（李干杰，2017）。党的十八大将生态文明建设纳入"五位一体"中国特色社会主义总布局，要求"把生态文明建设放在突出地位，融入经济建设、政治建设、文化建设和社会建设各方面和全过程"，从而使得生态文明建设贯穿于中国特色社会主义道路，与经济建设、政治建设、文化建设、社会建设紧密联系起来，形成一个有机整体。这对于建设美丽中国，实现更好发展意义重大，影响深远。十八大还把"实施创新驱动发展战略"放在加快转变经济发展方式部署的突出位置，把"推进经济结构战略性调整"作为加快转变经济发展方式的主攻方向。十八届三中全会提出加快生态文明制度建设，实行最严格的源头保护制度、损害赔偿制度、责任追究制度，完善环境治理和生态修复制度，用制度保护生态环境。同时还提出要"健全国家自然资源资产管理体制，统一行使全民所有自然资源资产所有者"，对我国自然资源资产管理体制改革提出了新要求。十八届五中全会确立了"创新、协调、绿色、开放、共享"五大发展理念，是指导"十三五"期间乃至今后更长历史时期经济社会发展的新的"思想灵魂"。

习近平生态文明建设重要战略思想是在实践中逐步发展、完善、形成体系的。近些年来，习总书记提出了"良好生态环境是最普惠的民生福祉""绿水青山就是金山银山""要像保护眼睛一样保护生态环境"等新理念新观点，尊重自然、顺应自然、保护自然的生态文明理念更加深入人心。在习近平同志生态文明建设重要战略思想指引下，全国各地区各部门加大工作力度，生态环境保护取得明显成效。十八大以来的5年，是我国生态文明建设力度最大、举措最实、推进最快、成效最好的时期。《关于加快推进生态文明建设的意见》《生态文明体制改革总体方案》和"十三五"规划纲要三份文件共同形成了深化生态文明体制改革的战略部署和制度架构。其中，《生态文明体制改革总体方案》明确构建起由8项制度（详见专栏2-6）构成的产权清晰、多元参与、激励约束并重、系统完整的生态文明制度体系。中央全面深化改革领导小组审议通过40多项生态文明建设和环境保护具体改革方案，一批具有标志性、支柱性的改革举措陆续推出，"四梁八柱"性质的制度体系不断完善。国务院实行"最严格的环境保护制度"，《大气污染防治行动计划》《水污染防治行动计划》和《土壤污染防治行动计划》相继发布实施；《党政领导干部生态环境损害责任追究办法（试行）》明确提出对官员损害生态环境的责任"终身追究"。被称为"史上最严"的新《环境保护法》从2015年开始实施，在打击环境违法行为方面力度空前。2016年，全国共立案查处环境违法案件13.78万件，下达处罚决定12.47万份，罚款66.33亿元，同比分别增长 34%、28% 和 56%。5 年来，针对一些地方履职不到位、环境质量持续恶化等问题，环境保护部公开约谈 40 多个市（州、县）。最高人民法院、最高人民检察院出台办理环境污染刑事案件的司法解释，一些地区组建环境警察队伍，环境司法保障得到加强。随着新《环境保护法》《环境保护税法》的实施，生态环境保护责任制的强化，环境监管执法趋严、趋实，环保守法的新常态正在逐步形成，地方政府保护生态环境的责任意识、排污企业的守法意识、公众的监督意识都有了较大提升。

十八届三中全会以来，我国生态环境保护和两型社会建设法规出台数量明显增加，尤其是 2016 年底到 2017 年法律法规和政策出台尤为密集，涉及的部门和领域更加广泛，政策法规的科学性、适用性、针对性不断提高，政策法规的刚性约束力不断增强，整个政策法规体系更加完善。一是对环保和两型社会建设提出了更高的要求。新《中华人民共和国环境保护法》《"十三五"生态环境保护规划》《水、土、气污染防治行动计划修订案》，以及环境监测、环境执法等相关法律法规，都对环境保护和污染治理提出了更严格的标准，同时对环境违法行为的处罚力度更大。在两型社会建设方面，国家对资源节约、节能减排方面的规定更加严格，战略性新兴产业等规划继续加大对绿色产业的支持力度。二是更加注重利用社会资本和市场手段参与生态环保和两型社会建设。近年来，排污权交易、水权交易、碳汇交易等政策不断完善，环保税已经开始征收，生态补偿政策在更大范围开始实施，政策法规中和市场机制有关的内容不断增加。随着第三方治理、PPP 模式等有关政策不断完善，政策法规体系中鼓励社会资本进入环保和两型社会建设的内容进一步充实。三是配套体系更加完善。随着近两年各个部门出台的规范性文件、规章、细则不断增加，已经出台的生态环保和两型社会建设相关政策法规的配套体系不断完善，有效促进了相关政策法规实施，如"大气十条""水十条""土十条"的出台，对大气、水、土壤污染防控、生态修复等方法、路线等进行了更加具体的规定。从纵向来看，近两年地方加大了对中央政策法规的落实力度，大部分地区都能根据地方发展实际按照中央政策法规出台地方性法规。四是更加注重与时俱进和创新。加强了对法律法规的制修订，如对《中华人民共和国环境保护法》《中华人民共和国节约能源法》进行了修订，根据新形势增加和完善了生态保护红线、环保执法、节能评估等内容，大量试点成功经验以政策法规的形式在全国进行推广，如《关于全面推行河长制的意见》等，生态环保和两型社会建设的手段更加丰富。对一些政策法规进行了创新，如 2018 年 1 月 1 日实施的《中华人民共和国环境保护税法》等，进一步完善了我国生态环保和两型社会建设法律法规体系。

党的十九大指出建设生态文明是中华民族永续发展的千年大计，提出牢固树立"社会主义生态文明观"的理念，加快生态文明体制改革，建设美丽中国。生态文明是习近平新时代中国特色社会主义思想的重要组成部分，已经成为政府管理的重要职能。中共中央新一轮深化党和国家机构改革高度重视生态文明建设，组建自然资源部与生态环境部，并对自然资源和生态环境的管理体制进行了重大调整，理顺了我国生态环境监管体制，也为我国长期存在的环境管理部门"九龙治水"问题提供了破题之策。生态环境部和自然资源部的成立，标志着我国生态文明体制改革进入了新的阶段。2018 年 3 月，十三届全国人大一次会议通过了《中华人民共和国宪法修正案》，"生态文明"载入宪法，为生态文明建设提供了根本的法律保障。这些不断深化的、具有里程碑意义的科学论断和战略抉择，标志着我们党对自然发展规律、人类社会发展规律和中国特色社会主义发展规律认识的不断深化，昭示着我国将从"五位一体"总体布局的战略高度来统筹推进生态文明建设，系统解决生态环境和资源综合利用问题，推进"美丽中国"建设进程，实现中华民族伟大复兴的中国梦。2018 年 5 月，习近平在全国生态环境保护大会上强调，生态文明建设是关系中华民族永续发展的根本大计，要自觉把经济社会发展同生态文明建设统筹起来，充分发挥党的领导和我国社会主义制度能够集中力量办大事的政治优势，充分利用改革开放 40 年来积累的坚实物质基础，加大力度推进生态文明建设、解决生态环境问题，坚决打好污染防治攻坚战，推动我国生态文明建设迈上新台阶。

【专栏 2 - 6】　　　　　　生态文明制度体系八项制度

1. 自然资源资产产权制度：建立统一的确权登记系统；建立权责明确的自然资源产权体系；健全国家自然资源资产管理体制；探索建立分级行使所有权的体制；开展水流和湿地产权确权试点。

2. 国土空间开发保护制度：完善主体功能区制度；健全国土空间用途管制制度；建立国家公园体制；完善自然资源监管体制。

3. 空间规划体系：编制空间规划；推进市县"多规合一"；创新市县空间规划编制方法。

4. 资源总量管理和全面节约制度：完善最严格的耕地保护制度和土地节约集约利用制度；完善最严格的水资源管理制度；建立能源消费总量管理和节约制度；建立天然林保护制度；建立草原保护制度；建立湿地保护制度；建立沙化土地封禁保护制度；健全海洋资源开发保护制度；健全矿产资源开发利用管理制度；完善资源循环利用制度。

5. 资源有偿使用和生态补偿制度：加快自然资源及其产品价格改革；完善土地有偿使用制度；完善矿产资源有偿使用制度；完善海域海岛有偿使用制度；加快资源环境税费改革；完善生态补偿机制；完善生态保护修复资金使用机制；建立耕地草原河湖休养生息制度。

6. 环境治理体系：完善污染物排放许可制；建立污染防治区域联动机制；建立农村环境治理体制机制；健全环境信息公开制度；严格实行生态环境损害赔偿制度；完善环境保护管理制度。

7. 环境治理和生态保护市场体系：培育环境治理和生态保护市场主体；推行用能权和碳排放权交易制度；推行排污权交易制度；推行水权交易制度；建立绿色金融体系；建立统一的绿色产品体系。

8. 生态文明绩效评价考核和责任追究制度：建立生态文明目标体系；建立资源环境承载能力监测预警机制；探索编制自然资源资产负债表；对领导干部实行自然资源资产离任审计；建立生态环境损害责任终身追究制。

资料来源：2015 年 9 月，中共中央、国务院发布了《生态文明体制改革总体方案》。

　　我国进入生态文明建设新时代的同时，生态环保和两型社会建设的政策法规体系建设还存在一些不适应、不配套、不成体系等亟须解决的问题，主要是部分法律法规的配套措施还需进一步完善，部分领域还存在法制缺失，环保和两型公众参与机制有待健全等。目前新环保法配套的有关污染预防、环境执法、环境诉讼、应对环境事件等方面的法规或实施细则还存在缺失，需要进一步完善；自然资源资产离任审计，需要编制自然资源资产负债表，还缺乏相应的统计等措施保障；节约资源能源有关的法制建设还比较薄弱，许多内容还停留在实施意见、工作方案等层面，如低碳经济、新能源等，层级比较低，缺乏强有力的法律法规保障；《循环经济促进法》《清洁生产促进法》比较空泛，约束力不强，无法落地，亟待修订；资源节约与保护方面的综合性法律法规亟待建立和完善，以适应我国当前的资源能源形势；公众参与机制在法律法规中缺乏具体的推进手段和明确的定位，对环保知情权、决策参与权、环境公益诉讼等方面的法律法规配套措施还不完善；市场化的生态修复、生态补偿、生态交易、绿色金融等机制也不健全。下一步，要按照十九大报告中提出的"加快建立绿色生产和消费的法律制度和政策导向，建立健全绿色低碳循环发展的经济体系"的总要求，进一步完善现有法律法规实施细则和配套政策，促进法律法规的有效落实；加强在节能、低碳、资源综合利用、环境治理、生态系统保护等领域的立法力度；缩短部分政策法规从试点到全面推行的时间，加快成功经验的推广；完善公众参与机制，使公众成为生态环境保护和两型社会建设的执行者、监督者和决策者。

　　"十三五"时期，我国实施最严格的环境保护制度，构建与我国国情相适应的生态环境保护宏观战略体系、全面高效的污染防治体系、健全的环境质量评价体系、完善的环境保护法规政策和科技标准体系、完备的环境管理和执法监督体系、全民参与的社会行动体系，形成政府、企业、公众共治的治理体系，积极优化创新环保专项资金使用方式，加大对环境污染第三方治理、政府与社会资本合作模式的支持力度。全面推进能源、水资源、土地、矿产的节约集约利用，推进能源消费革命，大幅减少主要污染物排放总量；加强环境综合治理和生态修复，实施环境治理保护重点工程和山水林田湖生态工程；重点推进建立完善规范的覆盖所有固定污染源的企业排放许可制度，实行省以下环保机构监测监察执法垂直管理制度，全面划定并严守生态保护红线，建立环境污染强制责任保险制度，培育发展农业面源污染治理、农村污水垃圾处理市场主体，开展按流域设置环境监管和行政执法机构试点，完善重点区域污染防治联防联控机制，探索建立跨地区环保机构，推进生态环境监测网络建设、环境保护督察巡视、生态环境损害赔偿和责任追究，改革环境影响评价制度。

二、我国生态环境保护和两型社会建设趋势演变

（一）资源消耗总量持续增长但强度降低

据测算，城镇人口每增加 1 亿，能源消费量要增加 9300 万吨，钢铁要增加 1500 万吨，水泥增加 4800 万吨，相对应的废水排放量要增加 10 亿吨，垃圾排放量要增加 900 万吨。这意味着随着我国经济发展和城镇化建设的不断推进，势必面临新的资源与环境挑战。

自 2000 年以来，我国能源供给能力和能源消耗量均明显增强，中国已经成为全球第二大能源生产国和全球最大的能源消费国。统计数字显示，2015 年中国能源生产量为 36.2 亿吨标准煤，是 2000 年的 2.6 倍；能源消费量为 43 亿吨标准煤，是 2000 年的 2.9 倍，占到全球能源消费量的 23%，高于中国 GDP 占全球的比重（15.5%）。从煤炭、石油、天然气三大化石能源的世界占比来看，产量方面中国分别排名第 1、第 4、第 4，消费量方面中国分别排名第 1、第 2、第 3，储量方面中国分别排名第 3、第 14、第 10。从储采比的数据来看，中国的煤炭、石油、天然气分别为 31 年、11.7 年、27.8 年，远低于世界平均水平 114 年、50.7 年、52.8 年，均在赤贫线以下。从对外依存度来看，中国的煤炭、石油、天然气分别约为 5%、62%、30%。

从 2000～2016 年我国能源消费量来看（见图 2-1），"十五"期间能源消费增长较快，2003 年、2004 年同比增速高达 16.2% 和 16.8%；"十一五"期间，能源消费增速走低，均在 10% 以下；"十二五"期间，能源消费增速

逐年走低，2015 年更是下降到 1%，增速不到 2005～2015 年平均水平 5.1%
的 1/5。2016 年能源消费量增速为 1.4%，预计"十三五"能源消费量将保持
低水平增长。

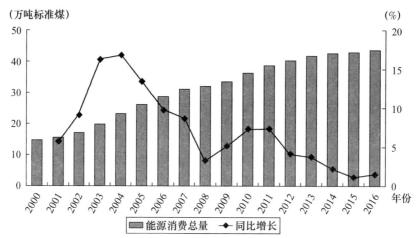

图 2-1   2000～2016 年能源消费总量及增速变动情况
资料来源：《中国统计年鉴》历年数据；国家统计局网站。

从能源消费构成来看，我国一直保持煤炭为主的能源消费结构。2015 年，
煤炭、石油、天然气、其他四大类能源结构为 64:18.1:5.9:12，世界能源消
费结构为 29.2:32.9:23.8:14.1。其中，煤炭消费比重比 2006 年降低了 8.4 个
百分点，其他三类分别提高了 0.6、3.2 和 4.6 个百分点（见图 2-2）。中国
石油生产居世界第 4 位，进口量居世界第 2 位，仅次于美国，但中国石油消
费比重比世界平均值低 14.8 个百分点；中国天然气生产居世界第 6 位，消费
居世界第 3 位，但天然气能源比重比世界平均值低 17.9 个百分点。中国是世
界上在建的核反应堆最多的国家，有世界上最大的水电站——三峡大坝，我
国水力发电、光伏发电、风力发电、太阳能热水器、地热加热等都居世界
第一。

从单位 GDP 能耗来看，我国万元 GDP 能耗呈现逐年下降趋势。按照 2005
年不变价格计算，2015 年万元 GDP 能耗为 0.948 吨标准煤，比 2005 年下降
了 34.3%，年均下降 4.1%；按照 2015 年不变价格计算，万元 GDP 能耗为
0.624 吨标准煤（见图 2-3）。从世界范围看，我国单位 GDP 能耗水平与世

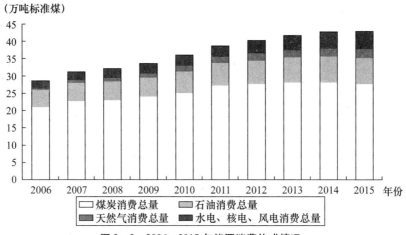

图 2-2 2006~2015 年能源消费构成情况

资料来源：《中国统计年鉴》历年数据；国家统计局网站。

界平均水平及发达国家相比仍然偏高。按照 2015 年美元价格和汇率计算，2016 年我国单位 GDP 能耗为 3.7 吨标准煤/万美元，是 2015 年世界能耗强度平均水平的 1.4 倍，是发达国家平均水平的 2.1 倍，是美国的 2.0 倍，日本的 2.4 倍，德国的 2.7 倍，英国的 3.9 倍①。

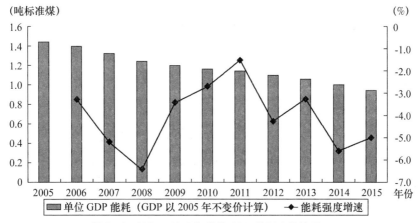

图 2-3 2005~2015 年单位 GDP 能耗变化情况

资料来源：中国统计年鉴历年数据，国家统计局网站。

———————

① 以上数据摘录自《能源数据简明手册》。

从能源加工转换效率及人均能源生产、消费量来看，能源加工转换效率稳步提高，2009 年后保持在 72% 以上，2014 年达到了 73.5%，比 2005 年提高了 2.4 个百分点，能源利用效率水平提升明显。人均能源消费量和生产量二者差额呈现出扩大趋势，从 2000 年的 83 千克标准煤扩大到 2014 年的 469 千克标准煤，能源对外依存度不断提高。见图 2 - 4。

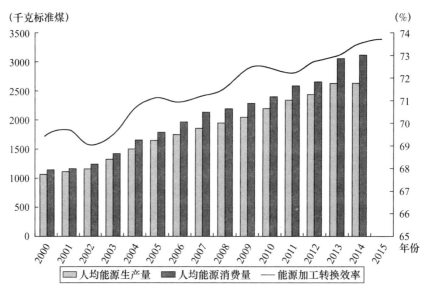

图 2 - 4　2000～2015 年能源加工转换效率及人均能源生产、消费量情况

资料来源：《中国统计年鉴》历年数据；国家统计局网站。

从发电量数据来看，2015 年发电量为 58145.73 亿千瓦时，比 2000 年增长了 327.2%；增速方面，"十五"期间保持年均增长 13% 的高速增长，"十一五"期间因金融危机导致 2008 年、2009 年增速偏低，整体仍为高速增长，"十二五"期间则呈现出下滑态势，2015 年更是下滑到 0.3% 的微增长水平。见图 2 - 5。

从用水情况来看，2015 年用水总量为 6103.2 亿立方米，仅比 2004 年增长 10%，其中生态用水和生活用水分别增长 49.6% 和 22%。农业用水、工业用水、生活用水、生态用水结构比例为 63.1∶21.9∶13.0∶2.0，其中农业用水量比重下降了 1.5 个百分点，生活用水量比重提高了 1.3 个百分点。见图 2 - 6。

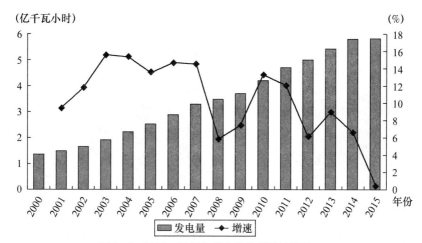

图2－5　2000～2015年发电量及其增速情况

资料来源：《中国统计年鉴》历年数据；国家统计局网站。

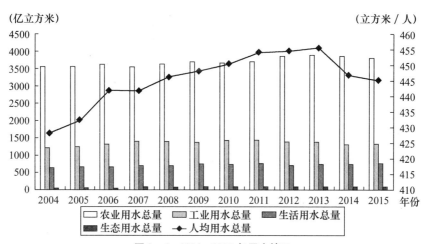

图2－6　2004～2015年用水情况

资料来源：《中国统计年鉴》历年数据；国家统计局网站。

从钢材、水泥产量来看，2000～2015年二者产量增长明显，2015年分别是2000年的8.55倍和3.95倍。但2015年二者产量均出现了下滑，分别下滑了0.1%和5.3%（见图2－7）。此外，2015年粗钢产量下降2.2%，至8.038亿吨，为1981年以来首次年度下滑。随着"三去一降一补"等供给侧结构性改革的深入，预计"十三五"期间，钢材、水泥的生产量和消耗量均将进入低速增长期，但行业效益将得到提升。

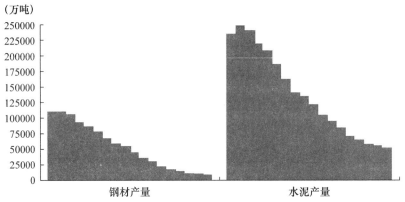

图 2 - 7　2000 ~ 2015 年钢材、水泥消耗变化情况

资料来源:《中国统计年鉴》历年数据;国家统计局网站。

(二) 主要污染物排放总量正处于转折期

国务院发展研究中心资源与环境政策研究所的研究报告认为,我国主要污染物排放正处在转折期,未来 5 ~ 10 年我国主要污染物排放的拐点将全面到来;主要污染物排放叠加总量会在"十三五"时期达到峰值、出现拐点。

从废水的排放量来看,2005 ~ 2015 年呈现出缓慢增长态势,"十一五"期间年均增长 3.5%,"十二五"期间年均增长 3.6%,2015 年废水排放量为735.32 亿吨,是 2005 年的 1.4 倍(见图 2 - 8)。从水污染物统计数据看,"十二五"期间,除总氮排放量略有增加外,其余的化学需氧量、氨氮、总

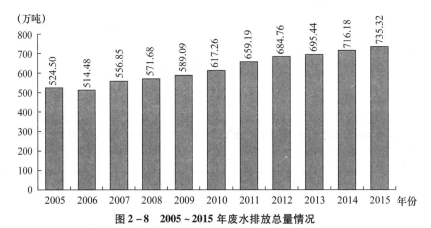

图 2 - 8　2005 ~ 2015 年废水排放总量情况

资料来源:《中国统计年鉴》历年数据;国家统计局网站。

磷、石油类、挥发酚、铅、汞、镉、总铬、砷、六价铬等 11 种废水中污染物排放已持续下降，其中重金属排放量减少幅度较大。2015 年，废水中铅、汞、镉、总铬、砷、六价铬排放量分别比 2011 年减少 48.8%、61.8%、55.9%、64.1%、23.5%、77.8%（见表 2-1）。考虑到"十三五"期间我国化肥使用量、畜禽养殖量处于增长态势，总磷、总氮的产生量可能仍将处于上升态势或维持高位，综合考虑各类水污染物排放量以及其减排速度，预判水污染物（叠加）总量在 2016~2020 年间可以达到峰值，随后进入平台期，进而缓慢下降。

表 2-1　　　　　　　　2011~2015 年废水中的主要污染物排放量情况

污染物	2015 年	2014 年	2013 年	2012 年	2011 年
化学需氧量排放量（万吨）	2223.5	2294.6	2352.7	2424	2499.86
氨氮排放量（万吨）	229.91	238.53	245.66	253.59	260.44
总氮排放量（万吨）	461.33	456.14	448.1	451.37	447.08
总磷排放量（万吨）	54.68	53.45	48.73	48.88	55.37
石油类排放量（吨）	15192.03	16203.64	18385.35	17493.88	21012.09
挥发酚排放量（吨）	988.21	1378.43	1277.33	1501.31	2430.57
铅排放量（千克）	79429.53	73184.74	76111.97	99358.81	155242
汞排放量（千克）	1079.97	745.91	916.52	1223.44	2829.15
镉排放量（千克）	15819.94	17251.1	18435.72	27249.89	35898.98
总铬排放量（千克）	105288	132797.4	163117.7	190079.1	293166.3
砷排放量（千克）	112101.3	109729.9	112230	128493.8	146616
六价铬排放量（千克）	23597.58	34925.33	58291.45	70533.6	106395.4

资料来源：《中国统计年鉴》历年数据；国家统计局网站。

从大气污染物的排放来看，二氧化硫、氮氧化物排放量已进入稳定的下降通道；2015 年烟（粉）尘排放量比 2014 年下降 11.6%，预判烟（粉）尘排放量已进入平台期，将呈下降趋势，其中可吸入颗粒物（PM10）排放总量自 20 世纪 90 年代以来已处于下降态势（见图 2-9）。据此可初步判断"常规"的大气污染物排放已出现转折，同时挥发性有机化合物、氨、大气重金属等"非常规"大气污染物排放量将在未来 5~10 年间达到峰值。6 类污染物排放总量叠加最高的时期极可能出现在 2016～2020 年之间。

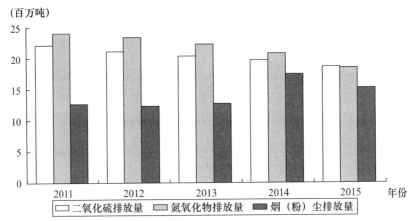

图 2－9　2011～2015 年废气中主要污染物排放量情况

资料来源：《中国统计年鉴》历年数据；国家统计局网站。

从工业固体废弃物产生和综合利用情况来看，2011～2014 年工业固体废弃物产生量基本保持在 33 亿吨左右，综合利用率在 62% 左右（见表 2－2）。一般工业固体废物产生量较大的省份主要集中在华北地区，河北、山西、内蒙古分列前 3 位。目前，我国工业固体废弃物处理市场还处于初级发展阶段，起步慢于污水、废气治理。长期以来，除了粉煤灰等可利用的工业废弃物被循环利用外，其他的均采取露天堆放、自然填埋等原始方式处理。

表 2－2　　　2010～2014 年全国工业固体废弃物产生量及其综合利用情况

年　份	工业固体废弃物产生量（万吨）	综合利用量（万吨）	综合利用率
2010	241090.91	161772	67.1%
2011	330176.86	199757	60.5%
2012	332321.84	202384	60.9%
2013	330523.27	205916	62.3%
2014	329033.82	204330	62.1%

资料来源：《中国统计年鉴》历年数据；国家统计局网站。

从城市生活垃圾无害化处理量来看，2015 年城市生活垃圾无害化处理量为 18013 万吨，是 2006 年的 2.29 倍（见图 2－10）；处理率为 94.1%，比 2006 年提高了 41.9 个百分点（见图 2－11）。

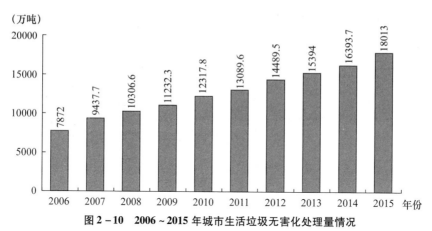

图 2 - 10   2006 ~ 2015 年城市生活垃圾无害化处理量情况

资料来源:《中国统计年鉴》历年数据;国家统计局网站。

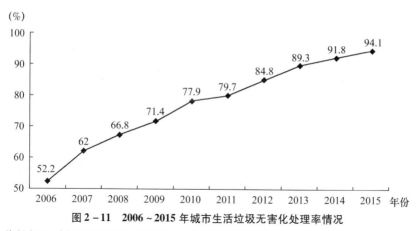

图 2 - 11   2006 ~ 2015 年城市生活垃圾无害化处理率情况

资料来源:《中国统计年鉴》历年数据,国家统计局网站。

(三) 治污投资规模增长但结构有待调整

随着节约资源、保护环境以及可持续发展理念的深入,我国用于生态保护和环境治理业的投资持续增长,直接带动资源消耗强度的降低以及主要污染物排放的减少。2015 年,环境污染治理投资额为 8806.3 亿元,是 2000 年的 8.68 倍,分别占到 GDP、财政收入、财政支出和全社会固定资产投资的比重为 1.28%、5.78%、5.01% 和 1.57%。2000 ~ 2015 年,环境污染治理投资占 GDP 比重在 1% ~ 1.84% 之间,占财政收入比重在 5.78% ~ 9.16% 之间,占财政支出比重在 5.01% ~ 8.47% 之间,占全社会固定资产投资的比重在

1.57% ~3.14% 之间（见表 2 - 3）。

表 2 - 3　　　　　　　　2000 ~ 2015 年我国环境污染治理投资规模

年份	环境污染治理投资额（亿元）	环境污染治理投资占 GDP 的比重（%）	环境污染治理投资占财政收入的比重（%）	环境污染治理投资占财政支出的比重（%）	环境污染治理投资占全社会固定资产投资的比重（%）
2000	1014.9	1.01	7.58	6.39	3.08
2001	1106.7	1.00	6.75	5.85	2.97
2002	1367.2	1.12	7.23	6.20	3.14
2003	1627.7	1.18	7.50	6.60	2.93
2004	1909.8	1.18	7.24	6.70	2.71
2005	2388	1.27	7.55	7.04	2.69
2006	2566	1.17	6.62	6.35	2.33
2007	3387.3	1.25	6.60	6.80	2.47
2008	4937.03	1.55	8.05	7.89	2.86
2009	5258.39	1.51	7.67	6.89	2.34
2010	7612.19	1.84	9.16	8.47	3.02
2011	7114.03	1.45	6.85	6.51	2.28
2012	8253.46	1.53	7.04	6.55	2.20
2013	9037.2	1.52	6.99	6.45	2.02
2014	9575.5	1.49	6.82	6.31	1.87
2015	8806.3	1.28	5.78	5.01	1.57

资料来源：《中国统计年鉴》历年数据；国家统计局网站。

从环境污染治理投资增长率情况来看，随着国民经济的快速发展，我国政府的财政收入不断增加，一直保持着高速、稳定的增长，环境污染治理投资力度也在不断加大。我国财政收入 2000 ~ 2013 年一直呈高速增长，2007 年更是达到了 32.4% 的高增长率，而环境污染治理投资的增长率波动较大，锐增或锐减的现象较普遍，2011 年和 2015 年甚至出现负增长，分别为 - 6.5% 和 - 8%（见表 2 - 4），这说明每年政府的新增财力并没有向环保领域倾斜。

表 2 - 4　　2000～2015 年中国环境污染治理投资增长、国民经济增长情况

年　份	环境污染治理投资增长率（%）	GDP 增长率（%）	固定资产投资增长率（%）	财政收入增长率（%）
2000	—	8.5	10.3	17.0
2001	9.0	8.3	13.1	22.3
2002	23.5	9.1	16.9	15.4
2003	19.1	10	27.7	14.9
2004	17.3	10.1	26.8	21.6
2005	25.0	11.4	26.0	19.9
2006	7.5	12.7	23.9	22.5
2007	32.0	14.2	24.8	32.4
2008	45.8	9.7	25.9	19.5
2009	6.5	9.4	30.0	11.7
2010	44.8	10.6	12.1	21.3
2011	-6.5	9.5	23.8	25.0
2012	16.0	7.9	20.3	12.9
2013	9.5	7.8	19.1	10.2
2014	6.0	7.3	14.7	8.6
2015	-8.0	6.9	9.8	8.5

资料来源：《中国统计年鉴》历年数据；国家统计局网站。

从国家财政用于环境保护支出额来看，2015 年为 4802.89 亿元，是 2007 年的 4.82 倍；占国家财政支出的 2.73%，比 2007 年提高了 0.73 个百分点（见图 2 - 12）。

从环境污染治理投资构成来看，2015 年，城市环境基础设施建设投资、工业污染源治理投资和建设项目"三同时"环保投资三者比例由 2000 年的 50.8:23.1:25.6 调整为 56.2:8.8:35，其中工业污染源治理投资比重明显降低（见表 2 - 5）。

工业污染源治理投资用于废水治理、废气治理、固体废物治理、噪声治理和其他治理方面，投资重点主要分布在废气治理和废水治理这两个领域。工业污染源治理投资额在 2001～2007 年稳步增长后，在 2008～2010 年出现短

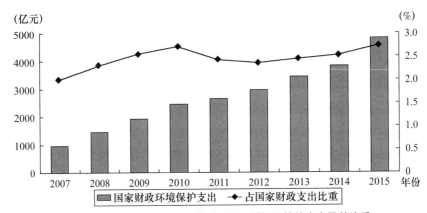

图 2-12   2007~2015 年国家财政用于缓解保护的支出及其比重

资料来源:《中国统计年鉴》历年数据;国家统计局网站。

表 2-5   2000~2015 年环境污染治理投资及其构成情况

年份	环境污染治理投资总额（亿元）	城市环境基础设施建设投资		工业污染源治理投资		建设项目"三同时"环保投资	
		投资额（亿元）	比例（%）	投资额（亿元）	比例（%）	投资额（亿元）	比例（%）
2000	1014.9	515.5	50.8%	234.79	23.1%	260	25.60%
2001	1106.7	595.8	53.8%	174.53	15.8%	336.4	30.4%
2002	1367.2	789.1	57.7%	188.37	13.8%	389.7	28.5%
2003	1627.7	1072.4	65.9%	221.83	13.6%	333.5	20.5%
2004	1909.8	1141.2	59.8%	308.11	16.1%	460.5	24.1%
2005	2388	1289.7	54.0%	458.19	19.2%	640.1	26.8%
2006	2566	1314.9	51.2%	483.95	18.9%	767.2	29.9%
2007	3387.3	1467.5	43.3%	552.39	16.3%	1367.4	40.4%
2008	4937.03	2247.73	45.5%	542.64	11.0%	2146.7	43.5%
2009	5258.39	3245.06	61.7%	442.62	8.4%	1570.7	29.9%
2010	7612.19	5182.21	68.1%	396.98	5.2%	2033	26.7%
2011	7114.03	4557.23	64.1%	444.36	6.2%	2112.4	29.7%
2012	8253.46	5062.65	61.3%	500.46	6.1%	2690.35	32.6%
2013	9037.2	5222.99	57.8%	849.66	9.4%	2964.55	32.8%
2014	9575.5	5463.9	57.1%	997.65	10.4%	3113.95	32.5%
2015	8806.3	4946.8	56.2%	773.68	8.8%	3085.82	35.0%

资料来源:《中国统计年鉴》历年数据;国家统计局网站。

暂的下滑，2011～2014 年出现迅猛增长，2015 年又出现回调（见表 2－6）。治理废水项目完成投资在 2001～2007 年处于上升通道，2007～2015 年总体处于下降区间；治理废气项目完成投资和工业污染源治理投资变动一致，2014年达到顶峰 789.4 亿元，占到工业污染治理投资总额的 79.1%；固体废弃物和噪声污染投资的比重较低，变动不大；其他项目投资在 2015 年大幅增长48.9%，达到 114.5 亿元，占工业污染治理投资比重的 14.9%，比 2001 年提高了 5.4 个百分点。

表 2－6　　　　　　　　2001～2015 年工业污染源治理投资额　　　　　　单位：亿元

年　份	工业污染治理完成投资	治理废水项目完成投资	治理废气项目完成投资	治理固体废物项目完成投资	治理噪声项目完成投资	治理其他项目完成投资
2001	174.5	72.9	65.8	18.7	0.6	16.5
2002	188.3	71.5	69.8	16.1	1.0	29.9
2003	221.8	87.4	92.1	16.2	1.0	25.1
2004	308.1	105.6	142.8	22.6	1.3	35.7
2005	458.2	133.7	213.0	27.4	3.1	81.0
2006	483.9	151.1	233.3	18.3	3.0	78.3
2007	552.4	196.1	275.3	18.3	1.8	60.7
2008	542.6	194.6	265.7	19.7	2.8	59.8
2009	442.6	149.5	232.5	21.9	1.4	37.4
2010	397.0	129.6	188.2	14.3	1.4	62.0
2011	444.4	157.7	211.7	31.4	2.2	41.4
2012	500.5	140.3	257.7	24.7	1.2	76.5
2013	849.7	124.9	640.9	14.0	1.8	68.1
2014	997.7	115.2	789.4	15.1	1.1	76.9
2015	773.7	118.4	521.8	16.1	2.8	114.5

资料来源：《中国统计年鉴》历年数据；国家统计局网站。

三、我国生态环境保护和两型社会建设现状

（一）资源及其综合利用现状

2015 年，全国国有建设用地供应总量 53 万公顷，比上年下降 12.5%。其中，工矿仓储用地 12 万公顷，下降 15.2%；房地产用地 12 万公顷，下降 20.9%；基础设施等其他用地 29 万公顷，下降 7.1%。全年水资源总量 28306 亿立方米。全年平均降水量 644 毫米。年末全国监测的 614 座大型水库蓄水总量 3645 亿立方米，与上年末蓄水量基本持平。全年总用水量比上年增长 1.4%。其中，生活用水增长 3.1%，工业用水增长 1.8%，农业用水增长 0.9%，生态补水增长 1.7%。万元国内生产总值（GDP）用水量 104 立方米，比上年下降 5.1%。万元工业增加值用水量 58 立方米，下降 3.9%。人均用水量 450 立方米，比上年增长 0.9%。全年完成造林面积 632 万公顷，其中林业重点生态工程完成造林面积 242 万公顷，占全部造林面积的 38.2%。截至年底，自然保护区达到 2740 个，其中国家级自然保护区 428 个。新增水土流失治理面积 5.4 万平方公里，新增实施水土流失地区封育保护面积 2.0 万平方公里。全年能源消费总量 43.0 亿吨标准煤，比上年增长 0.9%。煤炭消费量下降 3.7%，原油消费量增长 5.6%，天然气消费量增长 3.3%，电力消费量增长 0.5%。煤炭消费量占能源消费总量的 64.0%，水电、风电、核电、天然气等清洁能源消费量占能源消费总量的 17.9%。全国万元国内生产总值能耗下降 5.6%。工业企业吨粗铜综合能耗下降 0.79%，吨钢综合能耗下降 0.56%，单位烧碱综合能耗下降 1.41%，吨水泥综合能耗下降 0.49%，每千瓦时火力发电标准煤耗下降 0.95%。

国家鼓励资源综合利用。资源综合利用已经成为煤炭、电力、钢铁、建材等资源型行业调整结构、改善环境、创造就业机会的重要途径。矿产资源利用方面，部分重点大中型露天煤矿、露天铁矿开采回采率达到 95% 以上，部分矿山铜矿、铅矿、锌矿等有色金属矿种的选矿回收率达到 80% 以上。工业固体废物综合利用方面，废钢铁、废有色金属、废塑料等主要再生资源回

收总值超过 5000 亿元。2013 年，资源综合利用产值达到 1.3 万亿元。通过开展资源综合利用，减少固体废物堆存占地 14 万亩以上。综合利用废钢铁、废有色金属等再生资源，与使用原生资源相比，可节约 2.5 亿吨标准煤，减少废水排放 170 亿吨、二氧化碳排放 6 亿吨、固体废弃物排放 50 亿吨。我国废旧纺织品综合利用量约为 300 万吨，相当于节约原油 380 万吨，节约耕地 340 万亩。充分利用国外资源，共进口废钢铁、废有色金属、废纸、废塑料等废物原料 5514 万吨，货值 337 亿美元。

资源综合利用科技创新体系加快建设。钒钛磁铁矿、铁 – 稀土多金属共伴生资源得到综合开发；废塑料、废橡胶、废旧金属等再生资源综合利用技术均取得产业化突破；高铝粉煤灰提取氧化铝技术研发成功并逐步产业化；废旧家电的全密闭快速拆解和高效率物料分离等资源化利用技术装备实现国产化；全煤矸石烧结砖技术装备达到国际先进水平；废旧纺织品再生利用技术中试成功；等等。

（二）环境及其治理保护成效

2015 年，全国 338 个地级以上城市中，有 73 个城市环境空气质量达标，占 21.6%；265 个城市环境空气质量超标，占 78.4%。338 个地级以上城市平均达标天数比例为 76.7%；平均超标天数比例为 23.3%，其中轻度污染天数比例为 15.9%，中度污染为 4.2%，重度污染为 2.5%，严重污染为 0.7%。全国城市空气质量总体趋好，首批实施新环境空气质量标准的 74 个城市细颗粒物（PM2.5）平均浓度比 2014 年下降 14.1%。480 个城市（区、县）开展了降水监测，酸雨城市比例为 22.5%，酸雨频率平均为 14.0%，酸雨类型总体仍为硫酸型，酸雨污染主要分布在长江以南 – 云贵高原以东地区。十大流域的 700 个水质监测断面中，Ⅰ～Ⅲ类水质断面比例占 72.1%，劣Ⅴ类水质断面比例占 8.9%。十大流域水质总体为轻度污染，水质保持稳定。近岸海域 301 个海水水质监测点中，达到国家一、二类海水水质标准的监测点占 70.4%，三类海水占 7.6%，四类、劣四类海水占 21.9%。在监测的 321 个城市中，城市区域声环境质量好的城市占 4.0%，较好的占 68.5%，一般的占

26.2%，较差的占0.9%，差的占0.3%。年末城市污水处理厂日处理能力达到13784万立方米，比上年末增长5.3%；城市污水处理率达到91.0%，提高0.8个百分点。城市生活垃圾无害化处理率达到92.5%，提高0.7个百分点。城市集中供热面积64.2亿平方米，增长5.1%。城市建成区绿地面积189万公顷，增长3.7%；建成区绿地率达到36.3%，提高0.05个百分点；人均公园绿地面积13.16平方米，增加0.08平方米。

通过实施"大气十条""水十条"和"土十条"，打响了大气、水、土污染防治"三大战役"，污染物排放总量持续大幅下降，环境效益明显。化学需氧量、氨氮、二氧化硫、氮氧化物排放量连续多年大幅下降，二氧化硫和氮氧化物排放量减少导致酸雨面积已经恢复到20世纪90年代水平；化学需氧量排放量下降推动主要江河水环境质量逐步好转，重要的标志是劣Ⅴ类断面比例大幅减少，由2001年的44%降到2015年的8.9%，降幅达80%。2015年，全国五种重点重金属污染物（铅、汞、镉、铬和类金属砷）排放总量比2007年下降27.7%。截至2015年底，我国城镇污水日处理能力由2010年的1.25亿吨增加到1.82亿吨，已成为全世界污水处理能力最大的国家之一，城市污水处理率达91%。中央财政共安排农村环保专项资金315亿元，支持7.8万个村庄开展环境综合整治，村庄饮用水水源地得到保护，生活污水、垃圾和畜禽养殖污染得到有效治理，村庄环境面貌得到改善。煤电机组安装脱硫设施的比例由2010年的83%增加到99%以上；煤电机组安装脱硝设施的比例由12%增加到92%。我国建成了发展中国家最大的环境空气质量监测网，全国338个地级及以上城市全部具备PM2.5等六项指标监测能力。

四、我国生态环境保护和两型社会建设存在的突出问题

当前，我国的资源环境形势依然严峻，经济发展和生态环境保护之间不平衡、不协调等问题依然存在，环境保护仍处在保护与破坏、改善与恶化相持阶段。

（一）资源短缺且仍浪费

近年来，我国资源开发利用的规模巨大，主要资源消费的增加量占世界总增加量的比例，包括能源、煤炭、石油和钢等均居世界第一位。2015年我国能源和矿产品产量快速上升，原煤产量达到37.47亿吨，原油2.15亿吨、天然气1346.1亿立方米、粗钢8.04亿吨、10种有色金属5155.82万吨、原盐6665.54万吨、水泥23.59亿吨。大宗短缺矿产品的进口量持续增加，2015年我国矿产品贸易总额8338亿美元，进口原油33550万吨、铁矿石95272万吨、锰矿石1576万吨、铬铁矿1040万吨、铜矿石1329万吨、铝土矿3528万吨、氯化钾947万吨。原油、铁矿石、铜矿、铝土矿等矿产品进口量较上年保持增长，特别是铝土矿进口量增长超过50%，而煤炭、镍矿等矿产品进口量有较大幅度减少。我国大型和超大型矿床比重很小，贫矿、难选矿和共伴生矿多。在矿产资源供需形势严峻的同时，我国的矿产资源浪费惊人，综合利用率极低。据统计，我国矿产资源总回收率和共伴生矿产资源综合利用率平均分别仅为30%和35%左右，比国际先进水平低20%；我国金属矿山尾矿的综合利用率仅为约10%，远低于发达国家60%的利用率。

我国国土面积中干旱、半干旱土地大约占一半，难以利用的土地面积达2.93亿公顷，占国土面积的30.7%。其中，流动沙丘0.45亿公顷，戈壁0.56亿公顷，海拔4000米以上难以利用的高山1.93亿公顷。从地形来看，山地、丘陵和高原占66%，平原仅占34%。我国人均耕地少，耕地质量总体不高，耕地后备资源不足。耕地资源中，中下等耕地和有限制耕地占60%，而有限的耕地中，缺乏水源保证、干旱退化、水土流失、污染严重的耕地占了相当大的比例。2014年，我国城镇低效率用地占到40%以上，土地利用粗放和闲置浪费现象严重。

我国水资源在地区之间、季节之间的分布极不平衡，是世界上用水最多的国家，同时也是水资源浪费最严重的国家之一。水利部公布的2013年水资源公报显示，我国水资源总量约为2.8万亿立方米，占全球水资源的6%，用水总量占世界总量的15.4%。2015年，我国人均水资源量为2039.25立方米/

人。按照国际标准①，我国整体接近中度缺水，有 16 个省区重度缺水，6 个省区极度缺水；全国 600 多个城市中有 400 多个属于"严重缺水"和"缺水"城市。黄河流域、淮河流域和海河流域水资源的开发利用率已分别高达 70%、60% 和 90%，远高出国际上公认的河流水资源开发利用率应低于 40% 的水平。此外，我国广大农村水资源利用效率不高，造成了巨大的水资源浪费。我国农业用水量占总用水量的 63.1%，但由于输水方式、灌溉方式、农田水利基础设施、耕作制度、栽培方式等方面的原因，农业用水的利用率不高，渠道灌溉区只有 30% ~ 40%，机井灌溉区也只有 60%，远低于发达国家水资源利用率 80% 的水平。

【专栏 2 – 7】　　　　　我国水资源短缺的 4 种类型

　　水资源短缺可以分为资源性缺水、工程性缺水、水质性缺水和管理性缺水 4 种类型。

　　资源性缺水是指当地水资源总量少，不能适应经济发展的需要，造成水资源供需矛盾加剧，如京津华北地区、西北地区、辽河流域、辽东半岛、胶东半岛等地区属于资源性缺水。

　　工程性缺水是指特殊的地理和地质环境等原因缺乏水利设施建设，不能储存天然降水，导致水资源供需失衡，需求大于供给。此种类型主要分布在长江、珠江、松花江流域、西南诸河流域以及南方沿海等地区，尤以西南诸省较为严重。

　　水质性缺水是指由于排放污水等原因造成水资源污染而导致优质水资源供不应求的现象。主要分布在水资源比较丰富的地区。

　　管理性缺水是指由于管理的原因导致水资源不能满足人类需求的现象。水资源管理制度体系尚不健全、执法保障体系有待加强是导致用水方式粗放、效率不高、用水浪费现象的根本原因。

---

① 根据国际公认的标准，人均水资源量低于 2000 立方米且大于 1000 立方米为中度缺水，人均水资源量低于 1000 立方米且大于 500 立方米为重度缺水，人均水资源量低于 500 立方米为极度缺水。

（二）新型污染问题显现

我国的重污染天气高发势头仍未得到有效遏制，大气环境质量存在主要污染物排放量过大，复合型污染特征仍然突出，二氧化硫、氮氧化物与挥发性有机物等污染物复合叠加，颗粒物（尤其是 PM2.5 为主的雾霾）污染严重。2013 年《大气污染防治行动计划》实施以来，大气环境质量改善取得一定成效，主要污染物浓度有所下降。2014 年，74 个新标准第一阶段监测实施城市和 87 个第二阶段新增城市中仅有 16 个城市达标，未达标率高居 90.1%。2015 年，全国 338 个地级以上城市中，仍有近八成的城市空气质量超标，45 个城市 PM2.5 年均浓度超标一倍以上。相比前几年，全国城市空气质量总体呈改善趋势。根据首批实施新环境空气质量标准的 74 个城市可比数据，相比 2013 年，优良天数比例提高 10.7 个百分点，重度及以上污染天数比例下降 4.6 个百分点，PM2.5 平均浓度下降 23.6%。其中，京津冀重度及以上污染天数比例同比下降 7 个百分点；PM2.5 年均浓度同比下降 17.2%。珠三角空气质量改善幅度最大，区域 PM2.5 平均浓度首次达标。根据《大气污染防治行动计划》和《国家新型城镇化规划（2014 – 2020 年)》，到 2017 年全国地级及以上城市可吸入颗粒物浓度应比 2012 年下降 10% 以上，到 2020 年地级及以上城市空气质量达到国家标准的比例应达到 60%，但目前的大气环境质量状况距离这些目标仍有较大差距。

我国大江大河干流水质总体良好，地级及以上城市集中式饮用水水源地水质基本达标。目前的水环境状况正呈现出从传统污染物（化学需氧量、氨氮、总氮、总磷）向传统和新型有毒有害污染物（持久性有机污染物、藻毒素等）转变的复合污染特征，主要污染因子出现结构性变化，水环境污染形势仍然严峻。地表水还存在重点流域的支流污染严重、群众身边的河流沟渠黑臭、湖泊富营养化、农村水污染防治设施建设滞后等问题。"十二五"以来，我国地表水总体为轻度污染，水质保持稳定，呈现"两头小、中间大"的橄榄型态势，特别差和特别好的水体均在减少。"十二五"期间，长江流域Ⅰ类水质断面比例降低 1.0 个百分点，西南诸河无Ⅰ类水质断面、Ⅱ类水质断面比例下降 4.1 个百分点。此外，根据《水污染防治行动计划》，到 2020

年，地表水优于 III 类水质的比例总体应达到 70% 以上，目前还存在 13.5 个百分点的差距。除地表水环境之外，中国还面临地下水环境质量恶化、饮用水源地保护等水环境质量风险和挑战。

【专栏 2-8】　　　　　　我国水资源管理"三条红线"

国务院"关于实行最严格水资源管理制度的意见"中提出，要确立水资源管理三条红线。

——水资源开发利用控制红线，指到 2030 年全国用水总量控制在 7000 亿立方米以内。

——用水效率控制红线，指到 2030 年用水效率达到或接近世界先进水平，万元工业增加值用水量（以 2000 年不变价计）降低到 40 立方米以下，农田灌溉水有效利用系数提高到 0.6 以上。

——水功能区限制纳污红线，到 2030 年主要污染物入河湖总量控制在水功能区纳污能力范围之内，水功能区水质达标率提高到 95% 以上。

长三角、珠三角、东北老工业基地等部分区域土壤污染问题较为突出，西南、中南地区土壤重金属超标范围较大。不少大中城市正面临着重污染行业的大批企业关闭和搬迁问题，给城市遗留下大量废弃的污染场地。根据全国生态环境十年变化（2000~2010 年）调查评估结果，我国土壤污染总体状况不容乐观。土壤总的点位超标率为 16.1%，其中轻微、重度污染点位比例分别为 11.2%、1.1%；从污染分布情况看，南方土壤污染重于北方；土壤污染成为威胁食品安全的重要因素。

（三）生态脆弱区域较广

我国生态脆弱区①类型多、范围广，包括土壤退化、水土流失、植被覆盖

---

① 生态脆弱区指生态系统组成结构稳定性较差，抵抗外在干扰和维持自身稳定的能力较弱，易发生生态退化且难以自我修复的区域。

率、生物多样性等方面，主要以西南喀斯特地区、北方农牧交错带、西北干旱地区、南方丘陵山区和青藏高寒区等区域为主。当前，生态脆弱区域面积广大，脆弱因素复杂。我国广大地区处于强烈起伏的地形、恶劣的气候条件、活跃的构造运动等自然背景下，加之长期而剧烈的某些不当人类活动方式，导致脆弱生态环境范围和程度呈现出扩大和加剧的趋势。由于近几十年全球气候变化的影响，年降水量、地下水位、植被覆盖度等评价指标不断发生变化，脆弱生态环境分布范围也相应发生了一定程度的变化。环境保护部 2008 年印发的《全国生态脆弱区保护规划纲要》以生态交错带为主体，确定了 8 个生态脆弱区：东北林草交错生态脆弱区、北方农牧交错生态脆弱区、西北荒漠绿洲交接生态脆弱区、南方红壤丘陵山地生态脆弱区、西南岩溶山地石漠化生态脆弱区、西南山地农牧交错生态脆弱区、青藏高原复合侵蚀生态脆弱区、沿海水陆交接带生态脆弱区。2010 年《全国主体功能区规划》依据沙漠化、水土流失、石漠化分布图，以公里格网为单元，经单要素及综合的生态敏感性评估而绘制了全国生态脆弱性评价图，但未发布边界清晰的全国生态脆弱区空间分布范围，这成为全国生态保护红线划定亟待解决的关键问题。生态环境脆弱区占全国陆地国土面积的 60% 以上。《全国主体功能区规划》指出，我国中度以上生态脆弱区域占全国陆地国土面积的 55%，其中极度脆弱区域占 9.7%，重度脆弱区域占 19.8%，中度脆弱区域占 25.5%。

据统计，我国近 1/3 的国土生态环境质量优良，1/3 的国土生态环境处于差或较差水平。我国天然草原面积约占国土面积的 41%，但有 90% 的天然草原出现不同程度的退化，退化、沙化草原已成为中国主要的沙尘源。我国湿地面积居亚洲第 1 位、世界第 4 位，约有 40% 的自然湿地得到有效保护，但天然湿地大面积萎缩、消亡、退化仍很严重。我国耕地面积占国土面积的 12.7%，是陆地生态系统的重要组成部分，但农业生产过程中化肥、农药、农膜等的大量使用，对农田生产力和周围自然生态系统造成一定的负面影响。我国海域面积约为陆地面积的 1/3，由于沿海地区人口快速增长，经济发展迅速，沿海滩涂、湿地生态破坏加剧，海域总体污染状况仍未好转；我国是世界上荒漠分布最多的国家之一，集中分布在西北干旱地区，荒漠植被的过量利用和内陆河上游水资源的过度开发导致荒漠植被和荒漠区绿洲的生态退化；我国城市绿地面积不断扩大，但城市水资源短缺，城市绿地面积小、功效差等问题依然存在；农村"脏、乱、差"现象仍然存在，农业面源污染、畜禽养殖污染等问题比较突出。

（四）认知偏差普遍存在

一方面，地方对"经济发展与环境保护可以共赢"的认知不足。一些地方政府认为经济发展与环境保护是对立的，要保护环境必然要牺牲经济的发展，新环保法实施后曾引发拖累地方经济发展的争论。有些领导干部认为环保是包袱，抓环保就会影响 GDP，就会影响发展，存在着不能为、不想为、不敢为的问题。特别是一些资源型城市，转变发展方式的方法不多，自身思想保守，以历史包袱重为借口，存在靠山吃山的惯性思维，对保护环境而牺牲"大好项目"心有不甘。实践证明，经济发展与环境保护相互关联、相互制约、相互促进，正确处理二者的关系，可以达到经济和环境的协调发展。美欧的环境保护和经济发展状况为我们提供了很好的可资借鉴的范例。习总书记提出了"绿色发展"理念，也提出了"绿水青山就是金山银山"的"两山论"，指出环境就是民生，保护环境就是保护生产力，改善环境就是发展生产力。牺牲生态环境为代价的经济增长难以持续，而只强调环保不顾及发展，不仅罔顾了人民群众对美好生活的热切期待，也辜负了这个伟大的时代。加强环境治理，利用环境保护来优化经济发展、推进经济转型，可以实现发展和保护的协调共赢。

另一方面，民众环保意识增强，但对可能产生大气污染、水污染、土壤污染、噪音（低频）污染、震动、地面下沉、恶臭等有"邻避"风险的项目过度应激，"邻避问题"（见专栏2-9）成为困扰政府和项目运营的难题。当民众遇到"邻避"项目时，对相关信息存在负面偏好，一般都倾向于将这些重大工程项目与有毒有害物、疾病和爆炸等信息"对号入座"。如"垃圾焚烧厂与二噁英""变电站与辐射""PX 与危险有毒化学品"。这些"对号入座"实际上是不科学的，业内已有很成熟的技术来妥善解决。近些年，因重大项目建设而引起的环境群体性事件日益增多，如厦门等多地市民接连反对 PX 项目、上海市民反对磁悬浮项目、四川什邡民众抗议钼铜项目、江苏启东民众抗议造纸厂排污管道建设项目和各大城市居民不断涌现的反对垃圾焚烧厂项目等。国家环保部官员指出，自 1996 年以来，环境群体性事件一直保持年均 29% 的增速。这些"邻避"冲突，既造成社会矛盾扰乱公共秩序，也极大地影响了产业有序快速发展。以 PX 项目为例，厦门、大连、宁波、昆明、茂名等多地政府在处理公众抗议时，都做出了"停建"或者"迁址"的妥协，以换取舆论平息和社会秩序恢复。为防范和化解"邻避"问题，政府应加强科学决策合理规划，做好"邻避"项目审批工作，强化源头预防和重点环节的管理，决策、规划、环评、选址和建设等所有环节，都不搞突然袭击，不让民意缺席。此外，政府还应加强对"邻避"问题多发行业科普知识的传播，积极做好网上舆情监测及应对工作。

【专栏 2-9】　　　　　　　　邻避效应

邻避效应（Not-In-My-Back-Yard，简称 NIMBY，音译"邻避"）意指居民因担心部分项目对环境、健康和房产价值具有负外部性，而拒绝与之毗邻而居的抗拒心理。进入工业文明时代的中国，"以邻为壑"的典故演绎出另一个版本：由于当地群众不甘承受"以我为壑"的污染成本，衍生出对政府引进项目的集体抵制。政府部门规划经济项目或公共设施，产生的效益为全体社会所共享，但负外部效果却由附近居民来承担，于是受到选址周边居民的反对，这种"不要建在我家后院"的"邻避效应"，在国际社会已是普遍现象；对"邻避效应"的认识和引导，也是世界各国的共同挑战。

有学者认为，要化解邻避效应，首先要在设施选址过程中，尊重居民环境权利，充分吸纳民意，保证公开透明，实现科学决策；其次，设施建立后，要给附近居民以合理而充分的补偿；同时，也要引导公众提高责任意识，避免诸如"社会责任凭什么由我来承担"一类的狭隘观点。

五、我国资源环境"十三五"时期面临的机遇

（一）新理念有利于资源环境正本清源

生态文明建设的推进、绿色发展理念的提出，体现了以习近平同志为核心的党中央对环境问题的高度重视和深刻认识，为"十三五"时期进一步化解资源环境矛盾提供了有利的宏观环境。党的十八大以来，习近平同志高度重视生态文明建设，提出了一系列关于生态文明建设的新理念新思想新战略。党的十八大明确了生态文明建设的总体要求，党的十八届三中、四中、五中全会分别确立了生态文明体制改革、生态文明法治建设和绿色发展的任务，中央还专门制定出台了《关于加快推进生态文明建设的意见》。绿色发展理念的核心在于处理好经济发展和资源环境之间的关系。在近年来的生态文明建设实践中，我国全面落实资源节约战略，能源、水、土地等资源消耗强度大幅度下降；加大环境治理力度，重点治理大气、水、土壤三大污染，环境恶化趋势初步扭转；实施重大生态修复工程和完善生态补偿机制，重点生态功能区得到保护，重要自然生态系统有所恢复。特别是各地区、各部门对生态文明的认识有了极大提升，思想和行动正在统一到中央关于生态文明建设的决策部署上来。

（二）新常态有利于资源环境积极转优

当前我国发展进入新常态，经济增长速度由高速转向中高速，产业结构由低端迈向中高端，结构调整、转型升级，为中国经济的绿色发展提供了契机。新常态的目标是经济发展质量的全面提升，必然要求坚持绿色发展的理念，加快转变经济发展方式，调整产业结构，加快科技进步，发展壮大循环经济，推动经济增长方式从传统工业生产中的"高投入、高能耗、高污染与低效益"向"低消耗、少排放、可持续发展型"转变，全面构建资源节约型与环境友好型社会。随着我国发展方式转变、产业结构调整和能源结构优化，特别是经济增长速度降低、重化工业增长对 GDP 的贡献下降，污染物排放强

度将逐步降低，有利于开创环境质量改善和污染防治的新局面。未来的治理需求将从点源转向面源，从一次污染防治走向二次污染防治，从单个污染物控制走向多污染物协同控制。环保的需求将是全方位的，将催生出市政、工业、生态修复、河道治理、景观建设等一体化打包解决能力的环境服务商，一些面向保护人体健康的环境保护产业也将逐渐兴起。随着大量社会资本进入环保行业，国内环保市场有望迎来爆发式增长，环保产业也将迎来大环保集团时代的新格局。

（三）新力量有利于资源环境多方推动

民众对环境保护的期待与需求持续提高，环保诉求日益高涨，成为环境保护的新动力。民众环境权益观增强、环境公平正义诉求与环境质量改善要求提升，要求政府加大生态环境保护投入，加大污染治理和监管力度，有利于形成全社会保护环境的合力，会成为推动优质生态产品供给的重要动力，也是根本动力。同时，政府完善公众参与机制，使之制度化、规范化。环境保护部在 2015 年颁布了《环境保护公众参与办法》，明确规定了环境保护主管部门可以通过征求意见、问卷调查，组织召开座谈会、专家论证会、听证会等方式开展公众参与环境保护活动，并对各种参与方式做了详细规定。近年来，公众参与环境事务的热情日益高涨，但也随之出现盲目参与、过激参与等问题，《办法》的出台，让公众参与环保事务的方式更加科学规范，参与渠道更加通畅透明，参与程度更加全面深入。政府支持、引导社会组织参与环境保护活动，广泛凝聚社会力量，最大限度地形成治理环境污染和保护生态环境的合力。此外，国家出台了鼓励社会资金进入战略性新兴产业的政策，在环保服务领域开展 PPP 模式合作受到激励，大型国有企业携资金和高新技术进入环保产业，资本市场上环保企业比例增加，为环境管理和污染治理提供了资金保障。目前很多企业已在新能源、固废处理、环保水务等领域积极进行 PPP 探索实践，包括江阴污水处理、宁波垃圾发电、常州新北垃圾发电等项目。

（四）新机构有利于全面加强宏观管理

党的十九大报告提出，设立国有自然资源资产管理和自然生态监管机构，完善生态环境管理制度，统一行使全民所有自然资源资产所有者职责，统一行使所有国土空间用途管制和生态保护修复职责，统一行使监管城乡各类污染排放和行政执法职责。新一轮国务院机构改革提出组建自然资源部和生态环境部，这一改革举措将进一步理顺我国生态环境监管体制，助力"美丽中国建设"，对我国生态环境保护和两型社会建设带来重大机遇。新机构的成立，将有利于全面加强资源和环境的宏观管理，有利于"山水林田湖"统一管护，进一步加强生态环境监管保护力度。此次生态环境管理方面的机构改革可避免"九龙治水"问题。以治水为例，地表水环境由环保部负责、地下水污染由国土资源部监督、排污口由水利部设置管理、农业面源污染治理由农业部监督指导、海洋环境保护由国家海洋局负责等，此次改革将这些职能统一到生态环境部，改变监管职能分散的局面。自然资源部统筹各类自然资源规划的编制，打破以往各部门编制的规划"打架"的同时，还通过确权登记等手段，检验规划是否真正落地。由一个部门负责全部自然资源的空间规划和监管，能够让统一调查、统一规划、统一监督和统一整治成为可能，能够大大提高管理效能，推动高质量发展。在统一标准和分类之下，林地、草原、土地、海洋等"家底"数据能够真正形成体系，避免数据交叉重叠。过去各个部门之间不承认对方数据等情况将不复存在。未来，在土地督查的基础上，可形成统一的自然资源保护、利用等监督和督查体系，也有利于对历史遗留问题进行统一的国土整治和生态修复。

【专栏2-10】 　　　　国家组建自然资源部和生态环境部

　　组建自然资源部。将国土资源部的职责，国家发展和改革委员会的组织编制主体功能区规划职责，住房和城乡建设部的城乡规划管理职责，水利部的水资源调查和确权登记管理职责，农业部的草原资源调查和确权登记管理职责，国家林业局的森林、湿地等资源调查和确权登记管理职责，国家海洋局的职责，国家测绘地理信息局的职责整合，组建自然资源部，作为国务院组成部门。自然资源部对外保留国家海洋局牌子。

　　不再保留国土资源部、国家海洋局、国家测绘地理信息局。

组建生态环境部。将环境保护部的职责，国家发展和改革委员会的应对气候变化和减排职责，国土资源部的监督防止地下水污染职责，水利部的编制水功能区划、排污口设置管理、流域水环境保护职责，农业部的监督指导农业面源污染治理职责，国家海洋局的海洋保护职责，国务院南水北调工程建设委员会办公室的南水北调工程项目区环境保护职责整合，组建生态环境部，作为国务院组成部门。生态环境部对外保留国家核安全局牌子。

不再保留环境保护部。

六、我国资源环境"十三五"时期面临的挑战

（一）各类资源保障难度不断加大

我国是能源资源较为匮乏的国家，改革开放以来，随着经济的持续快速增长，各类资源的消耗量不断上升，能源资源的供需缺口不断加大，能源资源对外依存度不断攀升。目前石油、铁、铜、铝、钾盐等五大矿产的对外依存度都超过了 50%。据相关数据，预计到 2020 年，我国的石油、铁矿石、铜、铝等矿产的对外依存度分别为 60%、80%、70%、50% 以上，到 2030 年对外依存仍将高企或增加，预计为 70%、85%、80%、60% 左右，资源供应风险仍将在较长一段时期内存在。与此同时，石油、铁矿石、铜、铝、金等重要矿产资源静态保障年限呈下降态势，预计 2020 年总体保障年限在 10 年左右，2030 年将进一步下降至 10 年以下，能源资源安全保障受到严峻挑战。我国能源资源过高的对外依存度，将对我国的经济安全构成严重威胁，进而影响到政治、外交等各个方面，必须受到高度重视。许多资源在世界各国的分布很不均衡，少数几个国家拥有世界较大份额的资源，资源的垄断导致市场规则失灵，这些关键自然资源的获得，很大程度上并不由国际贸易规则支配，供给非常不稳定。当前，国际上争夺战略资源的斗争日趋激烈，我国资源运输安全形势不容乐观。我国许多大宗矿产进口需要依靠海运，而在目前

地缘政治不稳、新兴经济体快速崛起、国家间政治经济利益博弈、全球矿产资源竞争加剧的局面下，海上运输困难和风险显著加剧。如我国进口石油的一半以上来自动荡不安的中东地区，大约 4/5 的海上石油运输要经过马六甲海峡，一旦受阻，石油安全将受到严重威胁。

（二）环境协同治理难度大困难多

我国正处于工业化和城镇化深入推进的时期，现在既要治理工业化带来的废水、废气、废渣污染，还要治理城镇化带来的汽车尾气、垃圾处理、光化学等污染。特别是新型污染层出不穷，二次污染防不胜防，污染的来源广、因子多、成因复杂，不同的区域污染物又相互影响。同时，我国各地能源结构和经济发展的水平也不平衡，区域污染状况差异大，各种类型的污染呈现出压缩型、复合型、结构型的特点。我国现在既要对一次污染物进行治理和控制，还要对二次污染物进行控制；既要治理常规污染物，还要治理细颗粒物污染等新出现的污染问题，难度非常大。此外，生态建设和环境治理需要多部门相互配合、相互协调，也需要企业和社会各界的广泛参与。现行的行政分割的管理体制下，各部门间复杂的利益关系难以平衡，加大了协同治理的难度。同时，地方政府、企业、社会公众在参与过程中仍然力量分散，整体的协同效应没有形成。相比国际上一些国家，我国还面临"在较低的收入水平阶段解决更为复杂的环境问题"，二次污染需要成倍的投入才能解决，改善环境质量的边际成本在增加、边际效益在下降。目前全国 SO_2 排放总量接近 2000 万吨、NO_x 排放总量 2000 多万吨。现在一年减排 $SO_2$70 万~80 万吨、NO_x140 万~150 万吨，要实现环境质量根本好转，二氧化硫、氮氧化物总量至少要下降到百万吨级水平，没有 15~20 年是不可能降下来的。

（三）发展与保护的矛盾更加突出

我国工业化、城镇化、农业现代化的任务尚未完成，污染物排放仍然处于高位。经济新常态下，工业化、城镇化进程减缓，一方面环境压力在减少，另一方面，我们是在高基数上的放缓，污染物新增相对值在下降，但绝对量依然处于高位，带来的环境压力仍然十分巨大。我国要实现十几亿人口的现代化，面临经济社会发展规律、自然规律的客观限制，难度巨大。区域环境分化趋势明显，统筹协调的要求高、范围广。我国经济社会发展不平衡，东部一些地区进入工业化后期，环境质量出现好转态势，但中西部很大程度上仍在复制东部过去的发展模式，处于重工业集聚发展阶段。从项目环评审批的情况看，中西部有可能重复东部一些地区污染严重、生态受损的状况。西部生态环境敏感度高、监管能力弱，一旦出问题，将会是灾难性的。伴随着经济下行压力加大，一些地方解决环境问题的责任和动力可能出现松懈。

（四）国际社会要求承担更多责任

随着中国国际影响力的提升，国际舆论开始炒作"中国责任论"，认为中国正在崛起，所以中国应该履行更多的国际责任。我国积极实施应对气候变化相关国家战略，向联合国气候变化框架公约秘书处提交《强化应对气候变化行动——中国国家自主贡献》，全面深入参与《2030 年可持续发展议程》谈判，为解决国际环境问题、应对全球气候变化、制定《2030 年可持续发展议程》做出了重要贡献。我国颁布实施《中国淘汰消耗臭氧层物质国家方案》，制订 25 个行业的淘汰行动计划，关闭相关淘汰物质生产线 100 多条，在上千家企业开展消耗臭氧层物质替代转换，累计淘汰消耗臭氧层物质 25 万吨，占到发展中国家淘汰总量的一半以上，圆满完成《蒙特利尔议定书》各阶段规定的履约任务。中国如何承担以及用怎样的规模来承担国际责任，是需要由本国的实际情况与国际社会的具体情况相结合来自主决定的。但是有时候，西方国家还是会要求中国承担一些既超出中国能力又超出中国义务的责任，特别是发达国家要求我国承担更多环境责任的压力日益加大。

第三章

生态文明发展规律研究

生态文明发展规律是在不同发展时期、发展阶段，随着对绿色发展理念认识的深化，所不断演化形成的认识世界、改造世界的物质成果和精神成果的总和。党的十九大报告指出：人与自然是生命共同体，人类必须尊重自然、顺应自然、保护自然。人类只有遵循自然规律才能有效防止在开发利用自然上走弯路，人类对大自然的伤害最终会伤及人类自身，这是无法抗拒的规律。当前，推进生态文明建设关系到人民福祉、民族未来和国家复兴，研究生态文明发展规律，有利于深化认识人与自然的关系，构筑尊崇自然、绿色发展的生态体系，科学系统治理环境污染，积极探索绿色永续发展之路，建设美丽中国。

一、关于生态文明发展规律的若干认识

生态文明是针对中国国情提出来的，符合当前全球可持续发展的趋势。人类对生态文明发展规律的认识伴随人类生存发展历史不断深化。大多数学者认为，"生态文明是指人类遵循人、自然、社会和谐发展这一客观规律而取得的物质与精神成果的总和，是指以人与自然、人与人、人与社会和谐共生、良性循环、全面发展、持续繁荣为基本宗旨的文化伦理形态"。这个定义既包括人与自然，也包括人与人、人与社会，还包括物质、精神、持续发展的内容。

（一）生态文明是人与自然矛盾关系科学相处之道

1. 人与自然是生命共同体

自然界是人类生态发展的永恒家园，一方面人类不是单纯消极地适应自然，而是能够认识和改造自然，表明人类活动具有主动性和创造性，人类活动对自然界具有反作用。另一方面，人类在改造自然界为自己服务时，又不能违反客观自然规律，这表明人类活动具有受动性。人与自然矛盾关系中，自然界是矛盾的主要方面，两个方面共同构建人与生态环境的矛盾关系。人与自然是相互依存、相互联系的整体，生态文明是人与自然矛盾关系的科学相处之道，要尊重自然、顺应自然、保护自然。

2. 人与自然矛盾关系永远存在

从地球上出现人类开始，人与自然的矛盾就贯穿整个人类社会发展全过程。人类刚出现时，力量比较渺小，对自然具有敬畏感，对自然的认识还处于初级阶段，认为是"神明"、天意的安排。我国古代存在"人要听天由命，要顺天而行，不可逆天而行""天要人死，人不得不死"等观点，有要敬天、供天，靠天吃饭之说。儒家的代表人物提倡"天人合一"的生态自然观，认为自然界和人类社会是统一的，而不是对立和斗争。道家对于"自然"极力推崇，并且期望能够在"道法自然"之上达到人道合一的境界。佛教的"众生平等"认为整个物质世界的所有生物在佛面前是完全平等的。随着知识的增长、科技的进步，人发现自然并没有想象中的神秘、可怕。从文艺复兴社会开始，人逐渐以自然的主人姿态对待自然，认为自然是被人类改造、征服的对象，寻求人类对自然的胜利。工业革命时期创造了巨大的财富，但人类对环境的破坏也是巨大的，出现了资源枯竭、生物多样性减少、全球变暖等问题，给人类的生存与发展带来严峻的挑战，人与自然的矛盾比古代要严重得多、复杂得多、尖锐得多。过度的工业化不仅严重破坏了人类赖以生存的自然环境，也使人类自身的社会环境受到了伤害和冲击。马克思、恩格斯着重从理论上探讨了人与自然的辩证关系问题，认为自然界是人类生存与发展的前提和基础，人类与自然的关系是对立统一的。恩格斯在《反杜林论》中指出："从本质上看，人是在自然界中所得到的产物，并且还是连同自己身处的环境来共同得到发展进步的。"20世纪60年代开始，人类开始认识到自己的发展与自然过程深刻的生态联系。当前，人类意识到不能随意将自然作为对象来征服和统治，而应与自然建立新的伙伴关系。

历史实践告诉我们，人与自然的矛盾是客观存在的，不同时期的矛盾尖锐程度不一样。随着生产力和科学技术的进一步发展及人类思想观念的转变，人与自然的矛盾会得到缓解，人类已经认识到要建立人与自然和谐共生的关系，但并不是说未来人与自然就没有矛盾。毛泽东在《矛盾论》指出："一切事物中包含的矛盾方面的相互依赖和相互斗争，决定一切事物的生命，推动一切事物的发展。没有什么事物是不包含矛盾的，没有矛盾就没有世界。"矛盾是普遍存在的，旧的矛盾解决了，新的矛盾又会产生，又必须去解决，更新的矛盾还会产生，还必须再去解决……永远不会完结。人类与自然的关系就是在不断地解决矛盾，不断向前发展的。矛盾的解决是相对的、暂时的。只要人类与自然存在，矛盾就会客观存在，只是矛盾的内容和形式会发生变化。

3. 人与自然有不同的共处之道

古代人为了生存，只能敬畏自然、服从自然，把自然奉为神明顶礼膜拜，这个时期强调对自然的顺应和臣服。随着人类认识和改造自然的能力逐渐增长，陶醉于对自然的胜利，树立征服自然的信心，这个时期强调对自然的征服和利用，出现了破坏资源、环境的情况，导致了生态环境危机。随着环境污染的加重，人类认识到只有更好地利用、保护、建设自然，才能促进人类与自然的永续发展，开始强调人类与自然生态环境的和谐共生。发达国家提出了可持续发展理念，中国提出了生态文明的理念，人与自然的关系进入利用与保护相统一的阶段。

（二）人类活动对生态环境的影响不断增强

人类活动对自然生态的影响体现为不同方面：对自然环境的利用和改造，对资源的开发利用，废弃物排放等。人类的生存繁衍历史是人类与自然相互作用、共同发展、不断演进的历史。文明的发展是人类通过不断改变生产方式推动的。根据生产力水平发展的不同，人类文明大体经历了狩猎文明、农业文明、工业文明、生态文明这几个阶段，不同的生产力水平，人类活动对自然的影响也不同（见表3－1）。在每一种文明形态后期都因为出现人与自然的尖锐矛盾而迫使人类选择新的生产方式和生存方式，而每一次新的选择都能在一定时期内有效缓解人与自然的紧张对立，使人类得到更好的生存和发展。

表3－1 人类活动对自然的影响

项 目	狩猎文明	农业文明	工业文明	生态文明
人类对自然的影响	少，听天由命	森林砍伐、地力下降、水土流失等	从地区性环境污染到全球性灾难	人与自然和谐相处
影响方式	敬畏自然、依赖自然	利用农业技术改造自然	先污染、后治理	绿色发展

资料来源：根据网络资料整理。

狩猎文明时期，人类对自然的影响很小。这个时期生产力水平很低，人仅仅是自然生态系统中的普通成员，食物链中的一个普通环节。人类完全依靠从生态系统中取得天然生活资料维持生存，如采集野果和昆虫，用简单的石器等工具猎杀野兽。这种活动对大自然的影响，与强大的自然资源相比是微不足道的。虽然由于火的发明和生产工具的改进，有可能使某些动植物资源过度消耗，再生能力受到损害，甚至造成食物链的缺损，但这属于生态系统内部的矛盾，表现为一种自然生态过程。

农业文明时期，人类对自然的影响有限。这个时期人类已经能够利用自身的力量去影响和改变局部地区的自然生态系统，在创造物质财富的同时产生了一定的环境问题。人类开始利用农业技术，开发农业资源，最直接的问题是土地不合理使用造成地力下降、土地盐碱化、水土流失甚至河流决口，各种自然灾害肆虐，影响人类生存。两河流域文明的衰落告诉我们，文明的产生和发展是人与环境协调的产物，人类依赖自然环境和自然资源进行生产，必须在一个相对稳定的基础上持续发展，否则，一定地区的文明就无法延续。从整体上看，农业文明时期，人类对自然的影响是有限的，人类的环境意识还处于初级阶段，宗教思想表现为崇拜自然、畏惧自然、依赖自然。

工业文明时期，人类改造和利用自然的力度加大，出现了较严重的环境问题。这个时期以蒸汽机为先导的技术革命使一部分人自认为已经能够摆脱自然的束缚，出现了人类中心主义思潮。以笛卡儿为代表提出的"驾驭自然、做自然的主人"的思想影响全球，以"人是自然的主人"为哲学依据，不断增强人类对大自然的"控制"与"征服"能力，通过大规模的工业化生产，无限度地索取和利用自然资源、发展经济，不断增加物质生产量，寻求最大限度地满足人的物质需求。这个时期，人们把人类社会与自然环境分割开来，没有意识到人类与环境是相互作用关系。人与自然的关系推到了征服和被征服的边缘，带来了巨大的负面效应，如人口爆炸、资源短缺、粮食不足、能源紧张、环境污染的困境，暴露了以工业为主体的社会发展模式与人类的环境要求之间的矛盾，直到威胁人类生存发展的环境问题不断在全球显现，这才引起人类的重视。马克思说："人作为对象的感性的动物，是一个受动的存在物。"在改造自然的过程中，人要受到自然环境的制约，不能以自我为中心，不能无限制的发挥人的主观能动性。

人类社会发展面临迫在眉睫的环境问题，资源匮乏、气候变化、生态破坏、环境恶化等挑战压力日趋加大，生存形势日趋严峻。世界性的环境问题主要有：气候变暖、臭氧层被破坏、生物多样性减少、酸雨、森林锐减、土地荒漠化、大气污染、水污染、海洋污染、危险性废物越境转移等共性问题。当前中国面临的主要环境问题有：大气污染、水环境污染、垃圾处理、土地荒漠化和沙灾、水土流失、旱灾和水灾、生物多样性破坏等。目前，我国已有1/3的土地遭受过酸雨的袭击，70%的江河水系受到污染，1/4的居民没有纯净的饮用水，1/3的城市人口不得不呼吸被污染的空气。《2017中国环境状况公报》显示，2017年，全国338个地级及以上城市中，有99个城市环境空气质量达标，占全部城市数的29.3%；239个城市环境空气质量超标，占70.7%，部分城市和地区中度乃至重度雾霾天气频繁出现，增加了肺癌的发病率。

从 20 世纪中叶以来处理环境问题的实践中，人们进一步意识到单靠科学技术手段和用工业文明的思维去修补环境是不能从根本上解决问题的，必须系统改变人类的思想、行为，逐步认识到必须走人与自然协调发展的生态文明之路。生态文明不仅是人类社会的文明也是自然生态的文明，具有整体性、综合性和协调性，要摒弃工业文明"征服自然""人类中心主义"的价值理念，代之以人与自然平等相处、和谐共生的价值理念，重塑价值体系，并对工业文明下的生产生活方式及其制度安排进行生态化改造和绿色转型。生态文明是在反思和扬弃工业文明基础上发展起来的"后工业文明"（见表3－2），引导人类社会继续向前发展。

表 3－2 工业文明与生态文明比较

项 目	伦理基础	目 标	边界约束	生产方式	消费模式
工业文明	功利主义	利润最大化，财富累积	无刚性约束，无边界外延扩张	原料－生产－产品＋废料	占有型、享乐型
生态文明	生态公正、社会公正	可持续性、社会繁荣	认可自然极限，遵循刚性约束	绿色供给，原料－生产－产品＋原料	低碳、绿色消费

资料来源：根据网络资料整理。

（三）建设生态文明是人类文明发展的必然趋势

从人类社会发展的历史维度看，生态文明是人类社会继原始文明、农业文明和工业文明之后的一种高级的文明形态，既是人类社会进步的重大成果，又是实现人与自然和谐发展的必然要求。建设生态文明是人类生存发展的客观需求。建设生态文明的理念源远流长，随着人类生存发展认识的逐步深化，在发展理念上逐步统一到人与自然和谐发展的共识上，形成节约资源和保护环境的空间格局、产业结构、生产生活方式。

1. 国外对生态文明的认识演进

国外对生态环境保护和绿色发展的理念是不断演进的。西方的一些经济学家如马尔萨斯提出了"资源绝对稀缺论"，认为未来人类社会的主要矛盾是人口、土地和粮食之间的矛盾。1848 年，约翰·穆勒发表了"静态经济"的观点，充分肯定人类有能力解决资源的相对稀缺，反对滥用这种能力开发利用所有资源。马什在《人与自然》一书中对工业化的人类活动给自然环境造成的负面影响进行了反思。20 世纪 20 年代，庇古认为某些企业环境污染造成产品的边际收益不等于该产品的社会边际成本，污染行为带来的社会成本不由企业负担，就造成了相应的"负外部效应"。政府应该对造成污染的企业进行"惩罚"，对污染受害者进行"补偿"。20 世纪中期，西方工业化国家先后发生了严重的环境污染事件，人们开始反思工业化弊端。同时，一些学者开始从社会文明形式的高度来思考工业文明。保罗·伯翰南在其 1971 年发表的《超越文明》中预见了一种"后文明"即将出现，但没有指明这种"后文明"将是一种什么形式。1995 年，美国学者罗伊·莫里森在《生态民主》一书中正式将生态文明定义为工业文明之后的一种文明形式。1995 年美国经济学家格鲁斯曼（Grossman）和克鲁格（Krueger）提出了经济增长与环境改善的"倒 U"形曲线，见专栏 3 - 1。这些学者通过研究环境问题产生的原因、解决途径以及地球的未来，认识到人类对自然消费的有限性，人类活动存在生态边界。

【专栏 3 - 1】　　　　　　　　　环境库兹涅茨曲线

　　关于经济增长与生态环境改善的规律，最广为接受的是环境库茨涅茨曲线。1995 年美国经济学家格鲁斯曼（Grossman）和克鲁格（Krueger）提出了经济增长与环境改善的"倒 U"形曲线，环境污染物排放总量与经济增长的长期关系呈现"倒 U"形曲线，在低收入水平阶段，环境随着经济发展而恶化；在高收入水平阶段，环境随着经济发展而好转。这一关系称为"环境库兹涅茨曲线"。两者关系的拐点因污染物指标的不同而异。格鲁斯曼和克鲁格解释经济发展和环境改善之间的拐点出现，是因为当经济发展到一定阶段，民众更加关注环境这一非经济目标，国家执行了更严格的环保标准，推动了产业结构升级和清洁技术应用，使经济增长蕴含着积极的环境改善因素。

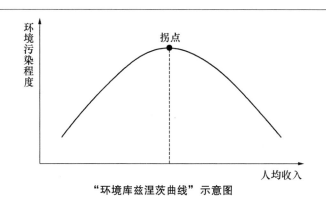

"环境库兹涅茨曲线"示意图

　　"环境库兹涅茨曲线"是指在经济发展过程中，环境状况先是恶化而后得到逐步改善，从各国经济发展实践来看，经济增长与生态环境保护存在"环境库兹涅茨曲线"，美国、德国、日本等国分别在人均 GDP 达到 11000 美元、8000 美元、10000 美元左右跨越"倒 U"形曲线的拐点，实现环境质量的逐步改善，但这并不是一个自发实现的过程。拐点的出现与产业结构变动、能源结构调整、治污技术升级、政府政策、治理机制等有密切关系。在不同的技术水平、制度背景、贸易地位、国际分工等条件下，"环境库茨涅兹曲线"的位置会发生改变。后发国家的优势在于先发国家的经验教训可作为前车之鉴，节能、储能、治污等新技术日新月异，环境问题成为全球治理的重要内容，这些都有利于后发国家的该曲线向"左下方"移动，即污染物峰值会提前，污染程度也会降低。但先发国家拐点的出现，与国际产业分工下的污染转移有关，后发国家在实现经济增长的同时又要实现生态文明，是相当艰巨的任务，可能因产业链分工长期被锁定在低端而迟迟等不到拐点。对于后发国家而言，需积极发挥政府与市场的共同作用，一方面必须更多地从先发国家引进节能减排的先进技术，并借助国际社会达成的各种气候、环境协定和规制所传导的压力，推动国内环保制度的改革。另一方面，要抓住第三次工业革命带来的全球产业链调整的机会，利用互联网、物联网、新材料、3D 打印等技术，实现产业分工向"微笑曲线"的两端移动。

資料来源：根据网络资料整理。

国际社会一直在寻求一种有别于传统工业化的模式，希望走上经济发展、社会进步与环境保护相协调的可持续发展道路。1983 年，世界环境与发展委员会宣告成立，并于 1987 年发表了调查研究报告《我们共同的未来》，报告指出，过去我们关心的是经济发展对生态环境带来的影响，现在我们正迫切地感到生态的压力对经济发展所带来的重大影响。因此，我们需要有一条新的道路。倡导一种"建立在生态承载力之上的经济、社会和生态全面、协调、同步的发展机制"，即"可持续发展"，"既满足当代人的需求，又不对后代人满足其自身需求的能力构成危害的发展"。这份报告中不再单纯地指出经济高速发展的同时要兼顾环境保护，而是直接将环境质量同经济社会发展质量紧密联系起来，呼吁全人类刻不容缓地走可持续发展道路。这个报告成为指导世界各国保护环境与资源、实现可持续发展的思想理论基础。1992 年联合国环境与发展大会通过的《21 世纪议程》，使推动绿色发展和可持续发展的理念成为全球政治的话语范式。2012 年在"里约 + 20"峰会上，全球各国进一步凝聚绿色发展的共识，刷新了绿色经济模式的多元性。联合国可持续发展大会更是将"发展绿色经济"作为 2012 年的主题，旗帜鲜明地指出了全球经济的发展新方向，号召全球向绿色经济过渡。发达国家积极倡导绿色经济，其驱动力是应对全球气候变化，降低对化石能源的依赖，目的是在未来全球竞争中占据制高点。

2. 国内对生态文明的认识

春秋战国时期，中国就有封山育林定期开禁的法令。孔子主张"钓而不纲、弋不射宿"。管仲从发展经济、富国强兵的目标出发，注意保护山林川泽，反对过度采伐。荀子既主张"天人相分"，又提出"天人合一"的思想，强调天人之间对立统一关系。国外先进理念在我国的传导具有明显的阶段性。20 世纪 90 年代中期以前，可持续发展、绿色发展等理念传入，但我国面临解决温饱和缩小与国外发展水平差距的严峻挑战，促进经济快速发展和生产力迅速提高成为当时的首要任务，资源环境承载能力较强。这一阶段我国关注的重点是生态系统为我们提供生产、生活资料和储存生产、生活废弃物的能力，追求的是维持生态系统承受极限下甚至是超越生态极限的经济增长。20

世纪 90 年代中期以后，随着经济的高速增长，我国生态系统遭到较严重的破坏，以经济增长为唯一目标的发展模式所带来的生态压力日益凸显，人们在解决温饱后对良好生态环境的需求逐渐增加，再加上国际社会对我国环境保护和绿色发展问题的深入关注，我们意识到了生态环保的重要性，开始辩证地认识、处理人类与自然的关系，从自然—经济—社会复合生态系统的角度追求环境保护与发展并重，为此我国在 21 世纪初期提出了构建资源节约型、环境友好型社会的目标，在保持经济高增长速度的同时，努力在经济社会建设的各领域各环节，不断提高资源利用效率，尽可能地减少资源消耗，控制生产和消费活动过程中对自然环境的污染，推进生产和消费活动与自然生态系统协调可持续发展，以期实现经济社会发展与环境保护目标的并重与共赢。

党的十八大以来，经济发展进入新常态，我国经济增速从高速增长转向中高速增长，经济发展方式从规模速度型粗放增长转向质量效率型集约增长，经济结构从增量扩能为主转向调整存量、做优增量并存的深度调整，经济发展动力从传统增长动能转向新的增长动能。在经济增速放缓转型的同时，人与自然的矛盾突出，"雾霾"等空气污染已经严重影响到人的全面发展。根据马斯洛需求层次理论，在解决温饱问题后，人民群众对宜居的生态环境诉求日益强烈。目前，我国将生态环境保护和两型社会建设理念上升至国家制度层面，中央在《关于加快推进生态文明建设的意见》中指出：在环境保护与发展中，把保护放在优先位置，在发展中保护、在保护中发展。"绿水青山就是金山银山"的绿色发展理念，也与创新、协调、开放、共享的发展理念一起构成了统领我国未来发展全局的发展理念。我们不仅要在经济发展中降低资源消耗、减少环境污染，更要加强生态修复、完善生态功能，真正实现既满足当代人的需要，又不对后代人满足其需要的能力构成伤害的发展。我国大力推进生态文明建设，成为全球生态文明建设的重要参与者、贡献者、引领者。党的十九大报告提出：我们要建设的现代化是人与自然和谐共生的现代化，既要创造更多物质财富和精神财富以满足人民日益增长的美好生活需要，也要提供更多优质生态产品以满足人民日益增长的优美生态环境需要。必须坚持节约优先、保护优先、自然恢复为主的方针，形成节约资源和保护环境的空间格局、产业结构、生产方式、生活方式，还自然以宁静、和谐、美丽。

（四）建设生态文明是经济社会发展的系统工程

生态文明要求工农业生产、人口生产、社会消费、科学技术发展等人类生产与生活的各项活动都建立在人与自然和谐相处、协调发展基础上。从生态文明的特殊性看，它包括先进的生态伦理观念、发达的生态经济、完善的生态环境管理制度、基本的生态安全和良好的生态环境。生态文明建设覆盖了经济、政治、文化和社会多个层面，跨越微观、中观和宏观多个层次，涉及政府、企业、社会公众多个主体，涵盖生产、分配、流通、消费多种环节，包含人口、资源、环境等多种要素，需要处理好工业化进程与生态文明建设、区域利益与生态环境问题的全球性、当代利益与未来利益等多方面关系。

面对突出的臭氧层问题、温室效应、空气污染等环境问题，各国从理念、经济、文化、科技等各方面着手，推动人类与自然和谐相处。如英国政府在能源白皮书《我们能源的未来：创建低碳经济》中，提出了"低碳经济"的概念等。如莱茵河的流域治理，通过确定河流水生态系统健康的目标、欧盟水框架指令、协调统一的机制和体制、企业在流域污染中处于主体地位、社会公众积极参与，建立监控预警体系等，成功地把莱茵河建设成为一条流淌着哲学的河。瑞典的可持续发展全面融入和贯穿到经济、政治、文化、社会建设等各方面，引导人们生产生活方式的改变，促进瑞典经济社会的发展和环境质量目标的实现，见专栏3-2。以习近平同志为核心的党中央顺应时代要求、响应民众呼声、立足我国实际、坚持问题导向、从国际视野出发，在治国理政上提出全面建成小康社会、全面深化改革、全面依法治国、全面从严治党，并在党的十八届五中全会进一步提出新形势下推进科学全面发展的"五大发展理念"，即创新、协调、绿色、开放、共享的新发展理念，并首次提出以人民为中心的发展思想，为生态文明建设的全面落实提供了有力政治保障。党的十九大报告提出要推进绿色发展，着力解决突出环境问题，加大生态系统保护力度，改革生态环境监管体制等重大举措。

【专栏 3-2】 　　　　　　　　瑞典可持续发展的经验

　　瑞典位于斯堪的纳维亚半岛，是"可持续发展理念"的发源地。50年前的瑞典以煤矿为主要能源，鸟类受汞污染毒害，耗氧污染物、烟雾污染严重。如今，瑞典在社会经济持续发展的同时，污染物排放大幅度减少，环境质量优异，自然资源和生态保护良好，实现社会经济与资源环境的良性发展，对中国建设生态文明具有借鉴意义。

　　1. 建立了行之有效的环境法律制度

　　1874年瑞典颁发了《公共卫生法》。1941年《相邻关系法》和《公共卫生法》一起构成了控制污染的法律体系，后又颁布了《自然保护法》《环境保护法》《硫法》和《废物管理法》，确定了以许可证制度和环境保护费制度为支柱的污染控制制度，并创立了环境损害保险制度。瑞典实施了行之有效的制度，如"谁污染、谁治理和付费"制度、排污许可证制度、环境税征收制度、污染物排放总量控制和容量控制制度、环境影响评价制度、环境损害保险和赔偿制度等。瑞典法律执行效率简单高效，对环境违法行为处罚的只有罚款和监禁两种，对环境违法案件实行法院强制执行制度，环境法和各项法律制度执行得非常到位，这是瑞典实施可持续发展最重要的保障。

　　2. 政府干预和经济手段相互配合

　　从20世纪60年代开始到80年代，瑞典采取的是政府干预，认为"环境污染完全是环境资源市场的外部化造成的，只有政府干预才能解决污染问题"，采取了达标排放控制、排放总量控制、生产定额控制等手段。从20世纪80年代开始，瑞典针对政府完全干预削弱了市场的能动作用、降低了环境资源使用效率的情况，适时引入了市场手段。1988年瑞典引入环境税，取代收费制度。环境税的征收有效调动了企业，尤其是能源企业、重污染企业削减污染物排放量的积极性。以二氧化硫税为例，实施硫税后，瑞典实现削减二氧化硫排放量的目标比预计提前了几年。2000年瑞典二氧化硫年排放量比征收二氧化硫税的 1991 年降低 50%。瑞典在农业生态保护、废弃物管理和资源管理方面采取退税和资源保证金等制度，效果比较明显。

3. 建立多领域、多层次的可持续发展理论、实践体系

从 1992 年开始，瑞典筹办"皇家研讨会"，专门研究社会可持续发展问题，每年提交相关报告。瑞典环境咨询委员会定期召集专家，全面深入地研究可持续发展问题。以斯德哥尔摩大学和乌普撒拉大学为代表的瑞典高等院校也积极研究可持续发展理论，总结瑞典现有经验。这一系列学术界的讨论结果对瑞典政府的决策产生了决定性影响，构成了瑞典《21 世纪议程》的框架和可持续发展的理论基础。1993 年，瑞典中央政府制定了《21 世纪议程》和《行动计划》。瑞典 21 个县（相当于我国的省）和 284 个城市政府都制定实施了《地方 21 世纪议程》和《行动计划》。瑞典还积极参与世界的可持续发展事业，资助研究机构加强对可持续发展的理论研究，加强国际合作，是较早签订《京都议定书》的国家，并督促欧盟和其他发达国家履行国际义务。瑞典建立了国际、国家、地区、城市四个层次的可持续发展体系，还积极开展创建生态村和生态循环城的活动，建成了哥德堡、厄勒布鲁、厄弗托内奥等循环社会模式示范区。

4. 建立涉及多领域的社会发展协调机制

确立了综合决策制度。瑞典的社会制度、专家咨询制度和公众参与的法律制度保障了综合决策的有效性、科学性、前瞻性。瑞典法律规定重大社会经济政策、城市发展规划和开发战略必须充分考虑资源和环境承载力，必须有利于通过市场手段来合理配置自然资源、保护生态环境。资源和环境保护政策要超前，用绿色国民经济核算体系（绿色 GDP）来计算环境政策的经济代价。

发展循环经济和建设循环社会。以循环经济为核心建设循环型经济和以绿色消费为核心建设循环型社会，构成了瑞典可持续发展的社会形态。瑞典在企业和行业层面强制推行清洁生产，成为世界清洁生产强国。先进的生产技术、先进的现代管理技术和清洁生产理论构筑了瑞典集约型生产的基础。瑞典在国家和区域层面强制实施区域废弃物的资源化、减量化和无

害化，是世界上能源利用效率最高的国家之一。以单位污染物排放所贡献的 GDP 指标为例，瑞典拥有包括造纸、钢铁、化工等门类齐全的重工业，吨二氧化硫排放和吨 COD 排放所贡献的 GDP 是世界上最高的国家之一，大约是中国的 70 倍和 60 倍。绿色消费已成为瑞典居民消费的主旋律，引导生产者生产和提供与环境更友好的产品和服务。瑞典对绿色产品和食品认证严格把关，对于通过认证的企业和产品、食品，给予经济优惠政策，并免费为其做广告宣传。采购绿色商品已成为瑞典民众自觉和自愿的行动。

统筹社会经济发展和资源环境保护。瑞典拥有丰富的森林、水力、矿产等资源，20 世纪 80 年代以来，通过调整产业、出口产品结构和加强资源回收，逐渐减少了铁矿、铜矿等不可再生资源的开采量。实施清洁能源计划，改造现有供热企业的能源结构，改造率达 90% 以上，天然气、生物燃料等清洁能源完全替代了原来的煤和石油等化石燃料。发展风力和太阳能新型清洁电厂，关闭了设备陈旧的核电厂，使可再生能源使用量达到 80% 以上。

资料来源：根据网络资料整理。

从各国的实践看，建设生态文明是经济社会发展的系统工程，包括建立完善的顶层设计、行之有效的环境法律制度，政府干预和市场手段相结合，建立多领域、多层次的可持续发展实践体系，建立涉及多领域的社会发展协调机制等。

（五）各国生态文明发展呈不均衡性

生态文明发展存在发展阶段不均衡，区域不均衡。生态文明需要经历萌芽 – 初步发展 – 取得积极的发展成果 – 深入发展 – 趋向成熟的阶段。从纵向时间角度看，生态文明的各种表现形态已分别得到不同程度的发展。不同社会经济发展阶段的国家生态文明发展程度不同，主要发达国家的生态文明实践较早，在巩固已有成效的基础上已进一步深入发展。我国在内的一些发展中国家，生态文明已得到初步发展，有的已取得较好成果。有些落后国家尚未把生态文明纳入发展议程或在萌芽中。生态文明是一个开放的经济系统，一般来说国内扩散易于国际扩散，在同一个国家，特别是区域差异较大的国家，其内部也存在生态文明的发展差异。

生态文明发展客观上存在不平衡，生态文明发展的先发者与后发者，相应地存在先发优势和后发优势。在生态文明发展过程中，由于所拥有要素禀赋的差异存在区域不均衡，必然会出现生态文明发展较快的国家、地区和生态文明发展较慢的国家、地区，生态文明发展的累积性差异又造成其进一步发展的条件差异，进而又会使生态文明非均衡发展。发达国家的生态文明实践较早，发达国家工业化进程较早，比发展中国家拥有更强的经济实力保护自然资源、治理环境污染，在资源能源利用效率、绿色化、低碳化等生态文明发展方面取得明显成效。① 目前发达国家的环境污染已经趋于下降，环境质量已好于 20 世纪 60 年代，生态文明建设与发展中国家相比处于优势地位。如日本不断依靠科学技术解决出现的环境问题，在污水处理、循环利用、新能源开发、资源保护方面开展广泛的科学研究，开发积累了大量的污染控制技术和节能技术，为推动日本可持续发展起到了重大的作用。而发展中国家的生态环境局部有所改善，总体尚未遏制，压力较大。新兴工业化国家的环境污染状况处于转折阶段。

发达国家的生态运动在建设生态文明上发挥了积极作用。如 20 世纪 70 年代初的"绿党"受到民众拥护。德国绿党提出了"生态永继、草根民主、社会正义、世界和平"的主张，并积极参政，1998～2002 年还与社民党联合获得了执政地位，现在绿党已经成为德国的第三大党。1987 年世界环境与发展委员会（WECD）明确推动可持续发展。2007 年，联合国环境规划署（UNEP）提出"绿色经济"是提高人类福祉、改善社会平等、降低环境风险、改善生态稀缺的经济发展模式。具体见表 3－3。

---

① 徐冬青："生态文明建设的国际经验及我国的政策取向"，《世界经济与政治论坛》，2013 年第 6 期，第 153～161 页。

表 3 - 3　　　　　　　　　一些环保组织和机构的宗旨

组织名称	主要宗旨
联合国环境规划署（UNEP）	促进环境领域国际合作；在联合国系统内提供指导和协调环境规划总政策，审查规划的定期报告；审查世界环境状况；经常审查国家和国际环境政策和措施对发展中国家的影响和费用增加的问题；促进环境知识的取得和情报的交流
世界环境与发展委员会（WCED）	审查世界环境和发展的关键问题，创造性地提出解决这些问题的现实行动建议，提高个人、团体、企业界、研究机构和各国政府对环境与发展的认识水平。1987 年《我们共同的未来》提出，环境危机、能源危机和发展危机不能分割，地球的资源和能源远不能满足人类发展的需要，必须为当代人和下代人的利益改变发展模式
世界环保组织（IUCN）	旨在影响、鼓励及协助全球各地，保护自然的完整性与多样性、使用自然资源上的公平性、生态上的可持续发展
世界自然基金会（WWF）	遏止地球自然环境的恶化，创造人类与自然和谐相处的美好未来，保护世界生物多样性；确保可再生自然资源的可持续利用；推动降低污染和减少浪费性消费的行动
绿党	提出"生态永继、草根民主、社会正义、世界和平"等政治主张。绿党积极参政议政，开展环境保护活动，对全球的环境保护运动具有积极的推动作用
绿色和平组织（Greenpeace）	促进实现一个更为绿色、和平和可持续发展的未来。主张保护地球、环境及其各种生物的安全及持续性发展，并以行动做出积极改变。通过研究、教育和游说工作，推动政府、企业和公众共同寻求环境问题的解决方案

资料来源：根据网络资料整理。

二、启　示

目前，人类文明正处于从工业文明向生态文明过渡的阶段。生态文明是一种"重建式"文明，是人类在总结以往社会文明发展时期人类生产方式的不合理导致的生态危机的教训基础上，重建一种符合人类生存发展状态的"人 - 自然 - 社会"整体生态系统的文明。生态文明是人类通向未来真正自由王国的现实基础和条件。党的十九大报告指出，坚持人与自然和谐共生。建设生态文明是中华民族永续发展的千年大计。必须树立和践行绿水青山就是金山银山的理念，坚持节约资源和保护环境的基本国策，像对待生命一样对待生态环境，统筹山水林田湖草系统治理，实行最严格的生态环境保护制度，形成绿色发展方式和生活方式，坚定走生产发展、生活富裕、生态良好的文明发展道路，建设美丽中国，为人民创造良好的生产生活环境，为全球生态安全做出贡献。建设生态文明，是我国的正确选择，也是世界各国可持续发展的必然。生态文明建设是复杂的系统工程，生态环境保护任重道远，对照环境保护历史实践，联系我国实际，有以下启示。

（一）深化认识人与自然关系，提高自觉性

马克思、恩格斯以辩证唯物主义理论为基础，全面阐释了人与自然的辩证关系，从哲学角度对人类生态危机进行了深刻反思。马克思认为人、社会、自然是相互联系相互影响的有机整体。自然界是人类生存与发展的前提和基础。马克思指出："人本身是自然界的产物，是在自己所处的环境中并和这个环境一起发展起来的。"人生活在自然界中，人与自然是伙伴、是朋友。人作为自然存在物，是生活在自然界中的，不能存在于自然之外或凌驾于自然之上。人类在处理与自然的关系时具有主观能动性。马克思在《德意志意识形态》中提出了自然界对人类的优先地位，"既表现在自然界对于人及其意识的先在性上，也表现在人的生存对自然界本质的依赖性上，更突出地表现在人对自然界及其物质的固有规律性的遵循上"。党的十九大报告提出，人与自然是生命共同体。只有正确认识和合理利用自然界在其所存在的客观规律性，在承认和严格遵守的基础上，最大限度的发挥主观能动性。

人类需求的无限性与自然资源有限性存在天然的矛盾。人的需要具有多样性和无限性，它是由人的自然属性和社会属性决定的，表现为各种各样的需要，如生存需要、享受需要、发展需要、政治需要、精神文化需要等，这些需要形成一个复杂的需求结构，这一结构随着人们生活的社会环境条件的变化而变化。就像马斯洛需求理论提出的，人们的需要不断地从低级向高级发展，不断扩充其规模。旧的需要满足了，新的需要又产生了。从历史发展过程看，人们的需要是无限的。但目前最适合人类生存的地方只有地球。我们只有一个地球，而地球也只有部分区域适合于人类的生存。地球支持生命

系统的能力是有极限的，环境的自净能力也是有限的，必须充分考虑环境承载力。科学技术虽然有利于我们更好地提高利用自然的效率，但与人类的欲望相比，自然资源是有限的。只有深化认识人类与自然关系，尊重自然规律，才能处理好人与自然的关系。

要深化认识人与自然的关系，提高建设人与自然和谐发展的自觉性。人类只有遵循自然规律才能有效防止在开发利用自然上走弯路。人的实践活动遵循自然生态规律，合理利用和有效保护自然、对自然的索取不超越自然生态系统的供给能力和承载能力，人与自然就保持和谐共生。如果人的实践活动违背自然规律，人对自然的索取超越自然生态系统的供给能力和承载能力，自然就会给人类以惩罚。正如恩格斯指出，每一次胜利，起初确实是取得了我们预期的效果，但是往后和再往后却发生完全不同的、出乎意料的影响，常常把最初的结果又消除了。

（二）促进人与自然和谐共生，把握总要求

生态文明发展的核心在于促进人与自然和谐共生，把握促进经济社会发展与资源环境承载能力相适应的总要求。党的十八大报告指出，坚持节约资源和保护环境的基本国策，坚持节约优先、保护优先、自然恢复为主的方针，着力推进绿色发展、循环发展、低碳发展，形成节约资源和保护环境的空间格局、产业结构、生产方式、生活方式，从源头上扭转生态环境恶化趋势，为人民创造良好生产生活环境，为全球生态安全做出贡献。

人要依赖于自然界——人的生存、发展依赖自然。环境问题随着人类的诞生而产生，随着人类社会的发展而发展。造成环境污染的根本原因是人类对人与自然和谐的重视不够。人类要生存就要不断地利用自然、影响自然。任何社会生产和再生产活动都会同时引起社会经济系统和自然生态系统两种不同的运动。马克思曾指出："经济的再生产过程……总是同一个自然的再生产过程交织在一起的。"在这个过程中，人类创造了自己所需要的产品，满足人们一定的物质、文化需要。与此同时，又与自然生态系统发生了物质、能量交换，使自然生态系统发生了变化。社会经济系统和自然系统形成了互为

因果的两极。随着人口增长，从环境中取得食物、资源、能源的数量必然要增长。人口的增长也要求工农业迅速发展，为人类提供越来越多的工农业产品，同时也产生更多的"废物"排入环境。环境的承载能力和环境容量是有限的，如果人口的增长、生产的发展不考虑环境条件的制约作用，超出了环境的容许极限，那就会导致环境的污染与破坏，造成资源的枯竭和损害人类健康。

在处理人与自然的关系时，不仅关注人与自然之间存在的对立性，还需要合理解决人与自然之间的对立方面，同时更加重视人与自然之间的统一性，使人与自然之间达到和谐共生的理想状态，坚持节约优先、保护有限、自然恢复为主的方针，树立生态理念、完善生态制度、维护生态安全、优化生态环境，形成节约资源和保护环境的空间格局、产业结构、生产方式、生活方式。

（三）推进科学系统治理和保护环境，提高治理效率

经过几十年理论与实践的发展，发达国家环境保护已经建立了相对系统的体系，包括国家制度建设层面和市场层面、社会公众参与。在实现工业化的同时实现生态文明建设，这是一项相当艰巨的系统工程。一方面保持经济增长来解决经济发展、就业、社会进步、提高民众生活水平等问题，另一方面还要解决民众日益增长的对环境问题的不满和诉求。

习近平总书记提出，要正确处理好经济发展同生态环境保护的关系，牢固树立保护生态环境就是保护生产力、改善生态环境就是发展生产力的理念，更加自觉地推动绿色发展、循环发展、低碳发展，决不以牺牲环境为代价去换取一时的经济增长。目前我国在重视用制度保护生态环境、健全自然资源资产产权制度和用途管制制度、划定生态保护红线、实行资源有偿使用制度和生态补偿制度、改革生态环境保护管理体制等方面达成了共识。当前我国在理论上扬弃了发达国家为实现工业化以消耗能源、牺牲环境为代价的"先污染、后治理"的老路，但在实际执行中往往出现"边污染、边治理"的现象，这种"末端治理"不符合生态文明建设思路。要切实转变思路，推进科

学系统治理和保护环境，提高治理效率，需要分权治理，积极发挥政府、市场、公众协同作用，要从生态经济、生态环境、生态资源、生态人居、生态文化和生态文明制度等多方面推进。

探索推进科学系统治理和保护环境，提高治理效率，转变经济发展方式是前提。改革开放以来，传统粗放型的增长模式所带来的体制性、结构性矛盾日益突出，资源短缺、环境自身净化能力减弱，必须实现"经济增长由主要依靠物质增加、资源消耗向主要依靠科技进步、劳动者素质提高、管理创新转变"，促进经济发展方式向绿色发展转型。正确处理经济发展与环境保护是基本要求。绿水青山就是金山银山。当前，生态环境已经成为一个国家和地区综合竞争能力的重要内容，生态环境越好，生产要素的吸引力、凝聚力越强。良好的生态环境对社会生产力具有增值作用。已经形成的生态退化、环境污染难以通过自然生态系统的自我修复来恢复，必须人为干预，处理好经济发展与环境保护的关系，与自然建立合理协调、共融共通的关系，使社会生产力与自然生产力相协调，经济再生产与自然再生产相互促进。改善人的生存发展环境是价值导向。随着生活条件的改善，人类对良好生态环境的期盼越来越强烈，从"求生存"到"求环保"。只有走生态优先、绿色发展之路，生产绿色产品，才能满足人们日益增长的生态需求，不断改善生态环境，为人民群众创造良好的生产、居住、生活环境。实现经济社会可持续发展是目标。把生态文明建设融入经济、政治、文化、社会建设的各方面，我们要从经济增长向经济发展转变，始终坚持"在保护中发展、在发展中保护"，积极推动绿色发展，突破"破坏环境——治理环境——破坏环境"的不良循环，建设资源节约和环境保护的两型社会，实现自然、经济、社会协调发展。

（四）绿色永续发展之路

就像扁鹊提出"治未病"，环境保护最好的办法是预防污染。"先污染后治理"的末端治理付出的代价很大，有些环境影响一旦造成就难以扭转，比如全球变暖这种全球性灾难。中国一方面要发展，另一方面在环境保护方面承担大国责任，只有探索绿色永续发展之路才是治本之策。绿色发展永续之路不仅涉及当代或一国的人口、资源、环境与发展的协调，还涉及后代、其他国家之间的人类与自然协同发展。习近平总书记指出[①]，走向生态文明新时代，建设美丽中国，是实现中华民族伟大复兴的中国梦的重要内容。中国将按照尊重自然、顺应自然、保护自然的理念，贯彻节约资源和保护环境的基本国策，更加自觉地推动绿色发展、循环发展、低碳发展，把生态文明建设融入经济建设、政治建设、文化建设、社会建设各方面和全过程，形成节约资源、保护环境的空间格局、产业结构、生产方式、生活方式，为子孙后代留下天蓝、地绿、水清的生产生活环境。

市场经济条件下生产者往往以利润最大化为目标，追求最大的经济效益，关心如何降低成本，很少考虑其行为的负外部性，出现了"全球共用品"资源被过度开发，如海洋过度捕捞、地下水资源过度掘取等现象。20世纪60年代，发达国家在技术升级时，把一些污染严重的、耗能大的产业转移到欠发达国家，欠发达国家得到了部分程度的发展，却付出了环境和能源的代价。有的发达国家为减轻本国环境污染，肆意向公海或他国海域大量倾倒污染物，有的甚至向发展中国家大量倾销具有污染性的废料，把发展中国家作为垃圾堆放地，加剧了发展中国家的生态环境问题。破坏了全人类的生存利益，也就是破坏自己的生存利益。生态文明建设要求每个人、每个国家都必须以全人类的利益为重，以全人类的利益为最高尺度，在实现全人类共同利益的过程中，同时实现个人的生存与发展。

当今世界正处于大发展、大调整、大变革之中，经济全球化深入发展，科技创新孕育新的突破，全球经济结构正在深度调整，特别是随着全球气候变化和资源短缺的日益加剧，节约资源能源、保护生态环境日益成为全球的共识，探索绿色永续发展之路将成为推动世界经济可持续发展的新引擎。探索绿色永续发展，首先是绿色，要以自然资源的可持续利用和良好的生态环境为基础，以绿色供给和绿色消费作支撑。永续，是谋求人类社会不断全面

---

① 习近平：《习近平谈治国理政》，外文出版社2014年版。

进步，在长时期内能够保持资源、经济、环境的协同。发展，是以人类社会经济发展为前提，以绿色技术创新体系、绿色产业体系为保障。绿色永续发展之路是寻求人类与自然在供求平衡条件下持续发展，更加注重发展质量、长远发展。本课题组经过研究，认为中国探索绿色永续发展之路，要重点着力构建空间治理、绿色产业、绿色消费、绿色供给、绿色市场、绿色技术、生态治理体系、体制机制创新、绿色发展评价指标等九大体系。

第四章

生态环境保护和两型社会建设总体战略研究

　　党的十八大以来，党中央、国务院高度重视生态文明建设，将生态文明建设纳入"五位一体"中国特色社会主义总体布局，提出了一系列关于生态文明建设的新理念新思想新战略，做出了一系列重大决策部署，出台了《关于加快推进生态文明建设的意见》《生态文明体制改革总体方案》《"十三五"生态环境保护规划》等一系列纲领性政策文件和改革方案，为我国生态环境保护和两型社会建设指明了方向。党的十九大报告提出，到21世纪中叶，把我国建成富强民主文明和谐美丽的社会主义现代化强国，开启了生态文明建设新征程。面对新阶段、新形势、新要求、新任务，系统研究生态环境保护和两型社会建设的战略思路，对于深入推进生态文明建设、实现绿色发展和美丽中国梦十分重要和迫切。

一、指导思想

　　全面贯彻落实党的十八大、十九大精神，以邓小平理论、"三个代表"重要思想、科学发展观和习近平新时代中国特色社会主义思想为指导，统筹推进"五位一体"总体布局和协调推进"四个全面"战略布局，牢固树立和贯彻落实创新、协调、绿色、开放、共享的发展理念，将生态文明融入经济建设、政治建设、文化建设、社会建设和党的建设各方面和全过程。以习近平生态文明思想为基本遵循，牢固树立社会主义生态文明观，坚持人与自然和谐共生，坚持节约优先、保护优先、自然恢复为主的方针，形成节约资源和保护环境的空间格局、产业结构、生产方式、生活方式。坚持节约资源和保护环境的基本国策，实行最严格的生态环境保护制度，坚持绿色发展政策导向，突出国土空间科学开发利用、资源集约节约利用、生态产品价值实现、山水林田湖草系统治理。深化生态文明体制改革，推进生态环境治理体系和治理能力现代化，加快建设资源节约和环境友好型社会，提供更多优质生态产品，创造良好的生产生活环境，为中国美丽和全球生态安全做出贡献。

二、基本原则

坚持生态环境保护与经济社会发展相统一。处理好发展和保护的关系，坚持立足当前与着眼长远相结合，加强生态环境保护与稳增长、调结构、惠民生、防风险相结合。坚持绿色发展，协同推进新型工业化、城镇化、信息化、农业现代化与绿色化，推动形成绿色生产和绿色生活方式，促进人与自然和谐共生。

坚持问题导向与系统施治相协同。以生态环境突出问题为导向，分区域、分流域、分阶段明确生态环境质量改善目标任务。统筹运用结构优化、循环利用、污染治理、污染减排、达标排放、生态保护等多种手段，实施一批重大工程，开展多污染物协同防治，系统推进生态修复与环境治理，确保生态环境质量稳步提升，提高优质生态产品供给能力。

坚持重点突破与整体推进相协调。以全国生态文明试验区和两型社会试验区等相关改革试点为重点，加大探索试验力度，及时总结推广可复制、可借鉴的经验模式。同时，统筹协调全面推进资源节约和环境友好，加快建立健全绿色低碳循环发展的经济体系，构建市场导向的绿色技术创新体系，构建清洁低碳安全高效的能源体系，构建系统完整的生态文明制度体系、市场体系、治理体系、考核评价体系。

坚持政府推动与社会共治相配套。建立严格的资源节约、环境保护责任制度。合理划分中央和地方资源节约、生态环境保护事权和责权，落实生态环境保护"党政同责"。强化企业节约资源和保护环境主体责任。动员全社会积极参与生态环境保护和两型社会建设。激励与约束并举，政府与市场"两手发力"，形成政府、企业、社会公众共治共建的格局。

三、战略目标

到 2020 年，能源资源开发利用效率大幅提高，能源和水资源消耗、建设用地、碳排放总量得到有效控制，主要污染物排放总量大幅减少。生态环境质量总体改善，农村人居环境明显改善，空气和水环境质量总体改善，土壤环境恶化趋势得到遏制，环境风险得到有效控制，生物多样性下降势头得到基本控制。生态系统稳定性明显增强，生态安全屏障基本形成。生态环境领域国家治理体系和治理能力现代化建设取得重大进展，生态文明制度体系不断完善。生产方式和生活方式绿色、低碳水平上升，生态文明建设水平与全面建成小康社会目标相适应。

具体目标，到 2020 年，单位国内生产总值能耗比 2015 年下降 15%；规模工业单位增加值能耗比 2015 年降低 18% 以上；能源消费总量控制在 50 亿吨标准煤以内，非化石能源消费比重提高到 15% 以上，天然气消费比重达到 10% 左右，煤炭产量控制在 39 亿吨，煤炭消费比重降低到 58% 以下，电煤占煤炭消费量比重提高到 55% 以上。城镇新建建筑能效水平比 2015 年提升 20%，城镇既有居住建筑中节能建筑所占比例超过 60%；城镇可再生能源替代民用建筑常规能源消耗比重超过 6%；公共机构单位建筑面积能耗和人均能耗分别比 2015 年降低 10% 和 11%。城区常住人口 300 万以上城市建成区公共交通占机动化出行比例达到 60%，大城市公共交通分担率达到 30%；新增乘用车平均燃料消耗量降至 5.0 升/百公里。

新增供水能力 270 亿立方米，年供用水总量控制在 6700 亿立方米以内；农村集中式供水工程供水率 85% 以上；新增农田有效灌溉面积 3000 万亩，农田有效灌溉面积达到 10 亿亩以上；农田灌溉水有效利用系数达到 0.55 以上，大型灌区和重点中型灌区农业灌溉用水计量率达到 70% 以上；城乡自来水一体化水平达到 33%，农村自来水普及率达到 80% 以上；规模以上工业企业重复用水率达到 91% 以上；城市公共供水管网漏损率控制在 10% 以内，城市节水器具普及率达到 90% 以上，城镇和工业用水计量率达到 85% 以上；缺水城市再生水利用率达到 20% 以上，京津冀地区再生水利用率达到 30% 以上；万元国内生产总值用水量比 2015 年降低 23%，万元工业增加值用水量比 2015 年降低 20%。

单位国内生产总值建设用地使用面积比 2016 年下降 20%；国土开发强度 4.24%，生态保护红线面积占比达到 25% 左右；适宜稳定利用的耕地保有量和永久基本农田保持在 15.46 亿亩以上；受污染耕地安全利用率达到 90% 左右，污染地块安全利用率达到 90% 以上；主要矿产资源产出率比 2015 年提高 15%，历史遗留矿山地质环境治理恢复面积达到 50 万公顷。

节能环保、新能源装备、新能源汽车等绿色低碳产业总产值突破 10 万亿元，环保产业产值超过 2.8 万亿元，节能环保产业增加值占国内生产总值比重达到 3% 左右；再生资源替代原生资源量达到 13 亿吨，资源循环利用产业产值达到 3 万亿元；再生资源回收利用产业产值达到 1.5 万亿元，再制造产业产值超过 1000 亿元。城镇新建建筑中绿色建筑推广比例超过 50%，绿色建材应用比例超过 40%，装配式建筑面积占城镇新建建筑面积的比例达到 15% 以上；纯电动汽车和插电式混合动力汽车生产能力达到 200 万辆，累计产销量超过 500 万辆。国家级园区和省级园区实施循环化改造的比例分别达到 75% 和 50%，长江经济带省级以上（含省级）重化工园区实施循环化改造的比例超过 90%。工业固体废物综合利用率达到 73% 以上，农膜回收率达到 80% 以上，畜禽粪污综合利用率达到 75% 以上，农作物秸秆综合利用率达到 85%，餐厨废弃物资源化率达到 30%。

单位国内生产总值二氧化碳排放比 2015 年下降 18%，单位工业增加值二氧化碳排放量比 2015 年下降 22%；化学需氧量、氨氮、二氧化硫、氮氧化物排放总量分别控制在 2001 万吨、207 万吨、1580 万吨、1574 万吨以内，比 2015 年分别下降 10%、10%、15% 和 15%；挥发性有机物排放总量比 2015 年下降 10% 以上；细颗粒物（PM2.5）未达标地级及以上城市浓度比 2015 年下降 18% 以上，地级及以上城市空气质量优良天数比率达到 80% 以上、重污染天数比 2015 年减少 25%。地表水Ⅰ～Ⅲ类水体比例达到 70% 以上、劣Ⅴ类水体比例控制在 5% 以内；长江、黄河、珠江、松花江、淮河、海河、辽河等七大重点流域水质优良（达到或优于Ⅲ类）比例大于 70%，重要江河湖泊水功能区水质达标率 80% 以上；地下水质量极差比例控制在 15% 左右；近岸海域水质优良（一、二类）比例 70% 左右；地级及以上城市建成区黑臭水体控制在 10% 以内；城市污水处理率达到 95%，县城污水处理率达到 85%。地级及以上城市污泥无害化处置率达到 90%，城市生活垃圾无害化处理率达到 95%，城市生活垃圾回收利用率力争达到 35% 以上，城市道路机械化清扫率达到 60%。农村新增完成环境综合整治的建制村 13 万个；经过整治的村庄，生活垃圾定点存放清运率达到 100%，生活垃圾无害化处理率达到 70% 以上，生活污水处理率达到 60% 以上；90% 的行政村生活垃圾得到治理；主要农作物化肥农药使用量零增长，化肥利用率达到 40% 以上，规模养殖场粪污处理设施装备配套率达到 95% 以上。

森林蓄积量比 2015 年增加 14 亿立方米，森林蓄积量达到 165 亿立方米，森林覆盖率达到 23.04% 以上；湿地保有量不少于 8 亿亩；林业自然保护地占国土面积稳定在 17% 以上；比 2015 年新增沙化土地治理面积 1000 万公顷、新增治理水土流失面积 32 万平方千米；草原综合植被盖度达到 56%；在农牧交错带已垦撂荒草原区建设多年生旱作人工牧草地 1750 万亩，植被覆盖率达到 90% 以上；城市人均公园绿地面积达到 14.6 平方米，城市建成区绿地率达到 38.9%。国家重点保护野生动植物保护率大于 95%；全国自然岸线保有率不低于 35%。

长株潭城市群和武汉城市圈两型社会建设试验区综合配套改革任务全面完成，基本形成资源节约、环境友好的新机制，形成传统工业化成功转型的新模式。

到 2035 年，全国城市化格局、农业发展格局、生态安全格局、自然岸线格局基本科学合理，节约资源和保护生态环境的空间格局、产业结构、生产方式、生活方式总体形成，绿色投资、绿色生产和绿色消费体系基本建立，产权清晰、多元参与、激励约束并重、系统完整的生态文明制度体系基本形成。生态环境质量根本好转，城市环境空气质量基本达标，水环境质量达到功能区标准，土壤环境质量得到好转，经济社会发展与生态环境保护基本协调，生态环境领域国家治理体系和治理能力现代化基本实现，美丽中国目标基本实现。

到 21 世纪中叶，生态文明全面提升，实现生态环境领域国家治理体系和治理能力现代化，建成美丽中国。

四、战略任务

围绕一个愿景，搞好三大试点试验，突出三大重点区域，打赢三大战役，构建九大支撑体系。

（一）一个愿景：实现美丽中国梦

建设美丽中国，实现美丽中国梦，是实现中华民族永续发展、实现中华民族伟大复兴的中国梦的重要内容，也是生态环境保护和两型社会建设的中长期目标。

实现美丽中国梦，必须坚持人与自然和谐共生新理念，坚持和贯彻尊重自然、顺应自然、保护自然的新发展理念，坚持节约资源和保护环境的基本国策，坚持节约优先、保护优先、自然恢复为主的方针；正确处理经济社会发展和生态环境保护的关系，坚决摒弃损害甚至破坏生态环境的发展模式，坚决摒弃以牺牲生态环境换取一时一地经济增长的做法，推动形成节约资源和保护环境的空间格局、产业结构、生产方式、生活方式；加快构建科学适度有序的国土空间布局体系、绿色循环低碳发展的产业体系、约束和激励并举的生态文明制度体系、多方共治的绿色行动体系；加快构建生态功能保障基线、环境质量安全底线、自然资源利用上线三大红线，努力实现经济社会发展和生态环境保护协同共进，生产生活环境持续改善，中华大地天更蓝、山更绿、水更清、环境更优美，人民更幸福。

（二）搞好三大试点试验：两型社会改革试验、生态文明试验、生态省建设

重点搞好两型社会改革试验、生态文明试验、生态省建设、生态文明先行示范区建设等。

1. 两型社会改革试验，重在加快向全国推广经验模式

2007 年，我国设立长株潭城市群和武汉城市圈为全国资源节约型和环境友好型社会（简称"两型社会"）建设综合配套改革试验区，经过 10 年的改革建设，两个试验区全面完成阶段性任务，取得了丰硕的成果。下一步，两型社会试验要加大推进力度，确保 2020 年全面完成改革试验任务，在形成资源节约环境友好的新机制、系统积累传统产业成功转型的新经验、形成城市群发展的新模式以及推广两型社会建设成功经验上取得新突破。

一方面，长株潭城市群和武汉城市圈要进一步创新资源节约、环境保护、产业优化、技术创新、土地管理等体制机制，探索有别于传统模式的新型工业化、城镇化、农业现代化发展新路，为全国两型社会建设和生态文明建设提供更多的制度成果和可复制、可推广的绿色发展模式。

另一方面，要加大在全国推广两型社会建设改革试验成功经验的力度，推动两型标准体系上升为国家标准，加快推广湘江流域综合治理、绿色产品政府优先采购、绿色标准认证、城乡环境同治、绿色文化理念传播、环保信用评价制度、精准扶贫与生态保护联动等成功经验模式。

2. 生态文明试验，重在加快探索推进

2016 年 8 月，我国统一设立国家生态文明试验区，福建省、江西省和贵州省首批入围。三省生态文明试验区的战略定位分别是：福建要成为国土空间科学开发的先导区、生态产品价值实现的先行区、环境治理体系改革的示范区、绿色发展评价导向的实践区；江西要成为山水林田湖综合治理样板区、中部地区绿色崛起先行区、生态环境保护管理制度创新区、生态扶贫共享发展示范区；贵州要成为长江珠江上游绿色屏障建设示范区、生态脱贫攻坚示范区、生态文明大数据建设示范区、生态旅游创新示范区、生态文明法治建设示范区、国际生态文明交流合作示范区。三省定位各有侧重，特色鲜明，

经过两年多的建设，已取得初步成效。2018 年 4 月，海南成为第四个国家生态文明试验区。生态文明试验区建设，应以改善生态环境质量、推动绿色发展为目标，以体制创新、制度供给、模式探索为重点，到 2020 年，试验区率先建成较为完善的生态文明制度体系，形成一批可在全国复制推广的重大制度成果。搞好生态文明试验，要注重以下三方面。

一要突出重点。按照生态文明试验区的定位和主要任务，围绕五方面重大制度开展先行先试。①有利于落实生态文明体制改革要求的制度，如自然资源资产产权制度、自然资源资产管理体制、主体功能区制度、"多规合一"等。②有利于解决关系群众切身利益的大气、水、土壤污染等突出资源环境问题的制度，如生态环境监管机制、资源有偿使用和生态保护补偿机制等。③有利于推动供给侧结构性改革，为企业、群众提供更多更好的生态产品、绿色产品的制度，如生态保护与修复投入和科技支撑保障机制，绿色金融体系等。④有利于实现生态文明领域国家治理体系和治理能力现代化的制度，如资源总量管理和节约制度、能源资源消耗和建设用地总量及强度双控、生态文明目标评价考核等。⑤有利于体现地方首创精神的制度，即试验区根据实际情况自主提出、对其他区域具有借鉴意义、试验完善后可推广到全国的相关制度。试验区要紧扣这些重点，开展各具特色的试点试验。

二要强化落实。目前，福建、江西、贵州三省的《国家生态文明试验区实施方案》均已经发布实施，试验区所在地区要细化实施方案，明确改革试验的路线图和时间表，确定改革任务清单和分工。国家层面要加强有关部委、部门与试验区的沟通协调、协作，及时开展试验区改革进程、效果的评估和跟踪督查。同时，要鼓励试验区以外的地区以试验区建设的原则、目标等为指导，加快推进生态文明制度建设，勇于创新、主动改革。

三要注重成果推广。及时总结试验区试行有效的重大改革举措和成功经验做法，根据成熟程度分类总结推广，成熟一条、推广一条。

可以预期，国家生态文明试验，对于探索生态文明建设有效模式，突破重要体制机制障碍，完善生态文明制度体系，将发挥重要作用。

3. 生态省建设，重在形成示范效应

自 1999 年我国开展生态省建设以来，目前已有海南、福建等 16 个省（区、市）开展了生态省建设，有 133 个市（县、区）获得生态市县命名，1000 多个市（县、区）正在开展生态市县创建工作，已初步形成生态省 – 生态市 – 生态县 – 环境优美乡镇 – 生态村的生态示范创建体系，形成了"清新福建"等样板。

下一步生态省建设，一要加强成效评估和经验总结，及时推广已形成的可复制、可借鉴的创建模式，加强典型示范宣传。二要更加注重生态省建设与生态环保重点工作的协调联动，完善激励机制，引导更多的地区开展示范创建，打造更多的示范样板，形成强大的示范效应。

（三）突出三大区域绿色发展："一带一路"、京津冀、长江经济带

1. 推进"一带一路"绿色化建设

加强中俄、中哈以及中国 – 东盟、上海合作组织等现有多边双边合作机制，积极开展澜沧江 – 湄公河环境合作，开展全方位、多渠道的对话交流活动，加强与沿线国家环境官员、学者、青年的交流和合作，开展生态环保公益活动，实施绿色丝路使者计划，分享中国生态文明、绿色发展理念与实践经验。建立健全绿色投资与绿色贸易管理制度体系，落实对外投资合作环境保护指南。开展环保产业技术合作园区及示范基地建设，推动环保产业走出去。树立中国铁路、电力、汽车、通信、新能源、钢铁等优质产能绿色品牌。推进"一带一路"沿线省（区、市）产业结构升级与创新升级，推动绿色产业链延伸；开展重点战略和关键项目环境评估，提高生态环境风险防范与应对能力。编制实施国内"一带一路"沿线区域生态环保规划。

2. 推动京津冀地区协同保护

以资源环境承载能力为基础，优化经济发展和生态环境功能布局，扩大环境容量与生态空间。加快推动天津传统制造业绿色化改造。促进河北有序承接北京非首都功能转移和京津科技成果转化。强化区域环保协作，联合开展大气、河流、湖泊等污染治理，加强区域生态屏障建设，共建坝上高原生

态防护区、燕山 – 太行山生态涵养区，推动光伏等新能源广泛应用。创新生态环境联动管理体制机制，构建区域一体化的生态环境监测网络、生态环境信息网络和生态环境应急预警体系，建立区域生态环保协调机制、水资源统一调配制度、跨区域联合监察执法机制，建立健全区域生态保护补偿机制和跨区域排污权交易市场。到 2020 年，京津冀地区生态环境保护协作机制有效运行，生态环境质量明显改善。

3. 推进长江经济带共抓大保护

把保护和修复长江生态环境摆在首要位置，推进长江经济带生态文明建设，建设水清地绿天蓝的绿色生态廊道。统筹水资源、水环境、水生态，推动上中下游协同发展、东中西部互动合作，加强跨部门、跨区域监管与应急协调联动，把实施重大生态修复工程作为推动长江经济带发展项目的优先选项，共抓大保护，不搞大开发。统筹江河湖泊丰富多样的生态要素，构建以长江干支流为经络，以山水林田湖为有机整体，江湖关系和谐、流域水质优良、生态流量充足、水土保持有效、生物种类多样的生态安全格局。上游区重点加强水源涵养、水土保持功能和生物多样性保护，合理开发利用水资源，严控水电开发生态影响；中游区重点协调江湖关系，确保丹江口水库水质安全；下游区加快产业转型升级，重点加强退化水生态系统恢复，强化饮用水水源保护，严格控制城镇周边生态空间占用，开展河网地区水污染治理。妥善处理江河湖泊关系，实施长江干流及洞庭湖上游"四水"、鄱阳湖上游"五河"的水库群联合调度，保障长江干支流生态流量与两湖生态水位。统筹规划、集约利用长江岸线资源，控制岸线开发强度。强化跨界水质断面考核，推动协同治理。

（四）打赢三大战役：大气、水、土壤污染防治攻坚战

1. 坚决打赢蓝天保卫战

围绕明显改善大气环境质量、明显增强人民的蓝天幸福感的目标，突出重点区域（京津冀及周边、长三角、汾渭平原等）、重点行业（钢铁、火电、建材等）、重点领域（"散乱污"企业、散煤、柴油货车、扬尘等）、重点防控污染因子（PM2.5）、重点时段（秋冬季），调整优化产业、能源、运输、用地结构，强化环保执法督察、区域联防联控、科技创新、宣传引导，有效改善大气质量。

（1）坚决调整产业结构，加强工业企业大气污染综合治理。持续淘汰落后产能，加快城市建成区内重污染企业搬迁改造，全面推进"散乱污"企业及集群综合整治。实行拉网式排查和清单式、台账式、网格化管理，分类实施关停取缔、整合搬迁、整改提升等措施。坚决关停用地、工商手续不全并难以通过改造达标的企业，限期治理可以达标改造的企业，逾期依法一律关停。强化工业企业无组织排放管理，推进挥发性有机物排放综合整治，开展大气氨排放控制试点。重点区域和大气污染严重城市加大钢铁、铸造、炼焦、建材、电解铝等产能压减力度，实施大气污染物特别排放限值。加大排放高、污染重的煤电机组淘汰力度。具备改造条件的燃煤电厂进行超低排放改造，重点区域不具备改造条件的高污染燃煤电厂逐步关停。积极推动钢铁等行业超低排放改造。

（2）加快调整能源结构，大力推进散煤治理和煤炭消费减量替代。增加清洁能源使用，拓宽清洁能源消纳渠道，落实可再生能源发电全额保障性收购政策。安全高效发展核电。推动清洁低碳能源优先上网。加快重点输电通道建设，提高重点区域接受外输电比例。因地制宜、加快实施北方地区冬季清洁取暖五年规划。鼓励余热、浅层地热能等清洁能源取暖。加强煤层气（煤矿瓦斯）综合利用，实施生物天然气工程。加快推进京津冀及周边、汾渭平原的平原地区生活和冬季取暖散煤替代，推动重点区域基本淘汰每小时35蒸吨以下燃煤锅炉。推广清洁高效燃煤锅炉。

（3）调整优化交通运输结构，强化柴油货车污染治理。深入开展柴油货车超标排放专项整治，统筹开展油、路、车治理和机动车船污染防治。严厉打击生产销售不达标车辆、排放检验机构检测弄虚作假等违法行为。加快淘汰老旧车，鼓励清洁能源车辆、船舶的推广使用。建设"天地车人"一体化的机动车排放监控系统，完善机动车遥感监测网络。推进钢铁、电力、电解铝、焦化等重点工业企业和工业园区货物由公路运输转向铁路运输。加快推进多式联运，提高铁路水路货运和沿海港口集装箱铁路集疏港比例。重点区域提前实施机动车国六排放标准，严格实施船舶和非道路移动机械大气排放标准。鼓励淘汰老旧船舶、工程机械和农业机械。落实珠三角、长三角、环渤海京津冀水域船舶排放控制区管理政策，全国主要港口和排放控制区内港口靠港船舶率先使用岸电。提高用油标准，尽早供应符合国六标准的车用汽油和车用柴油，尽快实现车用柴油、普通柴油和部分船舶用油标准并轨，内河和江海直达船舶必须使用硫含量不大于 10 毫克/千克的柴油。严厉打击生产、销售、使用非标车（船）用燃料行为，彻底清除黑加油站点。

（4）加强国土绿化和扬尘管控。积极推进露天矿山综合整治，加快环境修复和绿化。开展大规模国土绿化行动，加强北方防沙带建设，实施京津风沙源治理工程、重点防护林工程，增加林草覆盖率。在城市功能疏解、更新和调整中，将腾退空间优先用于留白增绿。落实城市道路和城市范围内施工工地等扬尘管控。依法严禁秸秆露天焚烧，全面推进综合利用。

（5）强化区域联防联控和重污染天气应对。以京津冀及周边、长三角、汾渭平原等重点区域为主战场，加大细颗粒物污染治理力度，明显降低PM2.5浓度。强化重点区域联防联控联治，统一预警分级标准、信息发布、应急响应，实施区域应急联动。完善应急预案，明确政府、部门及企业的应急责任，科学确定管控措施和污染源减排清单，压实责任。推进预测预报预警体系建设，进一步提升空气质量预报能力。重点区域采暖季节，对钢铁、焦化、建材、铸造、电解铝、化工等重点行业企业实施差异化的错峰生产。重污染期间，对钢铁、焦化、有色、电力、化工等涉及大宗原材料及产品运输的重点企业实施错峰运输，切实减轻秋冬季污染负荷，力争使重污染过程缩时削峰，明显减少重污染天数。强化城市建设施工工地扬尘管控措施，加强道路机扫。依法严禁秸秆露天焚烧，全面推进综合利用。

2. 努力打胜碧水保卫战

围绕保好水、治差水，保障饮水安全，守住水环境质量底线的目标，深入实施水污染防治行动计划，扎实推进河（湖）长制，强化工业、农业、生活污染源整治，大幅减少污染物排放，加强水生态系统整治，有效扩大水体纳污和自净能力。

（1）有效保障饮用水安全。突出保护好水源地。加强水源水、出厂水、管网水、末梢水的全过程管理，强化饮用水水源地保护日常管理；划定集中式饮用水水源保护区，推进规范化建设。强化南水北调水源地及沿线生态环境保护。深化地下水污染防治。全面排查和整治县级及以上城市水源保护区内的违法违规问题。加强集中式饮用水水源、供水单位供水和用户水龙头水质状况的监（检）测、评估，全面公开饮水安全相关信息。

（2）打好城市黑臭水体歼灭战。实施城镇污水处理"提质增效"行动，加快补齐城镇污水收集和处理设施短板，尽快实现污水管网全覆盖、全收集、全处理。完善污水处理收费政策，尽快将污水处理收费标准调整到位。加强城市初期雨水收集处理设施建设，推进城镇和工业园区污水处理设施建设与改造，有效减少城市面源污染，有效提高地级及以上城市建成区黑臭水体消除比例。

（3）以长江为重点加强江河湖库水生态保护修复。加大长江、黄河、珠江、松花江、淮河、海河、辽河、湘江等重点流域保护和污染防治，重点打好长江保护修复攻坚战。开展长江流域生态隐患和环境风险调查评估，划定高风险区域，从严实施生态环境风险防控措施。优化长江经济带产业布局和规模，严禁污染型产业、企业向上中游地区转移。排查整治入河入湖排污口及不达标水体。强化船舶和港口污染防治，加快现有船舶达标改造，港口、船舶修造厂环卫设施、污水处理设施纳入城市设施建设规划。加强沿河环湖生态保护，修复湿地等水生态系统，因地制宜建设人工湿地水质净化工程。实施长江流域上中游水库群联合调度，保障干流、主要支流和湖泊基本生态用水。

（4）加强渤海等近岸海域污染治理。坚持河海兼顾、区域联动，重点打好渤海综合治理攻坚战。以渤海海区的渤海湾、辽东湾、莱州湾、辽河口、黄河口等为重点，推动河口海湾综合整治。全面整治入海污染源，规范入海排污口设置，全部清理非法排污口。严格控制海水养殖等造成的海上污染，推进海洋垃圾防治和清理。率先在渤海实施主要污染物排海总量控制制度，强化陆海污染联防联控，加强入海河流治理与监管。实施最严格的围填海和岸线开发管控，渤海禁止审批新增围填海项目，引导符合国家产业政策的项目消化存量围填海资源。

（5）强化农业农村污染治理。以建设美丽宜居村庄为导向，持续开展农村人居环境整治行动，推进农村人居环境明显改善、村庄环境基本干净整洁有序，加快实现全国行政村环境整治全覆盖。切实减少化肥农药使用量，制修订并严格执行化肥农药等农业投入品质量标准，严格控制高毒高风险农药使用，推进有机肥替代化肥、病虫害绿色防控替代化学防治和废弃农膜回收，完善废旧地膜和包装废弃物等回收处理制度。坚持种植和养殖相结合，就地就近消纳利用畜禽养殖废弃物。合理布局水产养殖空间，深入推进水产健康养殖，开展重点江河湖库及重点近岸海域破坏生态环境的养殖方式综合整治。提高畜禽粪污综合利用率，提高规模养殖场粪污处理设施装备配套率。

3. 持续打好净土持久战

围绕改善土壤环境质量、防控环境风险的目标，打基础、建体系、守底线。全面实施土壤污染防治行动计划，采取推进受污染耕地安全利用、严格建设用地用途管制、加快推进垃圾分类处置、全面禁止洋垃圾入境等措施，突出重点区域、行业和污染物，有效管控农用地和城市建设用地土壤环境风险。

（1）强化土壤污染管控和修复。首先要摸清底数。加快推进农用地土壤污染状况详查和重点行业企业用地土壤污染状况调查。其次要建立土壤环境分类管理和联动监管机制。编制耕地土壤环境质量分类清单，严格管控重度污染耕地，严禁在重度污染耕地种植食用农产品；建立建设用地土壤污染风险管控和修复名录，对列入名录且未完成治理修复的地块限制用地用途；建立污染地块联动监管机制，将建设用地土壤环境管理要求纳入用地规划和供地管理；加快建设全国土壤环境管理信息系统。再次要加大修复整治力度。实施耕地土壤环境治理保护重大工程，开展重点地区涉重金属行业排查和整治；严格土壤污染重点行业企业搬迁改造过程中拆除活动的环境监管；开展受污染耕地安全利用与治理修复，推进种植结构调整和退耕还林还草；加大资金投入，研究设立土壤修复基金。

（2）加快推进垃圾分类处置。提高城镇垃圾分类处理能力。尽快实现所有城市和县城生活垃圾处理能力全覆盖，加快非正规垃圾堆放点整治；省会城市和示范城市加快建成生活垃圾分类处理系统。推进垃圾资源化利用，大力发展垃圾焚烧发电。推进农村垃圾就地分类、资源化利用和处置，建立农村有机废弃物收集、转化、利用网络体系。

（3）强化固体废物污染防治。全面禁止洋垃圾入境，严厉打击走私，大幅减少固体废物进口种类和数量，尽早实现固体废物零进口。开展"无废城市"试点，推动固体废物资源化利用。调查、评估重点工业行业危险废物产生、贮存、利用、处置情况。完善危险废物经营许可、转移等管理制度，建立信息化监管体系，提升危险废物处理处置能力，实施危险废物收集运输处置全过程监管。严厉打击危险废物非法跨界转移、倾倒等违法犯罪活动。深入推进长江经济带固体废物大排查活动。开展有毒有害化学品在生态环境中的风险状况评估，严格限制高风险化学品生产、使用、进出口，并逐步淘汰、替代。

（五）构建九大支撑体系

1. 基于主体功能区战略的空间治理体系

（1）明确空间保护边界。按照国家"两横三纵"城市化战略格局、"七区二十三带"农业战略格局、"两屏三带"生态安全战略格局等主体功能区布局，各地在系统开展资源环境承载能力和国土空间开发适宜性评价的基础上，确定城镇、农业、生态空间，划定生态保护红线、永久基本农田、城镇开发边界三条控制线。对自然生态空间进行统一确权登记，划定生产、生活、生态空间开发管制界限。

（2）科学编制空间规划。以 2035 年为目标年编制新一轮土地利用总体规划，推进"多规合一"，以主体功能区规划为基础，对城乡规划、国土规划、发展规划、环保规划以及水利、林业和海洋等主要空间性规划进行整合，综合集成各类空间要素，统一多规衔接的技术标准，形成以生态为本底，以承载力为支撑，以开发边界为主要内容的空间规划体系，形成融发展与布局、开发与保护为一体的"一张蓝图"。

（3）严格空间用途管制。建立国土空间用途管制制度，以土地用途管制为基础，将用途管制扩大到所有自然生态空间。严格落实《自然生态空间用途管制办法》，生态保护红线原则上按禁止开发区域的要求进行管理，禁止新增建设占用生态保护红线，禁止农业开发占用生态保护红线内的生态空间，禁止生态保护红线内空间违法转为城镇空间和农业空间。生态保护红线外的生态空间原则上按限制开发区域的要求进行管理，按照生态空间用途分区，依法制定区域准入条件，明确允许、限制、禁止的产业和项目类型清单。从严控制生态空间转为城镇空间和农业空间，严格控制新增建设占用生态保护红线外的生态空间。制定生态保护红线、环境质量底线、资源利用上线和环境准入负面清单的技术规范，完善国土空间开发许可制度。建立资源环境承载能力监测预警机制，推进航天遥感、航空遥感和地面调查三者相结合的一体化对地观测体系建设，提高空间监测能力。建立空间管理信息共享机制，加快推进发改、城乡规划、国土、环保、林业、水利、农业、交通等部门空间信息和业务信息的互联互通。

（4）实行差异化绩效考核。根据不同主体功能区定位要求，健全差别化的财政、产业、投资、人口流动、土地、资源开发、环境保护等政策。实行差异化分类考核的绩效评价办法，完善考核指标体系，健全考评结果应用机制。

2. 基于新一轮产业革命的绿色产业体系

着力打造四大基地，重点发展五类产业。

（1）打造四大基地：全球绿色经济创新基地、全球绿色先进制造基地、全球新能源应用示范基地、全球生态农业基地。

——全球绿色经济创新基地。建立绿色技术开发体系和产学研金政紧密结合的创新成果转化体系。打造一批具有国内外领先水平的绿色发展知识创新和技术创新基地，重点实施一批支撑绿色经济的重大科技专项，攻关一批互联网、人工智能、大数据与资源节约、生态环保深度融合的关键技术和共性技术，推进合同能源管理和生态环保服务，探索绿色经济新模式新业态。

——全球绿色先进制造基地。以制造业绿色改造升级为重点，推进绿色制造关键技术的研发和产业化，实施生产过程清洁化、能源利用低碳化、水资源利用高效化和基础制造工艺生态化，推广循环生产方式，培育再制造产业和节能环保装备制造产业，强化工业资源综合利用和产业绿色协同发展。全面推进绿色制造体系建设，以企业为主体，加快建立健全绿色标准，开发绿色产品，创建绿色工厂，建设绿色园区，强化绿色评价和绿色监管，建设一批绿色先进制造企业和绿色先进制造示范园区。

——全球新能源应用示范基地。加强新能源技术攻关，提高新能源综合利用效率，降低新能源应用成本，在全国因地制宜建设 100～200 个集太阳能、风能、地源（水源）能和生物质能等于一体的综合性、智能化的新能源应用示范基地，建设一整套与新能源相关的较为完善的政策体系。

——全球生态农业基地。加强生物育种、生态种养等农业生态技术攻关，推行农业绿色生态发展方式，推进化肥农药减量增效，推进农业废弃物资源化利用，大力提升检验检疫能力，全面提升农产品质量安全水平，加强推进"互联网＋农业"，着力打造全球生物农业、生物制药、观光生态农业基地。

（2）重点发展五类产业：节能环保产业、清洁能源产业、绿色先进制造业、绿色服务业、生物产业。

——节能环保产业。主要包括节能技术装备、环保技术装备、资源循环利用技术装备，以及节能节水服务、环境污染第三方治理、环境监测和咨询服务、资源循环利用服务等节能环保服务业。加强核心技术攻关，促进科技成果加快转化，提升节能环保技术水平。开展绿色装备认证评价，着力提高节能环保产业供给水平，全面提升装备产品的绿色竞争力。创新节能环保服务模式，培育新业态，提高服务专业化水平。一是大力发展高效节能产业。提升高效节能装备技术及产品应用水平，在工业、建筑、交通和消费品等领域实施能效领跑者制度；推进节能技术系统集成和示范应用，开展节能技术系统集成试点，整合高耗能企业的余热、余压、余气资源，鼓励利用余热采暖、利用余能和低温余热发电；做大做强节能服务产业。支持合同能源管理、特许经营等业态快速发展，推动节能服务商业模式创新，推广节能服务整体解决方案。搭建绿色融资平台，推动发行绿色债券。二是加快发展先进环保产业。提升污染防治技术装备能力。集中突破工业废水、雾霾、土壤农药残留、水体及土壤重金属污染等一批关键治理技术，加快形成成套装备、核心零部件及配套材料生产能力；建设一批重大环保技术装备产业化示范基地。加强先进适用环保技术装备推广应用和集成创新。加强先进适用环保装备在冶金、化工、建材、食品等重点领域应用；加快环保产业与新一代信息技术、先进制造技术深度融合，提高综合集成水平。积极推广应用先进环保产品。大力推广环保材料和环保药剂；扩大政府采购环保产品范围，不断提高环保产品采购比例；实施环保产品领跑者制度。提升环境综合服务能力。推动建立环保服务需求信息平台，技术创新转化交易平台，污染排放、环境质量基础数据与监控处置信息平台；推动在环境监测中应用卫星和物联网技术；推广合同环境服务，重点领域推行环境污染第三方治理和环境综合治理托管服务。三是深入推进资源循环利用。大力推动大宗固体废弃物和尾矿综合利用，推动共伴生矿和尾矿综合利用。促进"城市矿产"开发和低值废弃物利用。加强农林废弃物回收利用。积极开展废弃太阳能电池、废碳纤维材料等新品种废弃物循环利用。发展再制造产业，组织实施再制造技术工艺应用示范，开展发动机、盾构机等高值零部件再制造。完善资源循环利用基础设施，提高政策保障水平。

　　——清洁能源产业。主要包括太阳能、风能、生物质能、潮汐能、地热能、氢能等。风电大力发展智能电网技术和专用技术，推动风电装备技术创新能力达到国际先进水平。太阳能突破先进晶硅电池及关键设备技术瓶颈，推动高效低成本太阳能利用新技术和新材料产业化，加快实施光伏领跑者计划，形成光热发电站系统集成和配套能力，引领全球太阳能产业发展。生物质能源着力发展新一代生物质液体和气体燃料，开发高性能生物质能源转化系统解决方案，拓展应用空间，力争在发电、供气、供热、燃油等领域实现全面规模化应用，生物能源利用技术和核心装备技术达到世界先进水平。加快发展高效储能、分布式能源等，提升清洁能源产品经济性。推进清洁能源多产品联产联供技术产业化，推动多种形式的清洁能源综合利用。大力发展"互联网＋"智慧能源，建设能源互联网，培育基于智慧能源的新业务、新业态。加快构建适应清洁能源发展的电力体制机制、新型电网和创新支撑体系。

——绿色先进制造业。主要包括新能源汽车和新能源装备制造业、节能环保装备制造业、再制造产业、增材制造产业、绿色新材料行业等。加快突破关键技术与核心部件，推进重大装备与系统的工程应用和产业化，促进产业链协调发展。一是新能源汽车实现规模应用。提升纯电动汽车和插电式混合动力汽车产业化水平，推进燃料电池汽车产业化。全面提升电动汽车整车品质与性能，加快推进电动汽车系统集成技术创新与应用，提升关键零部件技术水平、配套能力与整车性能。建设具有全球竞争力的动力电池产业链。加速构建规范便捷、满足电动汽车需求的充电基础设施体系。二是新能源设备制造业打造具有国际竞争力的产业集群。提升输变电成套装备技术和智能化水平，提升电力装备能源转换效率。扩大风电设备制造规模与制造水平，加强产业上下游之间、整机与零部件之间的衔接，形成完整产业链条，打造具有国际竞争力的风力发电装备产业集群。光伏装备产业围绕能源互联网，从应用层面加强政策支持力度，带动上游产业发展。三是绿色新材料产业提质增效。扩大高强轻合金、高性能纤维、先进无机非金属材料、新型显示材料、动力电池材料、绿色印刷材料等规模化应用范围，打造品牌，提高附加值，推进新材料融入高端制造供应链，逐步进入全球高端制造业采购体系。促进特色资源新材料可持续发展。推动稀土、钨钼、钒钛、锂、石墨等特色资源高质化利用，推进共伴生矿资源平衡利用，建立专业化的特色资源新材料回收利用基地、矿物功能材料制造基地。在特色资源新材料开采、冶炼分离、深加工各环节，推广应用智能化、绿色化生产设备与工艺。四是增材制造业着力打造产业链。突破钛合金、高强合金钢、高温合金、耐高温高强度工程塑料等增材制造专用材料，研制推广使用激光、电子束、离子束及其他能源驱动的主流增材制造工艺装备，加快研制配套核心器件和嵌入式软件系统，建立增材制造标准体系。

——绿色服务业。主要包括绿色物流、绿色文化服务、生态旅游、绿色金融服务、绿色科技服务、绿色消费服务、分享经济等。绿色物流业，加强物流基础设施建设，加快对仓储、转运设施和运输工具的标准化改造，大力发展第三方物流，鼓励发展包装物、废弃物回收物流。绿色文化服务业，突出中国元素，大力实施精品工程和品牌战略，延伸产业链，增强国际竞争力。生态旅游业，深入挖掘生态产品价值，探索有效的实现路径，加快生态旅游业与文化、体育健身、艺术培训等产业的融合互动。绿色金融服务业，不断扩宽服务领域，增加服务品种，大力发展绿色信贷，鼓励将碳排放权、排污权等纳入贷款质押担保物范围，鼓励发行绿色债券，引导社会资本建立绿色发展基金，探索发展绿色保险，尝试组建若干碳汇交易中心。绿色科技服务业，加强节能环保、低碳循环利用相关的研究开发及其服务、技术转移、创业孵化、知识产权、科技咨询、科技金融、检验检测认证等；建设专业化生态环保众创空间、科技创新中心；完善技术转移转化机制；实施绿色低碳循环相关领域的重大科技开发专项和优势共性集成创新，集中攻克一批绿色发展关键技术。绿色消费服务业，大力发展连锁经营、仓储超市；完善社区服务体系，完善居民社区再生资源回收体系；加快建设智能交通、绿色商场、绿色酒店、绿色餐馆、绿色建筑、绿色社区。分享经济，鼓励发展共享交通、共享单车、共享房屋、共享餐饮、共享物流、共享金融、共享充电宝等多种模式的分享经济。加快形成适应分享经济特点的政策环境。

——生物产业。主要包括以生物育种、农用生物制品、海洋生物资源开发为重点的生物农业，以生物技术药物和中药为重点的生物医药产业，以高性能医学装备、高质量组织工程植介入产品和康复产品、先进体外诊断产品为重点的生物医药工程产业，以生物基产品和生物绿色工艺为重点的生物制造产业，以基因测序与治序、分析测试、生物信息、转化医学、细胞治疗等新业态为重点的生物医药服务业。以基因技术快速发展为契机，加快农业育种向高效精准育种升级转化，加速生物农业产业化进程。推动医疗向精准医疗和个性化医疗发展，加快开发具有重大临床需求的创新药物和生物制品，推广绿色化、智能化制药生产技术，推动生物医药产业国际化发展。拓展海洋生物资源新领域，促进生物工艺和产品在更广泛领域替代应用。培育高品质专业化生物服务新业态，形成一批具有较强国际竞争力的新型生物技术企业和生物经济集群。

3. 基于供给侧结构性改革的绿色供给体系

围绕提供更多的自然生态产品、绿色农产品、绿色工业品、绿色建筑、绿色交通、绿色能源、生态旅游、绿色服务等，打造八大载体。

（1）创建一批生态基地。包括国家公园、森林公园、自然保护区等。

（2）创建一批农产品质量安全县（市）。围绕绿色食品生产基地建设，继续开展国家农产品质量安全县（市）创建试点，逐步扩大创建范围，力争覆盖所有"菜篮子"产品主产县。

（3）创建一批生态工业示范园区。加快推进国家级园区——国家生态工业示范园区创建工作，争取更多工业园区达到国家《综合类生态工业园区标准》和《行业类生态工业园区标准（试行）》。

（4）培育一批绿色低碳循环示范企业。围绕钢铁、有色、化工、建材、农业、矿产资源、包装、纺织印染等行业，培育一大批国家级、省级循环经济示范企业。围绕现代生态循环农业试点省建设，培育一批现代生态循环农业示范主体。围绕清洁生产、节能环保等相关产业，分领域、分行业、分层次培育一批龙头骨干企业。

（5）推广一批绿色示范产品。主要包括绿色有机食品，低耗材生产装备，电动汽车、节能家电、节能建筑等节能环保型产品，再生资源利用产品等。

（6）构建一批绿色供应产业链。构建绿色食品供给链，加快构建绿色食品生产（或加工）企业、农民专业合作社、基地和农户间的绿色供应链。打造绿色制造供应链，围绕电子、汽车、家电、建筑等制造业领域，以制造业龙头企业为突破口，发展行业绿色供应链联盟。

（7）制定一批绿色供给相关标准。逐步制定绿色供应链行业、循环经济示范企业等评价标准。完善一批基于产品全生命周期的绿色产品标准、认证、标识体系，逐步建立健全绿色产品全品类产品标准。

（8）完善一批绿色供给制度。推广实施绿色供应链制度，引导上下游企业不断完善采购标准和制度。推动实施绿色创新补偿制度，鼓励企业加大环境友好型技术投资。探索企业环境行为信用制度建设，激励和约束企业绿色生产。推广实施生产者责任延伸制度，选择重点产品探索实行押金制、目标制。探索推进全国农产品检测信息共享、检测结果互认、产地准出和市场准入制度。

4. 基于消费升级视角下的绿色消费体系

（1）健全促进绿色消费的法律法规和政策体系。一是修订《节约能源法》《循环经济促进法》等法律，研究制定废弃物管理与资源化利用条例、限制商品过度包装条例等法规。二是创新绿色投融资机制，发展绿色信贷，建立绿色消费税制，将高耗能、高污染产品及部分高档消费品纳入消费税征收范围或提高消费税率。三是完善绿色采购政策，提高政府绿色采购比重。

（2）完善绿色消费推进体系。一是倡导绿色生活方式，推广绿色居住，提倡家庭节约行为，鼓励绿色低碳出行。二是鼓励减少使用一次性日用品。支持发展共享经济，鼓励个人闲置资源有效利用。三是鼓励绿色产品消费，大力推广节能家电、新能源汽车、绿色建材和环保装修材料、无公害农药化肥、节水产品、环境标志产品等。建立健全"以旧换再"的消费者激励机制。四是深入实施节能减排全民行动、节俭节约全民行动。组织开展绿色家庭、绿色商场、绿色景区、绿色饭店、绿色食堂、节约型机关、节约型校园、节约型医院等创建活动。

（3）完善绿色消费市场体系。一是畅通绿色产品流通渠道，鼓励建立绿色批发市场、绿色商场、节能超市、节水超市、慈善超市等绿色流通主体。鼓励开设跳蚤市场。开设绿色产品销售专区。二是建立流通企业与绿色产品提供商有效对接机制。三是完善农村消费基础设施和销售网络，通过电商平台提供面向农村地区的绿色产品，拓展绿色产品农村消费市场。

（4）规范绿色消费监管体系。一是进一步明确监管机构职责。二是健全标识认证体系。逐步将目前分头设立的环保、节能、低碳、有机等产品统一整合为绿色产品，建立统一的绿色产品认证标识等体系，加快低碳、有机产品认证，推进中国环境标志认证。加强绿色产品质量监管。三是健全监督机制。完善信用体系，加强信息公开，运用大数据等技术创新绿色监管方式。

建立绿色产品追溯制度，强化企业产品负责制。加强市场诚信和行业自律机制建设，加强事中事后监管。四是强化消费者协会职能，维护消费者的绿色消费权益。

（5）健全绿色消费引导体系。一是深入开展全民绿色教育，传播绿色发展理念和绿色消费知识，倡导绿色生活方式。二企业通过绿色广告、绿色推销、绿色公共关系和绿色营业推广等宣传和传递产品的绿色价值。三是消费者积极实践绿色消费行为，拒绝资源消耗多、污染排放大的产品，摒弃过度消费、奢侈消费，形成适度消费、健康消费、绿色消费的良好消费行为。

5. 基于自然价值和自然资本的生态资源环境市场体系

（1）建立健全水权、排污权、碳排放权、节能量（用能权）等生态资源产权和环境权益交易市场。加强顶层设计，健全相关法律法规，完善初始分配制度、价格形成机制、市场交易机制和监管机制，不断拓宽交易主体范围，促进交易二级市场建设。①水权交易：在总结试点地区经验模式的基础上，抓紧制定水权交易管理办法和相关制度，明确可交易水权的范围和类型、交易主体和期限、交易价格形成机制、交易平台运作规则等。优化水权交易平台，完善水权交易系统。有序推进重要跨省江河水量分配，在建立用水总量控制体系的流域和区域探索总量控制下的区域间水量交易，南水北调受水区探索地区之间分水指标的交易；逐步加大合同节水量水权交易、城市公共供水管网范围内用水指标交易、农业高效节水 PPP 项目水权交易以及丰水地区水量－水质双指标水权交易等。②排污权交易：扩大排污权交易试点范围和地区，加快推进企业初始排污权核定，扩大涵盖的污染物覆盖面，扩大交易范围，增加交易品种。在重点流域和大气污染重点区域，推进跨行政区排污权交易。加强排污权交易平台建设，推动建立全国性交易市场。制定排污权核定、使用费收取使用和交易价格等规定。③碳排放权交易：深化试点，以发电行业率先在全国开展碳交易为突破口，逐步扩大参与碳市场的行业范围和交易主体范围，增加交易品种。推动建立有国际影响力的碳定价中心。加快完善与碳交易相关的法律制度，对市场中的配额发放、交易与核证规则、利益冲突防范等在法律中予以明确，建立市场监管体系。④节能量（用能权）

交易：加大试点力度，结合重点用能单位节能行动和新建项目能评审查，加快推进节能量交易，并逐步改为基于能源消费总量管理下的用能权交易，解决市场重复建设的问题。建立用能权交易系统、测量与核准体系，搭建统一的交易平台。制定统一的交易制度，包括交易实施细则、交易管理办法、交易程序、交易平台建设标准、交易监管等。做好用能权与碳排放权交易制度的衔接，对纳入两个市场中的企业如何进行转换和抵扣等做出规定。

（2）建立健全环境治理市场。一是推行环境合同服务和污染第三方治理。加大在环境公用设施、工业园区等领域的推行力度，并拓展到其他适合的领域。完善治理绩效考核和评价机制，环境绩效合同服务收益与治理绩效挂钩。二是推进环境监测市场化。加快放开服务性的监测领域，有序放开大气质量、跨境水体、突发环境事件应对等公益性、监督性的监测领域。三是推进环保设施设备服务业市场化。推动环保设施设备的投资、建设、运营和监管分开，形成权责明确、制约有效、管理专业的市场化运行机制。对可经营性好的设施，采取特许经营、委托运营等方式，通过资产租赁、转让产权、资产证券化等方式盘活存量资产。推动投资收益逐步向约定公共服务质量下的风险收益转变。

（3）健全绿色金融、资源环境人才等配套市场。一是加大绿色金融创新力度。发展各类碳金融产品，有序发展碳远期、碳掉期、碳期权、碳租赁、碳债券、碳资产证券化和碳基金等碳金融产品和衍生工具。发展基于碳排放权、排污权、节能量（用能权）等各类环境权益的融资工具。开展环境权益抵质押融资，完善市场化的环境权益定价机制。发展环境权益回购、保理、托管等金融产品。二是激活资源环境人才市场。提高专业化程度，大力引进培养紧缺的专业人才、高级人才，完善人才培养体系。

6. 基于相关利益者视角下的环境治理体系

（1）完善党委政府在生态环保工作中的统筹调节和监管机制。建立国家环境经济账户，科学衡量经济活动对环境负面影响的社会反应程度。加大公共环境治理的财政支出，环保资金的使用方向从"末端治理"转向清洁生产，探索发行环保彩票。加快环境治理市场主体培育。建立全国统一的实时在线环境监控系统，强化生态环境质量监测。完善环境损害赔偿和责任追究制度，严格执法。

（2）约束企业环境污染行为。建立覆盖所有固定污染源的企业排放许可证制度，健全生态补偿制度，健全生态环境损害赔偿制度，改革环境影响评价制度。实施绿色信贷，强化环境保护税征管，运用环保税收、收费及差别化的价格政策（通过差别化的用电用气价格、提高环保收费标准等），使企业排污承担的支出高于主动治理成本，倒逼企业主动治污减排，落实企业环境治理主体责任。

（3）提高公众环境维权能力。加强资源环境和生态价值观教育，提高公民环境意识。加快环保领域社会组织健康有序发展。健全环境治理公众参与机制，保障社会公众生态环境相关的知情权、议政权、监督权、污染损害索赔权。全面推进环境信息公开。倡导文明、节约、绿色的消费方式和生活习惯，把公民环境意识转化为保护环境的行动，让人人成为保护环境的参与者、建设者、监督者。

（4）完善合作治理机制。健全责任共担机制。科学划分和界定政府、企业和公众的环保责任。完善多元参与机制。疏通参与渠道，创新参与形式，保障参与权利；发挥环保公益组织、产业协会和产业联盟等组织对生态环保和两型社会建设的催化作用，在政府与行业、企业之间建立起桥梁和纽带。建立激励约束机制。把对生态污染的治理效果作为各级政府和官员绩效考核的重要指标；根据排污情况、产品结构调整情况、治理污染的积极主动性等，对企业进行奖惩或税收调节；通过物质奖励和精神表彰，引导公众参与。完善监督问责机制。通过巡视督察强化对地方党委政府的监督，通过执法检查强化对企业的监督，发挥公众的监督作用。完善利益共享和补偿机制以及冲突化解机制，保证各治理主体实现合作目标。

7. 基于新一轮科技革命的绿色技术创新体系

（1）培育创新主体。一是强化企业技术创新主体地位，鼓励企业加大绿色研发投入力度，建设企业技术中心、工程技术研究中心、重点实验室等创新机构，提升企业技术创新能力。二是支持企业牵头联合高等院校、科研院所组建绿色技术创新战略联盟及技术研发基地，通过开展联合攻关，攻克一批节能环保、污染防治、绿色产业等领域的前沿技术和关键共性技术，形成一批具有自主知识产权的核心技术成果，培育资源生态环境领域知识产权优势企业。

（2）集聚创新资源。一是创新财税支持方式，调整财政对绿色技术创新的资金支持方式，探索建立政府公共引导基金，健全多层次财政补贴体系。提高税收绿色化程度，通过征收环境资源税和环境补偿税，促使企业积极研发绿色技术。完善绿色技术资本市场和融资机制，完善绿色信贷政策，鼓励开展碳金融产品创新。二是加强顶层设计，继续开展节能量交易、碳排放权交易、可再生能源交易等多样化试点。三是重视绿色技术高端人才的培养和引进，进一步完善人才激励政策，建立健全海外高端人才引进优惠政策、激励机制和评价体系，完善人才、智力、项目相结合的柔性引进机制。

（3）夯实创新基础。一是加快构建绿色技术信息服务平台，搭建绿色技术信息智能共享云平台。二是畅通绿色技术创新申报和使用渠道，完善现有绿色专利快速审查制度，组建专门的绿色技术专利审查机构。三是创新绿色技术专利许可制度，定期向公共领域开放一定数量的绿色技术专利，通过给予企业合理的财政资助和奖励，提高绿色技术的市场化程度。四是构建与国际接轨的绿色技术标准体系，加快制定涉及我国安全、卫生、健康、环保等方面的绿色技术强制性标准，鼓励国内企业、科研机构积极参与国际绿色技术标准制定，支持企业、机构或个人在重要国际组织中的发展。五是积极推进绿色技术贸易全球化发展，争取绿色技术贸易中主动权，围绕"一带一路"建设推进国际合作，促进绿色技术在一些重大基础设施中的应用。六是健全中央与地方之间、部门之间、区域之间、行业之间绿色技术创新统筹协调机制，以"国家科技体制改革和创新体系建设领导小组"为统领，进一步加强对绿色技术创新的决策统筹。各地应强化绿色技术创新协同合作，严格落实绿色政绩考核。

（4）优化创新环境。一是制定和完善法律法规及相应的标准体系，为企业开展绿色技术创新提供法律支持和保障；尽快修订《政府采购法》中关于绿色采购的内容，明确界定专门机构及其责任，设置绿色产品标准和绿色采购清单，逐步扩大绿色采购范围，建立科学的公共绿色采购评价体系。二是逐步建立起多元化的绿色技术市场体系，组织和引导大型商业流通企业参与绿色技术产品市场建设，实行严格的市场准入制度，理顺长期扭曲的价格体系，充分发挥市场作用。三是营造有益的政策和社会舆论环境，引导和激励企业绿色技术创新，增强企业绿色技术创新的积极性、主动性、创造性；强化全社会创新和绿色发展意识，为绿色技术创新营造正向激励环境，打造反向约束的硬标准。

8. 基于全面深化改革的资源环境体制机制创新体系

（1）建立健全资源节约高效利用机制。一是完善耕地保护、土地节约集约利用、水资源管理、能源消费总量管理、天然林草原湿地保护、沙化土地封禁保护、海洋资源开发保护、矿产资源开发利用、资源循环利用等制度。二是建立健全用能权、用水权、碳排放权初始分配制度，创新有偿使用、预算管理、投融资机制，培育和发展交易市场，建立统一规范的国有自然资源资产交易平台。三是健全节能、节水、节地、节材、节矿标准体系。四是建立健全中央对地方节能环保考核和奖励机制，进一步扩大节能减排财政政策综合示范。

（2）健全资源有偿使用和生态补偿制度。一是加快自然资源及其产品价格改革，建立自然资源开发使用成本评估机制，将资源所有者权益和生态环境损害等纳入自然资源及其产品价格形成机制；建立定价成本监审制度和价格调整机制，完善价格决策程序和信息公开制度。二是加快资源环境税费改革，逐步将资源税扩展到占用各种自然生态空间。三是完善土地、矿产资源、海域海岛有偿使用制度，扩大有偿使用范围。完善土地价格形成机制、评估制度、合理比价机制，扩大招拍挂比例；完善矿业权市场化出让制度；建立健全海域、无居民海岛使用权招拍挂出让制度。四是完善生态补偿机制。探索建立多元化补偿机制，逐步增加对重点生态功能区转移支付，合理提高补偿标准，完善生态保护成效与资金分配挂钩的激励约束机制。制定横向生态补偿机制办法，以地方补偿为主，中央财政给予支持。

（3）完善环境治理制度机制。一是推行全流域、跨区域联防联控和城乡协同治理模式，建立健全污染防治区域联动机制。二是建立和完善严格监管所有污染物排放的环境保护管理制度，实行排污许可"一证式"管理，尽快在全国范围建立统一公平、覆盖所有固定污染源的企业排放许可制，建立健全排污权有偿使用和交易制度。三是加快培育市场机制。推进资源性产品价格机制改革。完善资源价格形成机制，将成本反映到资源性产品的价格中。创新资源价格管制，对已具备竞争条件的，尽快放开价格管理，仍需要实行价格管理的，探索将定价权限下放到地方。推广 PPP 模式，推行环境污染第三方治理。四是建立环境质量目标责任制和评价考核机制。健全环境损害赔偿相关法律制度、评估方法和实施机制。强化生产者环境保护法律责任，大幅度提高违法成本，严格执行生态环境损害赔偿制度。建立企业环境信用记录和违法排污黑名单制度，健全环境信息公开制度，完善环境公益诉讼制度。建立生态环境损害责任终身追究、责任倒查机制。

（4）优化资源环境管理体制机制。一是完善政府管理体制。深入推进新一轮机构改革，加快建立省市县自然资源资产管理和生态环境监管机构，统一行使全民所有自然资源资产所有者职责，统一行使所有国土空间用途管制和生态保护修复职责，统一行使监管城乡各类污染排放和行政执法职责。完善跨区域、跨部门统筹协调机制。明确各部门、各地域的权限和主体责任，以山水林田湖草一体化的视角，全领域、全地域整体系统推进生态环境保护和两型社会建设的制度建设。加快推行省以下环保机构监测监察执法重直管理制度，探索建立跨地区环保机构。积极完善"河（湖）长制"，以"河（湖）长制"为基础，探索土、气等其他绿色发展领域跨区域、跨部门管理制度。建立行政分权机制。在需要先行先试试点改革领域，中央要及时放权，支持地方积极探索创新；同时，地方上级政府也要给予下级政府必要权限。二是健全社会参与机制。创新生态文明教育机制，提高全社会的参与程度。形成多渠道的对话机制。建立"企业污染控制报告会"制度，环保部门与公众定期对话制度，重大环保项目征求意见制度，环保决策专家咨询和公众参与制度等。健全公众参与激励机制。设立政府节能减排环保奖，逐步提高绿色出行等环保活动的政府补贴，明确公众对环境的监督权利和义务。

9. 基于大数据的绿色发展评价体系

（1）加快建设自然资源、生态环境大数据。加快整合自然资源、生态环境相关信息，依托云平台建设自然资源和生态环境大数据信息共享平台，尽快实现自然资源、环境质量、重点污染源、生态环境状况监测等大数据全覆盖。

（2）构建绿色发展评价指标体系。评价指标体系由 3 个一级指标、11 个二级指标、36 个三级指标构成。3 个一级指标为资源节约、环境友好和生态保育；11 个二级指标为节能、节水、节地、废弃物资源化利用、排放强度、主要污染物排放、减排能力、环境质量、生态资源、生态保护、治理修复；36 个三级指标，包括单位 GDP 能耗、单位 GDP 水耗、单位 GDP 建设用地面积、工业固废综合利用率、工业用水重复利用率、万元工业增加值废气排放量、万元工业增加值工业固废产生量、单位 GDP 化学需氧量（COD）排放、单位 GDP 二氧化硫排放量、单位 GDP 氮氧化物排放量、单位耕地面积化肥农药使用量、城市生活垃圾无害化处理率、城市污水处理率、农村无害化卫生厕所普及率、省会城市空气质量达标天数、森林覆盖率、湿地面积占辖区面积比重等。

五、战略路径

围绕推进生态环境保护与两型社会建设的法制化、市场化、社会化进程，加快形成政府、企业、社会公众共治的体系和格局。

（一）强力推进生态资源环境建设的法制化

1. 加快健全法制体系

（1）完善相关法律法规。加快制定出台排污权、跨区域环境治理、国土空间开发保护、国家公园体制等方面的法律法规，加快研究制定废弃物管理与资源化利用条例、限制商品过度包装条例等专项法规，研究制定碳排放权交易管理条例，完善相关配套法规。全面清理修订现有法律法规中与生态文明建设要求不一致的内容，增强法律法规间的协调性。加快修订完善环境噪声污染防治、生态保护补偿、自然保护区等相关制度，制定相关配套实施细则。

（2）加强环境保护督察。对地方政府及其有关部门履行环境保护工作职责的情况开展全面的监督检查，实施随机抽查和专项督查相结合的监督制度，加强对工业、建筑、公共机构等重点单位的监察和对污染源的监管。

（3）严格环境执法。一是完善环境执法监督机制，推进联合执法、交叉执法，强化执法监督和责任追究。二是进一步明确环境执法部门行政调查、行政处罚、行政强制等职责，有序整合不同领域、不同部门、不同层次的执法监督力量，推动环境执法力量向基层延伸。三是加大环保执法力度，严厉打击浪费能源资源、污染环境的违法行为，加大处罚力度。

（4）推进环境司法。一是完善司法机构，设立环境审判法庭，规范诉讼程序，引入第三方监督机制。二是司法裁判引入生态修复等非刑罚手段，在对当事人追究法律责任的同时，要求当事人修复被破坏的生态环境。三是健全行政执法和环境司法的衔接机制，完善程序衔接、案件移送、申请强制执行等方面规定，加强环保部门与公安机关、人民检察院和人民法院的沟通协调。四是完善环境公益诉讼制度，强化公民环境诉权的保障，细化环境公益诉讼的法律程序。

2. 完善生态资源环境标准和技术规范体系

（1）完善标准体系。一是加快制修订一批强制性能效标准、能耗限额标准和污染物排放标准，提高产品标准中的节能环保技术要求；加强与生态环保相关的国家、地方、行业和企业标准的相互协调。二是加快重点环境领域相关标准的修订完善。研究制定环境基准，修订土壤环境质量标准，完善挥发性有机物排放标准体系；加快机动车和非道路移动源污染物排放标准、燃油产品质量标准的制修订和实施。三是推动成熟的"两型"地方标准上升为国家标准，推动新材料等国内标准向国际标准转化。

（2）完善技术规范。建立生态保护红线监管技术规范。健全钢铁、水泥、化工等重点行业清洁生产评价指标体系。加快制定完善电力、冶金、有色金属等重点行业以及城乡垃圾处理、机动车船和非道路移动机械污染防治、农业面源污染防治等重点领域技术政策。建立危险废物利用处置无害化管理标准和技术体系。

3. 健全环境权责体系

（1）压实党委政府环保主导责任。以环保督察巡视、编制自然资源资产负债表、领导干部自然资源资产离任审计、生态环境损害责任追究等落实地方环境保护责任。建立健全职责明晰、分工合理的环境保护责任体系，严格落实环境保护党政同责、一岗双责。强化各级政府对本行政区域生态环境和资源保护的总体责任和对区域流域生态环保的相应责任。实施差异化评价考核。贯彻落实生态文明建设目标评价考核办法，把资源消耗、环境损害、生态效益纳入地方各级政府经济社会发展评价体系，对不同区域主体功能定位实行差异化绩效评价考核。落实生态环境损害责任终身追究制。健全重大决策终身责任追究及责任倒查机制，对在生态环境和资源方面造成严重破坏负有责任的干部不得提拔任用或者转任重要职务，对构成犯罪的依法追究刑事责任。实行领导干部自然资源资产离任审计，对领导干部离任后出现重大生态环境损害并认定其应承担责任的，实行终身追责。

（2）强化企业环保主体责任。以环境司法、排污许可、损害赔偿等落实企业主体责任。建立覆盖所有固定污染源的企业排放许可制度。全面推行排污许可，将污染物排放种类、浓度、总量、排放去向等纳入许可证管理范围，企业按排污许可证规定生产、排污。加大对企业排污行为的监管和执法。加快推进生态环境损害赔偿。完善生态环境损害评估和赔偿制度，推进生态环境损害鉴定评估规范化管理，完善鉴定评估技术方法，加大生态环境损害赔偿力度。

（3）保障社会各界环境权益。对涉及群众利益的重大生态环保决策和建设项目，广泛听取公众意见和建议，在建设项目立项、实施、后评价等环节加强公众参与，保障社会各界的生态资源环境知情权、决策参与权、监督权和表达权，维护公众合法权益。

（二）加快推进生态资源环境建设的市场化

1. 健全市场机制

（1）完善促进资源节约的市场机制。改革资源产权制度，加快形成统一、开放、有序的资源初始产权配置机制和二级市场交易体系。一是明晰产权。借鉴农村土地所有权和使用权"两权分离"的有益经验，加快自然资源资产产权制度改革，推进自然资源资产使用权主体实体化、多元化。加快环境容量产权明晰化，科学计算环境总容量，使排污量产权化，通过环境容量产权的明晰化，改变环境容量的公共物品特性。二是建立健全自然资源环境生态产权交易市场体系。推行排污权交易，建立健全排污权初始分配和交易制度，鼓励新建项目污染物排放指标通过交易方式取得，推进排污权有偿使用和交易试点。推行用能预算管理制度，开展用能权有偿使用和交易试点。推进碳排放权交易试点，逐步建立要素明晰、制度健全、交易规范、监管严格的区域性碳排放权交易市场体系。建立再生资源回收利用机制，健全污水、污泥、生活垃圾、建筑垃圾、餐厨垃圾等各类废弃物处理收费机制和市场化运作模式。在试点示范的基础上，逐步建立完善排污权、碳排放权、用能权、水权、林权的交易制度。三是加强公共资源交易平台建设。充分发挥国家公共资源交易平台作用，加强各级排污权交易平台建设。支持地方建设区域性特色交易平台，如支持湖北建立涵盖碳排放权、排污权、水权、城市矿山资源权等集成的绿色权益交易中心，支持福建打造全国综合性资源环境生态产品交易平台等。

（2）完善市场化资源环境价格形成机制。深化资源环境价格改革，逐步建立全面反映市场供求、资源稀缺程度、生态环境损害成本和修复效益的价格形成机制。完善差别化能源价格制度，建立绿色电价机制。研究完善燃煤电厂环保电价政策，加大高耗能、高耗水、高污染行业差别化电价水价等政策实施力度。建立节约用水机制，落实调整污水处理费和水资源费征收标准政策，完善再生水价格机制。探索实行公共资源的公开竞价及拍卖方式，形成价格水平随供求关系波动的市场化定价机制。

（3）建立市场化多元化生态补偿机制。赋予生态保护区和生态受益区独立的、对等的市场地位。科学评估测算生态补偿基准价格，使之能合理反映生态资源的生态服务价值。在科学补偿基准价格的基础上，使价格适应市场供求规律的调节，围绕基准价格上下波动，更好地反映市场供求状况，反映市场调节的作用。

（4）建立健全多元化的投融资机制。一是鼓励多元投资。环境治理和生态保护的公共产品和服务，能由市场提供的，都可以吸引各类资本参与投资、建设和运营，推动投资主体多元化。二是加大政府购买生态环境服务力度，在重大工程建设和环保公共产品及服务中推广适用的政府与社会资本合作治理的 PPP 模式。三是稳步发展绿色金融。鼓励金融机构开发基于环境权益抵（质）押融资产品。研究设立绿色股票指数和发展相关投资产品。鼓励银行和企业发行绿色债券，鼓励绿色信贷资产证券化。大力发展绿色租赁、绿色信托。在环境高风险领域建立环境污染强制责任保险制度，完善对节能低碳、生态环保项目的各类担保机制。鼓励设立市场化运作的各类绿色发展基金。

2. 培育市场主体

（1）培育一批生态环保龙头企业。一是鼓励生态环保企业在国内外通过收购、兼并、联合、重组等方式，实行规模化、品牌化、网络化经营，形成一批产值过百亿、创新能力强、带动性强的生态环保龙头企业。二是打造一批技术领先、管理精细、综合服务能力强、品牌影响力大的国际化的生态环保公司，实施动态滚动支持。三是对于企业引进国内外高端创新人才，在住房、配偶工作、子女入学、就医、本人出入境等方面给予优先照顾。

（2）促进生态环保产业集聚发展。优化升级现有生态环保产业园区和集聚区，布局培育一批创新优势突出、区域特色明显、规模效益显著的产业集聚区，创建以生态环保产业为主导的国家基础创新中心，建设一批聚集度高、优势特征明显的绿色农业、节能环保产业示范基地和绿色技术转化平台。

（3）推行市场化环境治理模式。推进污染治理市场化运营。一是推行合同环境服务，在市政公用等领域推行特许经营、PPP 等模式。二是在工业园区和重点行业，推行环境污染第三方治理模式。三是鼓励企业为流域、城镇、园区、大型企业等提供定制化的综合性整体解决方案。

3. 规范市场秩序

（1）建立公平、开放、透明的资源环境产权交易市场规则。一是实行统一的市场准入制度，在自然资源使用权、环境排污权、生态受益权等产权面前，无论公有制企业还是非公有制企业，一律平等、公平公开竞争。二是下决心破除限制产权自由流动和优化配置的各种体制机制障碍，清除非公有制企业面临的资源使用、污染排放歧视等体制性壁垒或行政壁垒，严禁和惩处各类地方政府为发展经济而降低环保标准的所谓优惠政策行为。三是凡是能由市场形成价格的都交给市场，充分发挥市场价格机制在产权流转配置中的作用。

（2）强化市场监管。一是完善招投标管理。重点加强环境基础设施项目招投标市场监管，研究制定环境基础设施 PPP 项目的强制信息公开制度。建立招投标阶段引入外部第三方咨询机制等。二是强化监督。在市政公用基础设施领域，进一步完善行业监管机制，重点对运营成本、服务效率、产品质量进行监审，研究探索中标价格跟踪披露机制。推行"互联网＋监督"，依托互联网、云计算平台，开展环境和生态监测、设施运营与监管、风险监控与预警。

（3）建立健全环境信用体系。将企业资质与其对生态环境市场规则的遵守情况挂钩。一是建立企业环境信用评价和违法排污黑名单制度，企业环境违法信息将记入社会诚信档案，向社会公开。二是建立上市公司环保信息强制性披露机制，对未尽披露义务的上市公司依法予以处罚。三是逐步分级建立企业环境信用评价体系，将企业环境信用信息纳入全国信用信息共享平台，建立守信激励与失信惩戒机制。

（三）大力推进生态资源环境建设的社会化

1. 提高全社会生态环境保护意识

（1）加大生态环境保护宣传教育。把环境保护和生态文明建设作为践行社会主义核心价值观的重要内容，实施全民环境保护宣传教育行动计划，广泛深入宣传生态文明理念和环境保护知识，深入开展全国节能宣传周、城市节水宣传周、全国低碳日、环境日等主题宣传活动，不断丰富宣传教育方式，丰富宣传产品，使其上课本、进社区、入工厂，全面提升全社会生态文明意识。

（2）倡导勤俭节约、绿色低碳的社会风尚。大力弘扬生态文化，倡导绿色生活和消费，抵制和谴责过度消费、奢侈消费、浪费资源能源等行为，引导公众践行绿色简约生活和低碳休闲模式。

（3）建设国家生态环境教育平台。小学、中学、高等学校、职业学校、培训机构等将生态文明教育纳入教学内容。

2. 强化信息公开

（1）建立资源生态环境信息统一发布机制。全面推进大气、水、土壤等生态环境信息公开，推进监管部门生态环境信息、排污单位环境信息以及建设项目环境影响评价信息公开。大力推动企业环境信息公开并形成制度，根据企业对环境造成污染的级别及潜在危害程度，进行分级管理。

（2）健全信息公开载体和平台。健全资源生态环境信息反馈机制，政府相关部门应通过网站、公报、新闻发布会以及报刊、广播、电视等形式公开生态资源环境信息，引导新闻媒体加强舆论监督。

（3）建立健全生态环境保护新闻发言人制度。完善由上至下的新闻发言人制度，对重要生态环境信息进行权威发布。主要包括：生态环境保护的重大决策、重点工作、重要规定和环境状况信息，重特大突发环境事件事实情况和处置措施，对公众广泛关注的热点、难点环境问题的态度及处理意见，对新闻媒体有关报道的回应等。

3. 健全社会公众参与机制

（1）建立公众参与环境管理决策的有效渠道和合理机制。形成多渠道的对话机制，鼓励公众对政府环保工作、企业排污行为进行监督评价，如建立定期开展由环保部门、企业和当地居民共同参与的"企业污染控制报告会"制度，环保部门领导与非政府机构及普通公众之间的定期对话机制等。对涉及群众利益的重大环保决策和建设项目，广泛听取公众意见和建议，加强环保决策过程中的专家咨询和公众参与，推动政府决策机制的创新。

（2）健全公众参与激励机制。设立政府节能减排环保奖，对参与节能减排环境保护并做出突出贡献的单位和个人给予奖励；逐步提高公共参与绿色出行等环保活动的政府补贴额度，扩大补贴范围，降低公众参与环保的成本，提高参与积极性；明确公众对环境的监督权利和义务，加大对破坏环境者的检举和揭发的奖励，充分发挥"12369"环保热线和环保微信举报平台的作用。

（3）优化社会组织参与机制。完善法律法规，促进生态环保民间社会组织健康发展，保障其合法权益不受到侵害，提高民间社会组织自身生态环境保护的能力。提高民间社会组织自身的参政能力，广泛联系群众，扩展自身发展空间。加强政府对生态民间社会组织的管理、引导和监督，加强生态民间社会组织同政府组织以及其他民间社会组织和国际民间社会组织的有效合作，使不同领域、不同地域的民间社会组织之间取长补短，相互吸收经验，推动环境问题的有效解决以及生态环保民间组织的良性发展。

第五章

基于主体功能区战略的空间治理体系研究

《中华人民共和国国民经济和社会发展第十三个五年规划纲要》中提出，要建立"以市县级行政区为单元，建立由空间规划、用途管制、差异化绩效考核等构成的空间治理体系"。党的十九大报告从加大生态系统保护力度、改革生态环境监管体制等方面提出了进一步的要求。这是我国加快实施主体功能区战略，构建具有中国特色生态文明制度体系的重大创新性思路和举措。近年来，我国从中央到地方围绕构建空间治理体系进行了一系列的探索，取得了良好的成效，但总体来看仍然处于起步摸索阶段。下一阶段，要在加强法律法规和政策创新保障、推进相关管理体制和配套机制改革建设、提高技术服务能力的基础上，进一步推进主体功能区建设，构建以"多规合一"空间规划体系为基础、国土空间用途管制为核心要务、差异化绩效考核为手段的适合我国国情的空间治理体系。

一、空间治理相关概念及理论基础

（一）空间治理体系的内涵

构建空间治理体系是"十三五"规划提出的新理念和新要求，为环境治理和生态保护提供了新的制度安排。目前围绕空间治理体系开展的理论和实践研究较少，通过知网数据库对空间管制等相似概念进行梳理，发现这些概念要么内涵狭窄——仅从规划层面理解空间治理，要么视角不同——侧重于政府行政管理体制，与"十三五"规划所提出概念的内涵相差甚远。我们认为，"十三五"规划所提出概念的内涵全面而深刻，从源头严防（空间规划）、过程严管（用途管制）、后果严惩（差异化考核）的角度指明了改革的方向和重点，能够更加高效的配置生态资源，为深化生态文明体制改革、推进美丽中国建设提供了有力保障。

空间规划在 1983 年的《欧洲区域/空间规划章程》中首次出现，随后逐步成为对不同地域、不同层次规划体系的统称。目前，空间规划体系尚无明确的定义，学界共识是空间规划体系由不同类型规划构成的相互独立又相互关联的系统，以空间资源保护、空间结构优化和空间效率提升为核心，是经济、社会、文化、生态等政策的地理表达，是政府管理空间资源、保护生态环境、合理利用土地、改善民生质量、平衡地区发展的重要手段。空间用途管制是在土地用途管制的基础上，拓展空间管制职责，将空间管制扩大到水流、森林、山岭、草原等各类自然生态空间，全面协调各种用地冲突，提高资源环境承载力。绩效考核是 20 世纪初泰勒在《科学管理原理》中所提出的概念，最早用于企业管理，随着 20 世纪 80 年代西方国家新公共管理运动的兴起与发展，绩效考核的理论与方法逐步扩展到政府行政管理等领域。差异化绩效考核是对我国政府绩效考核实践的进一步深化，是根据地方资源环境禀赋与经济发展的阶段特点，科学确定绩效考核目标，对政府履行行政职能的结果和影响进行评估，并运用评估结果改进绩效的活动过程。

（二）空间治理体系的理论基础

空间规划方面的理论可概括为三个方面：基础理论、经典理论和前沿理论。

基础理论包括可持续发展理论、公共政策理论、系统理论和科学发展观理论等，在此不做赘述。经典理论有田园城市理论、工业区位理论、中心地理论、邻里单位理论和增长极理论等。霍华德于 1898 年正式提出田园城市理论，认为城市应当与乡村融合，用以解决当时大城市和自然相隔离的矛盾，同时对人口密度、城市经济、城市绿化等问题提出了重要见解。德国经济学家韦伯于 1909 年创立了工业区位理论，认为工业企业应该布局在生产费用（特别是运输费用）最小的地区。德国地理学家克里斯塔勒于 1933 年提出了中心地理论，从市场原则、交通原则、行政原则等方面探索一定区域内不同规模等级城市的分布规律，认为区域有中心、中心有等级，理想的地表状态下会形成中心地商业区位的六边形网络。美国社会学家佩里于 1929 年提出了邻里单位理论，旨在适应因交通快速发展而带来规划需求的变化，创造日用设施（包括学校、商场、娱乐设施等）完善的宜居社区环境。法国经济学家佩鲁于 20 世纪 50 年代提出了增长极理论，认为增长是不均衡的，在资本、技术等要素集中的部门或地区，经济迅速增长形成增长极，并逐渐向其他部门或地区传导。前沿理论包括增长管理理论、社会学批判理论、反规划理论等。为解决城市无序扩张和生态破坏的问题，美国于 20 世纪 70 年代提出了增长管理概念，核心是控制开发的区位与强度、平衡区域间的利益关系，迄今为止已探索实践了城区更新、土地混合使用、增长边界、精明增长等诸多政策措施。20 世纪 70 年代以来规划理论界逐步关注规划的社会学批判问题，影响较大的有大卫杜夫于 1965 年提出的倡导式规划理论和赫利 90 年代提出的协作式规划理论，核心是建立共识，在复杂的经济环境中保证不同社会集团的利益，尤其是弱势团体的利益。我国学者俞孔坚于 21 世纪初提出了反规划理论，强调山水格局的连续性，以限制发展区作为空间的"底"，综合解决国土生态安全问题。

空间用途管制的理论基础可分为管理学和经济学两个层面。管理学方面的理论主要包括公共信托理论和利益集团理论。美国法律学者萨克斯于 1970 年对公共信托理论做出了系统论述，认为资源环境要素是全民共有财产，应委托给政府行使管理权，旨在为公民环境诉讼奠定权利基础。利益集团理论认为，公民根据偏好所组成的利益团体对公权力运用施加影响，各种利益相互博弈并最终达成均衡。经济学方面的理论核心是外部性理论，认为经济当事人行为的收益由自身独享，但资源环境成本却是社会共担，由此造成资源浪费和生态破坏。解决外部性问题的途径有两个，一是通过税收和补贴等方式加强政府干预，二是通过明晰产权等方式发挥市场作用。其中如何明晰产权是当前理论研究热点。产权理论为美国经济学家科斯创立，认为界定清晰且可转让的环境产权，能够通过市场机制实现外部性的内部化，从而决定自然资源和生态资产的最优使用。迄今我国学者对自然资源产权制度的价值、功能及初步制度设计等做了大量探讨。也有学者指出，目前资源配置的市场机制尚不完善，政府干预仍为较有效的管制方式，产权制度需通过试点积累经验。

差异化绩效考核的理论基础主要有新公共管理理论、生态行政学理论和区域协调发展理论。新公共管理理论主张用企业管理理念和方法（战略管理、标杆管理和绩效评估等）塑造政府，认为政府管理应由遵守行政规章制度向重视绩效测定和评估转变。里格斯于1961年提出了生态行政学理论，认为一个国家的行政体系要适应人与自然环境协调发展的需要。由于历史遗留问题、资源环境禀赋差异和发展阶段不同等诸多因素，我国经济发展存在着"区域发展不平衡、城乡发展不协调、产业结构不合理"的问题，因此区域协调发展理念一再为学者所强调，也是历年来国家发展战略的理论依据。

二、空间治理的国外经验借鉴

自20世纪50年代以来，包括美国、德国、法国、日本在内的发达国家先后推行了类似我国主体功能区战略的发展战略，也就是根据各区域板块在资源环境承载能力、现有开发强度和未来发展潜力等方面的差别，按照板块分工和统筹协调发展的原则，划定各种不同主体功能的区块，并有针对性地实施差异化发展战略和政策，形成了一系列成功的经验和做法，取得了显著的成效。

1. 弱化行政区划界限，以经济区划为基础制定和实施区域政策

美国以县级行政区为基本空间单元，依托行政区划体系，根据各地经济社会发展状况对全国经济区划实行动态调整，建立不同等级和层次的经济区划体系，并确定对应的经济分析和区域政策框架。体系包括区域经济地区组合、经济地区和成分经济地区三个层级，经过多次调整，最新的是2004年调整到位的区划框架，包括344个成分经济区和179个经济地区。日本在1962

年第一次制定全国性的综合开发计划，将全国分成过密地区、整治地区和开发地区三种不同类型，并分别实施差异性政策。1998 年新修订的《日本全国综合开发计划》更侧重如何有效利用现有资源，保护自然环境，采用"定居圈"开发方式控制大城市的发展速度。巴西根据本国宏观调控目标，将全国划为五个类型区：疏散发展地区、控制膨胀地区、积极发展地区、待开发（移民）区和生态保护区，并制定相应的政策措施引导其发展。

2. 注重空间规划引领，完善层级清晰、分工明确的空间规划体系

总体来看，尽管各国空间规划管理模式不尽相同，但在规划体系建设方面具有四个共同特点。一是强调配套法律的完备性，为主体功能区规划的制订和实施提供法律保证。如德国国家层面有《联邦空间秩序规划法》，各州也颁布了《州国土空间规划法》。日本有《日本国土综合开发法》《国土利用规划法》《土地基本法》等一系列空间规划法规。二是强调协调机构的权威性。如法国设立由总理直接领导的国土规划与地区发展委员会，德国成立联邦建设和空间规划办公室，韩国成立由总理担任委员长、相关政府部门领导担任委员的国家国土政策委员会等，由这些部门专门负责空间规划和国家区域政策制定实施的部门与地区间协调。三是强调规划层级的系统性。从英国空间规划涵盖区域空间战略、地方发展框架两级的规划体系，到德国"国家 – 州/区域 – 地方"三级规划体系，再到日本垂直型两级空间规划体系，这些国家的空间规划体系有着一个共同特点，就是层级清晰且分工明确，国家层面的规划注重原则性指引，区域层面的规划偏重战略性，而地方层面的规划则更注重制定操作性和管制性的政策。四是强调规划制定实施过程中的开放性。德国《联邦建筑法》明确规定了公众、公共部门以及其他公共机构参与规划编制的形式，美国、英国、日本等国允许利益相关方参与规划制订实施的各个阶段也已经成为共同趋势。

3. 突出重点功能区保护，构建完整的自然保护地分类体系

我国是世界上唯一划定生态保护红线的国家，但与生态保护红线思路相似的自然保护地系统等生态保护方法在国际上已成功实施了近百年。世界自然保护联盟（IUCN）对于自然保护地的治理、管理和立法具有丰富的经验。

IUCN 的自然保护地分类体系按照管理严格程度的不同划分为 3 类 7 级，即严格保护类（Ia、Ib、II）、一般保护类（III、IV）和可持续利用类（V、VI）。目前世界上已有 188 个国家和地区参照 IUCN 的分级管理经验，结合本国国情形成了各具特色的自然保护地体系。如，美国构建起包括国家公园、国家荒野保护地、国家森林（草原）、国家野生生物避难地、国家海洋避难地和江河口研究保护地、国家自然与风景河流等 6 类保护地的分类体系，确立了"分级管理，适度开发"的原则，也就是联邦、州和地方三个层级由不同的管理机构管理，根据保护地类型不同实行保护优先、适度开发。俄罗斯和加拿大的自然保护地管理体系与美国类似，也是实施分类、分级、分部门管理。而德国则将生态用地的保护利用与土地规划相结合，也就是在制订规划时规定必须按一定比例预留保护地，以达到保护生态用地的目的；如柏林在土地规划中明确规定自然保护区面积占比不能低于城市面积的 3%，景观保护区域面积占比不能低于城市面积的 20%。

4. 加强自然资源管理，健全自然资源确权登记和审计制度

世界各国对自然资源开展登记最初始于土地，后来伴随着水、矿产等资源的所有权从土地所有权中划分出来，水、矿产等资源由专门的部门管理，登记自然也从土地登记中分离了出来。现今随着信息技术的提高和普遍应用，各国又开始对各种自然资源资产进行统一的登记。如，美国、加拿大、澳大利亚等国由本国的自然资源综合管理部门负责自然资源的登记工作，新西兰成立专门的土地信息部负责自然资源的登记工作，智利也成立了专门的不动产登记部门。联合国欧洲经济委员会（UNECE）早在 1996 年就建议转轨国家在加强土地行政能力建设时，由一个部门负责正式法律信息登记以及技术信息的监管、控制和运营等事务，切勿由两个甚至更多的部门分块切割。在强化对自然资源资产确权登记的同时，发达国家同样也重视通过自然资源审计来加强对自然资源的管理。不过与我国针对领导干部开展自然资源资产离任审计不同的是，始于 20 世纪 70～80 年代的国外自然资源审计主要对象是企业，主要目的是通过审计督促企业节约使用自然资源和能源。如，美国环境保护局作为联邦一级的权力机构，直接对企业在使用自然资源资产过程中可能的弄虚作假行为进行审计；欧盟则制定生态审计计划，在该计划上登记备案的生产企业必须进行自然资源审计，并向欧盟生态主管部门提供审计报告。

三、我国空间治理的探索与实践

近年来，我国加快推进主体功能区战略，以主体功能区规划为基础，"多规合一"工作取得了显著成效，为进一步深化空间规划体制改革奠定了良好基础。以土地用途管制为核心的空间用途管制体系逐步健全，生态保护红线划定与自然资源统一确权登记等体制机制改革创新也取得了新进展。此外，基于主体功能区战略的差异化绩效考核制度发挥了"绿色指挥棒"作用，充分体现了绿色发展理念，有效推进了地区经济、社会和环境效益的有机统一。同时，随着新一轮机构改革中自然资源部的组建，统一了以前分散在相关各部委的功能区规划、自然资源确权等职责，基本实现了自然资源的管理和监督职能的整合，将有效地推进我国空间治理体系的构建。

（一）主体功能区战略稳步推进

自 2010 年国务院印发《全国主体功能区规划》以来，各省（自治区、直辖市）陆续出台实施省级层面的主体功能区划，全国每个县级行政单元都有了明确的主体功能定位；同时，作为主体功能区划重要组成部分的《全国海洋主体功能区规划》，国务院也于 2015 年印发实施。至此，国家和省级两个层面、陆域和海域国土空间全覆盖的主体功能区规划体系已初步形成。2017年 11 月印发实施的《中共中央国务院印发关于完善主体功能区战略和制度的若干意见》进一步强调主体功能区战略格局要在市县层面实现精准落地。

主体功能区建设取得了积极成效。一是以转移支付制度为亮点的配套政策体系进一步健全。国家环保部和国家发改委联合印发的《关于贯彻落实国家主体区环境政策的若干意见》、国家发改委印发的《重点生态功能区产业准入负面清单编制实施办法》等配套政策陆续发布实施，政策效应初步显现。中央财政设立了国家重点生态功能区转移支付，规模从 2010 年的 249 亿元扩大到 2016 年的 570 亿元。二是国土空间开发格局进一步优化。以"两纵三横"为主体的城市化战略格局建设成效明显，带动区域发展的增长极（带）逐步形成；以"七区二十三带"为主体的农业战略格局日趋巩固，农产品供给能力进一步提高，国家粮食安全得到有效保障；以"两屏三带"为主体的生态安全战略格局不断强化，生态产品供给能力和生态服务功能进一步提升。三是试点工作取得积极成效。全国 74 个地区（214 个市县区）开展主体功能区试点，重点围绕如何增强生态产品供给能力、完善空间结构和配套政策等方面，探索主体功能区建设的新模式、新途径。

（二）以"多规合一"为抓手完善空间规划体系

1. 原有规划体系难以适应新形势发展需要

据统计，目前我国有法定依据的规划至少 80 多种，国务院有关部门编制的行业规划有 150 多个。其中，对政府宏观调控起着主导作用的规划有国民经济和社会发展规划、主体功能区规划、城市总体规划和土地利用总体规划四大规划（见表 5－1），2018 年机构改革前，它们横向由国家发改委、国土资源部、住建部等部门归口管理，纵向涉及国家到地方、区域到城市、镇、村等多个层级，构成了我国空间规划体系的主体框架。国民经济和社会发展规划是对重大建设项目、生产力布局和国民经济重要比例关系等做出远景规划，为国民经济发展规定目标和方向；主体功能区规划是政策分区，根据资源环境承载力和发展潜力，将国土空间按开发方式分为优化开发区域、重点开发区域、限制开发区域、禁止开发区域，确定不同区域的主体功能，据此控制开发强度，完善开发政策；城市总体规划是为了规范城市规划区的建设活动，对重点项目的空间布局和时序做出安排；土地利用总体规划是自上而下严格的管控规划，目标是确定耕地保护底线，落实土地宏观调控和土地用途管制。由于规划主体、技术标准、编制办法和监督机制的不同，各类空间规划之间存在着内容不协调、技术不统一、表述不一致的情况，相互掣肘的问题日益突出，虽然《中华人民共和国土地管理法》《中华人民共和国城乡规划法》等法律法规对规划衔接做了规定，但缺乏有效的实现方法和路径，难以完全发挥协调空间资源的作用。

表 5 - 1　　　　　　我国主要空间规划的比较（2018 年机构改革前）

	国民经济和社会发展规划	主体功能区规划	城市总体规划	土地利用总体规划
主管部门	国家发改委	国家发改委	住建部	国土资源部
编制依据	《中华人民共和国宪法》授权	以《国务院关于编制全国主体功能区规划的意见》为指导	以《中华人民共和国城乡规划法》为法律依据，以部门规章、技术标准等为指导	以《中华人民共和国土地管理法》为法律依据，以部门规章、技术标准等为指导
主要内容	经济社会发展的全局性与战略性问题，注重远期发展与总量指标	空间分区和差别化配套政策	城乡与区域用地安排与功能协调	用地总量与年度指标，注重耕地总量动态平衡
规划年限	5 年	无	10 ~ 20 年	15 年
实施力度	指导性	指导性	约束性	约束性

资料来源：根据网络和文献资料整理。

2. "多规合一"试点有序展开

为了解决我国原有规划体系存在的弊端和不足，早在 2004 年国家发改委就选取 6 个市县（江苏苏州市、浙江宁波市、四川宜宾市、广西钦州市、辽宁庄河市和福建安溪县）启动了"三规合一"试点，此后，广州、武汉、重庆等地也结合自身发展情况陆续主动推进。2013 年中央城镇化工作会议，习近平总书记提出"在县市通过探索经济社会发展、城乡、土地利用规划的三规合一或多规合一，形成一个县市一本规划、一张蓝图，持之以恒加以落实"的工作要求。2014 年，国家发改委、国土资源部、环境保护部、住房城乡建设部四部委选定了 28 个县市，启动了"多规合一"试点。2015 年，中央深改组第十三次会议同意海南省就统筹经济社会发展规划、城乡规划、土地利用规划等率先开展省级"多规合一"改革试点，2016 年宁夏也纳入省级试点。2017 年，中共中央办公厅、国务院办公厅印发了《省级空间规划试点方案》，提出以主体功能区规划为基础建立统一衔接的空间规划体系，在海南、宁夏试点基础上，新扩围7个省份。

3. "多规合一"部分试点初见成效

"多规合一"工作开展以来，各地通过成立领导小组、协调相关部门职能、整合规划空间界限等手段，实现空间治理的一张图管理，探索出了以县域层面"开化模式"、市域层面"厦门模式"、省域层面"海南模式"为代表的可复制、可推广的经验。浙江开化基于"生态优先、全域美化、资源整合、城乡统筹"的发展理念，以"规划体系、空间布局、基础数据、技术标准、信息平台、管理机制"的六个统一为核心，联动开展国家公园等国家级试点，实现了"三区"（生态保护区、农业生产区、城镇发展区）、"三线"（生态保护红线、基本农田红线、城市开发边界控制线）的空间布局，为生态富民、绿色转型的发展道路奠定了坚实基础。厦门市在制定《美丽厦门战略规划》的前提下，构建了"一张蓝图严格管控、一个平台协同管理、一张表受理审批"的城市空间规划体系，盘活了建设用地存量、提高了行政审批效率；据统计，审批时限压缩高达60%。同时，厦门于2016年5月出台了全国首部"多规合一"的法规《厦门经济特区多规合一管理若干规定》。海南通过"改革一盘棋、陆海统筹一张图、保护环境一把尺、资源配置一体化、海南全岛一座城、数据管理一平台、政务服务一站式、规划管控一个口"八方面的举措，在构建统一的规划信息平台、推进体制机制创新等方面取得了阶段性成果。

【专栏5-1】　　　"多规合一"试点的主要做法和经验

1. 两种模式

一种是统一技术标准、融合当前各项规划，编制全新的空间规划，为综合性的上位规划。如，浙江开化以地理国情普查为底图，统一土地分类标准和坐标体系，形成覆盖全市的"一张蓝图"，界定了生态控制线、城市开发边界和城市空间容易；广州编制《广州城市总体发展战略规划（2010-2020年）》，实现了主体功能区规划、城市总体规划与土地利用总体规划的"三规合一"。

另一种是以数据底盘为基础搭建规划统筹的平台，用"底线思维"编制空间规划，确保空间规划统一性与专项规划独立性相结合，为协调性的规划。如重庆沙坪坝区"五规叠合"试点，提取各规划核心内容形成综合实施方案，实现各规划在时空上的融合，促进了项目的落地与调控，发挥了综合规划的宏观协调作用；厦门"多规合一"试点以土地利用总体规划为底图，以国土资源部门土地分类和数据为基础，整合现行各类规划但不影响专项规划的独立性。

2. 两项举措

一是机构整合、部门联动。如上海"两规合一"的做法是将国土局和规划局合并，由新成立的机构组织编制规划，确保土地利用规划和城市总体规划的衔接；广州"三规合一"试点中建立了市区两级、由工作领导小组和工作专责小组组成的协调机制，整合发改、国土和规划人员集中办公，促进了规划编制的统筹协调。

二是搭建规划信息平台，实现技术、流程和标准"三统一"。如广东云浮"规编委"建立了"一个平台、统一标准、分类管理"的规划管理体系，梳理出一套多个规划都适用与认可的技术规范，让涉及规划职能的部门都能通过统一的平台进行管理；武汉以地理信息、规划审批信息和用地现状信息为基础，搭建了由统一规划管理用图和法定规划库、专项规划库与现状信息库组成的"一张图"规划管理平台，提高了武汉规划管理的法制化和规范化水平。

（三）在规划统一的基础上构建严格的空间用途管制制度

我国空间开发保护与用途管制取得了一定成效，但也存在着空间发展不均衡、空间开发效率不高等问题。近年来我国城镇化快速发展，常住人口城镇化率由 1995 年的 29% 提高至 2017 年的 58.52%，对比发达国家 80% 的城镇化率，未来空间开发压力会增大，资源环境约束会趋紧。加快推进生态文明体制改革、建立健全国土空间用途管制制度是满足人民日益增长的美好生活需要、实现美丽富强中国梦的重要手段。我国空间用途管制体系包括以土地用途管制为核心的部门管制、以生态保护红线为核心的底线管理和以自然资源统一确权登记为重点的市场机制。其中，部门管制实践时间最长也最完善，形成了以土地用途管制为核心，以森林、水域、海域等生态环境部门的用途管制为支撑，以相应法律法规为依据的管理体系。

1. 加强以土地用途管制为核心的空间用途管制

自从 1998 年《中华人民共和国土地管理法》修订并在总则加入土地用途管制制度，我国土地管理制度由限额审批制变为用途管制，以法律形式确定了用途管制作为土地管理的根本制度。土地用途管制的目标是保护耕地，核心是通过编制土地利用总体规划划定土地用途区域，严格限制农用地变更为建设用地。土地利用规划按层级可分为国家规划和地方规划，通常分为国家级、省级、地（市）级、县（市）级、乡（镇、街道、农场）级 5 个层级，按性质可分为土地利用总体规划、土地利用专项规划、土地利用详细规划。随着《中华人民共和国土地管理法实施条例》《全国土地利用总体规划纲要（2006～2020 年）调整方案》，以及市、县、乡三级土地利用规划编制规程等相继出台，法律法规不断健全，基本形成了以土地利用总体规划为龙头，总体规划与农田保护、土地复垦、土地开发等专项规划相结合的土地用途管制体系。

目前，土地用途管制制度在实践中趋于成熟，其他生态环境部门通过编制相应的资源与空间利用规划，划定功能分区并限制开发条件，也为健全国土空间用途管制体系奠定了基础（见表 5-2）。例如，林地用途管制严格限制林地转为建设用地，实行林地分级管理和森林面积占补平衡；水域用途管制按照水功能区划严格分区管理，规范涉河建设项目审批；海域管理实施海洋功能区划制度，严格管理填海等改变海域自然属性的用海活动，不得擅自改变海域用途。

随着自然资源部的组建和"三定"方案的出台，未来将由一个机构负责统一行使全民所有自然资源资产所有者职责，统一行使所有国土空间用途管制和生态保护修复职责，自然资源所有者不到位、空间规划重叠、空间用途管制条块分隔等问题有望得到根本解决。

表 5－2　　　　　　我国部门用途管制方式比较（2018 年机构改革前）

	草原用途管制	林地用途管制	湿地用途管制	水域用途管制	海域用途管制
主管部门	农业部	国家林业局	国家林业局	水利部	国家海洋局
管制依据	《中华人民共和国草原法》《全国草原保护建设利用总体规划》	《中华人民共和国森林法》《全国林地保护利用规划纲要（2010－2020 年）》	《湿地保护管理规定》《全国湿地保护"十三五"实施规划》	《中华人民共和国水法》《全国重要江河湖泊水功能区划（2011－2030 年）》《水功能区监督管理办法》	《中华人民共和国海域法》《全国海洋功能区划（2011－2020 年）》
主要内容	草原功能分区和各项建设的总体部署	林地用途管制与分级管理，林地结构调整与利用经营等	湿地资源分布、管理利用概况，规划目标与措施等	开发利用与保护水资源和防治水害的总体部署	海洋空间开发和管理的总体部署，科学划定海域功能分区，保障海域可持续利用
管制措施	退耕还草与禁牧休牧轮牧、天然草场改良等工程举措	限额采伐、转用控制、生态补偿	湿地资源调查与监测、湿地保护区与湿地公园建设	涉河建设项目审批、取水许可和有偿使用	海域使用金、海域征收补偿安置

资料来源：根据网络和文献资料整理。

2. 创新性地推进生态保护红线划定

体现"底线思维"的生态保护红线划定是空间用途管制的重要组成，是我国结合生态环境保护实践提出的创新性举措。生态保护红线是指依据性质不转换、功能不降低、面积不减少的要求，在生态环境敏感区、脆弱区等区域划定的严格管控边界，具有如下两个特征：一是从功能定位看，红线区域抓住了生态系统服务功能的"牛鼻子"，对于保护生态环境、践行绿色发展战略意义重大；二是从保护要求看，红线区域是维系国家生态安全的底线，需实施最严格的环境准入与管理举措。我国生态保护红线划定工作取得了一定成效：一是法律法规体系不断健全。先后出台了《关于加强资源环境生态红线管控的指导意见》《关于划定并严守生态保护红线的若干意见》《生态保护红线划定指南》等政策文件。二是试点示范工作不断推进。根据环保部 2017 年 12 月统计，全国 31 个省（市、区）均已开展生态保护红线划定，包括京津冀地区 3 个省（市）、长江经济带 11 个省（市）和宁夏回族自治区在内的 15 个省份已形成了生态保护红线划定方案，并通过了当地省（区、市）人民政府的审议。

3. 自然资源确权登记全面铺开

对水流、森林、山岭、草原、荒地、滩涂等自然资源进行确权登记，明确其归属和用途，是落实用途管制的根本之策。当前，我国自然资源确权登记稳步推进。一是工作机制不断完善、法律法规体系不断健全。2016 年国土资源部正式发布《自然资源统一确定登记办法（试行）》，明确以不动产登记为基础，推动建立归属清晰、权责明确、监管有效的自然资源资产产权制度。截至 2016 年底，我国 335 个地市州盟、2808 个县市区旗已开展不动产统一登记工作，累计颁发不动产权证书、登记证明 1400 万本和 1300 万份，全面实现了不动产登记发新停旧。2017 年，国土资源部在全国 12 个省份、8 个具体市县部署开展自然资源统一确权登记试点，试点结束后将在全国范围内开展此项工作。二是随着第二次全国土地调查、矿产资源潜力评价和利用状况调查、第八次全国森林资源清查等工作的相继开展和国土资源综合监管平台的建立，初步摸清了自然资源的家底，为自然资源的统一登记和实施用途管制提供了可靠的"本底"信息。三是自然资源统一确权登记已具备一定的工作基础。当前，国有土地使用权和集体土地所有权登记已基本完成，土地承包经营权确权试点逐步扩围，林权制度改革取得重要进展，单部门自然资源的确权登记为进一步深化统一确权登记提供了经验借鉴。

4. 积极探索领导干部自然资源资产离任审计试点

自然资源统一确权登记为编制自然资源资产负债表和开展领导干部自然资源资产离任审计试点提供了重要的信息基础。2015 年以来，国务院办公厅等部门相继印发《编制自然资源资产负债表试点方案》《开展领导干部自然资源资产离任审计试点方案》《领导干部自然资源资产离任审计规定（试行）》，各地在探索自然资源资产离任审计的实践中积累了有益经验。如，湖南娄底自 2015 年正式启动在自然资源资产负债表编制试点工作以来，通过成立高规格领导小组、印发试点方案、建立部门协调与信息共享机制、强化试点宣传与督查考评等举措，取得了较好成效，截至 2016 年底，已顺利完成了耕地、森林、草地、水资源等八张试点表的编制，基本摸清了娄底的"家底"。广东于 2016 年初成立了自然资源资产离任审计领导小组，出台了试点方案，由审计厅主导，统筹协调国土、环保、水利、农业等各部门形成工作合力，结合当地自然资源禀赋，突出审计内容的重点，同时充分运用大数据、"互联网＋"等现代信息技术，提升了审计效率和成效。

（四）基于不同主体功能区定位的差异化绩效考核制度建设陆续展开

1. 差异化绩效考核制度的框架体系不断完善

随着过去数十年来粗放型经济增长后果的不断显现，我国生态环境面临越来越严峻的形势，政绩观也从单纯的考核经济增长向经济增长和生态环境质量并重的差异化考核转变，在构建两型社会建设、生态文明建设等考核指标体系的实践中积累了丰富经验。随着主体功能区战略的推进和绿色发展理念的提出，差异化绩效考核被提到了前所未有的战略高度。2010 年国务院印发的《全国主体功能区规划》第十二章提出"建立健全符合科学发展观并有利于推进形成主体功能区的绩效考核评价体系"。2015 年中共中央、国务院印发的《生态文明体制改革总体方案》指出，"制定生态文明建设目标评价考核办法，把资源消耗、环境损害、生态效益纳入经济社会发展评价体系。根据不同区域主体功能定位，实行差异化绩效评价考核"。2013 年中组部下发了《关于改进地方党政领导班子和领导干部政绩考核工作的通知》，对建立针对不同主体功能区、各有侧重的绩效评价体系提出了具体的要求。2016 年底中共中央办公厅、国务院办公厅印发了《生态文明建设目标评价考核办法》，将生态文明建设指标纳入党政领导干部评价考核体系中，实行年度评价与五年考核相结合，强调党政同责、一岗双责，为推动两型社会和生态文明建设提供坚强保障。

主体功能区是在资源环境承载能力差异和发展方向的基础上确定的，为了使各地朝着主体功能方向发展，政府绩效考核必然是差别化和有所侧重的绩效考核（见表5－3）。构建政府差异化绩效考核对缩小区域差距、实现可持续发展具有重要意义，有利于推动政府管理机制的变革和转变空间发展的思路，使我国空间开发更加关注发展的质量、协调性和可持续性。

表5－3 基于主体功能区的差异化考核内容

	考核内容	考核指标
优化开发区	实行加快转变经济发展方式优先的绩效评价，以提高经济发展质量和效益为核心	服务业增加值比重、高技术产业增加值比重、研发投入经费比重、单位地区生产总值能耗和用水量等
重点开发区	实行工业化城镇化水平优先的绩效评价，综合评价经济增长、吸纳人口、产业结构、资源消耗等	地区生产总值、财政收入占地区生产总值比重、非农产业就业比重、吸纳外来人口规模等
农产品主产区	实行农业发展优先的绩效评价，强化对农产品保障能力的评价	农业综合生产能力、农民收入、农业灌溉用水有效利用系数等
重点生态功能区	生态保护优先的绩效评价，强化对提供生态产品能力的评价	大气和水体质量、水土流失和荒漠化治理率、森林覆盖率、生物多样性等
禁止开发区	强化对自然文化资源原真性和完整性保护的评价	污染"零排放"情况、保护对象完好程度以及保护目标实现情况等

资料来源：《全国主体功能区规划》。

2. 地方在推进差异化绩效考核的实践中亮点频现

厦门从2014年起，根据生态状况、资源承载能力、经济特征等因素，按照"指标有区别、权重有差异"原则，区分优化提升区、重点发展区、协调发展区、生态保护控制区四种考核类型。广西南宁从2015年起，打破以往经济发展目标考核"一刀切"的做法，结合南宁市主体功能区规划和各地区的发展定位、区域特色、产业优势，制订符合不同地区特点的差异化考核指标。湖南省在获批两型试验区后，创新考评体系，开展两型绩效考核，在全省市州党委政府绩效评估指标总分中，资源节约、环境友好的指标分值最高的占17.9%，最低的占10.7%；对79个限制开发县市区取消人均 GDP 考核；在韶山开展绿色 GDP 评价试点。

四、我国空间治理存在的问题

当前我国空间治理体系的构建才刚刚起步，还存在空间规划体系技术不统一和机制不完善，空间用途管制制度、管制内容和管制方式不健全，自然资源负债表编制滞后，差异化绩效考核法律法规不健全和政策落实不力等问题，需要在进一步深化生态文明体制改革的过程中逐步解决。

（一）空间规划体系有待进一步完善

1. 主体功能区规划有待完善

首先，主体功能区规划的约束力体现不足，虽然当前一系列政策文件以及各类空间规划都提到以主体功能区规划为基础，但关于主体功能区规划介入其他规划的技术、流程等无明文规定，导致实践中主体功能区规划的基础性作用往往停留在文件层面，有流于形式之嫌。其次，市县层面主体功能区划的落地掣肘于地方的发展意愿，操作不规范的现象时有出现，比如天津划分了生态涵养区的类型，并不在主体功能区的命名范畴之内。此外，主体功能区规划编制的科学基础不明确，主体功能区的划定需要在资源环境承载力评估和摸清自然生态资源"家底"的基础上实现，但目前评估数据获取难和评估指标体系的不完善导致相关工作推进难度大。

2. "多规合一"体制机制有待健全

顶层设计不完善，各类型规划职能交叉、各部门规划的事权划分不明确，导致部门间矛盾协调的难度大，社会公众缺乏参与渠道。而"多规合一"的成果目前没有明确的法律地位，不能成为项目报批的依据，仅起到衔接各专项规划的作用，试点中各地项目往往避开空间布局有冲突的地区或者仍按照原有各类规划所认定的地类、用途来申报。个别地区追求短期政绩规划，借"多规合一"之名行盲目扩张之实。

3. "多规合一"技术标准有待统一

由于各类空间规划的价值观和目标不同，导致规划期限、用地分类标准、数据统计口径及图件坐标系统等方面的不统一，使得各规划空间布局交叉或错位、项目落地难。如，城乡规划体系中土地分为建设用地和非建设用地两大类，而土地利用规划体系中土地分为建设用地、农用地和未利用地三大类。以厦门市为例，城市规划和土地利用规划差异图斑的面积高达306平方公里。同时，信息不对称和规划部门数据共享平台建设的滞后降低了规划编制和项目审批的效率。

（二）空间用途管制制度有待进一步健全

1. 土地用途管制制度有待完善

首先，我国现行的土地用途分区管制规则缺乏操作性、效力模糊，缺少配套实施细则以及责任追究机制。其次，土地用途管制制度中生态环保理念缺位，土地分类中包括"未利用地"，实际上"未利用地"较多为生态脆弱、退化威胁大的土地，不适宜大量开发利用，但实践中"未利用地"向其他地类的调整具有较大的随意性。此外，土地利用规划缺乏弹性，与动态变化的区域经济社会发展不适应规划的用地位置与实际项目选址要求不符的现象比较常见，工程用地和工业用地尤其突出，动辄要修改规划。规划调整固然可以解决规划与用地需求不相符的矛盾，但规划调整过于频繁，势必影响规划的严肃性。

2. 空间用途管制制度尚未覆盖全部国土空间

水域方面，水功能区划的基础性作用和约束力明显不足，存在三方面的问题。一是法律法规尚不完善，目前仅有水利部2003年出台的《水功能区管理办法》；二是区划过于注重通过工程带动实现水资源的供需平衡，不能满足用途管制的需要；三是水域功能管理目标与陆域入河排污控制体系之间缺乏有效衔接。海域方面，一方面，权属不清、海域确权划界工作亟待完善；另一方面，海域管理涉及海洋、国土等多个部门，责权不清造成管理效率低下。山岭方面，尚未建立相应的用途管制制度，部分山地自然生态空间非法征占用现象依然严重，生态功能日趋恶化。湿地方面，截至2016年，全国已有20多个省（市、自治区）实施了湿地保护地方性法规，但这些地方性法规强调湿地的资源属性，多专章阐述"湿地利用"或"湿地资源利用"，而未明确提出湿地生态系统的保护。此外，当前空间用途管制是从水流、森林、山岭、草原等各生态资源部门的角度进行分开管理，但从自然属性来看山水林田湖草是生态共同体，相互作用、相互依存，功能密不可分，条块分割的管制方式与之不协调；而且当前一系列的空间资源规划多是面向国家和省级层面，缺乏更加详细和可操作的制度设计，多为学者所诟病。

3. 空间用途管制方式单一

当前，我国空间用途管制主要以行政、法律等强制性手段为主，税费制度、产权安排（许可证制度）等市场手段不足，市场在资源配置中的决定性作用体现不充分，导致空间资源的配置效率不高。

4. 自然资源资产负债表的编制滞后

基于主体功能区的差异化绩效考核需要根据自然资源资产负债表对领导干部进行自然资源资产离任审计。编制自然资源资产负债表需要准确核算自然资源的情况，对资源环境承载力做出客观的评估，但目前由于法律法规不健全、数据不完善、审计资源不充足，相关工作推进较慢，导致自然资源资产的"家底"没有完全摸清，所有权、行政权、经营权归属界定也不明晰。

（三）差异化考核制度建设有待进一步加强

1. 差异化绩效考核的法律法规体系不健全

我国差异化绩效考核处于自发或半自发的状态，考核工作的开展多来自上级政府的命令和部门领导的提倡。当前尚未出台国家级的相关法律法规，缺乏明确的制度要求、规范的考核程序以及专业的第三方考核机构，导致差异化绩效考核实践的广度、深度和力度受到影响。

2. 部分差异化绩效考核指标难以量化

当前一些地方试点尝试把生态环境指标纳入差异化绩效考核体系当中，但在实践中发现，这些指标具有动态的特点，难以量化，而且较易受到外部条件的影响，围绕这些指标对政府绩效进行考核，准确性不够、难度较大。

3. 差异化绩效考核落实难

虽然基于主体功能区的差异化绩效考核要求各地根据资源禀赋、生态环境承载力和经济发展阶段进行各有侧重的考核，但部分地方官员出于晋升和维稳的考虑，经济高增长和"政绩工程"仍摆在重要位置，导致经济增速仍是绩效考核的决定性因素。这种导向使得不少地区依旧大量引进高污染高耗能企业，这一现象在生态脆弱的西部地区尤为显著。

五、我国空间治理的总体思路和重点任务

（一）总体思路

根据不同区域的资源环境承载能力、现有开发强度和发展潜力，深入实施主体功能区战略，加快构建符合主体功能区战略发展要求的空间治理体系。要加快推进"多规合一"，完善空间规划体系，夯实空间治理体系的基础；要以推进自然资源确权登记和管理，开展领导干部自然资源资产离任审计等为重点，把加强自然生态空间用途管制作为构建空间治理体系的核心要务；要以加强对不同主体功能区的差异化绩效考核为抓手，构建空间治理体系的奖惩机制。

（二）重点任务

1. 深入推进"多规合一"，夯实空间治理的基础

按照国家和省级主体功能区规划的要求，在开展资源环境承载力评价的基础上，精准确定城镇、农业、生态三类空间边界，合理划定城镇开发边界、永久基本农田红线、生态保护红线等。有机整合各类空间性规划，综合集成各类空间要素，形成融发展与布局、开发与保护为一体的"一本规划、一张蓝图"，切实发挥主体功能区作为国土空间开发保护基础制度的作用，提升政府空间管控效率。

一是加快推进领导部门机构和职能的整合。以本轮政府机构改革为契机，根据国家自然资源部"三定方案"中有关成立国土空间规划局的总设计，加

快推进国家及地方各级发改部门组织编制主体功能区规划职责、住房和城乡建设部门的城乡规划管理职责和国土部门土地利用规划职能三大规划职责的整合，明确由自然资源部下属的国土空间规划局作为开展"多规合一"的直接责任部门，负责领导全国"多规合一"工作的推进。

二是明确底线控制的内容体系。坚持底线思维，以主体功能区规划为基础，明确"多规合一"的生态底线、发展控制底线、政策底线、环境底线、服务底线、资源管控底线等，重点从合理划分空间用途、优化国土空间开发格局、促进资源节约集约利用角度设计"多规合一"的内容体系。

三是统一多规衔接的技术标准。制定符合"多规合一"需要的"一张图"数据标准、数据处理标准、数据入库标准、坐标体系转换标准、用地分类衔接标准、用地定额标准、平台服务接口标准、信息交换与共享规定等，保障"多规合一"的有效开展。

四是构建刚弹结合的指标体系。建立各种规划共同遵循的指标体系是实现"多规合一"的关键环节。根据我国政府行政运作的事权体制特点，借鉴省级空间规划试点的有益经验，构建系统体现各规划管理部门核心管控要求的指标体系结构。同时，根据政府引导和市场主导的不同，合理确定刚性指标和弹性指标，对于需要通过政府部门配置公共资源，或者运用行政手段来保证实现的指标，属于规划的刚性约束性指标；而那些主要通过市场主体自主行为来实现政府预期目标的指标，则属于规划的弹性指引指标。

2. 严格自然生态空间用途管制，紧抓空间治理的核心要务

建立国土空间用途管制制度，以土地用途管制为基础，将用途管制扩大到所有自然生态空间，构建以空间规划为基础，以用途管制为主要手段的国土空间开发保护制度，是生态主体功能区制度建设的一项重要任务，也是构建空间治理体系的主要内容。

一是健全自然资源资产产权制度。根据《国土资源"十三五"规划纲要》要求，我国将用途管制扩大到所有自然生态空间，对水流、森林、山岭、草原、荒地等所有自然生态空间统一确权登记。一方面建立自然资源资产数据采集制度。以省一级为单位，全面查清自然地理要素，落实自然资源的空间分布、位置、面积、范围等，逐步完成各类自然资源资产数据采集，建立健全省级自然资源资产产权管理数据库，为自然资源所有权人、监管者和使用权人履行职责、维护权益，提供基础信息支撑和服务保障。另一方面以本轮机构改革自然资源部组建为契机，建立自然生态空间统一确权登记制度，明确由各级新组建的自然资源部门承担履行全民所有土地、矿产、森林、草原、湿地、水、海洋等自然资源资产所有者职责和所有国土空间用途管制职责，负责自然资源调查监测评价，负责自然资源统一确权登记工作。以不动产统一登记为基础，根据国家不动产统一登记的总体部署，按照"统一登记机构、统一登记簿册、统一登记依据和统一信息平台"的四统一要求，整合登记职责，加快推进确权登记工作。

二是健全自然资源资产产权管理制度。一方面，在自然资源资产产权归属清晰、权责明确的基础上，根据十九大精神的要求，整合相关部门职能，探索设立国有自然资源资产管理和自然生态监管机构，统一行使全民所有自然资源资产所有者职责，加强国土空间用途管制和生态保护修复。另一方面，要建立自然资源资产产权信息管理制度。以信息化管理为手段，搭建自然资源资产产权信息管理平台，按照"一张图"统一管理自然资源的要求，有机衔接"建库、搭台、上图、入网"各步骤，建立统一管理、信息共享、便捷高效、服务公众的自然资源资产产权信息管理制度。

三是积极推进自然资源资产离任审计。首先，在总结全国八个试点地区和部分自主试点地区经验的基础上，加快制定《自然资源资产负债表编制制度》，建立健全科学规范的自然资源统计调查制度，努力摸清自然资源资产的"家底"及其变动情况，为推进生态文明建设、有效保护和永续利用自然资源提供信息基础、监测预警和决策支持。其次，在此基础上，对领导干部进行自然资源资产离任审计，积极探索领导干部自然资源资产离任审计的目标、内容、方法和评价指标体系。围绕离任领导干部所在地区的不同主体功能区定位，以领导干部任期内辖区自然资源资产变化状况为基础，客观评价领导干部履行自然资源资产管理责任情况，依法界定领导干部应当承担的责任，加强审计结果运用。与此同时，还要建立生态环境损害责任终身追究制，实行地方党委和政府领导成员生态文明建设一岗双责制。以自然资源资产离任审计结果为依据，明确对相关责任人的追责情形和认定程序。

3. 加强差异化考核，构建空间治理奖惩机制

健全自上而下、按照不同功能区定位的差异化绩效考核机制，是有效落实主体功能区战略，构建空间治理体系的关键手段。

一是完善体现地域特点和发展阶段的考核指标体系。确立差异化的考核原则，根据主体功能区规划对各区域的定位和发展方向，制定考核指标体系。首先，差异性要体现在指标选取上。科学设定不同类型主体功能区评价项目和评价内容，既体现考评的指标重点，又立足实际探索具有地方特色、体现各地发展阶段的考评内容。其次，差异性要体现在指标权重上。对同一指标，根据不同的发展目标和功能定位设置指标权重。如对重点开发区域增加经济发展、社会事业、人民生活等指标权重，对农产品主产区增加农民人均收入增长指标权重，对重点生态功能区应增加资源指标权重。

二是构建传统统计指标与大数据指标并重的考核指标体系。以指标数据采集的可行性、运用的可比性、来源的客观性为原则，一方面，充分利用现有正式统计数据，使各项指标便于量化，易于测算，同时能够在规定时限内取得完整数据，相关部门能对引用数据进行有效的审核把关；另一方面，要充分运用现代大数据技术手段，在指标体系中增加反映人民群众关注热点的指标。

三是建立健全考核评价结果应用机制。建立健全差异化考核评价结果的通报、指标分析、落实整改、对接选拔任用等的制度体系，将考核结果与干部的奖惩、升降、去留、责任追究挂钩。建立常态化考核机制，注重从日常走访、谈心谈话、民声民意及纪委、信访等多渠道考察、了解。

六、保障措施

当前，要切实发挥主体功能区作为国土空间开发保护基础制度的作用，就必须加快完善相关法律法规体系，加快配套机制的构建和完善，提升技术服务保障能力，全方位为构建具有中国特色的空间治理体系服务。

（一）完善法律法规保障体系

一方面，尽快启动空间规划专门立法。建议出台《中华人民共和国空间规划法》，对规划的内容、定位、性质、编制程序、编制主体，以及规划的实施进行明确的规定，保证空间规划编制出台后具有法律约束力，真正成为其他规划的依据。同时，对现行《中华人民共和国土地管理法》《中华人民共和国城乡规划法》等相关法律法规进行补充完善，省市各级也要结合本地实际出台相应的空间规划的地方性法规，构建一套完整的规划法律体系。另一方面，推动生态保护红线有关立法。生态红线作为国家生态保护的生命线，亟须从法律制度上明确其重要地位，国家层面要制定出台自然保护区域的综合性立法，各地要因地制宜，出台相应的生态保护红线管理地方性法规、管理办法（条例），严格规范生态保护区域调整的法定程序。

（二）建立试点经验复制推广机制

近年来我国积极推进各种试点，在"多规合一"、自然资源资产负债表编制、基于不同主体功能区定位的差异化绩效考核等方面取得了很多成功的经验和模式。下一步要搭建试点地区经验推广平台，定期组织经验交流会议，通过试点地区自评估、有关部门评估和第三方评估相结合等有效形式，对试点地区试行有效、群众认可度高、示范带动性强的重大改革举措和成功经验做法，及时进行分类总结。国务院各有关部门要及时完成复制推广工作，需报国务院批准的事项要按程序报批，需调整有关行政法规、国务院文件和部门规章规定的，及时按法定程序办理。

（三）建立资源环境承载能力监测预警机制

对水土资源、环境容量、海洋资源超载区域实行限制性措施，是实施主体功能区战略，构建空间治理体系的重要保证。当前，可以在兼顾自然区域单元的基础上，以县级行政单元作为基本评价对象，科学制定评价指标体系和评价方法，确定资源环境超载类型，划分详细的预警等级，评估特定区域的国土空间资源环境承载力状况，建立对临近警戒线区域的预警提醒制度，对资源环境恶化严重区域建立责任追究机制，推进监测预警的法制化、规范化和制度化。

（四）完善空间治理体系建设的公众参与机制

引导和鼓励利益相关方全过程参与空间规划制订实施的各个阶段，构建一个由政府、专家学者、企业、环保组织、普通百姓等共同参与的空间规划编制决策、监督实施的多方协作架构和平台。在推进环境监测监察执法垂直管理改革的同时，制定环保公众参与条例，加大社会参与和监督的力度，鼓励社会公众通过多种渠道对重点生态功能区、重点企业的各类环境行为进行监督，通过社会公众参与来弥补政府监管力量的不足。

（五）提升信息技术服务空间治理体系建设的能力

充分利用电子政务和大数据云平台快速发展的大好机会，在现有政务信息共享平台和在建的政务空间信息云服务平台的基础上，加快推进发改、城乡规划、农业、水利、林业、建设、国土、环保等部门业务信息管理系统的互联互通和信息共享，保证规划用地布局的全覆盖，以及同一块用地空间属性的唯一性，实现各部门在项目立项、规划编制、实施管理及更新过程中的有效衔接。加快推进航天遥感、航空遥感和地面调查三者相结合的一体化对地观测体系建设，运用现代化测绘地理信息技术对地理国情要素、不同主体功能定位区规划实施情况进行基础性实时监测，采取措施及时纠正制止规划实施过程中出现的偏差和问题。加强国家基础地理框架数据整合，促进各类空间信息之间测绘基准的统一和信息资源的共享，建立起有关部门和单位互联互通的地理信息服务平台。

第六章

基于新一轮产业革命的绿色产业体系研究

每一次全球性的重大变革都将给区域经济带来机遇与挑战，第三次工业革命就是如此一个重大而深刻的变革。这场生产力革命的爆发是人类对绿色可持续发展需求的必然结果，而其实现的条件则是信息和网络技术的进步，伴随而来的将是以能源和制造为核心的产业业态的生态化、智能化升级，从而推动经济社会各领域的深刻变革。新一轮产业革命将对我国生态环境保护和两型社会建设形成不同以往的冲击和影响。如何顺应第三次工业革命浪潮，利用"互联网＋"、分布式能源、大数据、3D 打印等新技术来构建新的绿色产业体系，从而支撑两型社会建设，成为当前需要重点研究的课题。

一、绿色产业的概念及分类

（一）绿色产业的概念

国内外相关学者及政府组织从经济学、生态学、产业学等多种角度对"绿色产业"进行了差异化的描述、定义和分类，但理论界尚未形成一个普遍认同的绿色产业概念。比较有代表性的包括：防止和减少污染的产品、设备、服务和技术（联合国发展计划署，2003）；以绿色资源开发和生态环境保护为基础，以实现经济社会可持续发展，满足人们对绿色产品消费日益增长的需求为目标，从事绿色产品生产、经营及提供绿色服务活动并能获取较高经济与社会效益的综合性产业群体，包括环境保护产业、绿色食品产业、绿色技术产业、绿色旅游产业、绿色农业产业、绿色服务产业和绿色贸易产业等多个产业部门（曾建明，2003）；不同于一般意义上的环保产业，绿色产业是以防止污染、改善生态环境、保护自然资源、促进社会经济可持续发展为目的的技术开发、产品生产、商业流通、资源利用、信息服务、工程承包和自然保护等生产活动的总称（张桂黎、韩军青，2007）；绿色产业是把资源节约理念贯穿于产业生产过程的主要环节中，生产的产品在生产过程中不造成污染，产品进入消费过程后不对环境造成污染或破坏的各类相关的部门和产业的集合体，是具有社会价值、生态价值和经济价值的高新技术产业（陈健，2008）；举凡对环境友善、低污染、低耗能、低耗水，且能提供或运用环保技术及管理几具，大幅降低环境污染及地球资源使用之行业均属绿色产业（台湾"经济部"工业局，2008）[①]。

　　某种程度上来说，"绿色产业"是一个具有中国特色的概念，从而导致我国与国外理论界对"绿色产业"的理解存在差异。综合各方观点，本章将绿色产业定义为：绿色产业是以环境保护和可持续发展为理念发展起来的新兴产业形态，将资源节约与环境友好理念贯穿于产业生产全过程，从而保证产品或服务在生产、销售和回收过程中对环境零污染或低污染，是集经济价值、生态价值和社会价值于一体的朝阳产业。狭义的绿色产业是指直接从事环境保护活动来获取经济效益的产业，即环保产业。广义的绿色产业既包括狭义的绿色产业，还包括在产品的生产或服务的提供过程中对环境友好的所有部门和企业。

（二）绿色产业的特征

　　与其他产业相比，绿色产业具有四个主要特征。

　　第一，涵盖多领域。生态环境问题的普遍性和生态技术应用的广泛性决定了绿色产业的综合性。它不仅包括生态产业，而且包含了第一产业的绿色化部分，如生态农业；包含了第二产业中的绿色化部分，如清洁生产；包含

---

　　① 台湾"经济部"工业局（http：//www.iw-recycling.org.tw/page2 - 1. asp）。

了第三产业中的绿色化部分，如洁净产品贸易；还包含了第四产业（知识产业）中的环保技术咨询开发。绿色产业不再局限于狭义的绿色农业、绿色食品业、环保产业，其外延在不断扩大（如绿色机械工业、绿色能源业、绿色高科技产业、绿色旅游业等），在国民经济中的比重越来越大，发展迅猛。

第二，社会性。绿色产业是与自然环境相和谐的产业，它直接与人类的生存、生活环境相联系，发展绿色产业的目的是为控制和消除各地的环境污染，满足人们对绿色产品、食品等的消费需求，提高健康水平和生活质量，所以，发展绿色产业需要各地区协调一致、共同努力才能达到目的。一方面它需要依赖政府的各项政策、法规来规范和推动，另一方面需要社会公众环境意识和绿色消费意识的增强，才能扩大绿色产品市场，拉动绿色产业的发展。

第三，高技术性。绿色产业中大部分产业部门都是技术性很强的部门，高新技术大量应用于企业管理、产品质量、信息传递、产品开发或市场服务等方面。由于与生态环境有关的事物在国际上都冠以"绿色"，为更加突出绿色产品来源于最佳生态环境，因此又称"绿色产业工程"，它是一项融科研、环保、农业、林业、水利、食品加工、食品包装及有关行业为一体的宏大系统工程，属于高科技产业。

第四，逆向性、循环性。清洁生产是绿色产业的必然要求，而清洁生产要求尽量减少自然资源的开采，提高利用率，尽量减少废弃物的产生，有一种"回归自然"的"逆向性"。循环经济则要把废弃物作为原料再投入到新的生产过程中去，把人类的生产活动纳入自然循环中去，维护生态平衡。这种逆向性和循环性是绿色产业不同于传统产业的重要特征。因而，绿色产业具有低开采、高利用、低排放（即"两低一高"）的特征，寻求资源利用的最大化、持续化和环境污染的最小化。

（三）绿色产业界定

目前，我国对于绿色产业的界定没有明确的标准。根据国家"十二五""十三五"节能环保产业发展规划的划分，节能环保产业分为环保产业、节能产业以及资源循环利用产业。其中，资源循环利用产业包括矿产资源综合利用、固体废弃物综合利用、再生资源利用及水资源利用等。而按照《绿色债券支持项目目录》中的界定，绿色产业包括污染防治、节能、清洁能源、资源节约与循环利用、生态保护和适应气候变化、清洁交通等方面。其中，资源节约与循环利用包括尾矿伴生矿再开发及综合利用，工业固废、废气、废液回收和资源化利用，再生资源再加工及循环利用等。

绿色产业的外延是广泛的，它是"融入"传统的三大产业当中的，同时创新技术可以将传统产业升级改造并转化为绿色产业，因此绿色产业的外延不是固定的，它将随着社会经济的发展和科学技术的创新而呈现出不断扩张及动态发展的趋势。绿色产业在社会经济中所占的比重将会不断上升，可以预见其必定会涉及国民经济的所有产业与部门。因此，对于广义的绿色产业，可以借鉴我国台湾地区"经济部"工业局的定义：一切对环境友善、低污染、低耗能，能够大幅降低环境污染及资源使用的行业均属绿色产业。狭义的绿色产业主要指节能环保、清洁能源、资源节约与循环利用等方面产业。见图 6 - 1。

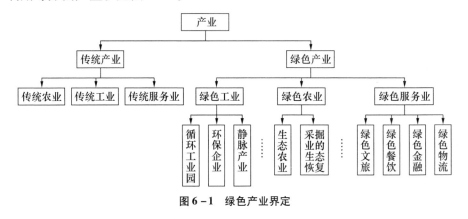

图 6 - 1　绿色产业界定

二、新一轮产业革命对产业体系的影响分析

第三次工业革命的实质是充分运用信息和互联网技术，向经济社会的各个领域深度渗透，从而形成的数字化、网络化、智能化、生态化的经济社会

发展方式，具有绿色发展的本质。与第一次、第二次工业革命一样，第三次工业革命是一个长达六七十年甚至上百年的创造性"毁灭"过程，它在诱发一系列技术创新浪潮的同时，将导致生产方式和组织结构的深刻变革，从而使国家竞争力的基础和全球产业竞争格局发生彻底重构。

（一）从三个层次来理解第三次工业革命的内涵

对于第三次工业革命的定义有着不同的理解：里夫金（Rifkin, Jeremy, 2012）认为第三次工业革命建立在新能源和互联网相结合基础上；麦基里（Paul Makiy, 2012）认为第三次工业革命的核心是数字化制造；贾根良（2012）认为第三次工业革命实际上是第六次技术革命。各种对第三次革命的定义均有所不同，从各领域各角度的描述较多，但都没有从本质上诠释其内涵。我们可以从三个层次来理解这次变革。一是其动力支撑是信息和互联网技术与新能源的结合，所形成的分布式可再生能源体系。能源是一个社会发展的动力，第三次工业革命使经济社会的发展动力从不可再生的、有污染的化石能源体系向可再生的、绿色的可再生能源体系转变。二是其产业业态是信息与互联网技术与传统制造业、商业、文化等各领域业态的结合，所形成的智能制造业、电子商务、数字内容等新兴业态。产业业态是一个社会发展的主体内容，第三次工业革命使经济社会各领域的业态模式从传统的规模化、大批量、集中式特点向个性化、小规模定制、分散型特点转变。三是其影响后果是信息和互联网技术对思维方式、生产方式、生活方式产生全方位颠覆性影响，所形成的第四研究范式①的思维方式、分散式的生产方式、多元化的生活方式。具体见图 6 - 2。

---

① 第一范式：实验和观察科学。由伽利略、哥白尼及开普勒创建的实验观察模式。第二范式：模型推演和理论科学。以牛顿微积分和经典力学为代表的模型推演和理论精准预测。第三范式：仿真模拟和计算科学。量子力学和混沌理论的发展否定了模型推理和理论预测的可行性，并以电子计算机的诞生为契机，演变出科研的第三范式——计算科学。第四范式：数据密集型科学。随着小世界网络和无尺度网络等复杂网络研究的深入，以及计算能力和传感器的无处不在，数据密集型科学从计算科学中分离出来，成为科学研究的第四范式。

图6-2   第三次工业革命体系内涵解析图

（二）第三次工业革命推动产业体系出现五方面特点

第一，产业竞争力：创新的核心地位进一步强化，劳动力和资源等要素成本优势将弱化。第三次工业革命加速推进了先进制造技术的应用，必然会提高劳动生产率、减少劳动在工业总投入中的比重。同时，随着机器人性能的改善，机器人的单位产出成本将有可能越来越低廉，大量重复性劳动岗位将被机器人替代。目前，全球机器人市场发展十分迅速，2018年上半年全球机器人市场规模为279.8亿美元，同比增长20.6%，日本的工业机器人应用比例已高达33%以上。与此同时，创新更加凸显为核心竞争力，第三次工业革命在使许多劳动密集型产业消失的同时，也将使工业机器人、可再生能源、新材料、3D打印机、纳米技术、生物电子技术等新兴产业不断成长为新的主导部门，这些产业在装备制造、产品研发和相关生产性服务业中将创造大量机会，对于创新人才、核心技术、制度创新等的需求越来越大。

第二，生产方式：个性化定制生产和分散式就地生产方式将成为主流，逐步取代以集中式、大批量为主导的传统生产方式。前两次工业革命都是以集中化的工厂生产为基础，并采用中央集权和自上而下的垂直管理的生产方式，少数工业巨头垄断市场。但在第三次工业革命中，随处可见的可再生能源由数百万自我生产并将盈余通过能源互联网进行整合和分配的生产者，代替了石化能源巨头控制和操纵能源生产与分配的生产方式。与这种可再生能源新的生产方式一样，以3D打印为基础的数字化生产可以使每个人都成为生产者，从而出现了"社会制造"的生产方式：每个人都可以建立家庭式工厂，通过在线交流进行产品的研发、设计和制造。与传统工厂经营模式不同，在新型智能化工厂帮助下，网络用户不需要生产车间就可实现设计的量产和销售。这种分散式和社会化的生产方式将更有助于实现经济民主、改善收入分配和生产社会化。

第三，产业结构：从低级向高级加快转变，第三产业加速向其他产业渗透融合，生产服务化趋势显著。与前两次工业革命不同，第三次工业革命不仅会引起工业领域的重大变革，更重要的是影响到服务业领域，与制造业相关的生产性服务业将成为制造业的主要业态，并催生新的服务业部门，二、三产业融合也将产生众多新的业态。未来工厂的生产环节将逐步被工业机器人、3D 打印、智能生产线等取代，只需要极少的一线工人参与，大部分就业集中在研发、设计、采购、营销等制造业相关服务业。例如，3D 打印技术和产业发展将促进上游新材料、激光焊接装备行业，中游的数控机床、工业机器人行业，以及下游的智能软件、工业设计行业的培育和发展。第一、第二产业链分解析出服务业推动产业从劳动力、资本密集型向知识密集型转变。

第四，产业重点：传统产业将全面转型升级，六类产业将成为未来的主导产业。第三次工业革命将加快传统产业的创新驱动和转型发展。一方面，新技术、新工艺将大幅提升传统产业的技术含量和生产效率，激活传统产业改造升级的内生动力。另一方面，一些传统产业将转型升级为新产业。例如，传统机床行业与信息技术、激光焊接技术的融合将升级为数控机床行业、工业机器人行业，传统汽车工业与新能源技术的融合将升级为新能源汽车行业，传统化工行业与生物技术、电子技术的融合将升级为新材料行业。六类产业将成为未来主导：一是信息和互联网产业，包括移动互联、智能电网、数字内容、物联网、大数据等产业；二是可再生能源类别，包括风电、光伏、生物质能、地热能、储能材料等产业；三是先进制造类别，包括工业机器人、3D 打印机、柔性制造、新能源汽车等；四是生物产业类别，健康产业、生物农业、生物制造、生物资源开发等；五是新材料类别，特种金属功能材料、高端金属结构材料、先进高分子材料、新型无机非金属材料、高性能复合材料、前沿新材料等；六是现代服务业类别，包括设计、销售、研发、商务、商贸等产业。

第五，产业布局：将推动经济全球化格局和我国产业布局发生重大变化，

"虚拟要素的全球流动" + "就地工业化"成为主流。目前，经济全球化采取的是"集中生产、全球销售"的生产组织模式，产品和零配件在全球范围运输配送，造成了环境和能源压力。第三次工业革命将有可能从根本上改变这种模式：包括信息、资金、技术在内的虚拟要素将在全球范围加快流动，而生产活动则就地进行。美国等发达国家的"再工业化"战略则预示了这一趋势，机器人的采用将阻止制造业继续从发达国家迁往发展中国家，并使相当一部分制造业逐步回流发达国家。中国作为"世界工厂"的地位将极大动摇，梯度转移的产业扩散模式将不再适行，"分散生产、就地销售"成为大国区域贸易和国际贸易的新模式。而国内来说，第三次工业革命将从根本上扭转制造业集中在沿海地区的分工格局，有助于推进中西部地区的"就地工业化"，并在全国范围内实现"工农业比邻而居"的生态发展模式。

（三）对绿色产业体系发展的启示

启示一：把握第三次工业革命趋势，确定绿色产业体系的发展重点。我国应该结合已有的产业基础，围绕第三次工业革命中六类重点产业方向遴选出具有发展前景的细分行业，通过产业政策加以引导，集中优势资源重点突破产业难点。

启示二：突出自主创新，采取坚持创新与绿色"两轮驱动"，借助第三次工业革命占据绿色产业发展制高点。新的技术革命下，创新越来越凸显为最重要的生产要素，创新与绿色成为不可分割的发展体系。我国应该从传统经济下的跟随模仿战略向新经济时代的自主创新战略转变，以创新推进产业升级，推进资源节约和环境友好，激发绿色经济活力。

启示三：依托"一带一路"倡议、长江经济带等开放战略，从产品全流通战略向要素全流通战略转变，构建绿色流通体系。依托国家"一带一路"倡议、长江经济带等开放战略，打造全国供应链核心枢纽，从单纯的产品流通节点向要素流通节点转变，也就是成为信息流、物流、人才流、资金流的重要节点，构建功能网链结构，形成绿色低碳流通网络。

启示四：营造创客文化，大力支持高精中小企业发展，构建绿色创业氛围。创客是第三次工业革命中衍生出来的一种基于互联网共享和 3D 打印产业的小微创业者。未来大规模生产形式将逐步被由互联网连接的分布式制造所取代。我们应看准这一趋势，鼓励依托"大众创业，万众创新"战略构建一批创客空间，大力营造创客文化，集聚一批创意创业人士，通过公共服务平台提供便利方式，孵化一批高精中小企业。

三、全球绿色产业的发展现状及经验借鉴

（一）发达国家绿色产业发展现状

随着经济的发展和人口的增长，能源资源等全球问题更加凸显。绿色市场的巨大潜力使其必将成为未来科技与经济的制高点，为促进绿色产业的发展，各国纷纷出台政策，投入资金，加大对节能环保、可再生能源和低碳技术的支持力度，极大地促进了绿色产业的发展壮大。

1. 投资规模大、融资渠道广

国际能源署发布的《2017 年世界能源展望》数据显示：2016 年全球能源投资总额约为 1.7 万亿美元，扣除物价因素比 2015 年减少 12%，占全球生产总值（GDP）的 2.2%。2016 年，电力行业首次超过化石燃料供应行业，成为能源投资最大的行业。彭博新能源财经数据显示，2017 年全球清洁能源投资总额达 3335 亿美元，较 2016 年增长 3%，为有史以来清洁能源投资规模第二高的年份，也将 2010 年以来的累计投资规模推升至 2.5 万亿美元。全球节能装备产业迅猛发展。作为世界最大的绿色技术生产和消费国，美国将节能环保视为新能源战略的核心内容。2009 年奥巴马政府宣布在 10 年内投资 1500 亿美元发展清洁能源产业，力争"2035 年美国 80% 电力来自清洁能源"。在技术研发资金支持方面，1990 年以来，美国政府的环境技术研发经费一直维持在研发总经费的 9% 左右。此外，美国政府还通过超级基金（Super Fund）、信任基金（Trust Fund）、示范补贴、贷款等各种形式来解决研发资金问题。

2. 政策优惠多、技术力量强

世界各国致力于通过制定激励机制和政策，运用法制、经济、技术等手

段，大力推动绿色产业发展。美国政府十分重视绿色技术研发，据统计，联邦政府每年用于可再生能源和节能技术研发的费用超过30亿美元。此外，联邦政府还注重打造政府、企业、学校、研究所的环保技术协同创新体系，如2003年创建东北部创新集团，在这项政策中，各种组织协同参与到能源与环境的技术研发中，优势互补，不仅加大了技术成果转化的力度，也解决了技术研发经费问题。如今，美国节能环保产业研发成果转为专利或技术许可证的比例高达70%以上，处于世界领先地位。欧盟长期实施环境与气候变化计划（LIFE），为节能环保技术研发提供专门的金融支持。

日本是绿色产业中走在世界前列的亚洲国家，为推进节能环保产业，日本公布了《21世纪环境立国战略》。该战略的颁布，不仅进一步推动日本节能环保产业向深度发展，而且把日本环境保护推向了一个更高层次的发展阶段。此外，日本政府非常重视对环保技术的研究与开发。目前，日本的环保技术已同其电子技术和汽车技术并列为三大先进技术。

英国则在2007年6月公布了《气候变化法案》草案，承诺到2020年，削减26%～32%的温室气体排放，到2050年，削减60%的温室气体排放，制订了未来15年的计划，确保企业和个人向低碳环保科技领域投资。同时，英国政府还加大了能源的利用效率、温室气体的净化、废物循环使用和处理、可再生能源、清洁能源的发掘和新能源的开发等领域的科技创新投入。

3. 产业优势强、市场占有率高

绿色产业的巨大发展潜力使世界各国争相拓展、占领国际市场，而发达国家凭借其在节能环保技术研发的优势和丰富的产业运营经验已占得先筹。如法国威立雅环境集团凭借运营管理经验和技术研发等优势，通过加强高新技术研发，增强核心竞争力，积极进军国际市场，成为全球排名第一的节能环保基础设施运营企业；美国通用电气集团从2000年开始打造水处理部门，通过全球并购，成为世界上工业用水处理装备主要提供商之一；德国西门子公司则依托技术优势，通过合同能源管理模式对全球范围内6500座大楼实施节能改造，拿到超过10亿欧元的合同；英国石油（BP）利用天然气、太阳能、风能等低碳、清洁能源技术，提高能效，增强产业竞争力。2007年欧洲议会发表了正式声明，将第三次工业革命作为长远的经济规划以及欧盟发展的路线图。通过对其他地区的考察，归纳出具有代表性的几点经验。

（二）经验借鉴

1. 由上而下的高度重视，并出台一系列措施配套实施

围绕新一轮技术革命，主要国家密集推出加速绿色产业发展的计划和措施，如美国推出的《美国竞争力计划》《经济复兴与再投资法案》《出口倍增计划》《美国竞争力法案》《美国创新战略：确保经济增长与繁荣》《先进制造业国家战略计划》《先进制造业伙伴计划》《2011 新版美国创新战略》；欧洲的《欧洲 2020 战略》《地平线 2020》《德国高技术战略 2020》《2014 德国工业 4.0 版》；英国推出《以增长为目标的创新与研究战略》；日本正在推进《创新 2025 计划》。其中，美国政府出台了《先进制造业国家战略计划》《美国创新战略：推动可持续增长和高质量就业》以及《出口倍增计划》等诸多法案，提出优先支持高技术清洁能源产业，大力发展生物产业、新一代互联网产业，振兴汽车工业；德国政府推进以"智能工厂"为核心的工业 4.0 战略，支持工业领域新一代革命性技术的研发与创新；日本于 2009 年 4 月推出新增长战略，提出要重点发展环保型汽车、电力汽车和太阳能发电等产业；韩国则在《新增长动力规划及发展战略》中提出：重点发展能源与环境、新兴信息技术、生物产业等六大产业，以及太阳能电池、海洋生物燃料、绿色汽车等 22 个重点方向。此外，各国还建立相应的政府组织和管理体系。美国新设立了一系列旨在促进政策落实的专门的或者由主要政府部门牵头的机构和工作小组，这些机构为有效促进绿色发展提供了保障。

2. 设立专项基金及政府奖励，助推产业发展

发达国家政府通过奖励措施鼓励企业减少资源消耗和环境污染，同时设立专项基金扶持新能源企业的研发。美国早在 1980 年就成立"超级基金"用于治理有危害的废物污染，随后建立"清洁水州立滚动基金"用于为清洁水项目提供低息贷款。2009 年美国政府用于开发风能、太阳能等资源的投资超过 400 亿美元，在替代能源研发和节能减排等方面的投资达 607 亿美元。德国政府早在 2005 年就投入 9800 万欧元支持可再生资源项目，对气候保护的资金投入达 10 亿欧元。德国联邦教研部曾在 2008 年拨款 3.25 亿欧元成立专项资金进行新能源研究。同时，对太阳能、风能等可再生资源领域的投入逐年增加。另外，德国政府制定了"未来投资计划"用以促进新能源研发，每年投资 6000 万欧元开发可再生能源。

3. 高度重视应用引领，加大对市场的培育

这主要包括财政补贴、税收减免、定价支持、政府采购、应用示范工程等。欧洲各国推进第三次工业革命的主要措施之一就是广泛地推进新能源的应用，并由此带动相关产业的发展。以西西里地区为例，当地只需要把 6% 的屋顶装上太阳能板，这个地区就可以产生 1000 兆瓦的电量，能满足该地区 1/3 居民的用电需求，同时，当地有超过 3.6 万家中小型建筑公司、工程公司都有能力完成这项工程，在未来 20 年内，将为中小企业和家庭创造出 40 亿 ~ 50 亿欧元的市场价值，并将产生 350 亿欧元的额外回报。以英国为例，卡梅伦政府预计，要是全国 2600 万家庭装上能有效利用能源的隔热装置，并且使得他们能用上更加清洁高效的能源一项，就可以创造多达 2.5 万个就业机会。

4. 构建产学研合作开发机制，带动节能环保产业发展

美国在节能环保产业技术研发方面由企业、大学及非营利性组织等多元化构成。其中，在绿色技术创新方面，大学承担了 80% 的基础研究工作，企业成为绿色技术创新与应用的主体。非营利组织协助政府机构进行控制与协调，为大学与企业牵线搭桥，建立产学研联合开发机制，将研发与应用高效结合。日本重视科技研发的引领作用，通过技术创新突破来助推节能环保产业发展。

5. 以市场手段为主，综合一系列经济政策工具的运用

早在 1991 年，瑞典就开始对油、煤炭、天然气、液化石油气、汽油和国内航空燃料征收二氧化碳税，其税基是燃料的平均含碳量和发热量。塑造产业健康发展的市场环境政策，包括改革监管制度、制定标准、建立新型基础设施、完善知识产权制度等。俄罗斯在《2020 年前经济社会长期发展战略》中提出要形成高度竞争的制度环境，建设和发展竞争性市场，加强所有权保护。英国发布的《数字经济法》提出要在全球范围内率先建立数字版权保护的法律和管制框架。

四、我国发展绿色产业的基础及面临的环境

（一）发展基础

近年来，受国家加快推动生态文明建设、多个循环经济领域示范试点创建实施（节能减排综合示范城市、"城市矿产"示范基地、园区循环化改造示范试点、海绵城市等）、社会公众节能环保意识提高等多因素推动，绿色产业发展迅速。根据中央财经大学发布的"中国绿色产业景气指数"表明，近年来，我国绿色产业呈现扩张性增长态势。以涉及绿色产业的上市公司为例，2013～2015 年，在经济下行的形势下，绿色产业比重呈现了稳步增长态势，规模扩张速度也明显高于全部 A 股各产业的平均水平，即从 2013 年 6 月的 2.3% 到 2015 年 12 月的 2.8%（见图 6 - 3）。

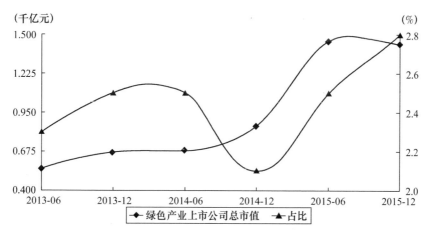

图 6 - 3   2013～2015 我国绿色产业上市公司规模情况

资料来源：中国绿色产业景气指数；中央财经大学绿色经济与区域转型研究中心。

1. 各子行业迅猛增长带动产值规模进一步扩大

（1）节能环保产业。2017 年，我国节能环保产业规模预计达到 5.8 万亿元[①]。我国节能环保产业正加快发展，产业规模快速扩大，总产值从 2012 年

---

① 工业和信息化部副部长辛国斌 2018 年 2 月 26 日在全国工业节能与综合利用工作座谈会上透露的一个预计数。《中国高新技术产业导报》，2018 年 2 月 27 日。

的 2.99 万亿元增加到 2015 年的 4.55 万亿元（见图 6-4），从业人数达 3000
多万。细分领域中，节能产业、环保产业增速迅猛，年增长率均超过了 20%；
受大宗商品价格持续走低影响，资源循环利用产业增速略有回落，产值规模
被节能产业反超。

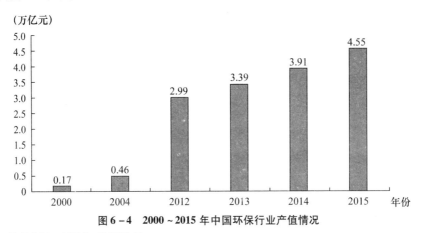

图 6-4　2000~2015 年中国环保行业产值情况

资料来源：根据公开资料整理。

（2）可再生能源。可再生能源在推动能源结构调整方面的作用不断增强。
2015 年，我国商品化可再生能源利用量为 4.36 亿吨标准煤，占一次能源消费
总量的 10.1%；如将太阳能热利用等非商品化可再生能源考虑在内，全部可
再生能源年利用量达到 5.0 亿吨标准煤；计入核电的贡献，全部非化石能源
利用量占到一次能源消费总量的 12%，比 2010 年提高 2.6 个百分点。到 2017
年底，全国水电装机为 3.41 亿千瓦，风电装机 1.64 亿千瓦，光伏发电装机
1.3 亿千瓦，生物质发电装机 1488 万千瓦，分别增长 2.7%、10.5%、68.7%
和 22.6%，应用规模都位居全球首位。全部可再生能源发电量 1.7 万亿千瓦
时，约占全社会用电量的 26.4%，其中非水可再生能源发电量占 7.9%。

（3）新能源汽车产业。据中汽协数据统计，2017 年，新能源汽车产销均
接近 80 万辆，分别达到 79.4 万辆和 77.7 万辆，同比分别增长 53.8% 和
53.3%，产销量同比增速分别提高了 2.1 和 0.3 个百分点。2017 年新能源汽
车市场占比 2.7%，比上年提高了 0.9 个百分点。新能源乘用车中，纯电动乘
用车产销分别完成 47.8 万辆和 46.8 万辆，同比分别增长 81.7% 和 82.1%；

插电式混合动力乘用车产销分别完成 11.4 万辆和 11.1 万辆，同比分别增长 40.3% 和 39.4%。新能源商用车中，纯电动商用车产销分别完成 20.2 万辆和 19.8 万辆，同比分别增长 17.4% 和 16.3%；插电式混合动力商用车产销均完成 1.4 万辆，同比分别下降 24.9% 和 26.6%。

2. 产业技术装备水平不断提高

（1）环保装备制造业。环保装备制造业是节能环保技术的重要载体。中国环保机械行业协会数据显示，根据纳入统计口径的 1681 家规模以上环保装备企业统计，2017 年，主营业务收入达 3680 亿元，同比增长 9.6% 左右，据此推算，2017 年全行业年产值将达到 6800 亿元。2017 年 1~11 月，环境污染防治专用设备产量为 64 万台套，同比增长 5.2%。其中，大气污染防治设备为 33.7 万台套，同比增长 5.9%；水质污染防治设备为 25 万台套，同比增长 0.7%；固体废弃物处理设备为 5.3 万台套，同比增长 33.2%；环境监测专用仪器仪表产量为 179 万台，同比增长 3%。

（2）节能技术装备水平大幅提升。高效燃煤锅炉、高效电机、膜生物反应器、高压压滤机等装备技术水平国际领先，燃煤机组超低排放、煤炭清洁高效加工及利用、再制造等技术取得重大突破，拥有世界一流的除尘脱硫、生活污水处理、余热余压利用、绿色照明等装备供给能力。产业集中度明显提高，涌现出 70 余家年营业收入超过 10 亿元的节能环保龙头企业，形成了一批节能环保产业基地。节能环保服务业保持良好发展势头，合同能源管理、环境污染第三方治理等服务模式得到广泛应用，一批生产制造型企业快速向生产服务型企业转变。

（3）可再生能源技术装备水平显著提升。我国已具备成熟的大型水电设计、施工和管理运行能力，自主制造投运了单机容量 80 万千瓦的混流式水轮发电机组，掌握了 500 米级水头、35 万千瓦级抽水蓄能机组成套设备制造技术。风电制造业集中度显著提高，整机制造企业由"十二五"初期的 80 多家逐步减少至 2017 年的 20 多家。风电技术水平明显提升，关键零部件基本国产化，5~6 兆瓦大型风电设备已经试运行，特别是低风速风电技术取得突破性进展，并广泛应用于中东部和南方地区。光伏电池技术创新能力大幅提升，创造了晶硅等新型电池技术转换效率的世界纪录。建立了具有国际竞争力的光伏发电全产业链，突破了多晶硅生产技术封锁，多晶硅产量已占全球总产量的40%左右，光伏组件产量达到全球总产量的70%左右。技术进步及生产规模扩大使"十二五"时期光伏组件价格下降了60%以上，显著提高了光伏发电的经济性。各类生物质能、地热能、海洋能和可再生能源配套储能技术也有了长足进步。

3. "互联网＋"等新技术推动绿色产业加快发展

移动互联网、云计算和大数据等新技术的不断涌现，"互联网＋节能环保"推动绿色产业发展进入一个新的阶段。

（1）能源互联网。能源互联网作为一种互联网与能源生产、传输、存储、消费以及能源市场深度融合的能源产业发展的新形态，得到了全球各主要国家的高度重视。2016年，国家发改委和国家能源局发布了《能源生产和消费革命战略（2016－2030）》《关于推进"互联网＋"智慧能源发展的指导意见》，提到要大力发展智慧能源技术，推动互联网与分布式能源技术、先进电网技术、储能技术深度融合。有报告预测，中国能源互联网的总体市场规模到2020年将超过9400亿美元，约占当年GDP的7%。

（2）"互联网＋回收"。通过搭建互联网线上服务平台与线下回收服务体系，改变传统回收体系"小、散、差"状况，典型的"互联网＋回收"应用APP包括"帮到家""回收哥""再生活"等；采用云计算、大数据等技术分析回收站点聚集的再生资源数量变动规律，再生资源回收者可以合理布局回收体系，提升其精准化；通过将分类环节前置，实现多品类再生资源规模化，简化再生资源利用路径。

（3）"互联网＋"为节能环保产业带来新业态和新模式。在与会专家的演讲中，除"互联网＋"一词高频出现，智能电网、智能建筑、信息化治污等说法也屡见不鲜。这些环保领域的新鲜说法，正源于互联网信息技术与传统能源和环保技术的有效结合。

（4）节能环保大数据。互联网及大数据技术的发展和应用将使来自环境质量、污染源排放及个人生活领域的大量环境数据的获取和分析成为可能。

国务院印发的《2015年政府信息公开工作要点》明确提出，进一步推进空气质量、水环境质量、污染物排放、污染源、建设项目环评等信息公开，推动企业、第三方机构、个人对公共数据进行深入分析和应用。环境保护部已完成"三层四级"的环保业务专网建设，北京环境数据中心于2013年投入使用，云南也在重点污染源数据库的基础上开展数据中心建设等。但当前各地环境信息化建设水平不均，环境数据无法完全共享等问题还普遍存在，仍难为环境治理形成有效的数据支撑。未来，环境数据的互通共享将推动我国环境治理能力更进一步。

4. 政策创新助推产业发展

节能产业方面，政策推动全面提升配电变压器领域能效水平，节能市场进一步拓展；废止合同能源管理奖励，倒逼节能企业转型升级。环保产业方面，废水、大气、固废政策聚焦相关重点区域，采取协同措施，系统推进污染防治；环境污染第三方治理在推动企业向服务业转型的同时，为环境垂直管理提供技术支撑，环境监察执法垂直管理初具雏形。资源循环利用产业方面，通过加快培育龙头企业，有效整合再生资源"回收－初处理－深加工"链条，提高回收体系效率，提升产业链附加值。水环境综合治理方面，充分引入PPP模式。由于节能环保类基础设施不断增长的需求和受到约束的供给能力之间的缺口不断扩大，需要引入政府与社会资本合作（PPP）模式。2015年5月国家发展和改革委发布的1043个PPP推介项目中，约400个为环保类项目，占比超过35%，是PPP项目发展的重点领域。其中，数量方面，水环境综合治理项目（城市给排水系统建设运营、流域水环境治理和生态建设类）数量最多，占到了环保类项目的近70%，整体投资额占比也超过了50%。

（二）面临的环境

1. 政策环境进一步利好

近年来，中国先后颁布了一系列促进节能环保产业发展的政策性文件：2012年，国务院发布《"十二五"节能环保产业发展规划》，明确指出促进节能环保产业成为新兴支柱产业，推动资源节约型、环境友好型社会建设，满足人民群众对改善生态环境的迫切需求；同年 7 月，国务院发布的《"十二五"国家战略性新兴产业发展规划》进一步强调，节能环保产业要加快形成支柱产业，提高资源利用率，促进资源节约型和环境友好型社会建设。党的十八大提出建设"五位一体"美丽中国，将生态文明建设提升至前所未有的战略高度。节能环保产业作为其产业支撑和技术支撑，被赋予了前所未有的期许和责任。2013 年 8 月，国务院发布《关于加快发展节能环保产业的意见》，更是明确提出：到 2015 年，节能环保产业要成为国民经济新的支柱产业。此外，环保"十三五"规划已经发布，新规划站在谋划全局的高度，在重大环境经济政策、重大环保工程和重大环保项目方面做出"顶层设计"，由此带来的节能环保产业市场的需求也必将更加广阔。党的十九大提出要形成节约资源和保护环境的空间格局、产业结构、生产方式、生活方式。发展绿色金融，壮大节能环保产业、清洁生产产业、清洁能源产业。以节能环保产业为核心的绿色产业正迎来发展的春天。

2. 制度环境进一步优化

十九大提出要加快生态文明体制改革，从制度上为绿色产业发展创造良好环境。之前，随着"史上最严环保法"的正式实施和按日连续处罚、查封扣押、现场停产整治、信息公布等一系列配套管理办法的陆续出台，加之此前出台的两高司法解释、环保与公安联动执法等政策和制度，共同构筑了严厉的法网。2017 年，在全国开展的环保督查力度前所未有，各地绿色产业发展已经势在必行。过去企业"守法成本高、违法成本低"的弊病和环保部门执法的"尴尬"等问题正逐渐得到有效的改善，这一系列措施必将进一步提升企业依法治污的主动性和积极性。而将生态指标纳入政绩考核以及将"引咎辞职"写入新环保法必将更能唤起地方政府保护环境的积极性。与之相关的第三方环境治理、环境技术服务等节能环保产业方面的需求也将极大增加，从而使得节能环保产业的市场需求进一步得到释放。

3. 环保标准进一步严格

截至 2017 年 5 月，中国已累计发布各类国家环境保护标准 2038 项，其中现行标准 1753 项，依法备案的现行强制性地方环保标准达到 167 项。两级五类的环保标准体系已经形成,分别为国家级和地方级标准,类别包括环境质量标准、污染物排放(控制)标准、环境监测类标准、环境管理规范类标准和环境基础类标准。为实施新环保法,多项新环境标准已制定或正在制定中。我国现行国家环境质量标准 16 项,已经覆盖了空气、水、土壤、声与振动、核与辐射等主要环境要素;现行国家污染物排放(控制)标准 163 项,其中大气污染物排放标准 75 项,控制项目达到 120 项;水污染物排放标准 64 项,控制项目达到 158 项。总体而言,我国大气、水污染物排放标准中控制的污染物项目数量和严格程度与主要发达国家和地区相当。

4. 投资增长进一步加速

近年来,中国对环保方面的投入正在进入加速通道。数据显示,2016 年全国节能、环保和资源循环利用三个行业产值已超过 4.5 万亿元。"十三五"期间规划的全社会环保投资将达 17 万亿元。其中,大气、水、土壤污染防治行动计划全面实施,预计总投入达 8.6 万亿元。2016 年全国环保产业销售收入约 1.15 万亿元,较上一年增长 20%。据测算,为实现环保目标和碳排放达到峰值的国际承诺,一直到 2030 年,中国每年的绿色投资将达 3 万亿~4 万亿元。

5. 市场需求进一步增大

2014 年以来,中国先后出台文件,旨在基本公共服务领域逐步加大政府向社会力量购买服务的力度。财政部印发《政府购买服务管理办法(暂行)》,将环境治理纳入政府购买服务指导性目录中的基本公共服务领域。这必将进一步激发和释放市场资源配置的活力。此外,一些地方已经进行了很多有益的探索,节能环保服务业正逐渐成为引领和拉动节能环保产业增长的重要力量,这将进一步促进节能环保产业的转型升级。从当前的环境服务市场来看,环境保护市场化进程加快,各类环保服务业得到较快发展,市场化机制逐步建立。随着第三方治理、政府购买环保公共服务、PPP 模式和环境监测社会化铺开,提供各类综合环境服务的公司不断涌现,积极进行环保服务的范围、方式和商业模式的不断探索拓展和创新,合同环境服务正在成为替代传统环境治理方式的新模式。

6. 技术水平进一步提升

就中国目前节能环保产业技术基础和供给能力来看，环保装备和产品供给能力显著增强，在除尘、烟气脱硫、城镇污水处理等领域已形成世界规模最大的产业供给能力。技术装备研发不断加大，实现高效燃煤锅炉、高效电机、膜生物反应器、高压压滤机等装备领先全球，燃煤机组超低排放、煤炭清洁高效加工及利用、再制造等技术水平取得重大突破，拥有世界一流的除尘脱硫、生活污水处理、余热余压利用、绿色照明等装备供给能力。中国环保技术与国际先进水平的差距不断缩小，研发能力有了进一步提升，并且已掌握一批具有自主知识产权的关键技术。城市污水处理的各种典型工艺在中国已广泛应用，通过多年的技术吸收转化创新，一些水处理技术和设备已经接近或者达到国际先进水平；电除尘处于国际领先水平，出口范围遍布30多个国家或地区；布袋除尘应用水平较高，应用范围不断拓宽；火电脱硫、脱硝和生活垃圾处理技术及装备基本实现国产化。

7. 融资渠道进一步拓展

环保投融资主体呈现多元化。环保投融资主体的形式越来越呈现多元化，一些地方政府正开展生态环保项目"PPP"模式的探索和实施。此外，节能环保产业的股权基金、环保合同服务、环境污染第三方治理等市场化机制也正在积极探索并加快建立。节能环保产业的市场活力将进一步激发。与此同时，环保投融资绿色金融服务业也在积极地酝酿和筹划之中，有些地方甚至进行了绿色金融实践的探索。如今，环保服务业发展迎来了春天。节能环保产业将进入以环境综合服务为龙头，带动投资、工程、设备和产品全面发展的新阶段。

（三）存在的瓶颈

1. 管理体制不够顺畅，不利于形成产业发展合力

节能环保产业渗透三大产业部门，一直缺乏明确、清晰的产业定位，隶属关系相当复杂，一直是多头管理。管理体制未真正理顺，存在着管理分散、职责不明、多头管理、政出多门的混乱状况。由于缺乏清晰、高效的行业归

口管理部门，使得产业发展比较凌乱，国家的规划目标难以真正科学地由上到下贯彻落实下去，难免会停留在目标层面。节能环保项目在各地方、各行业自行其是，分散投资，低水平重复建设，难以形成产业合力与产业积聚、取得统一管理的效果，不利于将节能环保产业打造成为新的支柱产业。

2. 政策依赖性过强，市场化程度还不够高

真正要激发节能环保产业活力，必须要让市场说话。当前，政府仍主导着对环保重点工程、环保基础设施的投入与营运。虽然一些地方政府已经尝试对节能服务企业采用 PPP 模式实施投资和运营，但中国节能环保产业的市场化程度还不够高。某种意义上，政府强行把节能环保产业企业的发展过多的揽在了自己的肩上。企业对政府的过度依赖，只会害了企业，最终难免会"成也萧何，败也萧何"。重蹈光伏产业"产能过剩"的覆辙。

3. 资本市场还不成熟，企业融资渠道还不够畅通

环保上市公司是节能环保产业界的主力军，是保护环境、防治污染的重要力量。在技术研发力和创新力、企业凝聚力和对市场的洞悉力方面均具有独到的优势。如北京碧水源科技股份有限公司是创办于中关村国家自主创新示范区的国家首批高新技术企业，致力于解决水资源短缺和水环境污染双重难题。通过研发出完全拥有自主知识产权的膜生物反应器（MBR）污水资源化技术，解决了膜生物反应器（MBR）三大国际技术难题：膜材料制造、膜设备制造和膜应用工艺，拥有 20 多项专利技术，填补国家多项空白。但目前中国资本市场尚不够成熟，价值投资尚未真正形成。

融资难一直是中国企业发展的瓶颈问题。虽然中国"注册制"的推出已经提上日程，但对部分目前尚未实现上市的具备发展潜力的中小型环保公司来说，资金紧缺和融资困难仍然是发展的瓶颈。目前，除了对节能环保企业给予财税优惠政策外，中国对节能环保产业的扶持方式仍然比较单一。直接补贴对很多地方政府来说是很大的财政压力，实施起来也较为困难。在 PPP模式的探索，以及融资方式多样化的探索方面，还有很长的路要走。

4. 科技支撑仍然不足，整体创新能力还有待增强

这几年中国节能环保产业如火如荼发展，在产业发展和技术研发方面都取得了前所未有的成就。但在科技支撑方面，自主创新能力较弱：自主知识产权的关键和核心技术，关键设备和核心产品仍然亟待提高；产业技术水平低，缺乏对产业发展有重大带动作用的关键和共性技术。在产业规模和水平方面仍呈现出产业及产品结构不合理；产业整体水平和质量仍然有待提高，产业的核心竞争力比较低；企业数量多但整体规模偏小、企业抗风险能力低、低端传统产品比重大，技术产品的同质化现象亟待解决等难题。

五、我国发展绿色产业的总体思路

（一）发展思路

以党的十九大精神为指导，贯彻落实习近平新时代特色社会主义思想，积极应对第三次工业革命，以创新引领发展，建立健全绿色低碳循环发展的产业体系，实施"一四四五"战略，即"一个策略，四个定位，四类产业，五项措施"。围绕"系统化推进"这一策略，形成一整套的战略举措。着力打造四个定位，即全球绿色经济创新基地、全球绿色先进制造基地、全球新能源应用示范基地、全球生态农业基地。重点实施五项措施，包括加强顶层规划和整体推进，推进创新创业战略，重大应用项目示范工程，产业链延长战略，制度创新配套。

（二）一个策略

"一"是一个策略："系统化推进"。包括产业系统配套、制度系统配套、基础设施系统配套。每一个生产力的大变革必然是各领域协同推进、彼此配套的系统性变革。例如第二次工业革命中汽车产业的兴起，与之配套的是上游钢铁、石油等产业的发展，公路体系、加油站等基础设施的建设，以及包括交通、金融保险、质量标准等相关的一整套制度体系。第三次工业革命也需要配套推进才能取得好的效果，正如里夫金所说，可再生能源、分布式的发电站、氢储存、能源互联网和电动汽车等五大支柱共同推进时，才能实现第三次工业革命。中国在第三次工业革命中，应该充分考虑配套推进战略，而非零散、孤立地去发展几个产业。其一是产业间的配套。根据已有基础，遴选若干产业链、产业集群、重大示范工程，建立重点产业链群目录，围绕目录培育和引进产业，注重新兴产业与传统产业间的配套和传承。其二是相关制度的配套。借鉴国内外成功经验，梳理和形成一系列包括地方法规、财税扶持、战略规划在内的制度创新，率先在国家"生态文明试验区"和"两型社会"试验中开展，注重新制度与老规则的衔接。其三，基础设施建设的配套。根据重点行业的发展周期，提前布局基础设施，例如信息和互联网产业就要加快宽带普及和提速、各领域数据库的建设、数据标准体系建设等；电动汽车则加快充电站网点覆盖等。

（三）四个定位

"四"是四个定位：全球绿色经济创新基地、全球绿色先进制造基地、全球新能源应用示范基地、全球生态农业基地。这四个定位是基于中国已有的基础和第三次工业革命的特征而确定的——中国创新能力正不断提升，而第三次工业革命的核心推动力是创新，打造全球绿色经济创新基地是题中应有之义；中国被称为全球制造业中心，围绕这些良好基础推动制造业向智能制造转型，形成全球绿色先进制造基地是可行之举；中国作为最大的能源消耗国，新能源的应用不仅符合两型示范的要求，解决了能源短缺和污染问题，更能带动一大批包括光伏、风能、新材料、建筑改造等产业发展，创造出新的经济和就业增长，打造新能源示范基地是一举两得的重大举措；农业是国民经济之本，中国作为农业大国和人口大国，要围绕粮食安全，加强农业领域的污染治理，发展具有世界领先优势的先进农业技术，建立具有全球竞争力的绿色农业全产业链，从而打造全球生态农业基地。

定位一：全球绿色经济创新基地

建立两个体系：国际领先、特色鲜明的技术开发体系和产学研金紧密结合的创新成果转化体系。打造一批具有国际领先水平的绿色发展知识创新和技术创新基地，重点实施一批支撑绿色产业的重大科技专项，重点围绕动力电池、循环经济、3D打印、工业机器人、移动终端设备、再制造技术等科技攻关重大专项，攻关一批"互联网＋节能环保"的关键技术和共性技术。建立全球技术产权交易中心，加强技术产权交易机构的互动和资源整合，形成亚太地区区域性的技术产权交易中心；建立亚太技术转移中心，以北京、上海和深圳科技交流交易中心为依托，成立亚太地区技术转移中心，联合大学和科研院所，形成技术转移网络体系。

定位二：全球绿色先进制造基地

依托骨干企业，加强技术改造和关键技术研发，推动工程机械、特高压输变电设备、轨道交通设备、移动终端制造、新能源设备制造、汽车等制造业向智能化升级。借助已有的资源基础，鼓励制造企业大力发展智能电网、新能源汽车、3D打印、工业机器人、可穿戴电子设备制造等。以掌握核心技术为突破口，培育发展电子信息、新能源、新材料、生物医药等新兴产业，大力实施重大产业发展创新工程。充分发挥综合性国家高技术产业基地和专业性国家高技术产业基地的辐射带动作用，形成一批具有核心竞争力的第三次工业革命智能制造业产业集群。

定位三：全球新能源应用示范基地

力争到2020年，新能源占全部能源比重达到30％，建设成为全球的太阳能、风能、地源（水源）能和生物质能等综合性新能源应用示范基地，全球最大的新能源汽车使用国。建设100～200个集太阳能、风能、地源（水源）能和生物质能等综合性新能源应用示范基地，使之发挥新能源示范、科研和教育作用。建设一整套与新能源相关的较为完善的基础设施体系。

定位四：全球生态农业基地

从建立农业生态技术体系、生态农业产业体系和绿色标准化检测体系三个方面着力推进全球生态农业基地建设。全面提升我国农产品质量安全水平，大力发展节水农业，大力推进化肥农药减量增效，全面推进农业废弃物资源化利用，扩大耕地轮作休耕制度试点规模，强化动物疫病防控等。加强推进"互联网＋农业"，用信息技术推进农业高效、绿色、可持续。逐步建立农业生态经济复合系统，将农业生态系统同农业经济系统综合统一起来，以取得最大的生态经济整体效益。

六、基于新一轮产业革命的绿色产业体系构建

(一) 重点绿色产业选择——产业链拓展与经济绿色化支撑

重点绿色产业可以按照两个方向进行选择，一是能服务经济绿色化的目标，可以提供扎实的硬件设施基础和良好的服务的行业；二是能有效地拓展整合产业链，可以促使区域产业按照"微笑曲线"，向附加值高的区段（如设计研发、渠道物流）延伸的行业（见图6-5）。当前中国经济的动力集中在制造领域，也必须集中在制造业，按照推动经济发展的要求，整合区域产业，打破一、二、三产间的界限，拓展产业链，将有效地提升整体的绿色经济水平。如，第一产业延伸到第三产业（传统棉麻、竹木生产的种植、加工过程中增加产品设计，演变为最终产品设计带动加工）；从农业延伸到新能源等等。

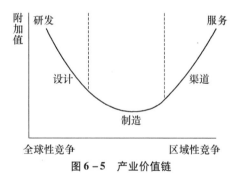

图6-5 产业价值链

产业与区域社会经济低碳化发展的关系可以分为三个层次，如图6-6所示。核心部分是新能源及节能环保类产业，也就是狭义的绿色产业；中间部分是促进重化工行业绿色化转型的行业；外层部分是资源能源需求少、低污染、低排放、附加值高，促进经济绿色化的产业。

重点行业的情况各有不同。有一部分是基础较好的行业，可以立竿见影地推动经济绿色化的进程。如装备制造业，其众多细分行业提供支持能源结构优化、能效提高的硬件基础。这类行业主要是通过消化吸收先进技术、增加政策引导，在高技术化和规模化方向上努力。另一部分是基础一般的新兴

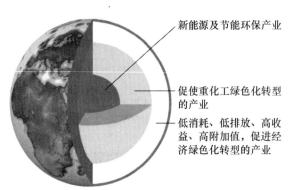

新能源及节能环保产业

促使重化工绿色化转型的产业

低消耗、低排放、高收益、高附加值，促进经济绿色化转型的产业

图 6 - 6 从对经济绿色化影响角度划分绿色产业层次

行业，这些行业的作用是拾遗补阙，促进经济社会发展结构更为合理。整体上，要根据行业的技术水平、市场、资金、政策等几个方向的影响，对发展限制因素进行分析，并提出发展对策。

（二）高端制造业

以技术、品牌、管理、创新等多方面综合优势为目标，瞄准全球生产体系的高端，大力发展具有较高附加值和技术含量的高端装备制造产业，同时立足国内制造业基础，满足国内钢铁、冶金、化工等行业的需求；通过培育大型龙头企业，建设先进产业基地，坚持引进－消化吸收－再创新的技术路线，不断加大研发投入，着力自主创新，加强品牌建设，促进集约发展，打造技术、资金密集型的绿色高端制造业。

1. 新能源设备

智能化输变电成套装备。全面掌握特高压交直流输电成套装备设计和制造技术，提升输变电成套装备技术水平，新型高温超导输变电设备实现工程应用。实施变压器等电力装备能效提升计划，进一步提升电力装备能源转换效率。对接"一带一路"建设，通过对外工程总承包，带动输变电成套装备走出去，扩大国际市场份额。重点发展：1000 千伏特高压交流输电成套装备、±800 千伏及以上特高压直流输电成套装备、±200 千伏及以上柔性直流输电系统及成套装置、智能电网用输变电设备和用户端设备、绿色环保型高效输变电设备、大功率电力电子器件、高温超导材料及高温超导输变电设备等。

核电配套设施系列化与规模化。积极引导核电设备制造企业向"专、精、特、新"方向发展，形成专业化、系列化的核电产品生产制造服务社会协作体系；着力提高核电站本土配套率和配套水平，打造具有一定特色的核电装备制造产业，这是今后核电产业的发展方向。扩大风电设备制造规模与制造水平。以整机成套生产为龙头，以专业园区为载体，按照布局集中、产业集聚的原则，加强产业上下游之间、整机与零部件之间的衔接，形成完整产业链条，发挥集聚效应，共同打造国内最具市场竞争力的风力发电装备产业集群。光伏装备产业。围绕能源互联网，加紧推进光伏产业发展，从应用层面加强政策支持力度，带动上游产业发展。

2. 节能降耗设备与基础设施制造

针对钢铁、冶金、化工等行业，依托重点产业园，加快节能技术和产品的推广应用，提高能源资源综合利用效率。优先发展各类废弃净化装置、机动车尾气污染防治技术与装备、二氧化碳捕集与封存技术及设备；重点发展污染源自动连续监控系统以及污染物自动测试设备、环境质量自动监测系统、污染事故应急监测仪器及便携式现场快速直读型测量仪，鼓励发展余热余压利用、炉窑改造，节约和替代石油，电机系统节能，开展清洁生产，优化能量系统，开展节能监测、能源审计，实现传统产业低碳化。此外，围绕企业废物就地资源化利用，做大做强循环经济工业区，最大限度减少污染物排放，避免资源浪费。

3. 新材料行业

研究和跟踪各国出台的政策，加快出台具有前沿性的政策和举措，及时推动实施。支持企业兼并重组上游的矿山开采、冶炼和粗加工企业，建立战略资源和重要产品的收储制度。支持龙头企业整合科研机构，建成行业内公共实验、检测、中间试验等公共服务平台。支持企业积极引进国外先进设备、生产工艺技术和先进管理模式。建立新材料企业的用能保障机制。支持重点企业壮大和升级推进企业兼并重组，按照"一企一策"方式，积极支持战略投资者以多种形式参与重大项目建设；完善产业投融资保障体系，加大财政对企业自主创新的投入力度，重点支持产业技术创新和产业化公共服务平台建设；支持企业上市融资，积极发展私募基金、中小企业互助担保、中小企业集合债券，推动非上市股份公司进入证券公司代办股权转让系统；对骨干企业跨地域、跨行业的重大兼并重组，出台专项措施，妥善解决人员安置、企业资产划转、债务核定与处置、财税利益分配等问题，扶持企业做大做强。

（三）现代服务业

1. 现代物流

一是发展绿色物流。加快对现有仓储、转运设施和运输工具的标准化改造；推动重点领域物流发展，针对煤炭、矿石、粮食等大宗商品特点，提高运输水平；鼓励企业加快发展产品与包装物回收物流和废弃物物流，促进资源节约与循环利用。二是加强物流基础设施建设。重点推进全国高速公路网、农村公路的建设，加快长江等若干航道疏浚和航电枢纽、主要港口、机场改扩建、新建进度。加强各种运输方式之间、国内与国外之间、干线与支线之间、线路与节点之间的中转衔接，加强仓储设施建设和改造升级，引导大型仓储场所退出城市主城区。三是重点布局物流园区。将物流园区纳入国家物流基础设施网络"总盘子"。选择一批区位交通条件好、运营成熟的物流园区作为国家物流枢纽建设的承接地，加强园区整合，抓好示范物流园区工程，促进园区互联互通，构建高效的物流园区网络体系。四是推进物流信息化建设。依托综合交通运输体系、现代通信和网络技术，加快建设物流园区信息平台、电子口岸、大宗商品交易平台、货运配载信息平台和物流行业门户网站等公共信息平台。对物流各环节进行实时跟踪、有效控制和全程管理，提高物流服务信息化水平。

2. 绿色文化服务业

继续立足中国文化特色，大力实施精品工程和品牌战略，延伸产业链，增强竞争力。建设重大文化工程。实施重大项目带动战略，形成产业密集区。调整文化产业结构。提升文化信息化服务。加快出版物由主要依赖传统介质向多种介质转型，建设一批有影响的数字出版平台和数字出版工程。抢抓5G商用和产业融合的重大机遇，整合技术平台和广电、出版、动漫等内容资源，加快发展移动多媒体、手机广播电视，开展移动文化信息服务、数字娱乐产品等增值服务。加快广播电视转播和电影放映数字化进程；整合国内动漫资源，打造大型动漫产业集团，创新动漫产业价值链，不断提高动漫产业盈利能力。

3. 生态旅游产业

突出特色，大力推动文化旅游。加快旅游业与文化、体育健身、艺术培训等产业的融合互动，推动旅游业的可持续发展。

4. 绿色金融服务业

加速金融现代化，提高金融效率，不断扩宽金融服务领域，加快发展证券、期货、保险、信托等金融服务，增加服务品种；抢占绿色产业发展先机，大胆尝试绿色金融相关业务，组建成立若干碳汇交易中心。

5. 绿色科技服务业

优先发展绿色技术，优先实施能源、环保、信息等低碳相关领域的重大科技开发专项和优势共性集成创新，攻克关键技术。鼓励企业与高校、科研机构建立产学研联合体，促进技术转移。加强技术交流和推广，依托生产力促进中心、技术交易中心等服务机构，建立完善的科技推广服务体系，促进重大科技成果的产业化速度。加快信息服务平台建设，建立全国科技成果与专利信息服务平台、标准技术法规信息资源系统等信息服务平台。

6. 绿色消费服务业

运用现代信息技术和先进管理手段，大力发展连锁经营、仓储超市等流通业；合理调整大中城市商业网点布局，建立品牌化的品牌集散地；继续弘扬中国饮食文化，壮大中国菜品牌，扩大产业规模；把养老服务作为拓宽服务领域的点，选取若干地区为示范区，在有条件的中心城市实现突破；基本形成社会养老和居家养老、社区养老和异地互动养老、综合型养业型养老相结合、城乡统筹协调的养老服务体系；加快推进住房设计分配货币化、供应市场化、交易自由化，健全房地产市场运行机制，完善信息化的房地产交易服务功能；积极构建政府扶持、社会参与的现代社区服务发展机制，建设组织网络化、制度规范化、队伍专业化、设施配套化的社区服务体系。

7. 分享经济

要以支持创新创业发展为核心，按照"包容创新，审慎监管，强化保障"的原则，允许和鼓励各类市场主体积极探索分享经济新业态新模式。鼓励发展共享交通、共享单车、共享房屋、共享餐饮、共享物流、共享金融、共享充电宝等多种模式的分享经济。加快形成适应分享经济特点的政策环境，进一步增强政策包容性和灵活性，加强分类指导，降低准入门槛，维护公平竞争，提高"放管服"水平，降低分享经济发展的政策风险。鼓励创新监管模式，引导和支持有条件的地区和行业先行先试。

（四）生物产业

1. 生物农业

围绕高质量发展这一核心，以生物技术改造传统农业，着力构建现代农业高效绿色发展新体系，大力发展生物种业、生物农药、生物兽药、生物饲料和生物肥料，提高农业竞争力。加快生物种业技术自主创新体系建设，实现由传统经验育种向科学精准育种的升级转化。推动农业生产绿色化转型，开发基于分子靶标病害精准防控、植物免疫诱导、动物疫苗分子设计新技术，建立基于病虫基因组信息的绿色农药、兽药创制技术体系。加快研制用于不同畜禽疫病防控的生物治疗制剂；开发动植物营养新产品，加快研制可替代抗生素的新型绿色生物饲料和饲料添加剂产品，突破关键技术，创制推广一批高效固氮解磷、促生增效、新型复合及专用等绿色高校生物肥料产品。

2. 生物医药

把握精准医学模式，推动药物研发革命的趋势性变化，立足基因技术和细胞工程等先进技术带来的革命性转变，加快新药研发速度，提升药物品质，更好地满足临床用药和产业向中高端发展的需求。加速新药创制和生产，依托高通量测序、基因组编辑、微流控芯片等先进技术，促进转化医学发展，在多领域实现药物原始创新。加快发展精准医学，在治疗适应症与新靶点验证、临床前与临床试验、产品设计优化与产业化等全程进行精准监管，实现药物精准研发。以个人基因组信息为基础，整合不同数据层面的生物学信息库，利用基因测序、影像、大数据分析等手段，实现精准的预防、诊断和治疗。加快推广化学原料药绿色制备和清洁生产，积极推进化学仿制药一致性评价，不断提高原料药和制剂产品质量技术水平，推动产业从原料药出口向终端产品出口的转变。把握智能、网络、标准化的新趋势，大力发展新型医疗器械，提供现代化诊疗新手段，逐步建立基于信息技术与生物技术深度融合的现代智能生物医学工程体系。

3. 生物制造

提高生物制造产业创新发展能力，推动生物基材料、生物基化学品、新型发酵产品等的规模化生产与应用，推动绿色生物工艺在化工、医药、轻纺、食品等行业的应用示范。到 2020 年，现代生物制造产业产值超 1 万亿元，生物基产品在全部化学品产量中的比重达到 25%，与传统路线相比，能量消耗和污染物排放降低 30%，为我国经济社会的绿色、可持续发展做出重大贡献。

4. 生物环保技术应用

面向环境污染生物修复和废弃物资源化利用，发展高效生物菌剂与生物制剂、高效低耗生物工艺与装备以及生物－物化优化组合技术集成系统。创新生物技术治理水污染，重点发展高效低耗的生活污水、农业养殖废水、典型工业废水的生态治理技术，通过生物技术，促进富含碳、氮、磷、硫、重金属等污染物的防治与资源化利用；推进污（废）水、污泥处理及资源化生物环保技术/工艺装备的成套化、系列化、标准化、产业化。发展污染土壤生物修复新技术，加快研发污染土壤的植物－微生物联合修复技术、重金属污染土地的生物固化与生物修复技术、土壤农用化学品残留组分的生物消减（除）技术。加速挥发性污染物生物转化，针对多来源挥发性有机污染物，重点推进石油、化工、医药等行业有毒、有害废气的生物－化学集成治理技术、工业源含碳废气生物转化利用技术和污水厂等生活源生物脱硫、脱氮技术，加速工艺系统及产品的规模化应用与技术推广。

（五）传统产业的绿色化

1. 高能耗产品的需求及降耗目标

未来 20 年，我国处于快速城市化进程。根据推断，以 2005 年为基准，我国高耗能产品的需求量变化如图 6 – 7 所示。首先可以确定的是，高耗能产品普遍有较大的产量增长；其次，在 2020 年前后，以钢铁为首，这些高耗能产品产量陆续进入产量的顶点；除造纸以外的产品，产量将陆续下降。

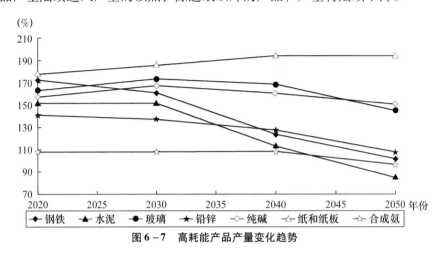

图 6 – 7　高耗能产品产量变化趋势

2. 高能耗产品行业降耗

按照供给侧结构性改革总体部署，利用 10 ~ 15 年时间，通过使用推广节能技术、淘汰落后产能，使重化工行业整体能源效率和技术水平接近或达到世界领先水平；重化工行业单体能耗下降 15% ~ 20% 的同时，产量相应提高；同时，收缩产量增长规模，尽快过渡到产品供中国本土使用。水泥方面，大力发展新型干法窑外分解技术，提高新型干法水泥熟料比重；推广水泥窑余热发电技术和高效节能粉磨技术，对现有的回转窑、磨机、烘干窑炉进行综合节能改造。钢铁方面，加快淘汰落后工艺和设备，实现技术装备大型化、生产流程连续化、紧凑化、高效化，最大限度综合利用各种能源和资源。合成氨方面，未来 5 年，继续推进合成氨装置采用先进节能工艺、新型催化剂和高效节能设备，提高转化效率，加强余热回收利用；加大力度推行以天然气为原料的合成氨，推广炉烟气余热回收技术，改造蒸汽系统。造纸方面，发展高得率制浆技术和低能耗机械制浆技术，推广高效废纸脱墨技术，采用多段逆流洗涤、全封闭热筛选、中高浓漂白技术和设备；造纸机采用新型脱水器材、真空系统优化设计和运行、宽压区压榨、全封闭式汽罩、热泵、热回收技术等；制浆、造纸工艺过程及管理系统计算机控制技术。有色方面，大力推广新型高效选矿设备应用，开展高效搅拌设备、大型浮选设备以及浮选柱在多金属钨钼铋选矿中的应用研究。建材方面，玻璃行业中，严格限制小型浮法生产线，淘汰落后的小平拉工艺，积极推广窑炉全保温技术、富氧和全氧燃烧技术等。建筑卫生陶瓷行业中，淘汰倒焰窑、推板窑、多孔窑等落后窑型，推广辊道窑技术，改善燃烧系统；改变卫生陶瓷生产燃料结构，采用洁净气体燃料烧成型工艺。墙体材料行业中，推广应用新型墙体材料以及优质环保节能的绝热、隔音、防水和密封材料；鼓励采用外保温复合墙体、节能门窗、新型墙体材料等先进技术；支持住宅工业化模式推广和扩大。

3. 借助信息技术专业化与规模化实现工业降耗

IT 产业在区域经济低碳化过程中，主要有两方面影响。一是 IT 设备（包括通信、个人终端、服务器）普及带来的 IT 行业本身能源消耗的大规模增长；二是其他行业领域，IT 产品的使用减少该行业领域的排放，这主要表现在电机、物流、建筑和电网领域。在电机领域，IT 使电机可根据所需输出功率调整所消耗的电力，从而达到“智能”。此外，IT 技术可以监控能源应用并向企业提供数据，使其通过改变制造系统来节约能源和成本。在物流领域，IT 通过使用软件改善运输网络设计，中央分销网络和方便灵活的宅配服务管理系统，或优化运输方式，实现节能降耗。在建筑领域，建筑能源消耗有两个驱动因素，能源强度和建筑物表面积。基于 IT 的监控、反馈和优化工具能够减少应用于建筑生命周期的每一个阶段能耗，包括从设计、使用到销毁。

4. 其他推进产业绿色化的途径

一是以有机农业方式推进农产品生产绿色化。为了保证粮食安全，农业产品的数量还是长期增加的，当前稻、猪、蔬、竹、果、茶为主要产品的趋势不发生明显变化。但是降低农业的碳排放、增加第一产业的绿色化都是公认趋势。二是植树造林。重点抓好退耕还林、防护林、石漠化治理等生态工程建设，推进城边、路边、水边“三边”造林绿化，继续提高区域森林覆盖率。加快林权制度建设，承接家具制造产业转移，推动竹木制品产品升级，通过与制造业结合，推进林木资源的深加工，增加产业附加值。

七、政策建议

（一）加强顶层规划和整体推进

1. 围绕第三次工业革命制定绿色产业发展规划

这一规划并非是另起炉灶的一个全新题材，而是将绿色发展与创新发展两个发展战略进一步的梳理、结合、改进，在此基础上形成更加系统有效的发展规划。要注意：一是加入更前沿的发展趋势，特别是第三次工业革命的特点；二是更加系统性，注重产业、制度、基础设施等整体的配套性。

2. 加快政府从管家型向监管型转变

一是减少政府对产业发展的干预。任何一次工业革命都会经历一个"大浪淘沙"的过程。一大批传统的行业被淘汰让位于新兴行业，这样才符合历史规律。但变数当前，政府的第一反应往往是去保护现有行业，向传统企业提供补贴，竭力挽回濒临死亡的旧产业。政府就会"本能"地帮助与自己关系密切的国有企业或者短期内能提供高额税收的传统行业。而在新兴行业的扶持上，却习惯于支持已经取得明显成就的行业，忽略了其他有潜力但尚处于发展中的产业。所以必须改变这一情况，减少政府对产业发展的干预。二是优化行政环境。根据中央、国务院要求，加大简政放权力度，贯彻"放水养鱼"原则，减少政府干预经济行为，杜绝吃拿卡要现象。通过制度化建设优化和固化行政流程，强化程序意识，切实为人民服务，打造优良的绿色产业发展环境。对企业和群众反映强烈的经济发展环境、机关效能建设问题开展专项治理，着力建章立制，形成常态效应。着力打造"数字政府"，通过技术手段推动政府流程再造，建立"统一受理，并联审批"的电子政务系统。加强群众监督，针对各职能部门，率先建立从国家部委、省、市、区县到乡镇（街道）的网上公众打分测评系统，分数和被举报情况列入考核。

3. 在各地生态文明和两型社会建设试点中加入第三次工业革命专项试点

牢牢把握第三次工业革命的战略机遇期，在生态文明和两型社会综合配套改革试点中加入第三次工业革命专项试点，以全新的姿态把握和应对全球战略性产业可能重新定义的机遇与挑战。在创新环境、金融服务、政策配套以及新技术产业化等方面实行深入的改革，激发市场主体的技术创新积极性，使其在未来国际分工地位的关键产业领域突破核心技术瓶颈并形成产业化，在各行业打造一批能够支撑中国经济社会长期发展且具国际竞争优势的跨产业集群。

（二）推进绿色创新创业战略

1. 建立高效的创新资源共享平台

公共创新服务目前存在效率不高、不方便、服务不到位的情况，尤其在信息文献共享方面问题很大，各个单位都有数据库但不连通，检索很不方便，搜寻信息与文献的成本非常高，降低了知识积累与知识创新的效率。所以在面对发达国家"再工业化"的挑战与新一轮工业革命时，如何完善我国的公共创新服务体系，成为一个关键的问题。可考虑两点措施：一是加快支撑第三次工业革命产业技术创新的基础服务平台建设。在完善我国资源、人口、法人、经济等基础数据库基础上，建立信息、智能制造、新能源等科技创新基础平台；建设产业竞争情报研究中心、知识产权服务中心、技术标准研究中心等公共服务平台，为相关优势产业提供市场、知识产权和技术标准等方面的咨询服务。二是建设中国（亚太）产业领域联合检测服务网络平台。整合各地区高校、大型科研机构和企业的检测设备资源，面向信息及互联网、新材料、新能源、先进制造、生物医药以及传统产业升级产品的公共技术检测服务网络平台体系，为企业产品创新提供便捷、公正、权威的检测服务。

2. 加快绿色孵化器集群建设和协同创新

以创客空间建设为抓手，支持高校依托优势技术和人才资源优势，大力发展技术孵化公司、学科性公司、技术服务公司、技术推广性公司，培育和发展面向第三次工业革命的新型技术孵化体系。探索天使投资人和创业导师制度，加快以技术熟化为目标的孵化体系。组建优势领域的产业技术联盟。在具有优势产业与技术的工程机械、汽车及汽车零部件、数字媒体、交通装备制造、新材料、生物医药、钢铁、化工、食品加工等领域，按照风险共担、利益共享的原则，组建产业技术联盟体，加快关键技术的开发与推广应用，为制造业升级提供技术支撑。

3. 绿色技术人才培育

新的工业革命渴求大批创新型人才，而当前以应试为主的教育方式难以满足需求，改造或创建出一批具有全新机制的教育模式和培训一批绿色技术人才已经显得刻不容缓。把人才培养作为绿色产业发展的重要举措，着力培养掌握高端技术的研发人才和创业管理人才。一方面，对接绿色发展新趋势，通过整合国内外相关研究和教学力量，开展短期专业技能培训，迅速提高资源评价、装备制造、监测认证、项目管理等领域技术人员的专业水平。另一方面，推动各类高校开设与绿色制造、绿色营销、绿色物流、绿色管理有关的专业，夯实人才基础，逐步建立绿色转型的人才培养长效机制和紧缺人才引进战略机制。同时，探索在线教育等新型的培育模式，推动绿色教育的网络化普及。

（三）重大应用项目拉动产业发展

我国在产业发展中重投资而轻消费，导致了发展的不均衡，光伏产业的产能过剩就是一例。我们认为，中国要从应用需求端拉动绿色产业发展着手，不断扩大新技术、新产品的本土消费，从而改进和扩大新产品的规模。当前，可以重点考虑的四个重大应用项目是能源互联网应用项目、环境大数据应用项目、住宅 4.0 应用推广项目和绿色－智能交通应用示范项目。

1. 能源互联网应用项目

到 2025 年，着力推进能源互联网多元化、规模化发展：初步建成能源互联网产业体系，成为经济增长的重要驱动力。建成较为完善的能源互联网市场机制和市场体系。形成较为完备的技术及标准体系并推动实现国际化，引领世界能源互联网发展。形成开放共享的能源互联网生态环境，能源综合效率明显改善，可再生能源比重显著提高，化石能源清洁高效利用取得积极进展，大众参与程度大幅提升，有力支撑能源生产和消费革命。加强能源互联网基础设施建设，建设能源生产消费的智能化体系、多能协同综合能源网络、与能源系统协同的信息通信基础设施。营造开放共享的能源互联网生态体系，建立新型能源市场交易体系和商业运营平台，发展分布式能源、储能和电动汽车应用、智慧用能和增值服务、绿色能源灵活交易、能源大数据服务应用等新模式和新业态。推动能源互联网关键技术攻关、核心设备研发和标准体系建设，促进能源互联网技术、标准和模式的国际应用与合作。

2. 环境大数据应用项目

牢牢把握信息技术变革趋势，实施"互联网＋环保"战略，推动信息技术与环境保护深度融合，加快推动环境大数据应用发展，建立覆盖全国重点地区的环境大数据监测预测系统。环境大数据的应用需求包括：环境管理改革与创新、环境监测、环境监察、核与辐射监管、生态保护、环境应急管理等。从决策需求来看，主要是通过对污染源排放，社会经济、环境质量、环境风险、环境安全等进行技术上的识别，评价、评估、预测预警，最后为管理者提供环境决策的依据。在环境大数据的建设中要注意三点：一是建设天地空一体化的数据获取系统，建立时空大数据的平台。以大气为例，在城市设点建立大气相关的传感系统。二是建立基于时空大数据的环境数据中心，把时空大数据和环境大数据结合起来，在监测、监察、应急、生态保护等方面形成完整的生态环境大数据。三是经过融合整理，与环保系统各部门业务结合和共享，对数据进行分析，为环境管理提供决策依据。比如建立环境预测预报模型、环境与健康评估模型、城市生态系统安全模型等。

3. 住宅4.0应用推广项目

加快技术升级换代，以高科技加快推进以绿色化、智能化、住宅产业化为主要特征的住宅4.0应用示范，将中国从建筑大国向建筑强国转变。以新建单体建筑评价标识推广、城市新区集中推广为手段，实现住宅4.0的快速发展，切实提高住宅4.0在新建建筑中的比重。到2020年，绿色智能建筑占新建建筑比重超过30%，建筑建造和使用过程的能源资源消耗水平接近或达到现阶段发达国家水平。到2025年，绿色智能建筑占新建建筑比重超过70%，住宅绿色化、智能化、产业化水平达到全球先进水平。

4. 智慧 – 绿色交通应用示范项目

以"互联网＋"为核心，加快共享车、无人车、车联网以及新能源汽车的应用推广，并结合各城市智慧交通体系的配套构建，打造具有全球先进水平的智慧 – 绿色交通示范案例，逐步推广，带动上下游产业发展，占领智能驾驶、智慧交通、新能源汽车等领域的技术和制度创新前沿。2017 ~ 2020 年，在全国选择 20 ~ 25 个城市开展智慧 – 绿色交通示范，从基础设施、产业发展、技术投入等方面对城市交通进行绿色化、智能化升级，打造一批示范应用城市和形成一整套新兴配套制度。

（四）产业链延长战略

中国绿色产业发展亮点较多，但大多数是孤立的亮点，没有形成产业规模和产能优势。通过某项技术、产业链某个环节、某个企业优势拉长和扩大亮点，形成产业链群的优势。当前可以重点考虑三大工程。

1. 补链工程

补链就是要寻找产业链条中缺失的高附加值环节，紧抓"微笑曲线"的两端企业，将产业链延伸、补缺，做大规模，做优配套，以实现产业关联发展的需要。补链的主攻对象是：相关产业在我国已有数家能够支撑起整个产业链或在产业链中具重要地位的龙头企业，在这些产业链的某些环节已拥有较强的优势，但尚未形成完整的产业链条。

2. 建链工程

建链就是对于在我国已有一定项目，但尚未形成支柱产业，通过引进该产业中具有核心地位的龙头企业，并以之为基础，辐射、延伸，从而建立全新的产业链条，培育有竞争优势的绿色战略性新兴产业集群，为我国未来的发展积蓄动力。建链的主攻对象是：目前仍处于起步阶段，但市场前景广阔、发展潜力巨大，而我国又有发展和承接优势的产业。

3. 强链工程

强链就是通过注入科技、信息化和品牌元素，促进现有产业不断精细化，提升现有企业的质量效益，将优势产业打造为世界领先、具竞争优势的产业集群。强链的主攻对象是：相关产业在我国的发展已相当成熟，不仅涌现出一定数量在全行业具影响力的龙头企业，而且配套发达，产业链条相对完善，整个产业已在世界范围内具有竞争力，但产业的技术和品牌未形成绝对领先优势。

（五）制度创新配套

以"一揽子"改革试点推进中国绿色产业体系建设，通过"负面清单管理"＋"重点领域突破"两个主要抓手，重点开展优化营商环境、提高政策效率、加强项目管理三项措施。

1. 一揽子改革试点

围绕绿色产业体系建设的产业准入、环境优化、扶持政策、要素保障等方面开展一揽子改革试点，探索如何通过系统改革来推进绿色产业发展。改革方向和关键是构建一个公平有效的现代市场体系，不断改善产业发展环境，减少政府对市场的干扰，加强政府的监管职能，使得各类产业竞相发展。

2. 两个主要抓手："负面清单管理"＋"重点领域突破"

加快构建中国绿色产业体系实际上包括两个层次的含义：其一，按照"非禁即可"的原则，鼓励所有不违反国家政策方向的产业都能在中国竞相发展，通过"负面清单管理"推进产业发展；其二，对于当前具有战略性地位的绿色产业要重点引导，对于创新、要素、开放等关键环节要重点突破，从重点产业和重点领域加快产业发展。

3. 三项措施

第一，突出营商环境优化，吸引投资创业涌入。以大部制为方向，建立部门之间监管执法联动机制；通过政府购买的方式提升政府服务效率，支持社会组织承接政府职能转移。一方面，大力推动技术审查市场化改革。通过"剥离"推动行政审批与技术审查相分离，将技术性审查工作交由具有相应技术资质的合法机构进行审查。另一方面，建议政府不再直接搭建企业服务平台，而是通过购买服务方式向社会购买生产性服务中介，并引入市场竞争机制，减少寻租等行为。

　　第二，提升政策效率，提高产业发展能力。厘清政府政策扶持方向和扶持方式，以不影响市场机制为原则，对整个政策体系进行重新设计和安排。重点是增加普惠型扶持政策，减少针对产业的专项扶持。扶持重点从生产环节退出，向研发环节和消费环节转移。财政涉企专项资金政策取向由"厂商补贴"向"消费者补贴"转变。探索政府财政扶持"资金池"管理，成立政府性绿色产业投资基金。

　　第三，加强重大项目管理，以项目带动产业落地。进一步强化重点项目管理，着重培育和引进与绿色产业相关的重大项目，建立重点产业重大项目库和基础共性和信息技术项目库，跟踪项目引进和建设进度，探索建立重点项目经济社会效益后评价制度。

第七章

基于供给侧结构性改革的绿色供给体系研究

改革开放 40 年来，我国经济总量高速增长，已成为名副其实的经济大国。过去，我国经济追求的是高速增长的动能，依赖的是高增长、高消耗、高排放、高扩张的粗放型发展模式，全要素生产率不强，主要靠投资推动。如今，党的十九大报告中明确指出，中国特色社会主义进入了新时代，我国经济已由高速增长阶段转向高质量发展阶段，而面对资源约束趋紧、环境污染严重、生态系统退化的严峻形势，经济发展新阶段、新需求与传统资源消耗矛盾日益突出，加快生态文明建设，倡导生态文明理念，化解经济社会发展瓶颈，探索具有区域特色的可持续发展模式，是促进经济社会和谐发展的必然途径。发展绿色经济、循环经济、低碳经济，实现经济发展与环境双赢，是绿色发展和生态文明追求的共同目标。习总书记提出，决不能重走人类历史上"先污染后治理"的老路。党的十九大报告指出，必须树立和践行绿水青山就是金山银山的理念。而要实现绿水青山就是金山银山，必须推动绿色产品和生态服务的资产化，让绿色产品、生态产品成为生产力，使生态优势能够转化成为经济优势。下一个阶段，我国要加快以资源型经济转型为基础，以供给侧结构性改革为主线，把提高供给体系质量作为主攻方向，以体制机制创新为动力，促进绿色发展、循环发展、低碳发展、可持续发展，以绿色生产方式推动经济发展质量变革、效率变革、动力变革，不断增强我国经济质量优势。

一、绿色供给相关概念内涵

（一）供给侧结构性改革的内涵

不同于西方的供给学派，我国的供给侧结构性改革是从我国国情和经济发展所处的阶段，特别是从面对新常态、适应新常态、引领新常态的角度和出发点提出的。深化供给侧结构性改革是我国在"十三五"乃至更长时间内经济工作的主线。2015～2017 年连续三年中央经济工作会议都提到了深化供给侧结构性改革，其中 2016 年中央经济工作会议明确了供给侧结构性改革的内涵、任务、要求、出发点等问题，并提出了提高供给效率、提高全要素生产力的要求。我国供给侧结构性改革始终坚持"创新、协调、绿色、开放、共享"五大发展理念，最终目的是满足需求，主攻方向是提高供给质量，强调在适度扩大总需求的同时，去产能、去库存、去杠杆、降成本、补短板，从生产领域加强优质供给，减少无效供给，扩大有效供给，提高供给结构适应性和灵活性，提高全要素生产率，使供给体系更好地适应需求结构变化。

2017 年中央经济工作会议针对发展过程中的问题，按照十九大报告精神，提出了深化供给侧结构性改革，强调要继续深化"三去一降一补"，重点放在深化要素市场化配置改革，提出重点在"破""立""降"上下功夫。"破"就是大力破除无效供给，把处置"僵尸企业"作为重要抓手，推动化解过剩产能。"立"就是大力培育新动能，强化科技创新，推动传统产业优化升级，培育一批具有创新能力的排头兵企业，积极推进军民融合深度发展。"降"就是大力降低实体经济成本，包括结构性减税、清理收费，同时，大力降低制度性交易成本，继续清理涉企收费，加大对乱收费的查处和整治力度。

深化供给侧结构性改革是一项长期工程，应逐步推行、缓慢改革。对增加绿色产品供给而言，供给侧结构性改革更应该通过精准挖掘各类消费群体的有效需求实现"精准供给侧改革"，如对低端消费群体而言，企业要尽可能在不影响产品销售价格的情况下，努力提升低端产品质量，加大无公害、低污染、低能耗产品的供给；而对高端消费群体而言，企业要从用户需求出发深入挖掘潜在需求，积极研制相关产品以引领高端消费群体的需求。

（二）绿色供给的内涵及绿色供给体系

1. 绿色供给的内涵

十九大报告明确提出要加快推进生态文明建设，举全社会的力量打好污染防治攻坚战，坚持绿色发展、绿色供给是生态文明建设的必经之路。

供给或生产是经济运行的起点或经济系统的基点，企业供给包括企业从产品研发、原材料采购、工艺设计和产品加工全部活动。绿色供给是指企业为了满足自身和整个社会的可持续发展的绿色需要，以产品全生命周期绿色化为目标，在生产活动中注重经济效益、环境效益和社会效益的协调发展，实施绿色供应链管理，即在产品全生命周期内的所有活动，包括产品研发设计、原材料采购、工艺流程设计、生产设备采用及加工、产品分销、再利用及废弃，考虑到环境的影响和资源的节约，实行绿色生产方式，强化绿色产品供给，引领绿色消费，确保自然资产能够持续为人类生活提供各种资源和环境服务的同时，使要素实现最优配置，提升经济增长的质量和数量，进而实现可持续发展。绿色供给体现了企业的绿色形象，是一种全新的绿色供给链管理运作模式。《生态文明体制改革总体方案》将绿色产品定义为环保、节能、节水、循环、低碳、再生、有机等产品。

绿色供给具备以下特征：一是以人为本。绿色供给就是要以环境保护和人的身心健康为前提。二是节约优先。绿色供给过程的各个环节，包括研发、采购、工艺、设计、加工、流通和分配等，均以循环节约、资源高效利用为原则。三是生产清洁。绿色供给强调生产、流通、分配、消费等全过程、全生命周期的零排放或排放减量。四是协调发展。绿色供给强调尊重自然规律，人与自然相协调，与资源环境承载力相适应。五是健康福利。绿色供给强调提供环境友好的公共资源、环境和产品。加强环境保护，提高环境质量；提供有益于身体健康、环境保护的绿色产品。

2. 绿色供给体系的构成

绿色供给体系是指企业以绿色转型升级为主线，以"绿色、创新、融合"

为发展理念，以"创新发展、标准引领、制度保障"为核心，加快形成"全链条、严标准、可追溯、新模式、高效率"的绿色生产方式。绿色供给体系重点在绿色科技创新、绿色产品标准标识认证以及绿色供给体制机制创新等方面实现重大突破，形成绿色供给体系的系统化闭环管理。绿色供给体系强调了全方位对环境的关注，体现了企业与环境共生和可持续发展的理念，是供给侧结构性改革下绿色发展新趋势。

企业将"绿色、创新、融合"三大绿色转型理念融入生产过程，以降本提质增效延链为重要抓手，保证产品生产的生态供给，实现产品品质提升和功能增加。"绿色"，即坚持绿色发展，进一步提升节能减排和资源综合利用水平，更加强调环境保护，大力增加绿色产品的供给；"创新"，即坚持创新驱动，着力推动技术创新、管理创新和供应链创新，提升技术支撑能力和市场竞争能力；"融合"，即坚持融合发展，推动信息技术与企业人才、资本及管理方式等的融合，供应链上下游企业间产品市场和服务的融合，产品质量监督方式的融合，创新企业发展模式，拓展发展空间。

创新驱动。绿色技术创新是构建绿色供给体系的重要手段。没有落后的产品，只有落后的技术，一个企业要想从传统产业脱颖而出，发展成为绿色企业，每一步都离不开绿色创新。企业在运营实践中对绿色创新的认知是一个循序渐进的过程，大致可归纳为三个阶段：传统工艺（末端治理）——绿色工艺创新（清洁生产等）——绿色产品及其价值链的形成。绿色创新包括产品设计、工艺、技术、服务等多个方面的一系列创新活动。

标准领跑。绿色产品标准、标识、认证是绿色供给体系的技术支撑。围绕绿色产品生产的全生命周期各个环节，加大对原材料选择、产品及工艺设计、生产加工、销售运输、废弃物回收等在能源消耗、资源消耗，以及对环境产生影响等维度的考量，在国家层面统一制定节能、节水、节地、节材、清洁生产、循环利用、污染物排放、环境监测等绿色生产强制性标准，不断提升节能环保门槛来倒逼政府、企业转型升级，增加绿色产品有效供给，引导绿色生产和绿色消费。

政策激励。绿色生产体制机制创新是绿色供给体系的制度保障。通过法律制度的刚性约束、正向激励政策等的柔性引导，不断理顺各职能部门绿色发展过程中的职能职责和管理边界，从法律制度、正向政策导向、执行、统计、监管、考核等方面加强绿色供给法律制度和政策导向，引导企业向绿色发展模式转型。

（三）供给侧结构性改革与绿色供给体系之间的关系

近年来，我国 GDP 增速出现逐年下降的情况，其根本原因在于原有的经济发展方式已不可持续，问题的实质在于供给侧的粗放发展。企业实行低碳循环和减量化的绿色生产方式，旨在重新调整供给侧总量和结构的绿色供给体系有着非常重要的供给侧改革内涵。第一，绿色供给体系有利于削减过度供给，消化过剩产能；第二，绿色供给体系有利于满足新的需求，调整供给结构，消除供需缺口；第三，绿色供给体系还有利于纠正生态环境资源的扭曲配置，提高资本、劳动等要素的配置效率。新时期，扩大绿色生态产品的有效供给，既顺应中央的改革趋势，又契合全国各地经济发展的实际需要。特别在当前经济新常态下，中央反复强调，要加大供给侧结构性改革力度，去产能、去库存、去杠杆、降成本、补短板，扩大有效供给，更加注重形成绿色化生产方式和消费方式。总的看，无论是"补短板""促供给"，还是"绿色化"，扩大绿色生态产品有效供给都是应有之义。生产方式绿色化，是生态文明建设的基本内容和物质基础，必须加快构建绿色供给体系，努力扩大绿色生态产品的有效供给，不断提升发展质量与效益，增强人民群众的获得感。

绿色供给体系的构建是一个较长期的过程，不可能一蹴而就，因而要立足当前、着眼长远，把握好改革的时序和重点，结合实际，抓住关键。即绿色供给体系的构建要以供给侧结构性改革的五大重点任务——"去产能、去库存、去杠杆、降成本、补短板"为重点，以绿色创新及制度建设为抓手，削减过度供给，消化过剩产能、调整供给结构，消除供需缺口、纠正生态环境资源的扭曲配置，提高资本、劳动等要素的配置效率，理顺绿色供给体制机制，推动供给侧结构性改革。

二、我国绿色供给存在的问题及原因分析

近年来，我国社会主要矛盾已经发生了变化，而现有供给体系发展还是太慢，产品品质并未实现大幅提升，供给质量不优，明显不适应市场需求变化，无法满足人民日益增长的美好生活需要，主要表现为：一是无效和低端供给过多，产能过剩、库存过大是无效和低端供给的集中表现。二是有效和中高端供给不足。供给侧调整明显滞后于需求结构升级，多样化、个性化、高端化需求难以得到满足，导致国内消费外流、消费潜力难以释放等问题。2017 年我国公民出境旅游超过 1.3 亿人次，同比增长 7%，出境旅游花费高达 1152.9 亿美元（约 7784 亿元人民币），同比增长 5%①。出境旅游呈现"消费升级、品质旅游"的特征与趋势。究其原因，主要有以下几个方面。

（一）绿色发展长效机制仍需完善

当前，我国经济供给与需求错配表现为供给侧调整明显的黏性和迟滞，其根源在于各类扭曲的政策和制度安排，以及重点领域、关键环节市场化改革受阻。一些高耗能行业准入门槛以规模为主，针对绿色发展、低碳发展的价格、财税、金融等经济政策正向激励不足，导致生产要素难以从无效需求领域向有效需求领域、从低端领域向中高端领域配置，新产品和新服务的供给潜力没有得到释放。政府干预过多导致市场不能及时出清，行业准入限制阻碍生产要素的自由流动，金融市场不完善降低了资金配置效率，知识产权保护不力抑制了企业技术创新潜力的释放，环境资源要素市场化机制尚未形成，生态环境利用的外部性难以内化，企业绿色转型意愿不强，粗放式发展问题突出。管理体制上，绿色发展涉及部门众多，统筹协调形成合力难度较大，区域之间、企业之间发展绿色、循环、低碳经济的责权统一的协同联动

---

① 携程旅游、国家旅游局直属研究机构中国旅游研究院联合发布《中国游客中国名片，消费升级品质旅游——2017 年中国出境旅游大数据报告》。

机制亟待制定，关键监管环节脱节与信息共享度不够。统一的绿色产品标准标识认证体系亟须健全；绿色、循环、低碳经济目标责任制考核体系亟待建立，各级政府支持发展绿色、循环、低碳经济的稳定投入机制还未形成。

（二）绿色转型发展环境仍需优化

当前，我国多数地区绿色发展产业链条过窄过短，绿色产品趋同化、绿色化改造及创新成本高，部分绿色技术应用不成熟，绿色产品盈利模式不清晰等问题，绿色技术创新外部经济性难以内化，企业经济投机多于关注社会效益，主观上缺乏积极性，绿色产品生产过程中"绿色不经济"问题突出。绿色生产科技支撑明显不足。各省市用于绿色发展的研发经费投入严重不足，多地绿色技术以绿色技术改造为主，自主创新力度不够，绿色技术供给严重不足。同时，绿色发展所需的共性技术研究开发能力薄弱，企业研发单打独斗的居多，以联盟形式共性研发的很少。绿色技术推广力度不够。全国多数企业仍处于绿色转型摸索阶段，企业与高校（科研院所）产学研合作较少，高校基础研究与绿色需求关联不大，科研院所、高校等科研机构的研究成果推广应用明显滞后，技术成果转化与绿色产品发展需求存在较大差距。企业绿色生产动力不足。企业以市场为导向，有时单纯追求"绿色"而忽略了市场的承受能力，导致产品重叠、单一，缺乏多元化和深加工，绿色产品同质化竞争加剧，绿色转型企业效益下降；企业绿色转型发展成本高、收益低、风险大，尤其在当前经济下行压力较大的情况下，企业普遍经营困难，致使企业陷入内部成本居高难下的困境。绿色金融服务体系不健全，《银行法》《证券法》等金融法律法规中有关绿色信贷、绿色债券、绿色保险的条款亟须根据当前经济发展形势修改完善，绿色金融产品体系、标准体系、监管体系以及绿色金融统计信息数据库均未完善。

（三）全社会绿色发展意识仍需提高

全社会节能降耗、绿色低碳循环发展的意识和理念有待进一步提升和强化，企业能源管理水平仍较低，绿色转型的基础性工作推进缓慢。多数省

（自治区）节能减排侧重单项节能减排、清洁生产技术推广应用及主要工艺和重点设备的能效提升，绿色发展整体解决方案较为缺乏；侧重于重点行业和企业节能降耗和清洁生产，行业间和上下游企业间的协同耦合不够；绿色产品侧重工业领域发展，如绿色制造等，而农业、服务业和全社会层面绿色产品供给相对滞后。绿色金融体系不健全，实施主体以商业银行为主，基金、保险等非银行业金融机构参与程度相对较低，绿色金融产品种类偏少，如环境污染责任保险、节能减排保证保险缺失，无法满足企业融资需求。绿色融资渠道狭窄，支持绿色产业发展的直接融资方式及融资额有限，如绿色债券刚刚起步，难以满足绿色产业融资需求。同时，企业环境信用评级体系尚未建立，信息共享不到位导致绿色金融实施风险大，金融机构慎贷普遍。

三、我国绿色供给体系建设的基本思路

以生态文明建设为统领，以加大全社会绿色产品有效供给为目标，以提质增效、转型发展和改革创新为主线，坚持绿色、循环、低碳发展路径，以节能降耗、清洁生产、资源综合利用、构建绿色供应链为抓手，推进能源、资源消耗的减量化、清洁化，传统企业的绿色化改造，健全政策法规体系、科技支撑体系、标准引领体系以及激励约束机制，以科技创新、模式创新形成引领绿色、循环、低碳发展新动能，通过体制创新和制度供给激发绿色产品供给新动力，全面实施"787"行动计划，加快推动全国经济绿色转型，加快形成覆盖全社会的绿色供给体系，夯实高水平全面建成小康社会的资源环境支撑。

——绿色为先。建立以生态价值观念为准则的生态文化，推动全社会树立清洁化、减量化、再利用的绿色发展理念，在有利于节约资源、保护环境的前提下，采取各种技术可行、经济合理的措施，最大化地减少生产、流通等各环节能源资源消耗和废弃物产生。积极推进各类园区循环化改造、企业绿色化改造，通过整合区域内物质、能量等有效信息，实行资源联供、产品联产和产业耦合共生，明显提升生产方式的绿色化、低碳化水平，大幅提高

绿色产品的有效供给。

——创新驱动。通过理念创新、科技创新和机制创新，建立创新驱动机制，着力构建产业生态化和生态产业化为主体的生态经济，促进形成产业化、规模化、标准化的绿色供给体系，提高发展质量和效益。加大科技创新力度，建立与绿色发展相适应的科技创新机制和技术支撑体系，构建以企业为主体、产学研相结合的技术创新与成果转化体系；加快完善促进绿色发展的法律法规体系，研究制订企业绿色生产的管理和约束机制，形成有效的激励和约束制度，通过制度创新改变生产者和消费者行为，为绿色供给创造良好的创新环境。

四、我国绿色供给体系建设的重点任务

以提高全社会绿色产品供给为核心，以供给侧结构性改革的五大重点任务——"去产能、去库存、去杠杆、降成本、补短板"为重点，突出七大领域，打造八大载体，实施七大工程，通过政策引导和典型示范的带动，重点在绿色创新、体制创新和制度供给等方面实现突破，推进绿色产品有效供给，减少和消除无效低端供给，不断提高供给结构的适应性和灵活性，使绿色产品供给数量、品种和质量契合消费升级需要，真正形成结构合理、保障有力的绿色有效供给。

（一）突出七大领域

1. 提升农产品供给品质

（1）积极推进农产品优质化、品牌化。一是着力建设优质农产品生产基地。按照"政府引导、市场主导"的原则，通过多种途径加大投入力度，推动各地农业产业化基地建设进程。要创造基地良好的生态生产环境，积极转变农业生产方式，全力推进绿色发展和品种改良，稳步提高稻米、果蔬、食用油、水产、肉类等大宗农产品优质率，加快打造一批实力雄厚的示范基地。二是发展壮大品牌农业。以农业龙头企业、专业合作社、农业生产基地、行业协会等为主体，充分发挥区域资源优势、产业优势和特色优势，广泛采用国际标准和国内先进标准，推进农产品生产标准化，积极进行著名商标、名牌农产品的创建以及无公害、绿色、有机农产品的认证。注重提高品牌经营能力，通过市场化手段，有序整合现有农业品牌，使之做大做强；鼓励农业经营主体加强协作，支持和鼓励传统农产品、历史品牌产品的集中产区，积极申报原产地保护和地理标志证明商标，打造农业区域品牌，推进农产品商标和地理标志证明商标的国际注册。拓展农产品品牌化营销渠道，组织涉农企业、专业合作社等参加各类展销活动，提高农产品品牌知名度。加快实施农产品走出去战略，组织优势农产品外销。政府要加大农产品品牌化扶持力度，完善品牌人才队伍建设，财政对获得各种无公害、绿色和有机质量认证的企业和合作社以及对获得国家地理标志认证的单位给予奖励。

（2）推进农业融合开放发展。一是大力促进一二三产业融合发展。推动农林牧渔产品生产、加工、销售及文化旅游等跨界融合发展，实现产业链、价值链的整合衔接、创新升级。着力增强新型经营主体推进三次产业融合发展的能力，探索种养加结合、农文旅融合、产业链条延伸、产业集聚等不同融合模式，通过订单协作、股份合作、服务带动等多种利益联结机制，促进各类新型经营主体、农户等形成风险共担、互惠共赢的利益共同体。农业部门要加大政策扶持力度，因地制宜促进三次产业融合发展。可考虑财政出资与吸收社会资本结合，设立农村一二三产业融合发展引导基金，以股权投资等方式，重点支持农业嘉年华、田园综合体、农业主题公园等农村产业融合新业态、新模式。二是大力推进"互联网＋农业"发展。加快推动互联网技术向农业全领域、各环节渗透，实现"互联网＋"与农业深度融合。如运用地理信息系统（GIS）、遥感技术（RS）和全球定位系统（GPS）等网络和信息技术指导农业生产，提升农业生产各环节智能化、精准、数据化水平，发展精细农业；利用二维码、云计算、大数据、区块链等技术手段，建立农产品质量安全溯源体系，实现对农产品生产、加工包装、流通、消费的全流程信息追踪；利用电子商务平台发展订单农业，实现产销无缝对接。三是积极发展开放型农业。立足各省农业资源禀赋和发展基础，以特色化、规模化、优质化、品牌化为重点，扶持发展农产品出口龙头企业。

（3）完善现代农业服务体系。创新农业社会化服务方式，构建公益性服务和经营性服务相结合、专业性服务和综合性服务相协调的多元化、多层次服务机制。一是加强公益性服务体系建设。着力健全市、县、乡镇、村各层次农技推广网络，完善省、市、县、乡、村各级动物防疫体系，强化全覆盖的农产品质量监管体系。明确基层农技推广机构公益性职能，由组织、人社等部门制定人才引进优惠政策，充实基层农技人员队伍；切实加强知识更新培训，着力提高农技推广人员服务水平，提升农业科技推广服务效能。加强监督考核，建立补助经费与服务绩效挂钩制度。二是积极发展经营性服务组织。强化农村供销社在农资、农产品流通业中的重要作用。促进农产品行业协会规范发展，提升服务功能。鼓励各类组织、企业和个人利用自身资本、技术、信息优势，成立农业专业服务公司。拓宽农业社会化服务新领域，鼓励社会化组织发展加工、仓储、冷藏、保鲜、物流、生态循环农业等生产性服务业，开拓市场预测、信息传递、人才咨询管理、教育培训等新领域。规范提升一批有规模、有品牌、有竞争力的社会化服务组织。鼓励各类专业化服务组织联合协作，组建农业服务超市，面向农业生产经营发展一体化全程式服务。搭建农业社会化服务信息平台，促进服务供需对接。出台农业社会化服务体系考评办法，开展社会化服务示范组织评选表彰活动。三是切实提升金融保险服务农业的能力。强化金融支持农业发展政策，推进农村资产产权抵押贷款试点，拓展贷款抵押物范围，开展农产品订单和农业补贴等质押贷款。完善农村财产担保办法，鼓励各类担保机构提供融资担保和再担保服务。推广产业链金融模式，支持龙头企业通过自身信用或产品订单为联结农户进行贷款担保。扩大农业保险覆盖面，鼓励保险公司扩大保险品种和范围，推进农民合作社等开展互助保险。进一步完善农户征信体系，将各类经营主体和订单农户违约行为纳入人民银行征信体系，加大违约成本和处罚力度。

2. 扩大生态工业品供给

（1）推动企业清洁循环式生产。一是推进企业工业产品生态（绿色）设计，引导企业实施产品全生命周期绿色管理，在产品设计开发阶段系统考虑原材料选用、生产、销售、使用、回收、处理等各个环节对资源环境造成的影响。二是推广绿色循环生产，引导企业加大对原材料、水电资源等物质的循环利用，变废为宝。实施一批工业清洁生产改造重点项目，支持创建绿色企业、绿色供应链。进一步加大企业清洁生产审核力度，继续推进重点行业强制性清洁生产审核，扩大自愿性清洁生产审核范围。三是推动实施企业绿色智能制造，推广物联网技术，加快建设绿色智能工厂。培育技术先进、服务规范的环保服务优质企业。四是支持创建国家和省级能效"领跑者"企业，对实施节能技术改造重点项目成效明显的企业给予激励。五是推动工业固体废物资源综合利用和可再生资源回收利用，开展电器电子产品生产者责任延伸试点，发展再制造产业，对取得明显成效的企业授予示范标杆企业并给予奖补。

（2）发展生态工业园区。一是加快园区绿色改造需求调查，实行分类指导，推进国家级和省级园区绿色化、循环化改造，培育生态工业示范园区。全国各地园区要根据本地区实际，从工业节约用水、用能、用材和用地等方面制定符合本地绿色发展的政策法规体系。二是地方政府要积极鼓励工业循环经济共性和关键技术的研发，如能量梯级利用技术、回收处理技术等，提高工业园区技术创新能力。加快建立生态工业园区信息系统和技术咨询服务体系，及时向园区内企业发布有关工业循环经济技术、管理和政策等方面的信息。三是柔性引进科研机构、重点智库有关人才，用于工业园区开展信息咨询、技术推广、宣传培训等工作。

（3）推进工业质量品牌建设。一是引导企业开展质量管理小组、现场管理、品牌创新成果发布等形式多样的活动，激发企业经营管理人员和企业一线职工的质量意识和质量管理水平。二是继续组织开展中国制造质量创新企业行等活动，引导企业学习借鉴标杆企业先进的质量管理办法。支持行业和企业开展标准对比、质量对比等活动，引导企业按照国际先进标准生产适销对路的产品。三是深化企业品牌培育与区域品牌建设，组织制定企业品牌培育管理体系行业标准，指导行业和企业开展贯标活动。引导产业集群综合运用创意设计、团体标准、知识产权、行业自律等手段，提升产业集群和区域品牌影响力。

3. 积极稳妥去除无效供给

（1）大力破除无效供给。一是把处置"僵尸企业"作为重要抓手，各级政府要加快制定《省级重点县（市、区）清单》和《省级重点园区清单》，明确各省重点行业、重点区域工业污染整治方向，其中《省级重点县（市、区）清单》中分别列出各重点县（市、区）以及区域内主要园区和主要行业，《省级重点园区清单》中列出各省级重点园区内企业及主要污染物排放等信息。二是积极编制出台省级重点县（市、区）和重点园区专项治理方案，针对各个区域的特点，实行差异化管理。

（2）稳步推进去"僵尸企业"和空壳公司。一是以市场化、法治化等运作手段，积极推动"僵尸企业"和空壳企业采取内部处置、兼并重组、资产管理公司处置、破产关闭等去除无效产能。二是提高市场准入门槛，如通过制定产业禁投负面清单，完善主要耗能、耗水、耗油等产品的市场准入标准，推动企业自发实行高标准、严要求生产工序。三是加大制度建设和执法力度，形成有利于治污减排的内在约束机制，促使企业加速环保投资。对环保、能耗、安全生产不达标的高污染企业，按照市场规律，果断实施去产能、去库存的改革，将"僵尸企业"淘汰出局。

4. 补齐绿色发展短板

（1）加快推进高标准农田建设。一是整合完善各行业、各部门项目的建设规划和布局，推进现代农业产业基地路网、水网、电网等基础设施配套，达到田成片、渠相通、路相连、旱能灌、涝能排，大力提升基地的标准化水平和农机作业能力、农田排灌能力、耕地综合生产能力。二是建立高标准农田建设管护新机制，切实抓好项目管护。建立健全建后管护制度，加强工程建后移交，落实管护主体责任；及时落实基本农田保护制度，加大监督检查力度；在土地确权的同时抓好高标准农田的流转和使用监管，引导和激励种养大户、专业合作组织、家庭农场等全面参与项目规划、建设和运行，落实知情权、参与权、选择权和监督权，共同参与高标准农田建后管护；研究落实并建立专门的地方高标准农田建后管护资金或财政预算制度；建立地方高标准农田数据库，将高标准农田的基本信息及时录入系统，信息共享、多方监管，确保不重不漏、"家底"清楚。动态抓好高标准农田建设、资金投入、建后运行、土地利用、耕地质量等情况。

（2）完善乡村物流配送体系和信息化基础设施建设。一是以梯级转运为基础盘活农村现有物流网络。采用梯级转运的运输方式，在县市建立物流分拨中心，与乡镇的邮局、供销社相连接，再将邮局、供销社与较大行政村、供销超市、农资超市、农村集市、班车等相连。通过层层分级，整合现有平台物流资源，建立县、乡、村三级电商物流体系。二是大力发展冷链物流。优先发展产地集中、产品量大、附加值高的农产品冷链物流，因地制宜发展特色冷链物流，参考广东、海南对冷链物流的扶持政策，研究制定农村重点冷链物流支持项目专项计划，为冷链物流营造良好的发展环境，为农产品进城扫清障碍。三是加快农村信息化基础设施建设。全面推进光纤入村入户，实现4G网络全覆盖，支持农村地区提升带宽，以镇带村推进信息化建设，提高农村互联网普及率，加快固网通信市场和移动通信市场基础设施建设，进一步提高宽带普及率和无线网络的覆盖水平。推动移动、联通、电信在提供优质服务的同时，在基本网络建设和网络资费等方面给予优惠政策。

（3）加强现代农业人才引进和培育。一是将农业人才列入地方人才引进目录，重点引入精细化生产技术和装备研发人才、良种保护和繁育人才、技术服务人才、精深加工经营管理人才、农业贸易人才；健全以集中培训、网络培训、委托院校培训为主要形式的职业农民培训体系；对返乡创业青年农民、现代青年农场主、农村青年致富带头人在技术指导、配套设施建设方面予以重点支持。二是强化财政金融保险支持。扩大农业产业基金规模，重点对新型农业经营主体购置精细化生产设备、配套设施改造、品种更新以及特色产业经营主体扩大生产规模等进行贷款担保。增加财政补贴力度，引导保险公司开发社会亟须的特色水果、优质蔬菜、名特水产、中药材等保险品种。探索由财政和新型农业经营主体共同投入资金组建担保公司，撬动金融资本，解决农业生产"融资难"问题。三是加强公共服务平台建设。优先在现代农业示范区搭建气候、土壤监测与分析、产品溯源、技术服务等公共服务平台，逐步推广；完善农业生产指导服务信息平台，加强市场需求、价格变动、市场预判等信息推送。

5. 倡导绿色生活方式

（1）推进政府绿色采购。一是加快政府管理职能和财政功能的转变。完善绿色产品与服务的政府采购制度，实施具有核心自主知识产权的新技术、新工艺、新产品、新服务等绿色产品政府强制采购和优先采购制度。二是进行绿色采购立法，并引入中介组织制定绿色采购标准。逐步向地方政府推行绿色采购，并不断完善绿色采购的配套措施，如制定绿色采购的强制性条款、统一规范绿色产品目录、设计绿色采购监督机制。三是完善政府绿色采购的评价和监督机制。完善内部监督，通过参与政府采购各个主体之间的相互监督，实现对采购行为规范化的管理。另外，还应该发挥社会监督的作用。定期向社会公开政府采购的相关内容，接受媒体、舆论和群众的监督。

（2）推进绿色供应链采购。一是重塑企业社会责任体系。优化绿色食品供应链，绿色食品生产（或加工）企业通过与农户（基地或农民专业合作社）签订合同、租用土地使用权以及吸收农户入股等方式加强纵向合作，强化绿色食品生产（或加工）企业、农民专业合作社、基地和农户间的利益联结机制。二是打造绿色制造供应链。龙头企业领跑绿色供应链，以制造业龙头企业为突破口，发动阿里巴巴、京东、华为等电子、汽车、家电、建筑等制造业领域对市场有掌控能力的重点企业，深入开展绿色供应链试点工作，充分借助市场的力量引导约束企业的环境行为，引导企业不断完善采购标准和制度，与上下游企业共同践行环境保护、节能减排等社会责任，推动上游产业等巨大产业链的绿色化。三是打造行业领跑绿色供应链。以国内首次产业链绿色发展的国家级行动——中国房地产行业绿色供应链行动为契机，在供应链条长的行业，加快组建以行业龙头企业为核心的行业绿色供应链联盟，所有联盟成员承诺在共同的采购指南和行动方案指导下，管理自身供应链，从原材料开采源头、生产过程、终端消费等多个角度入手，绿化整个供应链条，提高环境效益和资源利用效率。绿色供应链联盟领先企业共同协商制定绿色供应链行动规划，根据产品环境影响程度及可操作性原则，分批制定和完善各品类的绿色采购行动方案，形成统一标准和要求，以市场化方式带动上下游企业绿色生产，降低行业整体价值链对环境的负面影响。制定绿色产业链黑白名单，纳入白名单的企业是所有参加绿色采购联盟企业共同选择的标准，所有联盟成员都不得采购黑名单企业生产的产品。白名单实行滚动制，若企业相关指标不达标则自动淘汰出白名单，以此对上游行业形成约束力和影响力。

（3）推广绿色建筑。一是健全完善现有标准和评价体系。推行新建住宅全装修全覆盖，加大对购买全装修住宅的金融支持。积极推广浙江绿色建筑先进经验，以立法方式强制推广绿色建筑。制定并完善绿色建筑勘察、设计、施工、监理、验收、物业管理等环节和绿色建筑各专业领域的技术标准；发布并及时更新绿色建筑及建筑节能相关技术、工艺、材料、设备的推广使用、限制使用和禁止使用目录；建立建筑能耗统计、能效审计长效机制，组织开展建筑能效测评。二是多元利用绿色建筑技术。依托智慧城市、海绵城市、生态城市建设等，持续推进绿色建筑科研创新，综合开发利用节地、节能、节水、节材和环保等相关技术，扶持绿色建筑技术产业化基地建设。三是推动建筑全寿命绿色运营。将绿色运营纳入立法考核和常态化管理，提升绿色运营软件和硬件配套水平，通过政策扶持和政府投资公共项目引导示范带动推动绿色运营。四是设立绿色建筑发展专项基金。全国各地可借鉴江苏、浙江、山东等省的成功做法，统筹各部门涉绿资金，增加财政直接投入，设立省级绿色建筑发展专项基金，并制定出台相应专项基金使用、管理等可操作性配套政策，针对不同类型的绿色建筑分星级、分阶段给予容积率奖励、财政补贴等不同的奖励政策。

6. 强化绿色技术创新与应用

（1）构建市场导向的绿色技术创新体系。一是要加强绿色产业发展顶层设计，以科技创新、自主研发作为企业的核心创造力，注重科技政策对行业关键共性技术发展的正向激励作用，引导企业自愿为绿色设计与绿色制造高投入，领先全行业研发投入、研发产出。二是鼓励建立以产业技术研究院、产业技术创新战略联盟等为代表的新型研发机构，基于现有行业研发力量较为分散，多数往高校、科研院所集中的现状，加快形成以政府、企业、院校及科研院所为创新主体的绿色技术创新体系，共同研究和助力产业绿色化发展。

（2）完善符合市场规律的产学研协同创新机制。一是建立面向市场、开放竞争的项目发现和经费分配机制。加强重点项目管理，根据国家和省科技创新中长期规划，由项目单位结合市场需求自主申报，并充分发挥省内外产业技术创新战略联盟、产业技术协同创新研究中心、企业专家、风险投资人在项目评审和决策中的作用，联合各部门共同研究协商年度重大科技创新需求，凝练联合招标的产业技术方向。同时，建立绩效评价预算评审和科研需求相结合的项目资金申报体制，采用后补助和研发周转金方式对不同类型项目进行分类支持。二是实施"松绑解锁"政策，聚焦市场和企业需要，以科技成果孵化和转化为绩效导向，在更大范围内落实深化科技成果使用权、处置权、收益权等改革措施。引导创业投资基金、风险投资基金等加大对早中期、初创期创新型企业投入力度，支持符合条件的创新型企业上市。推广湖北经验，争取先行先试，规范公权、放开私权，允许科技人员在完成基本工作任务的前提下从事市场化科技创新活动，所得收入归个人所有，并由省纪委、省检察院等部门为创新政策背书，构建容错机制，避免法律风险。三是健全科技成果转移转化服务体系，建好用好科技成果转化公共服务平台。开展"互联网＋成果转化"全流程服务，加快建成覆盖各省＋重点市州＋重点院校（企业）三级技术转移工作服务体系。支持建设一批科技研发平台、创新创业孵化平台，建成一批国家级工业设计中心、产业技术转移中心、知识产权中心、科技成果转化中心和产品质量检测中心，培育一批省级科技成果转移转化示范县，促进科技成果转化。

（3）加强绿色科技成果推广应用。一是推动供需双方有效对接，建立完善绿色技术成果目录编制发布的有效机制，推动技术成果向现实生产力转化应用。二是统筹协调资源节约保护和绿色技术的开发，推广一批新技术，培育一批创新型企业和产业科技创新中心，同时，加大政府对绿色技术创新推广资金的支持，强化企业进行绿色技术生产和推广的动力。三是强化集成创新和示范推广，深化新品种、新技术、新模式、新机制示范应用。支持绿色低碳、清洁生产、节能环保的关键技术研发和装备产业化示范推广。四是建立推广信息平台，建立健全绿色技术、装备及产品列入国家循环经济、工艺及设备的推广应用机制。建立健全科技成果转化对接平台，完善重大科技专项推广应用的监督管理机制。加快农业标准化技术推广应用，促进农产品按标生产、按标上市、按标流通。

7. 建立绿色生产的政策导向

（1）理顺绿色税收调节机制。一是积极落实环保税政策，继续完善环境监测体系，推动税务部门与环境部门形成发展合力，明确沟通机制和合理分工，打通地方环境执法部门与地税部门在环保数据等信息资源的共享通道。二是完善资源环境价格机制，落实调整污水处理费和水资源费征收标准政策，提高垃圾处理费收缴率，完善再生水价格机制。三是创新生态环保价格制度，推进环境损害成本内部化，对不同能源制定差别化政策，提高环保投资回报，增强企业节能、降耗、减排的内生动力。

（2）建立健全多层次绿色金融服务体系。一是机构设置方面，中央层面要加快建立相对稳定的跨部门协调机制，由央行、银监会、证监会、保监会、环保部、发改委、财政部等多部门联合组建绿色金融联合工作组。二是法律法规方面，适时补充修改完善《银行法》《证券法》等金融法律法规中有关绿色信贷、绿色债券、绿色保险的条款，加快建立统一的绿色金融标准体系，完善规范绿色金融监管体系，以立法的形式明确和强化金融机构的环境责任，积极引导金融机构的资金投向绿色技术和绿色产业。三是发挥政策性金融机构的绿色引领作用，加快建立出台针对社保、养老及住房公积金等为主的绿色产业投资计划。四是丰富绿色金融产品体系，完善绿色金融统计信息数据库，组建成立国家绿色发展专项基金，以企业自主披露环境信息为主要依据，调整金融产品方向和产品结构，对技术创新和绿色企业进行补贴，支持绿色产业的发展。

（3）加快绿色生产标准规范体系建设。按照"四个最严"要求，加快制定保障农产品质量安全的生产规范和标准，健全集农产品产地环境、生产过程、产品质量、加工包装为一体的全程标准体系。一是深化园艺作物标准园、畜禽标准化养殖示范场和水产标准化产业基地建设，规范使用农产品生产与加工投入品。二是加强制造业技术标准研究和制订，加快构建以国家标准、行业标准为主体，地方标准、团体标准、企业标准为补充的制造业标准体系。以关键技术、核心技术和专利技术为依托，突出抓好核心部件、高端芯片、基础软件等重要技术标准的研究，促进高新技术专利化、专利标准化。三是加强绿色产品规范制定，优先选取与消费者衣、食、住、行、用密切相关的生活资料，研究制定绿色产品评价标准清单目录，出台统一的绿色产品评价标准及规范。支持开展绿色产品认证，培育一批运作规范、社会信誉高、符合国际通行规则的大绿色产品认证机构。

（二）打造八大载体

按照绿色经济、循环经济、低碳经济发展的重点领域，以示范试点为主要方式，重点在园区、企业、产品、产业链、技术、制度等方面，打造绿色供给的八大载体。

1. 创建一批生态基地

以国家全面开展国家公园休制试点工作为契机，改革各部门分头设置自然保护区、风景名胜区、文化自然遗产、森林公园、地质公园等的体制，推动创建一批自然保护区、风景名胜区、自然文化遗产、森林公园、地质公园等多种类型保护地，保护自然生态系统和自然文化遗产的原真性、完整性。以创建国家全域旅游示范区为抓手，认真对照国家公园创建标准，高标准、高起点编制国家公园规划，科学制定核心景观区、严格保护区、传统利用区、生态保育区等功能区，高效率推进项目建设和品牌创塑，培育品质高端、业态多元的新旅游，为公众亲近自然、了解历史文化底蕴、领略祖国大好河山提供更多机会，增强人们保护自然的自觉意识，促进生态文明建设。

2. 创建一批国家农产品质量安全县（市）

按照农业农村部关于国家农产品质量安全县（市）创建的有关要求，继续加大国家农产品质量安全县创建力度。加快推进北京市大兴区等 204 个县、河北省唐山市等 11 个市为第二批国家农产品质量安全创建试点工作，按期组织开展评估和考核验收。围绕绿色食品生产基地建设，继续在全国范围内选择具有代表性的市、县（市、区），开展国家农产品质量安全县（市）创建试点，逐步扩大创建范围，力争覆盖所有"菜篮子"产品主产县。

3. 创建一批国家生态工业示范园区

加快推进现有国家级园区国家生态工业示范园区创建工作，坚持新项目评审前置关口，严禁新上"两高一资"类项目，严把园区项目入口关。争取早日实现全部基本条件和主要指标达到国家《综合类生态工业园区标准》和《行业类生态工业园区标准（试行）》。继续推进一批符合条件的国家级园区（或省级园区）国家生态工业示范园区试点申报。

4. 培育一批绿色创新能力强的排头兵企业

大力培育新动能，强化科技创新，加大对具有绿色技术创新能力的骨干企业的点对点帮扶。农业方面，以创新、绿色发展为导向，继续大力发展产业化龙头企业。创新发展各类农业生产联合体。推动龙头企业、家庭农场、专业合作社、农户等农业经营主体发挥各自优势，以产业链、要素链、利益链等为纽带，打造资源整合能力强、综合实力强大的现代农业联合体。工业方面，强化企业创新主体地位，支持钢铁、有色、化工、建材、农业、矿产资源、包装、纺织印染等传统产业链上下游企业、高校院所组建绿色产业创新联盟，引导企业采用新技术、新工艺、新装备、新材料，实施智能化、绿色化技术改造。发展壮大一批高新技术、高端服务和电子信息等具有较强科技创新能力和引领作用的骨干企业。

5. 推广一批绿色示范产品

以安全低污染、减量化、循环再利用为方向，鼓励企业研发和生产绿色示范产品。围绕安全低污染方向，支持企业研发和生产更多绿色有机食品。围绕减量化方向，支持企业研发和生产环保、节能、节水、节材的低能耗生产装备和产品，以及电动汽车、节能空调、节能冰箱、节能建筑等节能环保型产品。围绕循环再利用方向，鼓励企业研发以废旧物品为原生材料的再生资源利用产品。

6. 构建一批绿色供应产业链

围绕绿色食品供给，加快构建绿色食品生产（或加工）企业、农民专业合作社、基地和农户间的绿色供应链。打造绿色制造供应链。围绕电子、汽车、家电、建筑等制造业领域，以制造业龙头企业为突破口，发动行业绿色供应链联盟，深入开展企业、行业绿色供应链示范试点工作。

7. 完善一批绿色经济标准

进一步提升农业标准化水平，完善农业生产产前、产中、产后各个环节的技术要求和操作规范，提升种植、养殖、水产、加工等主要农产品质量标准，鼓励企业制定高于国家或行业标准的企业标准。同时，各省要加快建立区域统一的溯源体系，夯实农业品牌的质量基础。从基础设施、计量设备、照明配置、管理体系、能源资源投入、有害物质限制使用，以及环境排放情况、信息化智能化建设情况等方面逐步制定绿色工厂、生态工业示范园区、绿色供应链行业、循环经济示范企业等评价标准。完善一批基于产品全生命周期的绿色产品标准、认证、标识体系，逐步建立健全绿色产品全品类产品标准。

8. 制定一批绿色供给制度

推进生产要素市场化配置改革，形成土地、资金、劳动力等要素价格体系的市场化配置机制。深化环境资源要素市场化配置改革，探索初始排污权有偿分配和交易机制。推广实施绿色供应链制度，引导上下游企业不断完善采购标准和制度，推动上游产业等巨大产业链的绿色化。推动实施绿色创新补偿制度，充分鼓励企业加大环境友好型技术投资，加大高效电池、智能电网、碳储存的研发投入。探索实施企业环境行为信用制度建设，以绿色信用激励并约束企业绿色生产。推广实施生产者责任延伸制度，选择重点产品探索实行押金制、目标制。探索推进全国农产品检测信息共享、检测结果互认、产地准出和市场准入制度。

（三）实施七大工程

1. 高标准农田绿色示范区建设工程

按照国家《开展农业综合开发高标准农田建设模式创新试点》明确的现

代农业方向，注重培育高标准农田绿色示范点建设，根据不同产业发展需求，因地制宜开展"田网""路网""渠网"等高标准农田基础设施建设，并逐步将沼液贮存池、输送管网、沼液机电提灌、水肥一体化设施纳入高标准农田建设，扶持现代种养业、农产品加工、储藏保险和流通等配套产业建设，制订完善农业生产标准化技术规程，落实农业专业技术人员技术承包责任制，指导农户建立健全生产记录档案，通过试点示范区建设，推动农产品由"量"到"质"飞跃，实现绿色优质供给。

2. 清洁能源替代改造工程

以控制煤炭消费总量、推进节能减排、发展使用清洁能源为重点，加快推进清洁能源替代改造。制定煤炭消费减量替代方案，有计划地淘汰、改造落后产能，加大电力、建材、化工等行业效率低、煤耗高、污染重项目的淘汰工作力度。深入开展工业企业达标排放工作，严格控制新上燃煤项目，严格节能评估审查，严把环评审批关。大力开展第三方循环治理，对重点污染排放企业进行整治，督促企业在装备工艺、污染治理等方面提升改造。鼓励使用风电、太阳能、生物质能、地热能等清洁能源或可再生能源。

3. 企业绿色化改造提升工程

按照"淘汰落后、关停搬迁、整治改造、并购重组"原则，综合运用法律、行政、经济等手段，探索建立重污染企业退出机制，全力推进小型造纸、制革、印染、染料、电镀等污染较重企业的有序搬迁改造或依法关闭。通过"互联网＋"对传统企业升级改造，进行线上与线下的结合，加快实现传统工业技术创新和产品升级。以"提质、高效、低耗、节能、减排"为目标，支持企业采用新技术、新工艺、新装备、新材料改造提升传统产业，淘汰落后工艺技术，推动企业装备升级换代，全面推行造纸、印染、农副食品加工等重点行业清洁生产改造。加快构建绿色战略联盟，共同建设一个竞争联合体，降低企业绿色改造成本，降低绿色转型风险，在一定的范围内迅速形成竞争力量，提升企业绿色竞争优势。推动企业间相同价值链位置的横向链接（如研发联盟、生产联盟、营销联盟等），构建横向绿色战略联盟；推动企业间不同价值链位置的纵向链接（如供应商联盟、客户联盟），构建纵向绿色战略联盟。

4. 绿色供应链管理示范工程

以上海、天津、东莞和深圳实施绿色供应链示范试点为契机，以数据化、交互化为重点，推动整个供应链、采购商、供应商之间的透明度及可追溯，实现供应链的绿色创新。以电子信息行业供应链管理的"绿色化""可视化"为突破口，加快建立电子信息工业数据库和数据分析平台，建立绿色供应链管理行业联盟，利用大数据对数据预测的优势，对电子产品进行绿色设计及个性化设计，实现电子产品环保安全追溯，构建电子产品的产业循环渠道，形成各联盟企业信息和利益共享、风险共担的利益集合体。着力推动大数据在家具、汽车、房地产等产业链条长的行业实现绿色供应链联盟。

5. 绿色消费促进工程

以需求侧生活方式的绿色变革带动供给侧生产方式的绿色变革。加大绿色消费教育，形成绿色消费观。以学校教育、媒体报道、制度引导、监督约束等多种方式大力宣传绿色消费价值观、生活观，形成全社会绿色消费文化。鼓励节俭消费和绿色产品消费，形成绿色生活方式。引导个人消费，在衣、食、住、行等各方面提倡适度消费、低碳消费，支持发展共享经济，鼓励个人闲置资源有效利用，有序发展网络预约拼车、自有车辆租赁、民宿出租、旧物交换利用等，促进消费品的循环使用和共享使用。规范公务消费、团体消费，推广节能环保产品的优先采购制度，扩大政府绿色采购范围，形成示范带动效应。

6. 绿色技术研发应用工程

加快建立企业为主体、市场为导向、产学研用紧密结合的绿色技术创新体系，鼓励企业在制约绿色发展全局和制约行业发展的关键共性技术、薄弱环节，加大产学研协同创新。重点发展以废旧钢铁、废旧电子产品等为重点的再生资源化利用技术。鼓励冶金、建材、纺织印染、造纸和皮革、禽畜养殖等高耗能、高污染行业的企业加大在节能、环保、低碳等方面的绿色技术研发投入，推进企业清洁生产、工业有机废弃物处理、行业绿色产业链构建、园区循环化改造等技术应用项目。

7. 绿色产品标准标识认证建设工程

加快建立统一评价方法与指标体系，在产品全生命周期各阶段中，统筹考虑资源、能源、环境、品质等属性，对绿色产品评价的关键指标和关键阶段予以明确。各地区要结合区域产业发展要求，积极推动地方标准体系建设与国家标题体系的对接，提升地方参与国家标准制定的话语权。加快培育一批绿色产品标准、认证、检测专业服务机构。建立统一的绿色产品信息平台，公开发布绿色产品相关政策法规、标准清单、规则程序、产品目录、实施机构、认证结果及采信状况等信息。

第八章

基于消费升级视角下的绿色消费体系研究

目前，我国已进入消费需求持续增长、消费结构加快升级、消费拉动经济作用明显增强的重要阶段，但人类在享受日益丰裕的物质生活的同时，也面临环境污染、资源衰竭等严重问题。在消费结构升级背景下，一种新兴的既有利于资源节约、环境友好又兼顾人类身心健康的新型消费模式——绿色消费应运而生，以传统消费提质升级、新兴消费蓬勃兴起为主要内容的绿色消费蕴藏着巨大发展潜力和空间。

一、绿色消费概述

（一）绿色消费的产生背景

近代工业文明大大提高了人们的生活水平和质量，但是过度开发、消费也引发了严重的环境问题，20 世纪中叶以来，全球环境破坏与生态失衡问题日益严重，资源不断枯竭的压力以及人类自身生存和可持续发展的需求，环境问题和环境保护逐渐为国际社会所关注，以保护生态环境和保护消费者健康为宗旨，以"绿色环保"为核心的绿色消费观念逐渐兴起。20 世纪 80 年代末期，全球绿色消费运动开始被国际社会所接受，成为公众广泛参与环境和生态保护的消费方式。1992 年联合国环境与发展大会通过的《21 世纪议程》中首次明确绿色消费的定义，正式开启人类"绿色消费"时代，绿色消费被视为全球可持续发展目标的重要工作之一。联合国统计署提供的数字表明，1999 年全球绿色消费总额已达 3000 亿美元。进入 21 世纪，绿色消费逐渐成为公众广泛参与环境和生态保护的国际性消费新潮流。据有关资料统计，有 82% 的德国人和 62% 的荷兰人到超市购物时预先考虑环境保护问题，66% 的英国人愿意花更多的钱购买绿色产品，84% 的美国人愿意购买有机蔬菜和水果。[①] 消费者把环保购物放在首位，愿意为环境清洁支付较高的价格。

（二）绿色消费的概念及内涵

随着经济不断发展，人们的收入水平不断提高，消费结构升级步伐加快，人们更加关注消费品质和生态环境，绿色消费逐步进入人们视野。1987 年英国"绿色消费指南"中对绿色消费的定义为：防止购买对消费者健康造成危险的商品；防止对环境有影响的产品进行购买；防止对加工很多包装物的产品购买；防止对稀有物种的制成品进行购买[②]。我们通常把绿色消费理解成消费者对绿色产品的需求、购买和消费活动，是一种具有生态意识的、高层次的理性消费行为。绿色消费是从满足生态需要出发，以有益健康和保护生态环境为基本内涵，符合人的健康和环境保护标准的各种消费行为和消费方式的统称。主要表现为崇尚勤俭节约，减少损失浪费，选择高效、环保的产品和服务，降低消费过程中的资源消耗和污染排放。

中国消费者协会提出了"绿色消费"的三层含义：一是倡导消费者在消费时尽量选择未被污染或有助于公共健康的绿色产品；二是在消费过程中注重对垃圾的处置，最大限度减少造成环境污染；三是引导消费者转变消费观念，崇尚自然，追求健康，在追求生活舒适的同时，注重环保，节约资源与能源，实现可持续消费。当然，绿色消费涵盖的内容非常广泛，不仅包括绿色产品，还包括物资的回收利用、能源的有效使用、对生存环境和物种的保护等，可以说涵盖生产行为、消费行为的方方面面。绿色消费的本质就是一种以环境保护、节约资源、人类身心健康为核心的可持续的消费方式。

---

① 胡雪萍：《绿色消费》，中国环境出版社 2016 年版。
② 林白鹏，减旭恒：《消费经济大辞典》，经济科学出版社 2000 年版。

（三）绿色消费的特征

绿色消费与传统消费的区别在于，绿色消费更注重对环境的保护，是在传统的消费理念上融入了保护环境的概念。其主要特征有三个。

一是可持续性。绿色消费倡导健康消费和适度消费理念，要求消费者转变传统消费观念，更多地关注消费对身心健康、环境保护、资源利用的影响；绿色消费并不是简单地要求减少消费，而是提倡人们在追求生活舒适的同时，应改变不利于身心健康的消费习惯，注重环保节约和资源的高效利用，充分考虑资源环境承受能力，有节制性地使用不可再生资源，进行适度消费，实现经济和消费的可持续。

二是代际公平性。绿色消费通过健康和适度的消费模式，能够更好地保护环境和提高资源利用效率，有利于与子孙后代共享资源和环境，体现了可持续发展的公平性原则中的"代际公平"。传统消费模式很容易导致过度消耗自然资源、破坏环境和损害自身健康，不仅损害当代人的生存基础，也损害子孙后代的长远发展。

三是全程关联性。绿色消费不只是在对特定消费产品或特定消费行为中倡导健康消费和适度消费理念，也不是只考虑特定产品和特定消费行为对环境保护和资源利用的影响。现代市场经济环境中，产业链上下游高度关联，消费具有极强的传导性。绿色消费注重从产业链全程关联性视角，关注消费对环境保护和资源利用的影响。绿色消费不仅仅包括对产品的选择，也包括消费过程中对产品废弃物的处置，以及废弃物的生产再利用等环节。

（四）绿色消费的意义

一是绿色消费是消费升级的必然要求。我国正处于工业化和城镇化加速推进时期，而快速发展必然会加剧高投入、高排放、高污染，进而产生资源匮乏和环境污染危机，并对人们的生活品质带来严重的负面影响，与人们日益优化的消费结构和不断提升的消费层次产生了严重的冲突。党的十九大报告指出，"中国特色社会主义进入新时代，我国社会主要矛盾已经转化为人民日益增长的美好生活需要和不平衡不充分的发展之间的矛盾"，要"完善促进消费的体制机制，增强消费对经济发展的基础性作用"。新时代、新气象、新作为，发展循环经济、推进绿色消费不仅关乎人民群众的获得感、幸福感和安全感，也是坚持以人民为中心的发展思想、满足人民群众美好生活需要的客观要求。

二是绿色消费是经济转型的内在动力。在消费升级的大背景下，消费者对绿色产品的需求日益增强，绿色消费观念和绿色消费行为将导致消费结构发生重大变革，相关企业看到绿色产品的市场前景和吸引力，从而转向生产绿色产品，把生产绿色产品作为企业未来的发展方向，以提升企业的核心竞争力。消费结构的改变必将导致产业结构、技术结构和产品结构的调整和升级，促使生产者放弃粗放型生产模式，减少环境污染和资源浪费，形成绿色消费需求和经济增长之间的良性循环，促进经济转型发展。

三是绿色消费是建设两型社会的重要抓手。长期以来，我国高耗能生产、过度消费造成了资源浪费及环境污染严重，直接影响了我国经济社会可持续发展，对我们赖以生存的自然环境造成了相当大的危害。绿色消费主张资源节约，追求的是一种合理、适度的消费模式，倡导消费时选择未被污染或有助于公众健康的绿色产品。在这种消费理念的引导下，人们不再是以自身需求为中心，对周边的环境造成破坏不管不顾，而是在追求自身生活舒适的同时，考虑自身行为对周围环境和资源的影响，尽量去节约资源和保护周边的生态环境。发展绿色消费，不仅有利于释放消费潜力、促进我国经济高质量发展，也有利于减少对环境的污染和资源的浪费，构建两型社会。

二、发达国家推进绿色消费的经验及启示

德国、日本等国发展绿色消费取得的成果显著，积累了大量有益的经验，为我国发展绿色消费提供了重要的借鉴。这些经验涉及面广，其中很重要的一点是：政府应当通过有效地引导，缓解市场所存在的问题，划分各方享有的具体权利与应当承担的相关责任，推动绿色消费逐渐进入顺利推进的阶段。具体说来，发达国家发展绿色消费的成功做法，大致可以总结为以下几方面。

（一）高度重视立法，制定多层级的绿色法律法规

制定多层级的绿色法律法规是实施绿色消费的重要保障。目前，发达国家普遍制定了可以遵循的完善的环境保护法，从生产到消费、回收再利用，从企业到个人，都有详细规定，为绿色消费的实施创造了良好的法律环境。从世界范围来看，日本的绿色法律法规制定得最为全面。其绿色法律体系大体可分为三个层面：在基础层面上是 1 部基本法，即《促进建立循环社会基本法》；在主体层面上有 2 部综合性法律，分别是《促进资源有效利用法》和《固定废弃物管理和公共清洁性》；在分支层面上则是 5 部具体法律法规，分别是《建筑及材料回收法》《促进容器与包装分类加收法》《绿色采购法》《食品回收法》及《家用电器回收法》。日本的绿色法律体系深入到了消费的主体、对象、过程以及生产等各个环节，为实施绿色消费创造了必要的法律条件。美、德等国家也非常重视立法，美国制定的《联邦政府采购法》借助于强制性法令及总统命令保障绿色采购的实行。在当前形势下，为避免倡导绿色消费仅仅成为一句口号，相关法律法规的日益完善可以促进绿色消费的普及，为倡导绿色消费提供有力的法律支持。

（二）综合运用经济、税收等手段，推动绿色消费进程

一是运用税收杠杆进行调节。荷兰早在 20 世纪 60 年代就开征促进绿色消费的税收，是世界上最早开征垃圾税的国家之一。瑞典是世界上最早开征环境税的国家，其促进绿色消费的税收规模较大，约占 GDP 的 13%。丹麦则征收垃圾税，政府对城市居民生活垃圾处理实行按类收费与按量收费相结合的办法。一方面，对进行分类与未进行分类的垃圾区别定价，进行分类的垃圾收费低，未进行分类的垃圾收费高。另一方面，要求城市居民必须使用统一标准容器收集垃圾，制订好每装满一桶收取的费用，然后按照桶数计量总价。这样就通过税收这种经济手段有效地控制消费过程中垃圾废物的排放量，提高了废物回收的利用率，推动了绿色消费的发展。

二是运用财政补贴进行扶持。德国 1990 年颁布实施的《电力输送法》明确规定，电力运营商有义务有偿接纳在其供电范围内生产出来的可再生能源

电力。政府给予电网运营商必要的财政补贴，偿付金额最少为其从终端用户所获得平均受益的80%。2000 年，德国又颁布实施了《可再生能源优先法》，进一步强化了对可再生能源发电的鼓励政策。日本政府从 20 世纪 90 年代至今，一直对采用环保技术生产绿色产品的企业进行补贴。在财政预算方面，为了支持中小企业生产绿色产品，日本政府对中小企业绿色技术研发进行补贴，补助技术开发费用率最高可达 50% 以上。对生产绿色产品的新兴产业，日本政府的补贴力度更是不遗余力，对技术开发期在两年以内的新型绿色企业，补助率最高可达费用的 70%。在融资方面，日本政府规定日本政策银行、中小企业金融公库、国民生活金融公库必须对生产绿色产品的企业提供低利融资，以充分保障生产绿色产品的企业有充足的资金进行发展。日本政府的一系列补贴政策有力地推动了生产绿色产品企业的发展，促进了绿色消费的推行。

三是制定政府绿色采购政策。美国、德国、日本等发达国家都出台了各自的政府绿色采购政策，强化政府在绿色消费实施过程中的主体地位。如，日本出台《绿色资源购买法》，以法律的形式将政府绿色采购政策固定下来。该政策以政府强大购买力为依托，通过与绿色环保企业签订优先采购合同，来引导和支持环保企业生产绿色产品。在日本，国家公共部门的支出约占国内总支出的 20%。如此巨大的购买力向再生产品倾斜，对资源再生产业来说，无疑是最直接、有效的支持，从而可以使得资源再生产业在相对不利的市场环境中获得成长。

（三）加强监督，规范市场交易行为

加强对产品责任的监督与管理是倡导绿色消费的有效途径。德国《循环经济与废弃物管理法》对产品责任的规定，生产者对其产品的整个生命周期都承担着实现循环经济目标的产品责任，即从产品的开发设计、生产、加工、处理或销售、售后服务，直至产品回收或者废弃物处理，都必须承担相关的废物利用或者清除的费用。为此，生产者在制造产品时，应优先使用再处理后的废料或再生原材料，同时尽量减少废料的产生。产品标志上要有回收、

再利用的可能性和义务的说明及抵押规定，含有害物质的产品，也要在其中标明，以便利产品使用后剩下的废弃物再利用或者清除。通过企业加强监督，对产品的生产、销售等各环节进行严格的控制，惩治违法犯罪的企业与个人，对于违反法律法规、破坏生态环境的企业处以罚款或停产等处罚，以营造发展绿色消费的有利环境。

（四）统一标识，重视绿色产品认证

发达国家都比较重视绿色标志制度的制定。如，德国致力于通过推动环保标志加强对绿色消费的引导，1977 年，德国推出"蓝天使计划"，并于 1979 年实施"蓝天使标志"，成为世界上首个推动全国性环保标志制度的国家。德国以环保标志作为市场导向，引导消费者购买对环境产生不利影响较小的产品，以此鼓励厂商开发、生产环境友好型产品，以达到提升环境质量的目的。21 世纪初，德国的环境标志产品就达 4000 多种，占全国商品的 30%。

（五）重视对绿色消费的宣传教育

发达国家主动开展面向全体消费者的宣传活动，对于不同类型的消费者，运用有差别的方式，进行有针对性的宣传，大力传播绿色消费的科学理念以及相关知识，努力引导消费者节约资源与能源、注重生态环境保护，树立绿色消费意识。利用这一途径，在发达国家，绿色消费受到越来越多消费者的青睐。例如，英国媒体就提出了一个名为《绿色消费行动计划》的详细规划，主张通过倡导人们在日常生活中注重节水、节电和废物回收等环保消费行为来引导人们的消费模式向绿色化方向转化；日本政府则组织以"3R"为主题的群众性公益活动，倡导使用绿色包装和废物回收再利用；法国政府资助一个名为《减少垃圾》的电视节目，该节目旨在呼吁民众减少对一次性办公用品的浪费。与此同时，一部分发达国家更是利用教育手段将绿色消费、可持续发展等环保理念写进中小学教材。例如，奥地利教育部已将可持续发展理念纳入教学大纲之中，进而很好地宣传了绿色消费理念；意大利和英国则在学校开展"可持续学校"活动，鼓励学生从小就培养绿色消费的生活习惯。

这些宣传教育活动极大地提高了人们的环保意识，为绿色消费的顺利推行营造了必要的思想环境。此外，政府还可以成立一个专门从事推动绿色消费不断发展的特别工作小组，工作人员各司其职、相互配合，动员相关部门和人民积极参与，以更好地发展绿色消费。

三、消费升级背景下我国绿色消费发展现状

随着工业化带动经济发展，消费市场有效供给能力大大增强，2017 年，消费对经济增长贡献率达 58.8%，连续第四年成为经济增长第一驱动力[①]。消费者对消费质量的要求也不断提升，消费结构不断合理优化，逐步由低层次向高层次变化。新一轮消费升级背景下，消费者自身的生活方式、消费环境、消费观念、消费重点都会发生巨大的改变，与健康息息相关的绿色消费成为人们关注的焦点。

（一）消费升级对我国绿色消费的影响

一是绿色消费人数快速增加。随着经济持续发展，消费者收入不断提升，大量新生中产阶级的产生成为本次消费升级的直接动力，《2015 年度财富报告》指出，中国已拥有全球最多的中产阶层绝对值数量，达 1.09 亿人[②]。消费者更注重消费的健康和安全性。据阿里巴巴大数据显示，近年来我国绿色消费正处于快速增长阶段。截至 2015 年底，阿里零售平台绿色消费者人数超过 6500 万人，比 2011 年增长了 11 倍（见图 8 - 1）。绿色消费额达 3404 亿元，比 2011 年增长了近 11 倍（见图 8 - 2）。据商务部数据监测，与几年前相比，86% 的消费者认为自身环保意识和行为明显提升，75% 的消费者曾在过去一年内购买或使用过节能环保产品。随着节能、健康、环保消费理念不断深入人心，绿色消费人群迅速增多。

---

① "新《消法》社会知晓度调查报告"，《中国工商报》，2018 年 3 月 15 日。
② 赵一鹤："消费升级趋势下新农食行业首当其冲"，《声屏世界·广告人》，2017 年第 2 期。

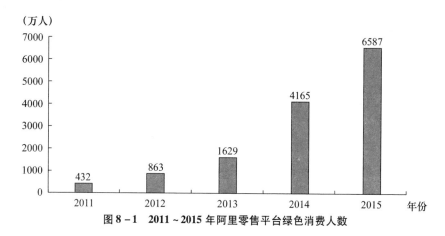

图 8 - 1　2011 ~ 2015 年阿里零售平台绿色消费人数

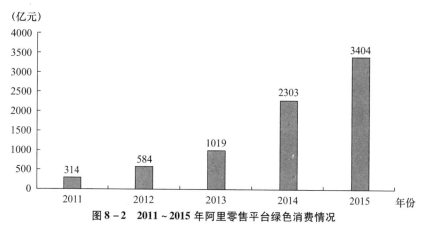

图 8 - 2　2011 ~ 2015 年阿里零售平台绿色消费情况

　　二是绿色消费结构产生重大变化。新一轮消费升级趋势将令很多行业发生蜕变，我国居民消费支出中，用于基本生活支出的比重明显下降，服务性消费占比增加趋势明显。一方面，消费质量将发生重大变化，如何吃得更健康、住得更环保成为人们的消费焦点，消费者对居住地的空气质量、环境保护、人居环境等方面的服务性需求也会大量提升。居民生活消费需求由"量多"向"质优"转变，消费理念由物质层面的衣食住行向精神层面的文化教育转变，政府的财政投入由对基础设施建设向整体环境打造转移。另一方面，过度消费、挥霍性消费等问题日益突出。据统计，2015 年我国奢侈品消费约占全球 46%。随着消费结构升级步伐明显加快，绿色消费成为满足人们新需求、实现消费与再生产动态平衡的重要消费模式，是人类生产方式、消费方式、思维方式和处世方式的革命性变化。

三是绿色产品生产企业不断增加。随着人们对绿色环保、健康产品的市场需求量不断增加，许多企业为赢得绿色市场，纷纷投入绿色产品生产。近年来，我国绿色消费产品不断扩大，其中，绿色食品的发展尤为显著。据中国绿色食品发展中心数据显示，截至 2015 年 10 月，我国绿色食品企业总数超过 9500 家，产品数量超过 23100 个[①]。

（二）我国高度重视绿色消费的推广与普及

消费升级背景下，为了满足经济可持续发展和人们日益增长的物质、文化需要，党中央高度重视绿色消费并大力推广。党的十八大明确提出加强生态文明宣传教育，形成合理消费的社会风尚，促进生产、流通、消费过程的减量化、再利用、资源化。"十二五"规划纲要明确提出"推广绿色消费模式，倡导文明、节约、绿色、低碳消费理念，推动形成与我国国情相适应的绿色生活方式和消费模式"，明确了居民和政府消费模式都要向绿色消费转变的基本方向和目标。2013 年，党的十八大报告提出"建设生态文明、加强生态文明宣传教育，增强全民节约意识、环保意识、生态意识，形成合理消费的社会风尚，营造爱护生态环境的良好风气"。2015 年 3 月 24 日，首次在中央政治局会议提出"绿色消费"，倡导绿色低碳、力戒奢侈浪费和不合理消费；11 月 23 日，国务院印发《关于积极发挥新消费引领作用加快培育形成新供给新动力的指导意见》中将绿色消费列为消费升级重点领域之一；2016 年 2 月 17 日，国家 10 部门印发《关于促进绿色消费的指导意见的通知》，着力促进绿色消费，加快生态文明建设，推动经济社会绿色发展。2017 年 5 月 26 日，中央政治局第四十一次集体学习聚焦绿色发展方式和生活方式，习近平总书记提出"倡导推广绿色消费"。这次政治局集体学习，向社会传递出推动绿色发展、共筑生态文明的鲜明信号，向环境污染等发展积弊发出了攻坚令。党的十九大报告强调："实行最严格的生态环境保护制度，形成绿色发展方式和生活

---

① 杜素生："我国绿色消费的发展现状、问题及解决途径"，《时代金融》，2016 年第 11 期。

方式。"为绿色消费发展提供了重要的理论指导，有力地促进了绿色消费社会风气的形成。生态文明建设同每个人息息相关，每个人都是践行者、推动者。

（三）我国推进绿色消费采取的措施

一是制定法律法规。近年来，我国相继出台了多项法律法规和规范性文件，涉及绿色消费相关的法律法规有《清洁生产促进法》《循环经济促进法》《节约能源法》《环境保护法》《政府采购法》等行政法规。此外，国务院、国家发展改革委、环保部等先后颁布了《节能减排全民实施方案》《公共机构节能条例》《废气电器电子产品回收处理管理条例》《关于治理商品过度包装工作的通知》等多项规范性文件，促进绿色消费发展。

二是制定绿色财税优惠政策。2013 年 11 月 12 日通过的《中共中央关于全面深化改革若干重大问题的决定》指出，要调整消费税的征收范围、环节、税率，把高能耗、高污染产品及部分高档消费品纳入征收范围，加快资源税改革，推动环境保护费改税。我国对一些绿色企业出台了一些免税或减税政策，如对属于生物质能源的垃圾发电、风力发电等实行了即征即退或减半征收政策；对于变性燃料乙醇则实施免征税收；为了鼓励企业加大绿色投资，对于需要国家重点扶持的高新技术企业，减免 15% 税率。"十二五"以来，财政部、发改委等部门先后实施了节能产品惠民工程、家电产品下乡、产品以旧换新等有利于促进绿色消费的财政优惠政策。

三是开展政府绿色采购。通过开展政府绿色采购为全民绿色消费形成示范效应，推动绿色消费的发展。2006 年，我国出台了《环境标志产品政府采购实施意见》，要求动用财政性资金进行采购的相关单位，在采购时优先购买环境标志产品，禁止采购对环境和人体健康有害的产品。2015 年前后，国务院及有关部门还出台了大量的规范性文件及具体制度实施方案，从顶层设计或局部领域推动绿色消费。"十二五"期间，政府累计采购节能环保产品13713.4 亿元[①]。

---

① 马维晨、邓徐："我国绿色消费的政策措施研究"，《环境保护》，2017 年第 6 期。

四、影响我国绿色消费的制约因素

绿色消费是一种全新的消费方式，近年来在政府的大力推广下，我国绿色消费发展迅速，但由于起步较晚，受社会因素、市场因素及消费主体自身因素的影响，推进我国绿色消费仍面临不少问题。

（一）政府层面

一是法制化水平有待提升。目前，我国还没有系统完整的绿色消费基本法、专门法，有的关键领域存在空白或缺乏可操作性的实施细则，尚未形成系统健全的法律法规体系。政策制定和执行上存在政出多门，缺乏高效配合和有效监管等问题，导致政策执行保障力不足，消费者的绿色消费权益得不到有力保障，许多企业为了追求利润最大化不惜以破坏生态环境和人们的健康为代价。

二是标准体系不统一。由于我国涉及绿色的相关产品标准、认证和标识由多部门分头设立，存在管理分散、绿色产品概念不清、标准不统一、认证和标识种类繁多、社会认知及采信程度偏低等问题，造成了绿色产品认证权威性的下降。这不仅导致了消费者难以辨别和查询其所购买的产品是否为真正的绿色产品，同时也因监督对象过于庞大影响了商标所有人和相关行政机构的监督效果，加大了制度性交易成本。

三是管理机制有待完善。近年来，我国绿色消费市场不断扩大，但对绿色产品的质量检查和监督机制尚不完善，绿色消费监管网络尚未建立，执法主体不明确，严重影响政策执行效果。绿色产品冒充现象严重，有的企业在宣传中假冒绿色产品，使消费者对绿色产品失去信任。相关部门对生产假冒伪劣绿色产品、违规使用绿色标志行为的处罚力度不够，对不法商家进行处罚已很难起到应有的震慑作用，阻碍了绿色消费的实现。

四是税收结构有待优化。当前，我国绿色消费税收尚处于起步阶段，政府在绿色产品税收补贴、减免和政策扶持等方面的实施力度较小，弹性较大，消费导向不明显。对在生产、使用过程中过度消耗资源、污染环境的产品征税税率偏低，对高能耗、高污染产品生产与消费的调节作用有限，专门性的绿色消费税收还有待完善，弹性执法的空间要进一步压缩。

五是宣传和教育力度不够。我国绿色宣传、教育的形式比较单一，宣传和教育力度还不足以引起公众对绿色消费的普遍重视。媒体宣传绿色消费的公益广告相对较少，大多数媒体为了更多地盈利而侧重于在黄金时段播放商业广告，只有在有行政命令下达时才按要求设计、播放公益广告。绿色教育还处于起步阶段，绿色课程也因不在考试范围内而不受重视。消费者协会的绿色消费主题活动涉及面不够广、延续性不强，且很少有针对广大农村消费者的宣传教育活动，绿色宣传难以向基层深入。

（二）企业层面

一是绿色产品供给不足。优质的绿色产品开发难度较大、成本高、风险和利润都不确定，很多企业重视短期收效快、经济效益大、能迅速为企业带来利润的普通产品的开发、生产，主动购买绿色原料设计、生产绿色产品的参与意愿不强。此外，我国当前的绿色产品生产技术落后，还未形成规模，无法满足消费者对产品物美价廉的需求，使企业选择绿色产品生产、营销的动力不足，绿色产品生产商非常有限。

二是绿色营销不足。目前，很多企业仍然实行传统的营销方式，没有建立起全新的绿色营销模式，缺乏专业化的绿色产品设计、研发、促销团队，不善于宣传和传递绿色价值，导致公众难以对绿色产品进行系统、全面、科学地了解，从而影响其对绿色产品的购买。另一方面，绿色产品的流通渠道不健全。目前为止，全国还没有建立从批发到零售的绿色流通网络体系，在市场上很少见到绿色产品的专营商店、绿色产品连锁店等，影响了绿色产品的供给。

（三）消费者层面

一是绿色消费认识不足。我国居民的消费意识近些年来虽有很大的提高，但与绿色消费的需要还有很大的距离。消费者进行绿色消费时普遍缺乏相关知识的指导，消费者的绿色消费意识、知识匮乏，绿色消费习惯亟待养成。一部分消费者在消费时，偏离自己的理性判断，如超出实际消费能力的高消费，超出实际需求的炫耀性消费、奢侈型消费等。大部分消费者只考虑从自身健康出发的绿色消费，没有考虑到环境破坏的问题，对绿色消费的认知存在片面性和盲目性。消费者对绿色消费认识不足，环保意识不强，成为制约我国绿色消费发展的一大重要因素。

二是消费者收入水平偏低。绿色产品成本高，价格贵，这就要求消费者具有较高的收入水平，而我国大部分消费者处于较低或中等收入水平，且由于我国尚处于经济发展转轨时期，预期收入不明确，正面临教育、医疗、住房、养老等体制改革，增加了人们的预期支出和未来风险。因此，在购买绿色产品方面，受到收入水平的制约，消费者对绿色产品的消费需求难以得到满足。人们只有在基本的需求得到满足的情况下，才会去追求更高的消费需求，所以要普及绿色消费，需要以消费者的收入提高为基础。

五、消费升级视角下的绿色消费体系构建

推进绿色消费是消费升级和经济可持续发展的必然要求，也是一项复杂的系统工程，需要政府、企业、个人及社会群团组织相互配合，综合施策。通过法律、行政、经济等手段，构建有效的绿色消费体系，实现人与自然的可持续发展。

（一）构建绿色消费法律法规保障体系

修订《节约能源法》《循环经济促进法》等法律，研究制定废弃物管理与资源化利用条例、限制商品过度包装条例等专项法规，明确政府机构、企业、个人及社会群团组织依法履行的责任义务，为绿色产品的生产、消费、回收利用全过程提供良好的法律保障。我国政府对绿色产品生产企业采取的财政补贴、税费减免还只是停留在政策层面，没有上升到法律层面，这样会

导致财政补贴或税费减免的随意性和不确定性。将财政补贴制度、税费减免制度等上升到法律层面，通过立法的形式保障企业和个人在生产和使用绿色产品时应享有的权益，将有效地保障和促进绿色消费的发展。

（二）完善促进绿色消费的经济政策体系

一是创新绿色融资机制。建立绿色产业发展专项投资基金和绿色银行，为生产绿色产品的企业提供低利融资，使绿色企业享有优惠贷款等权利，以保障绿色生产企业有充足的资金投入绿色技术的科研、开发和推广。

二是加大绿色产业投入。设立绿色投资基金，将绿色产业列入国家支持性产业政策范围进行扶持，增加国家对绿色产业的投入。在平台搭建、市场准入等方面营造宽松的环境，提供资金和技术支持，鼓励企业投资绿色产业，引进先进的环保技术清洁生产设备，推行包装回收和垃圾处理产业化政策，逐步形成生产、销售、回收利用绿色循环体系。加大对中小企业开展绿色技术研发的补贴力度，通过财政补贴鼓励新能源消费。制定绿色采购政策，优先采购资源再生产品，给予资源再生产企业最直接、有效的支持，从而使得这些企业在激烈竞争的市场环境中快速成长，借以引导和支持企业对环境的保护。

三是建立绿色消费税制。对符合条件的节能、节水、环保、资源综合利用项目或产品，按规定享受相关税收优惠。通过免税或减税，促进绿色产品的使用和推广，促进绿色消费意识深入人心。根据稀缺度为不同资源制定不同的生态税税率，可以有效地调节企业对稀缺资源的需求，并促使企业采用先进的工艺和技术，来改进生产模式和升级产业结构。将高耗能、高污染产品及部分高档消费品纳入消费税征收范围，从而达到节约资源和减少污染的目的。通过税收这种经济手段有效地控制消费过程中垃圾废物的排放量，提高废物回收的利用率，推动绿色消费的发展。

四是构建绿色采购体系。政府采购是占市场消费很大份额的一种特殊主体，是否选择绿色产品在一定程度上影响消费者的消费习惯，因此，作为消费群体的一部分，政府部门必须加强自身管理，严格执行政府对节能环保产品的优先采购和强制采购制度，扩大政府绿色采购范围，健全标准体系和执行机制，全面推行绿色办公，执行绿色建设标准，完善节约型公共机构评价标准，发挥政府机关在绿色消费的模范带头作用。

（三）完善绿色产销体系

一是树立绿色生产理念。企业确立绿色观念，进行绿色企业文化建设的关键因素就是提高企业家及管理者的绿色素质。企业家在制订企业发展规划与生产、营销决策及管理时，应高度重视绿色意识的渗透作用，调整自身行为，从单纯追求短期最优化目标，转向追求长期持续最优化目标，提倡保护环境，杜绝资源浪费，以保证长远的永续经营作为企业发展的宗旨，树立环境道德观念和环境责任感，将绿色、环保作为企业发展的理念和口号，引导企业发展。形成绿色经营理念，制定绿色管理战略，从战略上把握企业的绿色走向，将绿色理念贯彻到产品的设计、研发、销售、管理各个环节，综合考虑产品对人、自然、环境的影响，实现环境可以支持的利润最大化。

二是加强绿色产品的开发。企业要坚持技术创新，加大对绿色产品研发、设计和制造的投入，把污染控制到最小化，增加绿色产品和服务的有效供给；生产过程中注重节约材料耗费，也要注重材料的绿色环保性能，以最为节省的成本达到既保护资源又确保产品生产的效果，保障消费者的健康。

三是加强绿色营销。绿色营销是一种能辨识、预期及符合消费的社会需求，并可带来利润及永续经营的管理过程。在生产经营过程中，企业管理者将环保观念融入经营理论中，将企业自身利益、消费者利益和环境保护利益三者统一起来，以此为中心，对产品和服务进行构思、设计、销售和制造，通过产品、品牌、包装、技术及工艺的绿色化创造绿色产品价值，通过各种促销或沟通手段的绿色化宣传绿色产品价值，通过对渠道成员的选择及管理的绿色化传递绿色产品的价值，实现各利益相关者的多赢或共赢。

（四）规范绿色消费市场监管体系

一是明确监管机构。确定专门机构对国家或地区的绿色消费进行总体规划，负责绿色产品的标准制定、认证及监管查处等。培育一批绿色产品标准、认证、检测专业服务机构，建立统一的绿色产品信息平台，公开发布绿色产品相关政策法规、标准清单、规则程序、产品目录、实施机构、认证结果及采信状况等信息，引导消费者的绿色消费行为。

二是健全标识认证体系。统一制定认证实施规则和认证标识，并发布认证标识使用管理办法。逐步将目前分头设立的环保、节能、低碳、有机等产品统一整合为绿色产品，建立统一的绿色产品认证、标识等体系，加强绿色产品质量监管。修订能效标识管理办法，落实节能低碳产品认证管理办法，加快推行低碳、有机产品认证。推进中国环境标志认证。制定绿色市场、绿色饭店、绿色旅游等绿色服务评价办法。

三是健全监督机制。推进绿色产品信用体系建设，运用大数据技术完善绿色产品监管方式，建立绿色产品评价标准和认证实施效果的指标量化评估机制，建立绿色产品营销体系和绿色产品追溯制度，加强认证全过程信息采集和信息公开，使认证评价结果及产品公开接受市场检验和社会监督。加强市场诚信和行业自律机制建设，加强事中事后监管，营造公平竞争的市场环境。

四是建立企业产品负责制。健全生产者责任延伸制度，促进产品回收和循环利用。明确生产者对其产品的整个生命周期都承担着实现循环经济目标的产品责任，即从产品的开发设计、生产、加工、处理或销售、售后服务，直至产品回收或者废弃物处理，生产者必须承担相关的废物利用或者清除的费用。

（五）健全宣传引导体系

绿色消费的宣传推广需要社会各个成员的积极参与和践行。

一是政府要积极承担对全民进行绿色教育的责任。针对不同层次的对象，采取不同方式广泛开展主题宣传，传播绿色消费知识，让公众了解过度消费的弊端，使绿色消费的理念深入人心。通过新闻媒体和互联网等渠道，大力开展绿色产品公益宣传，加强绿色产品标准、认证、标识及相关政策解读、宣传，推广绿色产品优秀案例，传播绿色发展理念，倡导绿色生活方式，维护公众的绿色消费知情权、参与权、选择权和监督权。

二是深入开展全民绿色教育。把生态环境教育的内容逐步落实到教育体系和教育计划之中，作为素质教育的重要内容之一；加强学校的绿色教育功能，把培养学生的环境意识、提高学生环保理念纳入基础教育课程中，提升学生的节能环保意识，从小养成节约资源能源、保护生态环境的好习惯。

三是企业要加大绿色宣传力度。通过绿色广告、绿色推销、绿色公共关系和绿色营业推广等系列绿色促销，宣传和传递产品的绿色价值，倡导绿色消费生活方式，帮助消费者了解绿色产品及其价值，扩大绿色产品的群众基础，从而实现共同促进整个社会环境的绿色氛围。

四是强化消费者协会职能。继续深化绿色消费主题活动，使绿色消费观念深入人心；积极受理消费者在绿色消费中的投诉，加大维权力度，维护消费者的绿色消费权益，增强消费者的绿色消费信心，促进全社会绿色消费。

五是消费者要积极实践绿色消费行为。消费者对绿色消费的认可程度直接决定着绿色消费的社会化程度，消费者通过不断学习，主动提高绿色消费意识，切实构筑节俭、健康、环保的绿色消费理念。在日常的消费过程中，不仅追求产品的性价比，也要注重产品的健康和安全特质，拒绝资源消耗多、污染排放大的产品，摒弃过度消费、奢侈消费，形成适度消费、健康消费、绿色消费，实现消费内容和消费过程的双重"绿色化"，并使每个公民都成为环境保护的宣传者、实践者和推动者。

第九章

基于自然价值和自然资本的
生态资源市场体系研究

十九大报告提出，要加快生态文明体制改革，建设美丽中国。生态资源是经济社会存在和延续的物质基础，通过市场工具，实现生态资源保护和经济社会发展双赢，是建设美丽中国的重要方向和构建全方位生态资源开发保护机制的组成部分。2015 年，国务院印发的《生态文明体制改革总体方案》中提出，要树立自然价值和自然资本的理念，健全市场机制，对自然价值和自然资本增值者予以合理回报和经济补偿。遵循"使用者付费，保护者获益"的基本原则，本章从生态资源的自然价值和自然资本视角出发，对国内外关于生态资源市场化的前沿研究进行梳理归纳，构建三层结构的生态资源市场体系分析框架，即市场层、政府层和社会层。在此框架下，对国内外生态资源市场体系的理论和实践进行探讨和比较，以期对国内生态资源市场体系的发展完善有所裨益。

一、生态资源相关概念

（一）生态资源的定义

什么是生态资源？虽然生态资源的概念在经济学、生态学、社会学中被频繁采用，相关衍生概念层出不穷，如生态价值、生态产品、生态资本等，但是对"生态资源"本质的界定，一直以来都缺乏精准权威的定义。从字面理解，生态资源概念内涵应包括两个方面。一是生态特性，生态资源指由具有一定生态关联的生物/非生物构成的系统整体，着重强调生态关系，一切维系生态系统自运行和支撑人类生产生活的生态关系都属于生态资源，但仅由非生物因素构成的系统不属于生态资源，而属于自然资源，从这点看，生态资源是自然资源的子集。二是资源特性，人类直接或间接地利用生态资源，生态资源是人类生产、生活和精神活动开展的"初始投入"和"原始起点"。以生态资源的以上两点特征为内核，再以市场化程度进行划分，生态资源有广义和狭义两种定义（见图9-1）。广义的生态资源指，在一定的时间条件下，以其产生的自然价值和经济价值来提高人类当前和未来福利的自然环境因素的总称，既包括耕地、矿产等经济价值显著大于自然价值的生态资源，也包括水流、林地、大气等兼具自然价值和经济价值，且其自然价值可以通过资本化、市场化手段进行调节的生态资源；还包括冰川、雨林等自然价值显著大于经济价值，且其自然价值无法通过市场化手段进行调节的生态资源（谢高地，2003）。狭义的生态资源特指其中的第二类资源，指为人类提供维系生态安全、保障生态调节功能、良好人居环境等自然价值，且其价值可以统一成资本形式进入市场体系的自然环境要素。狭义生态资源强调生态资源的自然价值属性和自然资本属性，资源产权可界定、价值可衡量、可直接或间接进入社会经济循环体系。本文重点讨论狭义生态资源。

图9-1 生态资源的广义定义和狭义定义

资料来源：根据公开资料整理。

（二）生态资源的属性

生态资源的价值化和资本化，是进入市场进行定价、交易、流通的前提。

理论层面，自然价值属性为生态资源市场化清除了障碍；操作层面，自然资本属性为生态资源的确权、交易、流通等市场行为提供了具体、可操作的指引。

1. 自然价值属性

生态资源具备多重价值，最主要的是经济价值和自然价值，此外还有休闲价值、观赏价值和文化价值。本文着重讨论其自然价值，并基于其自然价值进行资本化经营。生态资源的自然价值强调一种整体主义的价值观，将生态看作是一个整体的系统，系统中的每一个物种均对系统的稳定和均衡发挥着特定功能，并通过各自的物质循环、能量流动、信息交流等方式实现价值。人类对生态资源价值的理解经历了从无到有、从浅到深的过程（见表 9 – 1）。传统劳动价值理论认为，由于生态资源不包含一般性的人类劳动，其不具备经济价值，因此不能纳入商品经济交易范畴。此理论无法解释无价值的生态资源在经济活动中被过度开发的价值悖论，理论界从其他角度重新解释生态资源的自然价值属性。

表 9 – 1　　　　　　　　　　　　自然价值理论的主要观点

理论	主要观点
无价值论	自然资源无价值但有价格，其价格是地租的资本化
价值阶段论	在生态资源可凭借自然力再生的情况下，生态资源没有价值。而当生态资源的自我恢复更新能力不能满足人类经济活动的需求，人类必须对自然资源的再生产投入劳动，生态资源就具有价值，其价值量的大小就是在生态资源的再生产过程中人类所投入的社会必要劳动时间
财富价值论	自然资源具有价值，但是这种价值虽然是人类劳动的凝结，却不能代表自然资源作为财富的真正价值，资源的价格就是该真正价值的货币表现，可称为资源的财富价值
劳动价值泛化论	人的劳动能力在本质上也是一种生物生产力。既然人的劳动可以创造价值，那么自然资源生态系统的生物生产力同样能创造价值
效用价值论	价值源于效用，其价值量决定于生产费用。价值不仅仅是劳动创造的，而是由土地、劳动、资本共同创造的

资料来源：根据公开资料整理。

2. 自然资本属性

传统经济学理论中，经济的正常运转需要 4 种类型资本，包括：以劳动和智力、文化形式出现的人力资本；由现金、投资和货币手段构成的金融资本；包括基础设施、机器、工具和工厂在内的加工资本；由资源、生命系统和生态系统构成的自然资本。自然资本作为经济运行不可或缺的要素，指由大自然所持续产出的资源流，包括自身或通过人类劳动而增加其价值的自然物和环境。自然资本分为有形资本和无形资本：有形的自然资本，如水、森林、矿产等；无形的自然资本，如空气、自净能力、大气质量等。生态实践中，自然资本在我国得到了空前的重视。十八届三中全会报告中提出，探索编制自然资源资产负债表，对领导干部实行自然资源资产离任审计，建立生态环境损害责任终身追究制。特别是国务院办公厅于 2015 年印发了编制生态资源资产负债表的试点方案，加快了自然资产核查进度。自然资本可衡量、可比较的特性，为健全生态环保责任制度、实施生态补偿、生态产权直接交易提供了重要科学依据，为推进生态文明建设、有效保护和永续利用自然资源提供信息基础、监测预警和决策支持。

自然价值属性和自然资本属性决定了生态资源的配置方式。第一，对于人造资本，市场配置的本质是无差别的人类劳动；而对于自然资本，市场配置的本质是统一的自然价值。第二，市场配置的前提是生态资源的稀缺性和环境容量的有限性，而对于无价值或取之不尽的恒定生态资源，虽然其具备自然价值，也不能通过市场配置。第三，由于维系人类生存的生态资源可无偿使用，市场需充分遵守此法定权利，不适用于市场配置。例如，在水权交易中，居民生活用水和农业用水不纳入水权交易范畴。第四，涉及国家安全的战略性物资，须由国家统一调配，不得进入市场进行自由交易。

（三）生态资源的分类

基于不同的理论基础，可从不同视角对生态资源进行分类。为构建市场体系框架，本文以生态服务价值理论和生态产品理论为基础，着重从"价值"和"产品"角度进行探讨。

1. 基于生态价值的分类

基于生态系统服务价值（Ecosystem Service，ES）的分类，是国际上主流分类方法。1997 年，Costanza 等论述了全球范围内 17 种自然资本和生态系统服务的总经济价值，强调了生态系统服务在社会经济中的重要作用。综合 Costanza 的生态价值理论和 MEA、谢高地等人的分类方法，生态资源可分为四种类型，见表 9 - 2。

表 9 - 2　　　　　　　　　　基于生态价值的生态资源分类

一级分类	二级分类	特　征	市场化程度	举　例
可利用价值	直接价值	可直接进行商品交易的经济价值	完全商品化交易	食品、化石能源、工业原材料等
	间接价值	无法直接商品化，但可通过确认产权、价值量化后进行直接或间接交易	政府规制下的市场化交易	生态产权交易、横向生态补偿、PES 交易、特许经营权等
非可利用价值	遗产价值	基于预期的可直接或间接利用的支付意愿	政府补偿	生态补偿
	存在价值	为确保服务功能继续存在的支付意愿	政府补偿	转移支付

资料来源：根据公开资料整理。

2. 基于生态产品的分类

基于生态资源的产品属性，结合主体功能区划分，从公共产品角度进行分类，我国生态资源市场化大多基于此分类。《国务院关于印发全国主体功能区规划的通知》（国发〔2010〕46 号）将生态产品定义为"维系生态安全、保障生态调节功能、提供良好的人居环境的自然要素"。党的十八大报告提出，要增强生态产品生产能力。在具体指导意见上，《国务院办公厅关于健全生态保护补偿机制的意见》（国办发〔2016〕31 号）把补偿对象划分为森林、草原、湿地等七种类型；《国务院关于全民所有自然资源资产有偿使用制度改革的指导意见》（国办发〔2016〕82 号）明确国有土地、水资源、矿产资源等六类资源列为有偿使用范围，两种划分都是从生态产品角度出发，以强调生态资源的自然价值的不可分割性为价值取向。按照市场作用从小至大、政府作用从大至小的顺序，可分为以下四种生态产品。

一是全国性生态产品。这类资源具有纯公共产品的性质，与经济发展阶段和当地的资源禀赋相关联，应列入均等化的基本公共服务的范畴，由政府以转移支付的形式提供供给。比较典型的有高原、冰川等脆弱生态系统的保护等。

二是跨区域或跨流域公共产品。这类资源跨越了单个主体的管辖范围，涉及多个行政主体的参与。这类资源具有消费的非排他性，资源供给需要政府之间的合作来解决，通常可采用纵向或横向的生态补偿机制加以解决。典型的是跨流域生态环境的保护和治理。

三是区域性公共产品。由于区域内居民基于共同的社会和文化体系，对生态资源具有共同的需求，因此生态资源在区域层面上具有公共性，在区域内共享与共同受益。比较典型的是排污权、碳权、水权等生态产权的总量控制市场或一级分配市场。

四是"私人"公共产品。对于产权能够界定的生态产品，可以将其转变为私人物品，并通过生态商品市场来进行交易和分配，实现生态资本化经营。比较典型的有排污权、碳权等二级市场交易。

（四）生态资源的配置

生态资源具有总量恒定、外部性明显的特征，科学合理的分配机制能在环境保护的前提下最大限度地发挥生态资源的经济产出。生态资源的分配机制处于基于政府干预的庇古型和基于市场机制的科斯型的中间状态，并存在向科斯型演进的趋势，见图9-2。

图9-2　生态资源分配方式的演进

资料来源：公开资料整理。

1. 基于政府干预的庇古型分配机制

早期的生态资源配置遵循"庇古税"的理论路线。该理论认为，生态资源存在相关利益主体的私人成本与社会成本不一致的状况，外部性使市场在配置资源时失效，只有政府通过征税、罚款和补贴的方式纠正外部性，才能改善生态环境的资源配置。这种模式下，生态资源的价值被内化为商品的生产成本，以更高的商品价格向消费者转嫁。例如，在水价中征收附加税费用于污水治理等。这种模式在我国早期的生态资源分配中普遍存在，"政府主导"被当成"中国经验"的普遍经验应用于生态资源的分配领域。在经济新常态下，"政府主导"模式耗费了大量公共财力，其对经济增长和环境治理的边际效应却在不断削弱。随着我国市场经济体制的不断完善，政府和市场的融合正在不断增强，生态资源配置从政府分配模式向政府规制和适度监管下自主运作的市场模式转变。

2. 基于市场机制的科斯型分配机制

科斯认为，如果生态资源的产权能够界定，那么可将其转变成私人产品，通过直接市场的经济交易实现供给。生态资源可以外化成独立商品，独立定价，独立交易。从理论上说，只要将交易成本降到足够低，无论生态资源如何进行初始分配，都能达到前置条件下的最优解，且其分配效率显著高于庇古税下的分配效率。但现实生活中，零交易成本、无社会因素干预、信息完备且对称等前置条件不具备，纯粹的科斯型分配机制难以实现。

3. 政府适度监管下的自主运行市场机制

在"纯粹"的科斯方案与"纯粹"的庇古方案之间，混合状态的制度结构——政府适度监管下的自主运行市场机制是更理性的选择。政府与市场的分类融合可以遵循以下原则：以商品形态存在的生态产品应直接通过市场交易获得生态溢价，而实现生态补偿；以公共品形态存在的生态产品应回归政府的基本职能，作为社会公共利益总代表和公共服务供给者的中央政府制定保护条例并进行专项补偿；以俱乐部产品形态存在的生态产品，由地方政府从受益者中募集资金，代表受益者进行集体购买；以公共池塘资源形态存在的生态产品，在地方政府制定的规章制度约束下，通过市场交易和社会组织协议保护等形式保障供给。

二、生态资源市场体系的分析框架

生态资源市场体系是指，以商品化生态资源为纽带的相互联系和制约的各类市场组成的有机统一体，包括产品和金融市场、技术市场、人才市场、信息市场、产权市场等要素。生态资源市场体系通过培育、建立和规范生态资源交易市场，通过改变传统的以政府为主的要素组织、资源投入方式，利用价格杠杆机制和竞争机制，最大限度地调动微观经济主体的积极性、主动性和创造性，有效实现生态保护和经济发展的有机统一。

相对科斯式的市场模式，由政府配置生态资源则存在累赘、呆板和缺乏效率等缺陷，生态资源市场配置模式是国内外环境领域发展的趋势和方向。构建统一化的生态资源市场化分析框架，能为国内相关生态实践提供借鉴，具有重要理论意义和实践意义。

但在国内外生态领域不同的话语语境中，构建同一平台、相互借鉴的分析框架有其难度，相关研究成果不多，原因有二：①理论层面。国外生态资源市场化以生态系统服务（ES）、外部性理论等为主要理论基础，从 ES 分类估值入手，构建结构化的 MES 体系和项目化的 PES 体系。国内生态资源市场化主要脱胎于公共产品理论，从生态产品理论入手，围绕生态资源使用、保护、治理三大环节，构建覆盖全周期的生态产权（使用权）市场、生态保护市场和环境治理三大市场。②实践层面。国外"小政府、大社会"的社会经济结构模式下，商品经济高度发达，企业、NGO、社会公众在整个市场交易过程中十分活跃，而在中国，政府在生态资源市场交易过程中起到绝对主导作用。十八届三中全会以来，通过市场配置资源成为社会共识，生态资源市场化进程明显加快，例如，中国加入清洁发展机制（CDM），碳汇交易纳入全球碳市场。中国生态资源市场化更加开放、更加注重从国外相关案例汲取有益经验。

本文对当前市场化程度较高的生态资源配置方式和相关体系进行分析，

综合国内外发展情况，构建生态资源市场体系，包括市场层、政府层和社会层三层结构（详见图9-3）。具体是：以生态产权交易、生态保护和治理市场以及生态服务付费项目三者为核心的主体市场；以投融资、人才、科技等要素为支撑的配套市场；以法律法规体系、资产管理体系、市场监督体系三大体系组成的严密交织的政府保障；以理论创新、NGO组织、公众参与为核心的社会力量。

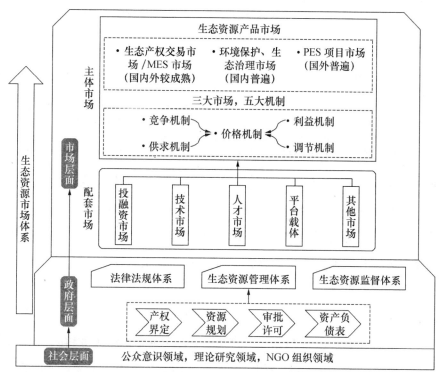

图9-3 基于自然价值和自然资本的生态资源市场体系逻辑框架
资料来源：根据公开资料整理。

（一）市场层面——主体市场

生态产权交易市场：市场的本质是交换，对于具备条件商品化的生态资源，通过将生态资源转变为私人产品，以商品形式通过市场直接进行流通。生态资源交易需满足两个交易前提：一是在社会层面，公众、企业对该类生态资源的重要性、紧迫性达成共识；二是在政府层面，以法律为依据，通过行政权力提供市场平台、规范市场秩序。交易品类上，国内外生态产权品类不断扩大。国外形成以碳排放、排污权、水权、林权等为交易标的的 MES 市场，国内碳排放、水权、排污权和节能四大产权市场初具雏形。交易机制主要有明晰产权和创建市场两种（见表 9 - 3）。

表 9 - 3 生态产权市场化方式

资源类型	市场化工具	典型类型
直接资源	明晰产权	水权、土地保有权、矿权、使用权、管理权、许可证、特许权、开发权等
衍生权益	创建市场	可交易的排污许可证、可交易的水资源配额、可交易的开发配额、可交易的资源配额、可交易的环境股票、可交易的土地许可证等

资料来源：根据公开资料整理。

环境治理和生态保护市场：从生态产品的生命周期出发，基于国内生态环境不断恶化的现实国情，为尽快引导环境治理和生态保护模式从"政府投资"向"政府引导、社会主导"的转变，国内在环境治理和生态保护环节引入市场化工具，搭建环境治理和生态保护市场，引导企业通过提供定制化的综合解决方案和长期性的生态保护和维持服务来获取收益。以水资源为例，包括水资源分配市场、水污染治理市场和水环境保护市场，可采取水权拍卖、对水污染第三方保护实施政府采购等市场化模式。

基于特定生态价值的 PES 项目市场：PES（生态价值服务付费）项目是国外采用较多的市场化手段。按照 Wunder（2005）给出的定义，理想的 PES 项目满足五个条件：自愿交易行为；定义明确的生态系统服务；至少有一个服务购买者；至少有一个服务提供者；当且仅当服务提供者保证提供生态系统服务。国外的 PES 实践主要有：流域保护、碳封存、栖息地保护、野生动物援助、生物勘探等。国内的 PES 实践更多的是政府主导的非市场化项目，较典型的有三北防护林、国家农村沼气补贴等，本文不做阐述。从具体的市场化方式来看，环境治理、生态保护和 PES 项目的市场化工具灵活多样，可根据具体要求自由选择或组合（见表 9 - 4）。

表 9-4　　　　　　　　　　环境治理、生态保护和 PES 项目市场化方式

市场类型	市场化工具	典型类型
环境治理、生态保护和 PES 项目	收费制度	排污费、使用者费、改善费、准入费、道路费、管理收费、资源 – 生态 – 环境补偿费等
	税收手段	污染税、原料投入税、产品税、出口税、进口税、差别税收、租金和资源税、土地使用税、投资税减免等
	财政金融手段	财政补贴、软贷款、赠款、利率优惠、周转金、部门基金、生态 – 环境基金、绿色基金、加速折旧等
	债券押金手段	环境行为债券、土地开垦债券、废物处理债券、押金 – 退款制度、环境事故债券等
	责任制度	法律责任、保险赔偿、环境资源损害责任、执行鼓励金等

资料来源：根据公开资料整理。

(二) 市场层面——运行机制

与商品市场相同，市场运行机制是市场运行中各要素互相适应、互相制约、共同发挥作用的关系总和，包括五大机制：竞争机制、价格机制、供求机制、利益机制和调节机制。其中，价格机制是市场机制的核心，其他机制都围绕和通过价格机制发挥作用，生态产品市场的运行机制有其独特特征。

1. 价格机制

价格机制包含着广义价格的价、税、费。生态资源市场的价格机制中，政府收费机制和市场议价机制共同作用于其价格机制，生态资源的价格属于"混合价格"。生态资源的外部性越弱、交易成本越低，产权越明晰，则市场议价的作用因素就越大，反之则相反。交易实践中，为达到交易的可行性与低成本，公共产权部分特别大的生态资源被认作"纯公共品"由政府以补偿的方式直接定价投入，如原始森林；如果生态资源经商品化处理后能消除外部性、降低交易成本，则可只采用价格补偿机制，成为自然资源中的"纯私人品"，如碳排放权、排污权等。

2. 竞争机制

自由市场上的交易者在不违背市场规则的条件下，可以自由地选择价格、

质量、服务等多种形式的竞争策略，竞争结果也自己承担。而在生态资源市场，由于市场主体数量不多，交易不活跃，且竞争的方式受到交易者之间预先规定条件的限制，竞争结果大多数情况下并不由竞争者本身所承担，而是由政府或利益相关者来承担。生态资源市场上的竞争属于控制型的有限竞争。

3. 供求机制

一般自由市场的供求是受自由市场"纯价格"单独调节的，供求波动往往较大；而生态资源市场的供求属于"总量管控"型，供求波动相对较小。且其供求在成本－效益、规模控制等方面与一般的纯私人品和纯公共品均有所不同。

4. 利益机制

由市场以最终的交易价格作为交易双方的利益分割线，以利润最大化作为交易者最终的交易目标，成本补偿实行个体补偿，风险责任个体负担，个体利益与交易的价格（产权代价）完全对等。而生态资源市场的利益机制是以"混合价格"为利益分割线，以社会福利最大化为交易目标，使企业、消费者与政府间的交易契约及其效率难以准确。

5. 调节机制

自由市场通过市场平衡枢纽——价格机制来带动供求机制、竞争机制、利益机制共同调节市场的运行，市场的稳定性以效率为指针，起伏相对较大；生态资源市场的调节机制虽然也以价格机制为调动枢纽，但其价格是"混合价格"，受到政府管控，价格机制调节功能没有自由市场发挥充分，市场的稳定性以公平和效率兼顾为目标，市场波动相对较小。

（三）市场层面——配套市场

1. 投融资市场

在一般商业投融资市场基础上，生态资源投融资市场包含五个特有机制。一是财税机制。政府财政资金是生态资源市场顺利运行的保障和基础，对生态资源税费的"绿色化"改造和引导，是增加市场活力的有效手段。二是生态基金机制。在发达国家，从联邦政府到州政府，都成立有相关生态基金，如美国、加拿大的清洁生态技术基金等。通过基金运作能有效保障重点领域和重大项目的实施。三是商品化机制。通过授权特许经营等市场化模式实现生态资源的商品化、企业化。四是平台载体机制。通过组建政府投融资公司，使之成为政府投入的平台、社会投入的载体，是国内外的普遍做法。五是绿色创新机制。创新推出 CDM 财务顾问、绿色股权融资、排污权抵押融资等金融创新工程。

2. 技术市场

从绿色技术市场的交易标的来看，绿色技术市场重点包括四个子市场。一是清洁生产技术市场：实现在生产过程中将废物减量化、资源化和无害化。二是环境污染控制技术市场：通过加强环境污染控制技术的研究，增加环保投入，对生产、生活过程中产生的"三废"（废水、废气、废渣）进行治理。三是绿色产品市场：指对产品生命周期的绿色化进行管理。如德国对 72 类近4000 种产品授予环境标志，分属七个产品类型：可回收利用型、低毒低害型、低排废型、节能型、节水型、可生物分解型、低噪音型。四是绿色管理服务市场：通过对绿色技术的有效使用和规范操作，有效地进行环境管理和污染治理。

3. 人才市场

从全球来看，生态资源市场人才培养可分为西欧模式、北美模式和东亚模式三种模式。西欧模式生态人才的培养主要以高等教育、职业技术培训、成人继续教育为主，通过多种培养方法有针对性地造就人才。北美模式侧重于通过构建科研与教学相辅相成的培养体系来培养环保人才，采用以研究型单位为核心，专业理论教育支撑、科研辅助、实践技能推动的综合人才培养模式。东亚模式以日本为代表，对生态人才培养更具有针对性，侧重于针对确定的研究主题开展更为专业对口、更有针对性的培养与发展。

4. 平台载体

截至目前，关于生态资源的交易平台主要围绕碳权、排污权、水权、林权四大品类。碳权：以欧美为两大中心，在全球范围内已经有 30 多个交易平台。我国从 2011 年开始启动了 7 个省市的碳排放权交易试点。排污权：2007

年以后，环保部与财政部先后批复了浙江、江苏、天津、河北、内蒙古等 11 个国家排污权有偿使用与交易试点。水权：2014 年水利部选择 7 个试点省开展水权交易平台试点，2016 年国家级水权交易平台在北京成立。林权：2009 年成立的中国林业产权交易所是国务院批准成立的全国性林权及森林资源的市场交易平台。但是，我国生态资源交易平台还存在可交易品种少、交易门槛高、资金进出不方便和平台整合力度不够等问题。

5. 其他要素市场

很多市场、产业与生态资源市场息息相关，如信息服务业、旅游产业、生态咨询业、健康养老产业等，这些市场的健康发展对生态资源市场的建设与运行起到良好的推动作用。

（四）政府层面

1. 法律法规体系

环境立法是有效进行环境管理和污染治理的最后保障，是调节人－技术－自然三者关系的有力手段。国外十分重视环境立法，各类"绿色法律"相继出台，召开"绿色国际会议"达成并签署多项全球性环境保护公约。近年来，国内环境立法进程显著加快。政策体系方面，围绕生态文明建设，形成"5 个纲领性文件＋8 项制度"的政策体系。

2. 生态资源管理体系

从生态资源的管理流程来看，重点包括产权界定、资源规划、审批核定和编制资产负债表四个环节。产权界定方面，国内外重要的生态资源都是以国有模式为主，通过让渡生态资源的有限使用权来获取产权收益。资源规划方面，重点是实现各项规划的协调，编制相应的产权处置和开发利用规划。审批许可方面，是实现资源管理的关键步骤，有许可证、竞价拍卖、代理经营等多种模式。编制资产负债表在挪威、美国以及国内多个省市都有大量的探索。

3. 生态资源监督体系

这主要包括五个部分：通过各类规划对生态资源用途实现监管；对生态

资源收益的获取、分配和使用等环节的监管；对市场交易过程中履约情况的监管；对生态资源公共性和外部性情况的监管；对生态资源产权纠纷的调节和监管。

（五）社会层面

1. 公众意识领域

目前，国内对生态环境保护的总体情况是：关注度高，参与度低，公众环保意识尚未转变为有效的环保行动。包括以下几方面：环境教育方面，欧美和我国港台地区的环境教育已十分成熟，但我国内地大众化教育尚处于推进阶段；农村环保宣传方面，我国环保宣传集中在城市社区、学校、机关，农村环保宣教比较薄弱；绿色消费方面，减少环境破坏、保护生态的消费观念正在逐步形成。

2. 理论研究领域

国内生态资源市场相关理论研究滞后于市场实践。理论研究中，外部性、公共产品理论等不再累述，但有两个概念需要重点厘清。一个是生态产品。与国外不同，国内史多从"产品"的角度来搭建生态资源的市场机制，从生态产品的获得、保护和治理三个环节组织交易市场，从公共产品理论寻找理论支撑。按照弗里德曼给公共物品所下的定义："我主张将它定义成这样一种物品，一旦生产出来，生产者就无法决定谁来得到它。"按照其具备的"竞用性"与"排他性"程度划分，公共产品可分为纯公共产品、准公共产品和俱乐部产品。生态资源大部分属于准公共产品。公共产品理论为构建生态资源市场奠定了理论基础。另一个是生态补偿和 PES 概念的联系与区别。生态补偿和 PET 彼此交叉，在国内和国外语境中被多次混用，是极容易混淆的两个概念。从概念内核上说，生态补偿包括"污染者付费、破坏者付费和受益者补偿"三种模式，包含把负的环境外部性内置化和正的环境外部性内置化两种机理；PES（生态服务付费）只涉及受益者补偿和正的环境外部性内置化这一类型。PES 某种程度上属于生态补偿的一种子类型。

3. NGO 组织领域

环境 NGO 也称民间环境保护团体、民间环保组织、环境团体、绿色非政府组织等，他们在生态资源市场体系中起到重要作用。一是环保宣传教育。环境 NGO 唤醒公众的环保意识，通过大量的、扎扎实实的宣传、教育、实践，向社会大众宣传和普及国家环保有关的法律、政策。二是监督政府环保。环境 NGO 作为非政府组织，监管政府环保行为的落实和环保责任的承担，促政府环保决策的透明等重要职责。三是参与环保决策。环保 NGO 凭借其深厚的群众基础和专业的经验积累，影响力和决策权也愈加强大。从绿色江河保护藏羚羊到建立长江源环保纪念碑，从绿色家园到保护怒江，到处可见环境 NGO 所发挥的影响力。

三、国外生态资源市场体系发展的经验借鉴

针对生态资源的价值属性，国外生态系统服务（ES）理论发展比较成熟。20 世纪 90 年代以来，在 ES 理论与环保实践的共同推动下，经济激励手段逐步取代传统的行政强制命令，在欧美国家，以生态系统服务市场（Market for Ecosystem Service，MES）和基于市场化的生态系统服务付费（Pay for Ecosystem Service，PES）为主体；以政策法规体系、监管体系、投融资体系、要素市场等为配套的生态资源市场体系框架得以形成和推广（见图 9 - 4）。

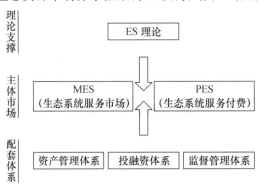

图 9 - 4　国外生态资源市场体系框架

资料来源：根据公开资料整理。

（一）主体市场

1. MES（生态系统服务市场）

MES（Markets for Ecological or Environmental Services，生态、环境服务市场）是指通过规定生态资源利用上限和污染排放下限，明确总量要求，并按照一定标准制定和分配配额，鼓励企业通过交易市场对结余配额进行交易并获得经济补偿，核心是运用交易机制最大效率地利用生态资源的环境容量（见图 9-5）。在此理论基础上，发达国家大量建立碳权、水权、排污权、林权等交易市场。

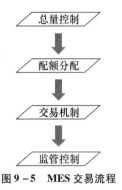

图 9-5　MES 交易流程

资料来源：根据公开资料整理。

温室气体排放交易市场，典型的有欧盟排放交易体系（EU-ETS）、美国区域温室气体行动计划（RGGI）以及澳洲、巴西、新加坡等建立的温室气体交易市场，对我国完善碳排放产权交易市场颇具借鉴意义。排放总量控制方面，欧盟采取分阶段控制总量，第一阶段由于缺乏排放历史数据和相关经验，采用自下而上的总量控制法，即由各成员国提报碳排放计划，由欧盟审核确定最终排放总量；第二阶段以 NAP（国家配额计划）方式确定排放总量；第三阶段采用历史排放数据法确定排放总量。行业管制方面，欧盟采用多行业交易体系，美国只管制火电行业。配额分配方面，欧盟采用从免费分配逐步过渡至拍卖分配的模式，且根据碳泄露风险给予不同行业不同的过渡期限；美国则完全采用拍卖的分配模式。交易机制方面，欧洲主要有配额量、减排量（offset）等交易模式，美国主要采用配额量交易模式，设立州政府监测平台和配额价格连续一段周期突破初始安全值的

"安全阀"制度。

2. 其他生态系统服务市场

国外在排污权、水权交易等方面也有很多创新性的尝试。例如，美国的排污权交易体系，主要包括泡泡政策、补偿政策、净得政策和排污量储存政策四个方面。泡泡政策是指将一个特定区域内的工厂群看作一个整体（泡泡），在泡泡内部实施总量控制。美国在"酸雨计划"中实施包含以上措施的二氧化硫排污权交易，实现了减少 1000 万吨二氧化硫排放量的环境控制目标，投资也从 50 亿美元降低到 20 亿美元。澳大利亚的水权转让体系，澳大利亚联邦通过立法明确州政府为水资源所有者，拥有对水权的调配权，企业想拥有水权只能通过水权拍卖市场获取，但为保护公众用水用电安全，生活水权和水力发电水权不进入市场进行交易。

对我国的启示：合理地选择交易对象，使相关行业和企业在市场机制的作用下成为市场的有效主体；科学地设立环境总量，初期可采用自下而上的总量控制法，数据累积量足够以后可采取历史数据排放法；采用先免费分配、再逐步拍卖的方式公平分配配额；设计好交易机制，包括检测核证机制、惩罚机制、安全阀机制等。

3. PES（生态服务付费）

MES 专注于相对成熟、总量可控的交易标的，与之相比，PES（Payment for Ecological Services，生态服务付费）的实践领域更宽广，包括流域保护、栖息地保护、野生动物援助、生物勘探等。总体来看，对于 PES 项目没有统一适用的普适性规则，PES 项目的具体操作细节需根据具体目标、现实状况进行适应性的调整（见图 9 - 6）。从所实施的 PES 项目来看，PES 项目的支付额度与成本相关联，而与生态系统服务价值本身联系不大。

以流域保护 PES 项目为例，流域保护 PES 项目基于多重的生态目标，包括水质和控制保持水土，甚至还有动物排泄物处理等目标。受益者对 PES 项目成本进行核算，并与供给者进行谈判和议价，双方就 PES 项目达成协议。

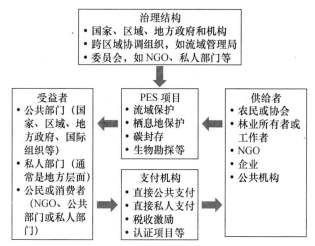

图9-6 PES的基本结构及利益相关者关系

资料来源：根据公开资料整理。

【专栏9-1】 法国维泰勒蓄水层修复计划

维泰勒蓄水层位于法国东北部6000公顷左右，该地水质优良，作为瓶装矿泉水生产地已超过100年。蓄水层地表由25个牛奶农场占据，20世纪80年代以来，化肥使用量开始提高，饲养家畜的玉米种植面积也大幅扩大，其对蓄水层的水质产生了较大的影响。维泰勒与法国国家农业研究所共同合作，研究农户养殖行为变更对水质的影响，并花了10年时间与农民进行谈判，与农户签订补偿合同，说服他们改变农业耕作方式。合同核心要素包括：合同持续长达18~30年；补偿标准为：200欧元/公顷/年；新设备费用：150000欧元；此外，提供免费的有机堆肥服务和技术援助服务。

（二）配套体系

1. 资产管理体系

生态资源资产管理是国家行政管理的重要组成部分，管理的目的在于谋求社会福利最大化。从管理权限来看，重要生态资源的所有权基本都是公有，所有权管理遵循"谁所有-谁管理-谁受益"的原则。例如，联邦（国家）

公有土地由国家联邦（国家）管理，州（省）公有土地由州（省）管理，政府通过向市场让渡资源使用权获得产权收益，通过市场经济活动，实现政府宏观调控与市场微观调节的有机统一。从管理流程来看，生态资源资产管理共包括 9 个环节。其中，产权登记一般有两种模式，一种是英式的统一登记模式，《英国土地登记法》规定所有土地都应登记；另一种是美式的"谁管理，谁登记"以及加拿大的"谁所有，谁登记"模式。资产清册随时修订详细目录以真实反映各种条件的变化和各种价值的变化。挪威等北欧国家以及美国在自然资源纳入资产负债表方面进行了大量探索。

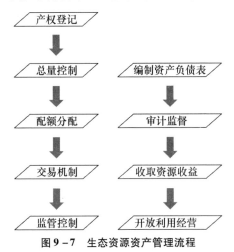

图 9 - 7　生态资源资产管理流程

资料来源：根据公开资料整理。

2. 投融资体系

在欧美国家"小政府，大市场"的经济发展模式下，政府不具备大规模支撑生态资源市场的财政实力，环境的保护和治理更倚重于基金、债券、信托等现代金融工具，这种模式资本撬动量大、投入产出效率高，效果十分明显。经过多年发展，欧美国家基本形成了制度完善、公平高效的投融资体系。

（1）基金。美国的环保超级基金是全球最著名、运营最成熟、成效最明显的环保基金。此外，还有欧盟的环境基金、以色列的国家水网更新基金、德国联邦环境基金、日本水源地区对策基金等，也取得了明显的效果。

【专栏9-2】　　　　　　　　美国环保超级基金

　　该基金脱胎于1980年美国国会通过的《综合环境反应、赔偿和责任法》（CERCLA），主要用于处理国内企业搬迁后留下不同程度污染的"棕色地块"。这只基金由联邦环保署负责投资运营，由联邦财政部负责资金保管。鉴于环境治理的长周期特性，超级基金不需进行年度结算，使用方式较为灵活。截至目前，超级基金用于场地治理费用累计约300亿美元，完成4万多个场地的前期评估，确认3万多个污染责任主体，完成400多个场地治理，清理有害固体物1亿多立方米，有害液体物3410亿加仑。

　　（2）债券和信托等金融产品。发达国家利用其先进发达的金融市场进行融资。美国地方政府可以发行用于生态环保设施建设的公债，其投资收益无须缴纳所得税；美国饮用水和无输出力项目建设资金的85%来自市政债券融资。每年发行的2500余亿美元市政公债中，环保投入占了很大比重。厄瓜多尔与联合国签署油田环保信托基金协议，对位于亚苏尼国家公园内（当地是全球物种最丰富的地区之一，被联合国列为全球生物多样性重点保护区）的油田进行环保注资。

3. 监督管理体系

　　完善的监管体系是生态资源市场体系顺利运行、生态资源可持续开发利用的保障。从监管对象来看，以法律法规为监管依据，主要监督政府和企业遵守和执行法律情况。从监管主体来看，一般采用"内部监督为主，司法监督和公众监督为辅"的模式。例如，美、英、俄三国的监管主体分别为各自的自然资源管理部门：内政部、社区和地方政府事务部、自然资源和生态部。国外在生态资源监管领域有两地特别值得国内参考：一是信息化手段的大量使用，信息化技术极大提高了工作效率和督察力度。如美国借助先进的数据处理技术、联网技术、信息数据库技术，并运用专业的监督软件对监督对象实行监督，监督工作与计算机网络组成一个有机整体。二是环境责任保险制度是一项普遍性安排，环境责任保险制度作为一项环境损害赔偿社会化制度，能有效集中社会环境监管力量，极大拓展政府在环境危机突发事件爆发时的选择余地。环境污染责任保险涉及环境权的各项权能，如清洁空气权、安居权、清洁水权等。保险公司作为未来监管队伍中的一只生力军，可以雇佣专家，对被保险人的环境风险进行预防和控制，这种市场机制的监督租用将迫使企业降低污染程度，从不同角度加强监管力度。

【专栏9-3】　　　　两种典型的环境责任保险模式

1. 强制环境污染责任保险模式

以美国、德国、印度为代表。美国将环境污染责任保险作为工程保险的一部分，强制要求投保；德国要求设施所有人必须采取责任保险保障设施营运过程中的环境安全；印度于1991年通过《公共责任保险法》，规定印度的环境责任保险。

2. 资源和强制相结合的环境污染责任保险模式

以法国为代表，以自愿保险为主、强制保险为辅。法国法律规定在油污损害赔偿方面必须采用强制责任保险，其他领域由企业自主决定是否投保。

四、我国生态资源市场发展现状与问题

围绕生态资源的"产品"属性，我国着重从生态产品生命周期的使用、保护和治理三大重点环节构建市场体系（见图9-8）。特别是在2016年，国务院密集发布《国务院关于全民所有自然资源资产有偿使用制度改革的指导意见》《关于培育环境治理和生态保护市场主体的意见》等文件，一方面，明确了生态资源有偿使用的基本原则；另一方面，在保护和治理环节，把培育市场主体作为当前推进市场化最迫切的工作，加快形成统一、公平、透明和规范的市场环境。

（一）主体市场

我国生态资源主体市场基本可分为产权市场、保护市场和治理市场三大

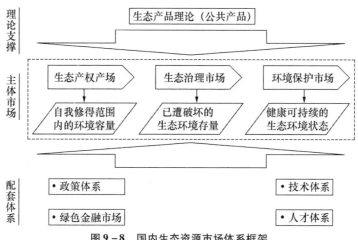

图9-8　国内生态资源市场体系框架

资料来源：根据公开资料整理。

市场，三者的市场标的和市场化程度有较大差别。其中，产权交易既包括土地、矿产等直接资源，也包括碳权、节能权等限额和总量控制的衍生权益，本文着重分析碳权等四大市场；生态治理市场中比较成熟的品类是污水治理，围绕污水治理衍生基础设施设备建设与运营、清洁生产服务等相关市场；环境保护市场由于外部性强，市场机制目前还不成熟，目前主要有政府对环境保护解决方案的政府采购、企业外包污染治理等模式。

表9-5　　　　　　　　　　　国内生态资源三大主体市场

产品周期	产品类型	生态资源	市场化程度
生态产权市场（使用环节）	直接资源	土地	政府管制＋有限商业化
		矿产	
		水	较高
		森林	较低
		草原、海岛等	较低
	衍生权益	排污权、碳权等	较高
环境保护市场（保护环节）	较低		
生态治理市场（治理环节）	第三方治理的整体解决方案	较低	

资料来源：根据公开资料整理。

1. 四大生态产权市场

十八届三中全会公报中，提出要率先探索建立节能量、碳排放权、排污权、水权的生态产权交易模式。四大生态产权交易市场有其共通性，基本遵循从立法确权、总量目标、配额分配、产权交易到市场监管的基本流程，政府主管部门依法确立生态产权和总量目标、实行公平有效的配额初次分配及市场秩序监管，参与交易的市场主体一般包括受控企业、交易机构、第三方核查机构、金融投资机构及散户四类。生态产权交易的首要目的是生态保护，其次才具有资本市场属性，具备资源配置、价值流通、有效降低治理成本的市场功能。预计到 2030 年，四大市场的总规模将超过万亿元，新增就业约 6000 万人，届时绿色低碳循环的可持续发展模式和现代制度将基本形成，生态文明通过市场化和大众化进程将真正做到融入经济、政治、文化、社会建设的各方面和全过程。

（1）水权交易。我国是水资源紧缺国家，人均水资源量世界排名 121 位，且水资源分布结构性失衡问题严重，概括为"五多五少"，即总量多、人均少，南方多、北方少，东部多、西部少，夏秋多、冬春少，山区多、平原少。水权交易作为一种相对成熟的能有效调节配置水资源的机制，较早进入公众视野。浙江、甘肃、宁夏、内蒙古、香港、新疆、河南等地都陆续进行了水权交易探索实践，形式上主要有：农业向工业转让水权、区域间水库向城市转让水权、农民间水票交易、政府向企业出让水权等，交易价格基本在 5～20 元/立方米的区间。2006 年《取水许可和水资源费征收管理条例》出台后，取水权转让制度正式开始施行。国家对用水实行总量控制和定额管理相结合的制度，全面推行用水实行计量收费和超定额累进加价制度。2013 年国务院出台《实行最严格水资源管理制度考核办法》，将 2015 年、2020 年、2030 年的用水总量分解到各个省区，基本建立覆盖省、市、县三级行政区的水资源控制指标体系，并计划在未来 5 年内完成全国 53 条重要跨省江河水量分配工作。在建立用水总量控制体系的流域和区域有条件探索总量控制下的区域间水量交易，南水北调受水区则有条件探索地区之间分水指标的交易。

（2）排污权交易。在当前大气、水、土壤等环境红线全线告急的情况下，加快建立完善排污权有偿使用和交易制度，是当下最迫切的机制创新和制度改革。2004 年，国家环保总局发布《关于开展排污许可证试点工作的通知》，在唐山、沈阳、杭州、武汉、深圳和银川开展试点工作，目前全国绝大多数省级行政区已将排污许可证制度纳入地方性法规，并制定了规范性文件。2005 年，国务院发布《国务院关于落实科学发展观加强环境保护的决定》，提出了运用市场机制推进污染治理，并建议有条件的地区和单位探索二氧化硫等排污权交易。2007 年，国家推行排污权有偿使用和交易制度试点，江苏、浙江、天津、湖北、湖南、内蒙古、山西、重庆、陕西、河北等 11 个省（区、市）作为国家级试点单位积极展开探索，目前交易品类涉及化学需氧量、二氧化硫、氨氮和氮氧化物、总磷、铅、镉、砷、烟尘、工业粉尘等排放。各试点地区政府对排污权的核定、有偿使用及交易价格设计、初始分配方式方法、有偿取得和出让方式、交易规则和交易管理规定等展开创新和积极探索。

（3）碳排放权交易。经过国际碳市场——清洁发展机制项目（CDM）的培育，相比于其他生态产权市场，我国碳交易市场相对更加成熟。从 2008 年起，中国成为全球碳市场的最大供给国。2010 年，国务院下发《国务院关于加快培育和发展战略性新兴产业的决定》，首次提出要建立和完善碳排放交易制度。2011 年国家发展改革委下发《关于开展碳排放权交易试点工作的通知》（发改气候［2011］2601 号），批准"两省五市"开展碳排放权交易试点工作，单从配额规模看中国已经成为仅次于欧盟的全球第二大碳市场。2017 年，国家发改委印发了《全国碳排放权交易市场建设方案（发电行业）》，提出以发电行业为突破口率先启动全国碳排放权交易体系，未来将逐步扩展至其他行业。这标志着全国碳排放交易体系正式启动。

（4）节能量交易。节能量交易机制比较复杂，其市场手段与碳交易有较大的相似性和重叠性，目前尚未真正推出，只在小范围地区有尝试。此外，如果节能量交易和碳交易同时推行，可能存在重复计算问题，但也不排除两者的互补性。北京等碳市场试点目前已经直接将节能量纳入碳交易的范畴。目前，江苏、福建、山东等省市先后出台了节能量交易的意见、办法，南京、合肥等城市完成多笔交易。节能量交易作为一种重要的环境约束手段，在雾霾治理中发挥了越来越重要的作用。

2. 生态保护和环境治理市场

生态保护领域公益性、外部性较强，交易机制不明晰，市场体系目前还处于起步探索阶段。从实践来看，可重点探索政府购买生态保护设施运行、维修养护、环境监测等服务，同时，加快发展环境风险与损害评价、绿色认证、环境污染责任保险等环保服务业。环境治理市场包括：环境基础设施建设、环境基础设施运营、排污企业治理设施建设、排污企业治理设施运营、清洁生产五大类，其相对市场化程度较高。

（二）配套体系

1. 生态文明政策体系

十八大以来，生态文明建设提升为国家战略高度，一批宏观性的纲领文件和具体可操作的规章制度密集出台，形成了"5＋8"的政策框架，构成了产权清晰、多元参与、激励约束并重、系统完整的生态文明制度体系，为生态资源市场体系的建立和完善提供了坚实保障。"5"是指 5 个纲领性的文件，由"报告＋决定＋意见＋方案＋建议"组成，从公示时间来看，分别是：2012 年 11 月 8 日公示的十八大《坚定不移沿着中国特色社会主义道路前进，为全面建成小康社会而奋斗》报告把生态文明建设纳入"五位一体"总体布局；2013 年 11 月 12 日公示的十八届三中全会《中共中央关于全面深化改革若干重大问题的决定》明确了生态文明制度框架；2015 年 4 月 25 日提出的《中共中央国务院关于加快推进生态文明建设的意见》明确了生态文明建设的四大目标任务；2015 年 9 月 21 日中共中央国务院印发《生态文明体制改革总体方案》阐述了生态文明建设的 8 项制度。2015 年 10 月 29 日十八大第五次会议通过的《中共中央关于制定国民经济和社会发展第十三个五年规划的建议》确定了"十三五"期间绿色发展的发展理念。8 个具体制度是：构建起由自然资源资产产权制度、国土空间开发保护制度、空间规划体系、资源总量管理和全面节约制度、资源有偿使用和生态补偿制度、环境治理体系、环境治理和生态保护市场体系、生态文明绩效评价考核和责任追究制度。

2. 绿色金融市场

绿色金融是指能产生环境效益以支持可持续发展的投融资活动，这些环境效益包括减少空气、水和土壤污染，降低温室气体排放，提高资源使用效率，减缓和适应气候变化并体现其协同效应等。绿色金融市场是支持生态产品市场发展的重要支撑，是生态资源市场体系的重要组成部分。政策法规方面，2013 年的十八届三中全会绿色金融的发展创造了环境经济政策空间；2016 年 10 月，中国人民银行、财政部等七部委联合印发了《关于构建绿色金融体系的指导意见》，对加速和推动我国绿色金融市场发展起到了有力的推动作用。金融品类方面，绿色信贷、绿色保险、绿色证券均取得了长足进展。金融机构方面，银行加大对绿色环保产业和生态环境建设的支持力度，保险公司通过环境责任险协助企业加强环境风险的管理能力，私募股权和风险投资基金在回归价值投资的过程中，逐步加大对可再生能源和清洁技术等可持续性行业的投资。

3. 绿色技术市场

我国绿色技术市场大致可分四类。一是 B2B 模式。绿色技术提供企业推动绿色工艺和技术的应用和扩散，主要面向资本密集型制造商、电力部门、公共事业部门、电力或生物燃料分销商等，此类型易形成规模绿色经济，成本结构有利于大规模基础设施融资，但前期投入大，适用范围较小。较典型的是绿色节能建筑和各类绿色环保基础设施 PPP 项目等。二是 B2C 模式。绿色企业将技术、产品和服务出售给大量分布于各地的客户，终端客户提供能源效率、废物转换、电力或其他基础设施服务。客户包括广大居民、市政部门政府机关、商业建筑和工业厂房等。此模式易于积累客户规模，提供增值服务，但前期投入大，成本价格较复杂。较典型的有分布式光伏发电购买协议等。三是技术服务模式。绿色企业基于专有绿色技术或专利为客户提供专业绿色技术服务，且通过提供技术服务获取报酬。此模式启动资金较少，融资较灵活，但对技术要求较高。较典型的如环境污染的第三方治理等。四是产品服务模式。绿色企业为客户同时提供产品和服务，推动相关绿色技术扩散。此模式拥有大量潜在客户和巨大的市场潜力，增加其盈利模式类别和潜在的利润空间，实现经济、社会和环境效益共赢。较典型的有新能源汽车领域的相关技术创新。

4. 环保人才市场

十八大以来，生态文明上升为国家战略，社会各界对环保相关人才的重视程度、相关专业人才的需求和供给与日俱增，人才职业发展前景可观。但与国外相比，我国生态领域人才体系建设还相对落后，体现在以下方面：一是专业化程度不高。我国环保专业人才目前存在的主要瓶颈就是许多人才受教育程度低，没有很高的学历，大多数为大专以下，本科以上学历的人才十分稀少。二是人才培养的体系还十分不完善，没有构建起一套完善的人才培养体系，缺乏有针对性、系统的培养机制。人才培养方式还比较传统，多数采用课题教学，这种纯理论传输的教授形式，满足不了人才的培训需求。三是专业人才比例低，高级人才稀缺。

五、我国生态资源市场体系建设的思路与建议

（一）建立明晰的生态资源产权体系

产权明晰是自然资源资产进行市场交易的基本条件，是自然资源后继开发、利用和保护的基础。我国目前生态资源及衍生资源属于公有制，体现为全民所有制和集体所有制。要构建市场体系，在稳固所有权体系基础上，盘活生态资源使用权，根据生态资源、生态治理和保护的要求，建立多元化的、可交易的所有权体系。一要准确把握生态资源自身特点，系统构建生态资源产权体系。生态资源是土地、水源、草地、林地、矿产及延伸生态权益的统称，不同类型的生态资源各具特色，其产权制度的制定需因地制宜、因权制宜，站在生态系统的高度统筹把握各类产权的有机联系，确保各类产权协调衔接。不同类型的生态资源应以合理保护利用和有偿取得为基本原则，切不可简单照搬照抄。二要充实各项自然资源产权的权能。落实全民所有权和集体所有权，稳定农户承包权，放活土地经营权，放松集体经营性建设用地使

用权。通过法律制度促进经营权的规范有序流转，彰显自然资源产权的财产权属性。三要防止产权滥用和不当干预。国家生态资源所有权不同于私人财产所有权，不以经济利益最大化为唯一目标，而是考虑社会福利最大化。因此，生态资源产权既包括所有权的落实，也包含监督管理权的行使。政府在行使权利时，要强化部门间沟通协调，科学设置相关机构及其职责，将全民所有自然资源资产所有权人的相关职责行使到位。四要加快构建生态资源产权法律体系。我国已颁布《土地管理法》《矿产资源法》《水法》《森林法》《草原法》《渔业法》《海域使用管理法》等生态资源相关的立法，还需根据后继市场体系构建需要，优化调整法律条款，将相关产权的具体内容和保护措施等予以系统规定。此外，还需加快生态资源综合立法的起草研究。

（二）建立统一的生态资源价值标准体系

生态资源的价值是多种生态效应共同作用的结果，难以单独衡量和估算。建立统一的生态资源价值衡量与标准体系，是生态资源市场交易的核心、重点和难点。理论上，生态资源价值衡量方法有生态系统服务功能价值法、生态效益等价分析法、机会成本法、意愿调查法、市场法等。这些方法各有利弊，要结合进行交易的资源品类与使用场合择机使用。确立市场与政府相结合的定价主体。由于市场确定的资源价格只反映生产成本，不能反映补偿成本与社会成本，因此，政府部门有必要在市场定价的基础上，利用"税""费"等工具，对自然资源价格进行适度的干预和调整，在确保有效利用自然资源经济价值的同时，坚持自然资源的可持续采用和社会的可持续发展。具体来说，就是要做到"因资制宜"，根据资源的价值属性和稀缺程度，审慎确定政府介入程度。以水资源为例，水资源丰富的华东地区可实行市场定价，政府放宽甚至不介入价格管制；但在水资源紧缺的西北地区，水资源属于关乎国计民生的重要战略短缺物资，需要政府介入进行监管定价。建立专业统一的自然资源定价机构。我国自然资源监管定价分散在发改委、商务部、国土资源部、环保部以及各个特定监管机构，各省市区的监管机构设置更加复杂。因此，有必要设置自然资源管理的统一机构，负责制定包括自然资源价格在内的自然资源管理政策，协调和衔接相关职能单位和部门的工作，统一核查自然资源基本情况和变动情况。

（三）建立多样化的生态资源市场交易体系

在产权明晰与合理定价基础上，根据自然资源品类和属性，建立多样化的交易体系。一是发展直接市场交易模式。对于洁净空气、清洁水源、无污染土壤等生态资源，可通过创建、规范相关市场，直接进行市场交易，具体模式有碳排放交易、排污权交易等。交易过程中，政府的最大作用是提供平台和规范交易，包括对偷排、篡改排放数据等行为予以严厉打击和惩处，确保交易机制顺利进行。二是促进生态资源产业化经营模式。政府将生态资源经济价值与相衍生的社会责任和生态责任以合约的形式全部或部分让渡给企业或个人，较常见的有合同模式和特许经营模式。以风景名胜区特许经营为例，在实施特许经营项目之前进行可行性分析，就实施计划、财务分析、风险防控进行全方位模拟分析；组建项目工作组，包含景区管理人员、执行企业、外部顾问、当地社区代表等多方人员；制定工作计划，分解工作项目，确定具体负责部门和个人；建立公正、合理的"第三方"评估体系；纠纷解决体系和退出机制。三是鼓励生态建设成果赎买模式。对于已破坏或退化的自然资源，单凭自然力无法自行修复，需借助人为参与来修复和重建使之达到健康状态，即生态建设成果，较典型的有防沙治风、植树造林等。政府与企业或个人签订赎买合约，发挥市场机制作用，整合社会资源，将生态效益转化为经济效益。以退耕还林为例，可采用"政府＋企业＋农户"三级协作模式，企业与农户建立私人经济契约，将企业的资本优势、技术优势、组织优势与农户的劳动力资源有机结合，提升造林产业的经济效益；政府与企业签订产期合作契约，明确政府监管权责，提高政府资金利用效率。

（四）建立全覆盖的生态资源监管体系

监管体系是生态资源市场体系顺利运行的保障。一是完善国土空间用途管理。国土空间是生态资源的直接监管目标，统一行使国土空间用途管理是建立生态资源监管体系的突破口。同时，国土空间用途管理也是生态资源监管的重点对象和空间地域，是生态资源价值核算的前提。2017 年国土资源部印发《自然生态空间用途管制办法（试行）》（国土资发〔2017〕33 号），明确了空间管理的基本原则和主要内容。各省市区要加快政策衔接，出台区域性生态空间管制办法和细则，形成全覆盖的生态空间管理体系。要进一步明确生态空间用途分区和管制要求，综合考虑主体功能定位、空间开发需求、资源环境承载能力和粮食安全，出台空间综合规划。二是加快构建国家公园体制。2015 年，国家发改委在全国设置三江源等 9 个国家公园体制机制试点。在探索和总结试点经验基础上，2017 年 9 月，中共中央办公厅、国务院办公厅印发《建立国家公园体制总体方案》。国家公园体制是对我国生态资源监管体系的重大创新和探索。从国家公园体制机制试点来看，还需进一步明确和理顺新设管理机构与传统监管机构的权责划分和互动关系，避免监管真空和重复监管。三是引进第三方评估机制，完善生态评估体系。重点把握环境监管结果评估、过程评估和主体评估。结果评估重点考量工业废水排放达标率、生活垃圾无害化处理率等具体环境指标，评估过程中要丰富公众参与程度，力求最大限度反应公众诉求。过程评估重点考量自然资源开采、环境污染以及生产生活中出现的新的环境问题。要强化一线考察评估，生产过程重点考察生产投入产出状况及环境影响；生活过程重点考察垃圾分类处理、节能社区等方面。主体评估围绕政策制定主体，重点对政策制定能力、政策执行及落实情况进行评估。

第十章

基于利益相关者视角下的生态环境治理体系研究

　　生态环境治理体系是现代国家治理体系的重要组成部分。党的十九大报告提出"加快生态文明体制改革，建设美丽中国"，构建政府为主导、企业为主体、社会组织和公众共同参与的环境治理体系，实现经济社会发展全方位绿色转型，这是应对当前严峻生态环境挑战、走向和谐社会的必然选择。

一、理论背景

　　自工业革命兴起，环境污染和生态破坏使得人类生存条件受到严重影响，生态环境问题逐渐成为全球关注焦点，它不仅关乎全球经济、社会等各方面的可持续发展，更关乎每个人的生存权利。在经过生态环境单方面治理实践后，各国认知到市场机制的失灵和政府管制失败的现实，开始关注合作治理体系的可行性，这也为多元主体的"正式登台"埋下了伏笔。相关联的利益主体便是生态环境治理的各作用主体，他们既相互制约、冲突，也相互联系、补充，研究利益相关者的关系以及作用机制，对于建立生态环境合作治理体系具有重要的理论和实践意义。

　　利益相关者理论的萌芽始于 20 世纪 30 年代，作为明确的理论概念是由斯坦福研究所于 1963 年提出。利益相关者理论与 20 世纪 80 年代后逐步兴起的企业社会责任和企业环境管理的观点十分契合，其核心部分是对利益相关者的界定和分类①，关于它最经典的表述是由 Freeman 界定的"那些能影响企业目标的实现或被企业目标的实现所影响的个人或群体"，此认识不仅强调企业行为影响的个人和群体，也包括了受影响的个人和群体。在关于利益相关者种类的划分上，Charkham 按照相关利益群体与企业是否存在交易性合同关系，将利益相关者分为契约型利益相关者和公众型利益相关者；根据相关者群体在企业经营中承担的风险方式，将利益相关者分为主动和被动的利益相关者。不管是哪种分类方式，均是基于与企业活动相关的利益，以利益关联的方式、强度特征为依据。

生态环境属于公共物品，具有典型的外部性，即"一种经济活动所造成的对不直接相关的他人的成本或收益的影响，使他人或社会无补偿受损或者无偿受益"②，而与环境问题有关的外部性，主要是生产和消费的负外部性，即"经济主体对与其没有直接的市场合约关系的人们的环境福利所产生的有害影响"③。外部性产生的原因归结于产权模糊、市场缺陷以及利益分散，因此，在有效解决生态环境外部性上，必然涉及多方利益相关者，他们根据各自利益诉求和利益偏好进行选择，通过相互作用和博弈达到目标，这给有效解决负外部性问题提供了新的思路，也给生态环境合作治理提供了新的视角。

二、我国生态环境治理中利益相关者的认定和关系分析

（一）生态环境中利益相关者的认定

笔者参照王晓亮的方法，对生态环境利益相关者的界定主要以是否产生、承担和消除环境外部性为标准，不管是主动影响他人还是被动接受他人影响

---

① 王晓亮、杨裕钦、曾春缓："生态环境利益相关者的界定与分类"，《环境科学导刊》，2013 年第 3 期。

② http：//sjj. dl. gov. cn/info/52_ 35078. html。张子力： "浅谈公共工程外部性审计与国家治理"。

③ 孙鳌："环境外部性非内部化的原因与对策：政府的视角"，《学海》，2010 年第 1 期。

的当事人，均界定为利益相关者①。利益主体依据各自利益诉求，表达对生态环境治理目标的态度，决定了利益相关者大致分为以下三大类。

1. 积极拥护者

在生态环境保护和治理中，表达对目标的积极态度，是此类群体的最大特点。不管其利益偏好和诉求的出发点如何，这类群体以推进环境保护为主要目标和责任。一是中央政府。我国中央政府是代表全国人民实现对国家事务的管理，其身份和职能决定了从社会、经济发展方面积极促进环境保护管理工作的良性发展。这就要求它做好协调、监督等工作，配置各项资金，制定法律法规，出台宏观政策，引导其他利益相关主体共同治理，切实增强环境保护和治理工作的统一性和有效性。二是民间环保组织。该群体主要以推动我国环保事业发展为己任，通过开展环保宣传教育、举办环保公益活动、组织环保培训等方式，倡导民众积极参与环境保护和治理，并对政府和企业的环境责任开展监督，同时积极参与环境决策，促使各方主体共同为环境目标奋斗。三是环保类企业。作为环境治理的衍生主体，环保企业以环境治理效果为企业盈利目标，其专业技术优势和规模效应决定了它具有其他企业更加重要的责任，包括配合政府参与各类生态环境治理制度、标准的制定、处污技术的提升改造等，未来环保企业将成为环境治理的重要主体。四是具有较强远见的企业。作为能预见到未来绿色生产带来的巨大市场效益的企业，往往会大力支持环保行动，积极配合政府，这类主体包括外企、国企、大型民企等。五是环境专家。具有环境专业知识技能的人员，是首批认知生态环境重要性的一类群体，对环境决策享有权威的发言权。六是媒体。生态环境的好坏直接关系到每个人的生存权，作为关注重大事件和表达民意的媒体，也是生态环境保护和治理的拥护者之一。七是部分具有经济能力且有环保意识的民众。作为生态环境最终的消费者，公众对生态环境的偏好一定程度上与自身的经济能力和环保意识有关联，在两者条件都满足的条件下，这类民

---

① 王晓亮、杨裕钦、曾春缓："生态环境利益相关者的界定与分类"，《环境科学导刊》，2013年第3期。

众拥护环保的积极性更加坚定。

2. 强烈反对者

此类群体的利益诉求，决定了对生态环境保护和治理持反对意见，他们也是生态环境保护政策的阻挠者。一是主要污染类企业。企业作为市场经济主体，根本目标是实现价值最大化，这种"最大可能降低成本和追逐利益"的诉求，尤其是缺乏法律法规的约束和社会责任意识欠缺的情况下，污染类企业更加会重视眼前短期利益，忽视长远绿色生产带来的持续发展前景，寻找法律和监管漏洞，实现污染环境治理投资成本最小化，或者基于相似利益进行权力寻租，逃避政府监管和惩罚，实现无处置下的利益最大化。作为当事方企业对产生的环境污染和生态影响负有污染治理和生态改善的责任①，须积极配合政府部门，建立处理污染体系，包括引入清洁化生产设备、调整产业结构等措施。二是少数存在寻租利益的地方政府或政府管理人员。地方政府或政府管理人员是企业环境绩效的直接监管主体，是企业在治理污染上的直接利益相关者。部分地方政府或管理人员，因私利而与企业建立非法关联行为，背离治污和监督责任，成为反对生态环境治理的另一支不可忽视的群体。

3. 态度模糊者

受各方因素的影响，该类群体以自我利益为考量标准，对生态环境治理既不支持亦不反对，态度以利益是否受损为决定因素。此类群体包括：一是部分地方政府。与前者"寻租"目标形成的强烈反对态度不同，作为"经济人"的地方政府易受公共利益保障、GDP 增速、政绩考核等多方因素影响，态度模糊，决策以当时考虑因素而改变，因此是生态环境治理方可积极争取的利益相关者。二是其他非污染企业。作为受生态环境保护和治理影响较小的企业，必然会将环境治理影响（比如引进处污设备、缴纳治理费用等因素）与成本、收益进行对比后做出理性选择，在环境治理不影响企业运营和成本

①　中国科学院可持续发展战略研究组：《2015 中国可持续发展报告——重塑生态环境治理体系》，科学出版社 2017 年版。

利润前提下，该类企业也将成为治理拥护者。三是部分民众。民众作为环境保护和治理的直接受益者，同时也需要承担环保产品价格增高部分。对于环保意识强烈，且愿意承担增高的价格，即是前面所说的强烈支持者，而对于环保意识不强烈、经济承担能力有限的部分民众，他们的态度往往易变，当出台环境治理政策有利于自我时，态度即会偏向治理，反之亦然。

（二）利益相关者关系分析

这三大类的利益相关者，根据各自的职责和利益诉求进行互动（见图10－1），以达到最佳效应。因此，识别出各利益相关者与生态环境治理之间的互动性质，对于指导治理具有重要价值。

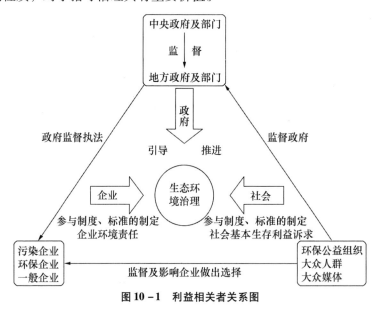

图 10－1　利益相关者关系图

1. 中央政府与地方政府之间的博弈

中央政府作为公共利益的代表者，考虑更多的是宏观政策制定，以及部门、区域、流域之间的协调制衡等。相比之下，地方政府作为本地区利益主体，既受经济发展和政绩考核的约束，同时也承担着监管环境问题并保障公共利益的职责。在中央政府和地方政府博弈中，其共同的目标是实现环境保护和治理的一致性，这就要求地方政府履行环境管理职责，加强对企业的监管。反之，因政绩考核、经济效益或权力寻租等因素的影响，造成地方政府的不作为或反作为，中央政府须强力介入，通过处罚和激励机制以督促地方政府积极履职，弥补因其监管不到位或缺失引起的环境和经济损益。同时，完善中央政府的监管体系，改进绩效考核机制，也是中央政府与地方政府利益博弈的结果。

2. 政府与企业之间的博弈

政府作为生态环境保护和治理的引导者和推动者，负责监督企业行为，通过制定和落实政策制度，约束企业做出任何影响生态环境的活动。在政府和企业间的环境保护博弈中，由于追求的利益目标不同，他们的立场亦会出现差异。地方政府[①]作为企业环境监管直接主体和企业治污的利益相关者，既需要承担监管成本、因治污降低企业利润带来的税收收入减少部分，也需要承担因监管不到位或缺失带来的环境污染治理成本。根据安志蓉、丁慧平、侯海玮[②]的研究，地方政府对未治污企业征收的罚款对地方政府监管的概率和企业投资环保的概率均产生直接影响，但作用效应相反。

3. 企业与消费者之间的博弈

企业作为被监督方，其"经济人"的市场行为，必然会促使它趋利避害，尤其是在承担治理污染责任或提高处污费用上。但如果消费者共同抵制非环保产品，选择不购买或者少购买非绿色产品，其销售业绩的影响足以让企业改变市场行为，加之地方政府处罚和激励机制的使用，企业治理污染的概率会相应提升。

4. 社会组织与政府和企业的博弈

支持治理的社会组织或个人（民间环保组织、环保专家等）基于人类生存基本利益的诉求，会主动参与到生态环境保护治理中，监督政府的执法行为和企业的经济活动，并通过自身的影响，比如提交议案、引导社会民众不

---

① 因考虑地方政府是企业的主要监管者，中央政府对企业的监管主要是通过地方政府进行的，因此，中央政府与企业的博弈此处不再论述。

② 安志蓉、丁慧平、侯海玮："环境绩效利益相关者的博弈分析及策略研究"，《经济问题探索》，2013 年第 3 期。

购买非绿色产品等行为，促使更多的团体或个人积极投入到治理中。对于治理反对方或态度模糊的社会团体或个人，中央政府主要以加强监管及提高补贴等措施，促使他们改变利益趋向，从而达到共赢。

三、我国各利益相关者参与环境治理的情况

随着经济、社会的发展，生态环境问题日益突出，我国已初步形成了以政府、企业和社会组织共同参与的生态环境保护和治理格局，其参与度和主动性是各利益相关者博弈的结果。

（一）政府类参与实践情况

政府是生态环境保护和治理最重要的主体。各项环境政策法规由政府行政部门主导制定并予以实施，其参与治理范围最广。2015 年全国环境公报显示，"十二五"以来，政府大力实施《大气污染防治行动计划》《重点区域水污染防治规划》，深化生态环保领域改革，提出实行最严格的环境保护制度；强力推进污染减排，安装脱硫设施，城镇污水日处理能力提高到 1.82 亿吨，二氧化硫、化学需氧量、氨氮和氮氧化物排放总量分别比 2010 年下降 18%、12.9%、13% 和 18.6%；积极稳妥化解过剩产能，淘汰落后炼铁炼钢产能9000 多万吨、水泥 2.3 亿吨，推进煤炭清洁高效利用；着力开展生态建设和农村环境综合整治，支持 7.2 万个村庄完成环境综合整治；加强重金属污染等重点领域风险防控，处置各类环境事件；大力推动转方式调结构，通过实施《关于重点产业布局调整和产业转移的指导意见》，引导相关产业区域集聚，加强规划环评，启动京津冀、长三角、珠三角的战略环评。2017 年全面实施《"十三五"生态环境保护规划》，以改善生态环境质量为核心，持续开展大气、水、土壤污染防治行动，全国 338 个地级及以上城市可吸入颗粒物（PM10）平均浓度比 2013 年下降 22.7%；93% 的省级及以上工业集聚区建成污水集中处理设施，新增工业集散区污水处理能力近 1000 万立方米/日，36个重点城市建成区的黑臭水体已基本消除。江苏、河南、湖南启动耕地土壤

环境质量类别划分试点。全面完成永久基本农田划定工作。着力推进绿色发展，完善主体功能区规划体系及配套政策，实施重点生态功能区产业准入负面清单制度。完成京津冀、长三角、珠三角区域战略环评，开展连云港等4个城市"三线一单"① 试点，印发《"三线一单"编制技术指南（试行）》。全国万元国内生产总值二氧化碳排放同比下降5.1%，超额完成4%的年度目标。清洁低碳能源发展加快，天然气和水电等清洁能源消费比重上升1.3个百分点。稳步推进生态保护。6省（区）开展第二批山水林田湖草生态保护修复工程试点，持续推进青海三江源区、岩溶石漠化区、京津风沙源区、祁连山等重点区域综合治理工程②。重视加强环境保护宣传教育力度，强力推动生活方式绿色化，及时发布与民生相关的环境信息，发布重点排污企业和违法排污企业名单，多渠道鼓励企业、民众参与环境保护和治理的各项措施。

（二）企业类参与实践情况

经过多年发展，企业已经在生态环境保护和治理上发挥着重要作用。在强调企业环境责任的背景下，我国企业社会责任报告总量已经增长至1703份，从报告发布主体性质看，国有企业是发布报告的主力军，民企发布的报告数量也占到了33.2%③。在国家强调生态文明体制改革、产业结构转型和合理布局的大环境下，企业已经逐步进行产业结构调整、制定内部环境规则、引进处污设备等措施，使之适应国家政策和市场需求。部分跨国企业和国内央企、大型民企开展了"绿色"行动计划，支持和赞助民间环境公益活动；环保类企业通过各种专业服务，广泛进入城市污水处理和工矿企业的污染治理活动中，开始成为各地方生态环境保护的重要合作伙伴④；作为推动经济发展重要力量的中小企业，正处于政府引导阶段，在转型进入或直接进入节能

---

① "三线一单"指生态保护红线、环境质量底线、资源利用上线和环境准入负面清单。

② 《2017年中国生态环境状况公报》。

③ 《中国企业社会责任报告白皮书（2015）》，http://news.xinhuanet.com/tech/2015-12/22/c_128556629.htm。

④ 中国科学院可持续发展战略研究组：《2015中国可持续发展报告——重塑生态环境治理体系》，科学出版社2017年版。

环保等绿色产业的个体，倾向于绿色产业技术创新，其主动参与性较同类企业更高。

（三）社会团体类参与实践情况

随着公众对生态环境的重视，许多环保民间组织也迅速发展起来。据统计，截至 2015 年底，全国共有生态环境类社会团体 0.7 万个，生态环境类民办非企业单位 433 个。它们在环境教育、环境信息公开、环境决策参与、环境监督、环境维权、环境和野生动植物保护等领域，开展了一系列的活动，引起了社会各界的广泛关注①，比如保护母亲河行动、怒江水电开发中的生态保护、藏羚羊保护行动及环保公益诉讼等，都产生了积极的影响。新闻媒体作为监督政府和企业履行生态责任的重要组织，在介入大量环保问题上，通过对污染问题、治理情况进行适时曝光，从而引发政府和民众的广泛关注，达到了有力监督的效果。

（四）利益相关者合作治理的理论和实践

后工业化时代，社会治理的主体变得多元化，每种利益主体都有着自己的利益诉求，从而存在利益冲突的可能。合作治理理念的提出客观上打破了传统中政府对社会治理的垄断地位，要求政府作为社会治理的参与者和合作者，与其他利益相关者处于平等的位置。拉瑟尔·阿克夫在 20 世纪 70 年代提出了"通过对社会系统中利益相关者的分析，找出他们之间的联系，重新构造利益相关者的合作途径，从而解决社会问题"。

在实践中，利益相关者合作治理就是包括政府在内的各种利益相关者通过相互合作、共同治理环境污染以保证实现区域公共利益的过程，主要包括以下内容。第一，利益相关者合作治理的主体是多元化的，最主要的就是中央政府、地方政府、企业和公众，而且都可以平等地表达自己的利益诉求。

---

① 中国科学院可持续发展战略研究组：《2015 中国可持续发展报告——重塑生态环境治理体系》，科学出版社 2017 年版。

第二，利益相关者合作治理的主体都是相互依赖的，生态环境污染涉及范围广，其本身公共资源的特征使得环境污染对相关所有者都可能造成损害，环境污染的问题需要全社会共同参与和治理。这也意味着没有哪个主体可以凭借自身的资源独立治理区域生态环境，各种治理主体需要依靠彼此的优势、共享信息和知识才能实现区域的公共利益。第三，在利益相关者合作的治理中，各种治理主体应相互增进彼此信任，依靠彼此的资源和优势采取集体行动，共同承担责任和风险，最终实现生态环境治理结构的网络化。

与多元共存相适应的环境污染防治体制只能是多元主体的合作治理，在环境污染防治政策的制定过程中，必然会受到多元治理主体自身利益诉求的影响，从而使政策的目标体系变得复杂化。反过来，复杂化的政策目标，又决定了政策的实现需要兼顾相关治理主体的利益诉求。利益相关者合作治理的目的是区域公共利益的实现，内容涉及各利益相关者利益共享问题、区域治理主体的多元化和治理主体的参与形式，以及各利益相关者的博弈行为对公共政策制定的影响等，利益相关者合作治理的基本问题就是如何减少利益冲突，达成共识。在合作治理中，需要实现多元主体参与和合作的理念。在过去，环境污染的治理关注更多的是管理的效率，侧重于经济效益，而利益相关者合作治理本着公共利益优先的原则，更关注区域的整体利益，更侧重公平和社会效益。利益相关者合作治理是基于实现公共利益的共同目标下而展开合作的，政府也会在合作的过程中更多地考虑公共利益。合作治理的基本特征是政府与社会、政府与企业的互动和合作，不再是控制导向的治理，是治理主体平等前提下的共治。

四、生态环境治理体系存在的突出问题

（一）经济发展与环境保护失衡

我国在长期追逐经济发展过程中，对环境保护的认识明显不足，直至出现很多环境问题，加之受国际环保理念影响，国家发展战略已经从发展经济调整为环境与发展并重，但许多设想的行动方案并未最终落实，经济发展实际上仍处于优先地位。

政府管理体制方面，部门设置和公共职能配置均显示出经济管理职能比生态环境保护、治理职能强大，权威性更甚，投入支出更大。全国环境公报显示，2010 年环境污染治理投资仅占当年 GDP 的 1.67%，2015 年更是下降至 1.28%，其中湖南、福建、河南、辽宁和四川等 8 个地区的污染治理投资占 GDP 的比重均低于 1%，国内环保投入的相对规模处于较低水平①。在管理绩效考核中，追求经济增长目标明显占优势，即使在全社会环境意识增强的大环境下，许多贫困落后地区甚至部分经济并不落后地区，其地方政府急功近利思想依然未发生根本改变，追求经济利益最大化和短期性、私有性目的明显，默认污染企业违规行为比比皆是。例如 2014 年内蒙古腾格里沙漠化工园区向沙漠直接排污，就引发了恶劣的社会影响。

企业是经济主体，追逐利益作为其第一目标，在政府重视经济发展的影响下，它的环境保护责任更加弱化，不上环保设施、不制定环保内部管理制度，甚至偷排、漏排情况时有发生。部分企业甚至顶着被查处的风险，在违法违规成本不高的情况下，大肆生产非环保产品，直接损害生态环境。

社会主体方面，由于长期受忽视，参与生态环境保护动力不足；少部分民众环境责任感不强，存在急功近利思想。这些因素影响的结果，实际上纵容了生态环境污染行为。

（二）利益相关者关系错位

我国由于长期实行计划经济，在进行公共事务管理时，依赖政府主导已形成思维定势，造成治理权出现错位、重复等问题，在处理各利益相关者关系上也存在较大的挑战。一是由于生态治理对象的共有物属性和当前生态治理部门的条块分割，使得治理对象在其产权、使用权和治理权的归属上呈现

---

① "2017 年中国环保行业发展概况分析"，http：//huanbao. bjx. com. cn/news/20170808/841917 - 2. shtml 。

出一种相对模糊和相对分离的状态①，也造成了公益性和商业性资源界定不清晰，使生态环境领域中政府和市场关系、监督管理和运行经营职能错位，让本该可以使用公共性生态环境资源的却实行了商业性经营，本该使用市场资源的却采用了政府行政干预手段，过度强调生态治理收益，忽视了公益绩效。二是过分强调企业在环境治理上的责任，缺乏对企业生态收益权的给予，造成企业治理压力过度增加，缺乏主动治理动力。三是制度调节碎片化，治理措施手段受局限。我国现行的生态环境治理立法过于单一、零碎化，缺乏系统性，且原则性条文居多，地方创制性立法不足或不接地气，对生态环境保护和治理的调节作用有限；在监管和运营中，主要强调行政管制手段，其他财政、税费、价格、信贷、产业等方面的市场和社会管理措施应用较少，不利于利益相关者各归其位。

（三）合作治理效果有限

现代生态治理已经由传统单一的政府治理结构向利益相关者合作治理模式转变，但因受到各种因素影响，治理效果不容乐观，甚至出现"治理失灵"现象，具体体现在以下几个方面：一是治理主体能力不足。党政权力未得到有效限定，政策性治理以行政管制为主，容易制造寻租机会，扭曲市场行为，生态治理效果不佳。同时，负责实施生态保护和治理的基层政府监管能力薄弱，配置达不到标准、专业人才不足及行政执法易受干扰等问题，均显示出政府治理能力有待提高。社会团体方面，相比于国外发达的社团效应，我国社会团体力量薄弱，资金、技术等重要力量不足，难以支撑环保类社团的长期、公益性发展。二是治理的协调性不足。主要体现在目标不一致。协调合作需要彼此间的高度信任，要求基本目标一致。但实际环境治理中，大部分公众习惯于依赖政府，寄希望政府能解决一切问题；而企业以追逐利益为目标，多数企业对环境保护的意识很弱，属于被动接受生态环境保护和治理的

---

① 杨美勤、唐鸣："治理行动体系：生态治理现代化的困境及应对"，《学术论坛》，2016年第10期。

理念。当各方利益不统一、不同步时，治理行动效果会大受影响，政策执行不到位、调控乏力等现象显现，政府治理权威受到挑战，公众参与热情受挫，以及"搭便车"和其他机会主义行为的诱惑等，直接影响下一步的合作，集体共同治理行为将难以持续。三是预防和源头治理重视不足。相比于终端治理，预防和源头治理更体现环境保护和生态规划的重要性，在国外生态预防治理逐渐显现效益，而我国的预防治理和源头治理却不容乐观，其中不仅是思想认识上的误区，还存在治理能力不足、关键环节连接不上等原因。

（四）监管应急机制不完善

随着突发环境事件的增多，我国监管体系不健全、应急机制不完善的问题凸显出来。在上下行政决策以及监督实施中，中央政府缺乏对地方政府及其有关部门实施法律法规、政策条文和规划上的有效行政及财政控制手段和措施，加之"条块分割"的管理模式，事权划分模糊，造成我国长时间未形成独立的监测评估和监管体制。并且，地方政府生态环境部门由于长期处于弱势，因此很难形成独立有效的监管。同时，监督部门内部，由于各级监管部门在实践中的信息不对称，难以掌握及时真实的环境污染情况，且监管部门自身动力不足，缺乏有效的指标反映监督力度，容易滋生寻租现象，最终造成监督不到位。在区域、流域监管方面，涉及利益分割化的制约，缺乏系统有效的监管体系，尤其是在跨区域性的生态环境治理中，各自为政现象成为常态，协调机制难以发挥功效。生态应急机制的不完善反映在应急预警、应急反应、应急动员和执行能力等方面存在提升空间，尤其是在多种污染物交叉重叠、形成跨区域、流行性蔓延的生态现状下，尚未建立完善的生态危机预警机制、动态评估机制等，将不利于我国处置紧急生态事件。

五、建立和完善利益相关者合作治理机制的思路与原则

上述各核心利益相关者在参与污染防治的过程中，都结合自身的利益诉求做出相应的行为选择，中央政府以政治利益和道德利益为取向，地方政府

除了代表公共利益外还有自身的利益，企业过多地追逐经济利益，忽视应承担的社会责任，公众往往盲目追求个人利益和短期利益。在污染防治的过程中，我们可以看出这些核心利益相关者之间存在着利益冲突和博弈，如何保证在公共利益优先的前提下满足各自的利益，如何改变和调整企业和公众在参与利益博弈和表达诉求时的弱势地位，有效避免公共资源的浪费，保证利益平衡和利益共享，是建立和完善利益相关者合作治理机制首先需要考虑的问题。

（一）总体思路

"十三五"期间，建立和完善生态环境利益相关者合作治理机制的总体思路是，全面深入贯彻党的十九大精神，以邓小平理论、"三个代表"重要思想、科学发展观为指导，深入贯彻习近平总书记系列重要讲话精神和治国理政新理念新思路新战略，统筹推进"五位一体"总体布局和协调推进"四个全面"战略布局，牢固树立和贯彻落实创新、协调、绿色、开放、共享的发展理念，按照党中央、国务院决策部署，以改善环境质量为核心，以解决生态环境领域突出问题为重点，通过平等的协商、对话、合作和参与，使环境污染者、环境治理者及环境治理的被动参与者等各利益相关者在合作治理的框架下达到最佳效果。通过利益的自我引导和社会协调，建立有效、合理的利益均衡机制，促进经济增长方式的良性循环，以达到保护人们基于自身利益需求的正当合理性的同时，又使人们之间的利益冲突得到有效的协调。严密防控生态环境风险，加快推进生态环境领域国家治理体系和治理能力的现代化，不断提高生态环境管理系统化、科学化、法治化、精细化和信息化水平，为人民群众提供更多优质生态产品，为建立适应全面建成小康社会的现代生态文明体系而奋斗。

（二）基本原则

在构建利益相关者合作治理体系的过程中，应遵循相关基本原则，且这些原则应符合合作治理理论的价值内涵。

1. 公共利益优先原则

环境污染防治的出发点不是追逐利润最大化，而是让生活在一定区域的人们享受治理的成果，具有明显的公共利益属性。基于公共价值的考虑，政府和其他社会自治力量都应当服务于公共利益，地方政府在环境污染防治中要逐渐远离追求地方经济利益，在利益冲突中要勇于代表公共利益，用制度去防范侵蚀公共利益的行为，保证公共利益的实现，担当公共利益的监护者。

合作治理倡导的公共利益是一种相容性的利益，即原有受益者的利益不会因为增加新的受益者而受损或减少；另外公共利益具有相关性，即公共利益受到损害，意味着所有参与者都会受到损害。这两种特征带来的不利后果就是存在"搭便车"的可能性，造成寻租和腐败现象，因此，合作治理重新强调了所有参与者对公共利益的责任，尤其是地方政府及其行政人员，合作治理强调多元主体的互相合作，把维护公共利益视为一种美德。公共行政以及新出现的公共管理体系的核心价值应当体现在公共利益上，是关于公共利益的信念、公共利益至上性的理念以及促进公共利益实现的道德意志的总和。只有在公共利益至上的理念下，公共行政才能成为维护平等和提供公正的行为体系。

2. 利益共享原则

由于生态环境具有准公共物品性质，使得一定区域的利益相关者的合作变得可能。在实际工作中，由于各利益相关者有着各自的利益诉求，导致了复杂的利益博弈结构决定了各参与主体合作的可能性降低。要使所有利益相关者都参与生态环境治理，最基本的条件就是所有参与者都参与利益的分享，利益共享是所有利益相关者互相合作、参与区域环境一体化的原动力。合作治理生态环境的出发点是通过各利益相关者的互相合作来共享一定区域的公共利益，实现参与生态环境治理的共赢。利益共享就是各利益相关者在平等协商的基础上，依靠各自的资源和优势，实现相互之间的利益转移，从而实现各种利益诉求的合理分配。实现利益的合理分享就需要合理的利益补偿，就是通过建立规范的制度来实现各利益相关者之间的利益转移。利益共享原则强调通过各利益相关者的相互合作与区域生态经济一体化的发展过程，从而扩大一定区域的市场，增加财源和收入。它强调每一位参与者都应该获得自身应得的利益。

3. 合作信任原则

信任对于合作的意义就是，没有信任就没有合作，合作治理要求治理主体之间的高度信任。合作信任不同于近代社会出现的契约型信任，这种信任不是形式化的，而是理性的，具有实质性内容的。合作信任是合作治理的前提，合作信任的建立与合作共治是一个共进的过程，合作治理的实践过程也是合作信任的确立过程。在环境污染治理过程中，利益相关者彼此不信任就不会相互依赖，就不会依托彼此的优势采取合作行为。在环境污染治理中利益相关者的信任建立在两个维度上：一是不同利益相关者之间，包括中央政府、地方政府、企业、公众及其他利益相关者之间；二是相同的利益相关者群体成员之间，主要包括地方政府间、公众个体之间、合作企业之间。

4. 平等协商原则

合作治理指的是在治理主体平等前提下的共治，所有治理主体的地位是平等的，在治理过程中都享有平等的权利。治理主体的平等性意味着传统层级治理会陷入困境，需要通过治理主体共同讨论、民主协商才能制定公共政策。平等协商的原则在本质上是以公共利益为取向，通过对话实现共识和明确自己的责任，平等协商意味着各主体能平等获得政治影响力的机会，表达的利益诉求不是被强制的，能够公开自己对某项政策的偏好或不满的理由，平等协商的原则由于考虑了所有利益相关者的利益诉求，经过了集体的理性思考，所以形成的集体决策能够被普遍认同和接受。在涉及制定环境污染治理的政策时，需要各利益相关者平等、公开、自由地表达自己的利益诉求，在利益交集基础上形成共同利益，保证公共利益的实现，同时在公平合理的基础上保障自己的利益。

六、完善利益相关者合作治理机制的政策建议

我国在生态环境治理的实践中已经存在多元主体的利益博弈空间，本课

题探讨的问题就是如何建立起能够适应多元主体参与管理的生态环境治理的运行机制，选择合适的路径完善生态环境合作治理模式，以防范治理失败的风险，结合我国多年来合作防治的做法，下面从公众、企业、政府和体制改革四个方面探讨环境治理的实现路径或对策。

（一）增强公众环境维权的能力

环境利益事关公众的切身利益，每个公众都有着关心与保护环境的强烈动机和愿望，但因自身原因及外部客观条件的制约，公众关心和保护环境的动机和愿望并没有很好地在行动中得以体现，尤其是公众在维护自身环境利益时与企业在利益博弈中处于劣势。因此，要改善环境质量，就非常有必要改变公众在环境治理中的弱势地位，增强公众参与环境治理、维护环境权益的能力。具体可从以下三个方面着手。

1. 加强环境宣传教育

应采取多种方式加强环境宣传教育，加大环境宣传力度，充分发挥宣传教育的作用，以便增进人们对于环境问题以及环境保护相关工作的认识和了解，获得防治环境污染和环境破坏、保护和改善环境的知识和技能，提高和增强环境意识、环境法制观念、环境政策和环境道德水平，正确认识和处理人与自然环境的关系，以达到动员社会成员共同努力保护环境的目的。提高环境宣传的广度和深度，政府要从资金上保证、技术上支持，正确引导各类环境保护社会团体和社会组织开展环保活动。

2. 促进环境非政府组织建设

环境问题的解决需要充分发挥全体居民参与的作用，通过合作、协商、伙伴关系、确立共同的目标等方式实施对环境问题的共同治理。世界上许多发达国家的环境治理经验表明，凡是生态环境得到很大改善的国家，都是一些环境组织和环境运动比较活跃的国家。但我国环境保护非政府组织在环境保护中的作用，仍然十分有限。因此，应该给环境非政府组织建设创造更为宽松的空间，简化申请审批程序，充分发挥环境组织的社会整合功能，动员更多的公众参与到环境治理的群体中来，为孤立地面对环境问题的分散公众提供一个更好的表达意见、维护权益的平台。实现政府的有限分权，确保社会拥有参与经济和环境决策过程的议政权、对政府及企业社会责任履行的监督权、获取基本生态环境信息的知情权、对受到污染损害的索赔权，并在法律法规中固定下来。

3. 鼓励公众积极参加生态环境治理

积极引导公众参与生态环境治理政策的制定，鼓励群众对政策制定和执行的监督。要建立环境治理公众全民参与机制。做好对社会公众的宣传发动工作，使各项环境保护法规深入人心，树立"爱护环境人人有责"的意识。处在环境治理第一线的基层政府务必重视与公众密切联系的环节，有效沟通，形成无缝对接，将环境治理的各项法规政策明确到团体、个人，发挥社区的环境治理功能，依法将社区对环境治理的责任进行强化，并由此进行目标分解，使环境治理的指标分解到街道、居委会、社区各单位，切实使环境治理责任到人。努力形成"人人都是环境享有者，人人都是环境治理者"的良好风气，切实营造保护环境从我做起的公众责任感和积极行动力。

（二）以公共政策创新约束企业环境污染行为

企业是环境污染的主体，如何约束其行为是环境治理过程中的一个最为重要的环节。企业作为追求经济利益最大化的法人，本身又不可能自行收敛其行为，对此，政府就很有必要通过相应的制度安排来对企业的行为进行约束和规范。重点可从以下六个方面来展开。

1. 完善企业的投融资制度

要控制企业的环境污染行为，政府可通过相应的制度安排从资本方面着手来调控企业的投融资行为，从而达到对企业环境污染行为的约束。当前我国现行的有关资本的环境经济政策主要表现在两个方面：从银行信贷方面着手来约束企业的环境污染行为，由国家环保部门与中国人民银行及中国银监会共同合作来实施，这项政策也称为绿色信贷；环保部制定一些政策措施限制一些规模较大且存在环保问题的企业上市融资，使企业更好地控制其环境污染行为，实现企业生产向有利于生态环境保护的方向发展，这项政策也称为绿色证券。要建立规范化的环境投资决策效益评价体系。调整现行的以环境污染排放浓度达标和总量控制为核心的法律体系，以环境风险评价为基础，以环境质量保护和管理为基本导向，加快建立起以保护公众身体健康和实现区域、流域环境质量改善为导向的法律制度体系。

2. 环保资金的使用方向从"末端治理"转向清洁生产

政府要注重推广应用既能提高企业效益又能改善环境的各种清洁生产技术，可采用同企业签订自愿协议或制订自愿参加的污染物削减计划的办法来减少企业的污染物排放。对生产过程而言，清洁生产要求企业从产品开发、原料选择、工艺设计、生产技术和管理等诸多环节入手，节约原材料和能源，尽可能不用有毒性原材料，并在全部排放物和废物离开生产过程以前就减少它们的数量和毒性；对产品而言，则是通过生命周期分析，使得从原材料取得到产品最终处置的过程中，尽可能将对环境的影响减至最低，促进经济、环境的良性循环。因为清洁生产需要强大的技术支持，所以环保投资资金必须对环境技术的研究与开发予以倾斜。

3. 设立土壤修复基金

建议借鉴美国《超级基金法》及其他发达国家经验，结合我国实际，建立以政府为主导，社会资本参与的全覆盖的土壤污染防治基金制度。作为政府性基金，分为耕地土壤污染防治基金和污染场地修复基金两类。耕地土壤污染防治基金重公益，主要来源于政府及其职能部门、科研高校的财政资金，以及一定比例的土地出让金，广泛吸收社会组织和社会团体的捐赠。该基金重点用于：开展土壤污染调查；建立未污染耕地土壤保护补偿机制；实施耕地土壤保护和修复项目；加强耕地土壤修复技术研发。污染场地修复基金重营利，采取公共资本和社会资本结合的 PPP 模式（公私合作模式）。政府财政资金投入，主要来源财政专项资金、企业排污费、污染场地修复后土地收益等。按比例募集社会资本，包括污染企业损害赔偿、高风险企业保证金、大型污染修复公司投资、其他企事业单位和个人投资、银行与证券公司等金融机构融资等。该基金重点用于：开展污染场地调查；实施场地风险管控和修复；开展应急支付与修复；研发专业修复装备设备。确保土壤污染防控和修复工作开展的及时性、专业性和科学性。

基金管理可委托专业的资金管理机构。建立社会公众对耕地土壤污染防治基金组织的监督管理机制，基金使用让公众进行评议，让公众广泛参与其中，激发公众投身耕地土壤污染防治事业的热情。建立开放式基金，对基金总额不封顶，可根据需要和经营策略而增加和减少。将环境保护技术专家、环境保护法律专家、机构专业管理人员引入环境污染治理基金组织的管理机构，可在基金组织内部设立各种污染防治技术咨询小组。财务上，加强审计监管。有限制的允许基金管理组织可以将一定比例资金用于投资从而获得收益，从基金内部挖潜，解决基金自身运作和存续问题，从而缓解政府、企业的压力，实现保值增值、滚动放大、持续投入。

4. 适时发行环保彩票

借鉴福彩、体彩的经验，适时发行环保彩票，为环保治理募集资金。建议参照中国福利彩票和中国体育彩票的管理模式，在环境保护部成立中国环境保护彩票管理中心，制定环保彩票资金管理办法，精密设计环保彩票的游戏类型，科学制定返奖率、公益金提取等问题的方案，规范环保彩票资金的筹集和分配，加大对基层地区尤其是西部重要生态功能区环保事业的关爱与支持。

5. 健全企业环境信息公开制度

环境信息披露制度的实行有利于消费者获得更多更充分的信息，可以很好地改善消费者与生产者环境信息不对称的问题，最终使市场功能得到更好的发挥。在市场经济中，消费需求是拉动经济发展的火车头，是决定生产规模的重要因素，有什么样的消费需求就会形成什么样的产品。环境信息披露制度的作用主要在于：通过环境信息的公布，引导消费者对企业产品做出合意的消费决策。我国应当借鉴西方发达国家的先进经验，努力完善和健全我国的环境信息披露制度，促使企业公布真实有效的环境信息，政府要公开有关的政策信息（即公布环境状况公报、重大环境决策、有关建设项目的信息和召开听证会）。通过环境信息的披露，一方面可以更好地体现企业对社会负责任的形象，提高公司的社会声誉和公众形象；另一方面也通过公众的压力，规范企业的环境行为，促进经济的可持续发展。

6. 健全生态补偿制度

企业不具有治理环境污染的激励，否则会增加其生产成本或费用。如果要鼓励企业对自身产生的环境污染实行处理的话，就需要建立补偿制度对企业自觉的治污行为进行补偿①，完善中央财政转移支付制度，健全生态补偿财政制度，将环境财政纳入现行的公共财政体系中，在各级政府设立生态环境专项资金，确保专款专用，强化各级政府的环境财政职能。对那些自觉实施环境治理行为的企业应加大生态补偿力度，引导企业实施资源节约型与环境友好型的生产行为。

（三）完善政府在环保工作中的调节机制

政府是环境保护的主体。政府作为整个社会经济活动的调节主体，主要通过行政手段、经济手段以及法律手段等方式来实现环境治理与恢复的目标。从完善利益相关者合作治理机制的角度而言，可以从以下四个方面着手。

1. 完善现行的财政制度

要使地方政府在环境问题上真正做到公平、公正，真心维护居民的环境利益，就需要设法增强地方政府在财政上的相对独立性，减轻地方政府对企业的经济依赖性。具体可以在财政分配方面，改变中国目前分税制度中中央与各级政府事权不尽匹配的状况，立足现行管理服务重心下移的基本趋势，财政分配结构应当逐步形成两头大、中间小的分配格局，巩固和维护中央财政收入的比重，扩大和提高县乡镇财政收入比重，调控和压缩省、地市的财政收入比重。建议建立国家环境经济账户，以衡量经济活动对环境负面影响的社会反应程度，衡量各个部门为避免和限制环境冲击所支付的社会成本，比较准确地量化环保费用给财政造成的沉重负担，在一定范围内通过比较环保支出与经济活动获得的利益，为环境、经济的决策提供支持。

---

① 国家环境保护总局环境与经济政策研究中心：《"中国建立生态补偿机制的战略与政策框架"研究报告》，中国环境科学出版社 2006 年版。

2. 强化政府环境治理的执法权威

提高环境治理中的政府公共行政能力，是行政管理的重要环节，是公共行政效能实现的重要途径。环境治理过程中的政府必然追求效率，否则环境治理的举措难以落地。政府履行环境治理责任的公共行政过程必须强化依法行政意识，养成有法必依、令出必行的作风。加大环境污染的行政处罚力度，完善有关污染损害赔偿和责任追究的规定，有效解决"守法成本高、违法成本低"的问题。为扭转环境质量继续恶化的局面，创造必要的法律制度保障。降低各项环境检验门槛，完善环境检测的各项设施、设备，充实环境保护执法队伍，强化执法力量。发挥各级政府及政府各部门通力合作的制度优势，全面提高政府环境保护的公共行政能力。

3. 加强政府环境治理立法及执法的监督

政府履行环境治理责任的三个环节中，无论是行政立法层面的决策环节，还是具体管理过程中的执行环节，都离不开行之有效的监督环节。监督可在提高决策效率、执行效率的同时，确保其公平公正。政府各级之间、同级政府各部门之间必须依法认真履行监督职责，既要做好行政立法环节的工作，也要做好行政执行环节的工作，保证立法合法、合理、高效、便捷，保证行政执行及时、迅速、措施得力，监督反馈及时、正确，为下一循环的行政立法提供第一手资料，打下良好基础。

4. 引入社会评价制度

要改革传统意义上的惟 GDP 论的政府绩效考核体制，建立包含经济发展、社会发展、环境保护等方面在内的综合评价指标体系，对地方政府官员的考核不局限于上下级政府内部进行，更重要的是应该引入社会评价[①]，充分发挥企业、公众评价的作用，特别是要充分利用网络、新闻媒体的舆论来实现对政府官员的有效监督。

（四）建立完善合作治理的体制机制

建立完善生态环境治理的利益相关者合作治理体系，除了关注公众、企

---

① 甘峰：《新理性时代对开发、环境与和谐社会的思考》，学林出版社 2005 年版。

业和政府等多元主体的参与方式外，还需要建立多元主体利益协商的平台，具体从以下六个方面着手。

1. 建立合理的责任共担机制

合作治理目标的实现，关键在于责任的归属问题，这意味着政府将以前担当的部分公共责任转移到其他治理主体。责任共担是指生态环境治理的利益相关者，分别依靠自身的资源和优势互相合作、共同参与和治理生态环境，并在生态环境治理的过程中承担各自应负的责任。具体到实践中，一是划分和界定政府、企业和公众的责任。考察公共资源使用的流向，重新分配责任。具体要考察政府将哪些公共事务让渡给企业，责任是否转移，企业能否更好地提供公共产品和服务，政府监管的效果如何，公众能否与政府、企业进行有效互动，达成共识。二是应强化政府、企业和公众的责任心。通过明确利益相关者的责任、制定相关的制度和行为准则等来开展共同行动。三是建立责任评估问责体系。上级部门和司法部门对政府和企业关系的监管和评估，关注是否存在寻租、行贿现象，目标治理是否实现，政府监管的责任是否到位，对利益相关者的要求和建议是否做出及时的反馈。

2. 建立多元参与的治理机制

合作治理强调的就是多元主体的共同参与，只有推动政府之外的治理主体参与生态环境的治理过程，才能激发各利益相关者合作的动力。具体到实践中，一是企业和公众的参与。根据利益共享的原则，只有满足各利益相关者的利益诉求，合作治理才能取得持久的共同利益，才能做出符合各方利益的集体决策。二是应采取扩大参与规模、疏通参与渠道等措施。公众应放弃对政府的习惯性依赖，主动投入生态环境治理中，有效的公众参与，能够达成政府与其他主体合作的协商体系，从而保证公共利益的实现。三是应拓展利益表达渠道，创新参与形式，保障参与权利。根据平等协商原则，参与主体可以自愿、公开、自由地表达自己的利益诉求，参与合作的形式包括参加听证会、在网络媒体报刊上发表意见、投票等方式。

3. 建立合作治理的激励机制

合作治理的激励机制是指根据治理主体的行为边界确定奖惩的标准，保障治理主体持久地做正确的事。有效的激励机制可驱使各利益相关者产生合作治理的动机和动力。针对不同的治理主体，应结合不同利益相关者的利益诉求，根据实际情况采用相应的激励措施。为此，一要建立科学的官员绩效考核体系，把对生态污染治理的程度作为考核的一个重要指标。可考虑由政府自主支配节省的财政资金，对绩效良好的机构和行政人员进行奖励，从而提高公共治理水平。二是积极引导企业参与。根据企业的排污情况、产品结构的调整情况、治理污染的积极主动性等，给予适当的补贴或税收优惠，以引导企业调整产业结构，树立企业良好的社会形象。三是积极引导公众参与。通过物质奖励和精神表彰以鼓励和肯定其在生态环境治理中所起到的模范和榜样作用，积极引导公众参与环境污染防治政策的制定，鼓励群众对政策制定和执行的监督等。

4. 建立合作治理的监督机制

为防止合作治理中的机会主义行为，需建立监督机制。合作治理中的监督双向互动，随着政府责任的转移，政府原有的一部分公共责任转移到企业和公众。建议：一要强化政府对企业和公众行为的监督，保证公共利益的实现。二要发挥公众对政府和企业的监督作用。监督的形式可采用环境污染听证会、信访、请愿、集会的形式，最好的办法是建立参与会议制度。三要加强企业对政府治理绩效的监督。企业要提供合理的政策建议，与政府建立互相合作的伙伴关系。只有这样，政府、企业和公众才能积极参与合作治理的全过程，发挥彼此的资源和优势，实现最优的治理效果。

5. 完善利益共享和补偿机制

生态环境合作治理的出发点，是通过合作来共享公共利益，实现参与合作治理的各利益相关者的共赢。生态环境利益共享和补偿机制，是指各利益相关者在平等协商的原则下，实现相互的利益转移，从而实现各种利益的合理分配，特别是产业利益的重新分配。具体来说，一要建立完善冲突化解机制，采用多元合作治理的模式，各利益相关者积极参与，消除利益冲突带来的消极影响。二要建立完善资源保障机制，指利益相关者共同配备充足的人力、物力和财力资源，保证合作行为的持久性，保证各治理主体实现合作目标。

6. 树立合作治理的文化意识

在合作治理中，多元治理主体要达成共识，除建立和完善机制外，还需要培育良好的合作治理文化，遵循合作信任原则。一要树立信任理念。信任是合作的必要条件。各利益相关者之间的信任，可以有效避免利益冲突，并在合作过程中形成相互依存关系，不同的观点和建议能及时沟通。二要树立责任意识。政府应从建设服务型政府的角度，落实自己的社会责任和监管责任，承担相应的行政伦理责任和道德责任。三要树立参与意识。多元主体应积极参与公共决策，发挥各自的资源和优势，追求合理的自我利益。四要树立平等参与理念。根据平等协商的原则，多元主体的合作关系是互相合作的横向关系，不是垂直的层级关系，每个主体都有平等的权利公开、自由地表达自己的利益诉求，从而也承担平等的义务。

第十一章

基于新一轮科技革命的绿色技术创新体系研究

　　20 世纪 70 年代以来，针对日益恶化的全球环境，世界各国通过不断增加投入，治理生产过程中所排放的废气、废水和固体废物，以减小对环境的污染，保护生态环境。但末端处理只能减轻部分环境污染，并没有从根本上改变全球环境恶化的趋势，酸雨、雾霾、土壤重金属超标等依然严重影响着人类的生产生活。在实践中，人们逐渐认识到，要实现经济社会和资源环境和谐发展，以末端处理为主的污染控制战略必须改变。于是，从根源控制技术的环境效应使绿色技术创新成为历史必然。当前，世界新科技革命正孕育突破，新一轮科技革命蓄势待发，世界经济版图即将重塑，为后发国家实现赶超打开了"机会窗口"。为抓住新一轮科技革命机遇，培育新的增长动能，党的十九大提出要构建市场导向的绿色技术创新体系，让绿色技术创新成为我国促进经济转型升级，实现跨越式发展的核心动力。但绿色技术创新并非易事，绿色技术创新不仅具有知识外部性，而且具有环境外部性。目前国内的市场机制还无法为绿色技术创新提供足够的激励，绿色技术的发展远低于社会福利最优水平。因此，构建绿色技术创新体系激励绿色技术创新，是赢得新一轮科技革命发展先机的必要条件。

一、绿色技术创新体系的概念及内涵

（一）绿色技术的内涵

　　绿色技术（Green Technology）是 20 世纪 60 年代在西方出现的新名词。

随着绿色技术的不断发展，人们对绿色技术的理解也逐渐深入和丰富。学界对于绿色技术内涵的解读大致可以分为四类：第一类认为绿色技术侧重于环境与资源保护，是环保技术的延伸。目前不少学者更趋向认为绿色技术是指对减少环境污染，减少原材料、自然资源和能源使用的技术、工艺或产品的总称；第二类侧重于绿色技术的社会价值，认为绿色技术就是有利于人类健康和福利，促进人类文明与自然环境功能协调一致的各种现代技术的总称；第三类侧重于绿色技术的效应，认为绿色技术是对生态环境系统产生积极影响，或其消极影响处于当时生态系统可容量之内的技术；第四类侧重于绿色技术下的产品设计，认为绿色技术也叫绿色工程技术或环境意识制造技术，就是把保护环境的特征作为设计、制造产品的基本目标，使生产出来的产品质量和成本与环境相一致的系统技术。

这些定义虽然各从某一侧面反映了绿色技术的本质，但都不够全面，已不符合绿色技术时代发展的要求。我们认为，绿色技术应该包括以下几方面的含义。第一，绿色技术首先是减少污染、降低消耗和改善生态的技术，是实现绿色发展的核心技术。我们一方面要大力发展经济，另一方面要保护环境，维持人类的可持续发展。要实现经济发展与环境污染、资源消耗之间"脱钩"，发展绿色技术是一项重要的措施。第二，绿色技术是促进生态文明建设，保持人与自然和谐发展的技术。技术的负效应使得人类的生存环境日益恶化，破坏了自然与人的平衡发展。积极发展保护生态的技术是我们的当务之急。第三，绿色技术是推动新一轮科技革命的主流技术群，是一种综合考虑环境影响和资源效率的现代制造模式，其目标是使产品从设计、制造、包装、运输、使用到报废处理的整个产品生命周期中，对环境负面的影响极小，资源利用率极高，并使企业经济效益和社会效益协调优化。因此，我们认为绿色技术就是根据环境价值并利用现代科技的全部潜力保护环境，维持生态平衡，节约能源、资源，促进人类与自然和谐发展的思想、行为、技艺、方法的总称，主要包括能源技术、材料技术、生物技术、污染治理技术、资源回收技术以及环境监测技术和从源头、过程加以控制的清洁生产技术等。

（二）绿色技术创新的内涵

20 世纪 60 年代，国外开始了对绿色技术创新的研究，人们逐渐意识到绿色技术创新是一种符合时代要求的新型技术创新，从设计、研发到生产都是生态的，整个过程考虑的不仅仅是经济效益，而是从全局出发，兼顾经济、社会、生态各方面，力争以最少的资源消耗获得最大的收益。绿色技术创新与传统技术创新在理论基础、发展目标、创新主体、运行路径和评价尺度上有所区别。

一是理论基础不同。传统技术创新以物理学、化学等为理论基础，重视自然规律，忽视生态规律及科学、技术与社会的互动；绿色技术创新以生态学、信息科学、社会学、现代管理学等为理论基础，注重循环发展和持续使用，发挥绿色技术的正面效应。

二是发展目标不同。传统技术创新未将节能减排功能纳入生产要素成本，其目标是促进经济的持续发展，实现边际内部费用最小化；绿色技术创新以生态、技术、经济生命周期分析为创新决策基础，将节能减排功能纳入生产要素成本，其目标是促进经济、社会、生态可持续发展，实现边际外部费用最小化。

三是创新主体不同。传统技术创新的主体是企业，企业追求的是利润最大化，尽可能多地从自身出发，很少考虑其经济行为和技术创新带来的环境污染及社会影响；绿色技术创新的主体是以企业为核心，官产学研、中介组织、社会公众相结合的主体系统，在企业进行技术创新过程中，不再是单打独斗，而是与政府、科研机构、高校、中介组织、公众等形成创新合力，充分进行市场调研，结合政府的鼓励措施，研发、推广、应用污染小、收效快、易操作的技术及产品。

四是运行路径不同。传统技术创新的运行路径是单一性的，按照"资源－产品－废物"的方向运行，资源使用是一次性的，缺乏逆向的恢复过程，造成了大量浪费，向外界环境排放了大量废物；绿色技术创新的运行路径是循环性的，按照"资源－产品－再生资源"的回路运行，资源使用是循环性和生态性的，积极推行清洁生产，从产品设计、原材料选择、工艺流程到废物回收全程监管，将废物减量化、资源化和无害化，节约了资源、降低了消耗、提高了效率、保护了环境。

五是评价尺度不同。传统技术创新以经济效益作为评价尺度，追求投入少、收效快、产出多，不考虑资源消耗、环境污染和生态破坏；绿色技术创新以经济效益、社会效益、生态效益的综合考察为评价尺度，站在全局的视角，以发展经济和保护环境一体化为出发点，战略性地进行绿色技术研发和推广，达到人、自然、社会的和谐统一。

总的来说，绿色技术创新是生态学向传统技术创新渗透的一种新型创新系统，在技术创新的各阶段引入生态观念，从而引导技术创新朝有利于节约资源、保护环境的方向发展，资源最大限度地转化为产品，废弃物排放最小化。绿色技术创新不仅可以不断解决人类面临的资源和能源日益短缺的问题，而且能够更好地保护生态环境。因此，绿色技术创新是引领绿色发展的第一动力，是推进生态文明建设的重要着力点，是新一轮科技革命背景下的技术拓展和提升。

（三）绿色技术创新体系的内涵

绿色技术创新在新一轮全球经济格局重塑过程中所占据的重要地位，使得全社会必须形成一种不断推进其蓬勃发展的机制，这类机制所构成的体系即是绿色技术创新体系。此体系与国家科技创新体系无缝对接，互为补充，主要由创新主体、创新环境、创新资源、创新基础平台等要素组成（见图 11 –1）。

图 11 –1　绿色技术创新体系结构

1. 创新主体

绿色技术创新的主体是以企业为核心，官产学研、中介组织、社会公众相结合的主体系统。在绿色技术创新的过程中，官产学研将深度合作，形成以企业为主体的技术创新体系，以科研院所和高等学校为主体的知识创新体系，以政府为主体的制度创新体系，以社会化、网络化的科技中介服务体系，在企业、科研院所、大学和政府等之间发挥桥梁和纽带作用，全面提升主体之间合作水平。

2. 创新环境

创新环境是创新主体所处空间范围内各种要素结合形成的关系总和，包括有利的政策体系、健全的体制机制、浓厚的文化氛围等。绿色技术创新环境如何，对于能否聚集绿色技术创新要素、挖掘创新潜能至关重要。具体包括政策法制环境、市场环境、合作环境、投融资环境和社会文化环境，创新环境的优化将为绿色技术创新提供生长的沃土，为其在国际竞争中保驾护航。

3. 创新资源

创新资源是指绿色技术创新需要有各种投入，包括人力、物力、财力等，这些既是需要流动的商品，也是需要加以保护的重要资源。企业的竞争优势与企业所拥有的资源密切相关，但只有独特的、难模仿的、难转移的关键资源才能为企业带来长期竞争优势。在绿色技术创新体系中，以绿色技术为主体或基础的"知识资产"是最重要的创新资源，承载这一知识资产的人才资源则至关重要。习近平总书记指出："人是科技创新最关键的因素。创新的事业呼唤创新的人才。我国要在科技创新方面走在世界前列，必须在创新实践中发现人才、在创新活动中培育人才、在创新事业中凝聚人才。"因此，完善的人才引进、培育、交流机制是绿色技术创新体系中不可或缺的一部分。

4. 创新基础平台

创新基础平台是为绿色技术创新活动提供的便利条件的总称，这些条件是创新活动必需而不可能由企业自行解决的基本条件，包括科技基础设施、教育基础设施、情报信息平台等。除传统意义上各种科技创新平台外，在新一轮科技革命的大潮中，信息网络将成为创新的核心基础设施，为绿色技术创新提供一个以国际舞台为背景的"相互作用的自组织网络或系统"。通过这一交互作用网络或系统，我们可以积极参与国际交流，使得创新成为国家进步的动力，促进绿色技术创新体系这一自组织系统不断实现自我发展和自我完善。

（四）推动绿色技术创新的现实意义

1. 绿色技术创新是推进生态文明建设的必然选择

绿色技术创新把生态效益与社会效益纳入技术创新目标体系，把单纯追求市场价值转向追求包括经济增长、自然生态平衡、社会生态和谐有序以及人的全面发展在内的综合效益，最终实现人类的可持续发展，实现生态文明建设的目标。绿色技术创新可以最大限度地减少对初次资源的开采力度，最大限度地利用不可再生资源进行生产，最大限度地减少造成污染的废弃物排放，使能源、资源综合利用的先进绿色技术融入传统企业，把传统企业改造成绿色企业，从而推动企业转变经济发展模式，增强资源和生态环境对经济发展的支撑能力，形成有利于节约能源、减少污染的产业结构、生产模式和消费方式，有利于建设资源节约型和环境友好型社会，并实现从征服型、掠夺型和污染型的工业文明走向和谐型、恢复型和建设型的生态文明。

2. 绿色技术创新是实现绿色发展的关键途径

绿色发展是建立在生态环境容量和资源承载力的约束条件下，以实现经济、社会和环境的可持续发展为目标，把经济活动过程和结果的"绿色化""生态化"作为绿色发展的主要内容和途径，将环境保护作为实现可持续发展重要支柱的一种新型发展模式。与发达国家相比，我国绿色发展还面临许多阶段性的特殊考验：一是我国工业化、城镇化、现代化加快推进，正处在资源、能源需求快速增长阶段；二是作为发展中国家，我国整体科技水平落后、技术研发能力有限；三是我国经济的主体是第二产业，落后的工业生产水平又加重了我国经济的"污染、线性、高碳"特征。因此，绿色发展必须走符合我国经济与社会发展阶段特点的道路，推动绿色技术创新是从根本上实现经济发展与环境污染、资源消耗之间"脱钩"的关键途径，形成节约资源和保护环境的空间格局、产业结构、生产方式、生活方式，建立健全绿色低碳循环发展的经济体系。

3. 绿色技术创新是引领新一轮科技革命的重要动力

迄今为止，人类社会发展大致经历了原始文明、农业文明和工业文明三个阶段，开始向生态文明时代迈进。历史经验表明，每一种文明形态都有其对应的主流技术形式，文明形态与技术发展之间是相互推动、相互促进、相互影响的辩证关系。《21 世纪议程》等文件指出绿色技术是获得持续发展、支撑世界经济、保护环境、减少贫穷和人类痛苦的技术，充分认识绿色技术，促进绿色技术的推广与有效应用是实现生态文明的关键。十九大报告中明确提出创新是引领发展的第一动力，要建立以企业为主体、市场为导向、产学研深度融合的技术创新体系。当今世界正处在新一轮科技革命和产业变革孕育期，颠覆性技术不断涌现，产业化进程加速推进，新的产业组织形态和商业模式层出不穷，我国面临新一轮科技革命和产业变革带来的前所未有的挑战，将更加迫切地需要实现传统技术创新向绿色技术创新转变，打破国际贸易中的绿色壁垒，培育经济发展新动能，为建设现代化经济体系提供战略支撑。

二、新一轮科技革命背景下绿色技术创新发展形势

（一）新一轮科技革命和产业变革的特征

从历史上看，科技和产业发展的一个重要表现形式是"革命"。2008 年国际金融危机以来，在发达国家纷纷推进"再工业化"背景下，越来越多的人认为世界在经历第一次工业革命带来的蒸汽时代、第二次工业革命带来的电力时代后，进入了第三次工业革命带来的信息时代。20 世纪下半叶以来，以信息化和工业化融合为基本特征的新一轮科技革命和产业变革一直在孕育发展。从技术经济范式角度分析，这一轮科技革命和产业变革已显现出以下特征。

1. 信息技术的突破性应用将主导驱动社会生产力变革，信息共享成为提高经济社会运行效率的关键，将加快绿色技术的创新和推广应用

随着信息技术的突破发展，云计算、大数据、互联网、物联网、个人电

脑、移动终端、可穿戴设备、传感器及各种形式的软件等信息基础设施不断完善，在"云（云计算）＋网（互联网）＋端（智能终端）"的信息传导模式下，信息（数据）逐步成为社会生产活动的独立投入产出要素，成为决定经济社会运行效率、促进可持续发展以及提升现代化水平的关键因素。同时，由于数据要素具有更好的资产通用性，以数据为核心要素、以"云、网"为基础设施的新一轮科技革命和产业变革更能发挥范围经济的作用，生产组织和社会分工方式更倾向于网络化、扁平化，企业组织边界将日益模糊，基于互联网平台的共享经济和个体创新创业将获得巨大发展空间，将极大促进绿色技术创新和推广应用。

2. 不同学科、领域之间的技术在信息共享时代相互融合的范围、深度进一步扩大，将形成有别于传统产业的绿色高端产业体系

这种融合不仅表现为新技术之间的融合，也表现为新技术和传统技术之间的融合以及运用新技术改善传统技术。同时，伴随着技术融合程度的深入，以往的技术密集型产品将出现更高级的形态，而传统劳动密集型产品也向技术、资源密集型产品转化。高端产业通过与绿色技术融合产生出包含制造业、能源业与服务业等新型绿色产业将进一步改变人们的生产生活方式，它包括与人类生命健康相关的药品与医疗设备产业、环境友好型的新能源汽车产业、与新制造工艺方法相关的计算机系统和大数据处理产业、与国家安全相关的卫星通信产业等。

3. 绿色高端产业间相互作用将形成以区域为中心，以创新为根本的区域绿色技术创新生态系统

在该系统内，拥有高新技术的创新型企业、科研机构以及大学共同参与产品研发，共享系统内资源、信息，共同分担研发成本并享有研发收益。同时，该系统重视人与人、人与机、人与自然、机与自然之间的环境友好关系，形成更多的以可再生能源为动力源的绿色高端产业。这种将新技术集中于某一区域的方式，不仅可以节约各个企业的投资成本并降低投资风险，而且可以在产业集群的情况下形成技术外溢效应，吸收更多上、下游相关产业及制造服务业并创造出多于高端产业本身 2.2 倍的工作机会。

（二）新一轮科技革命下绿色技术创新发展趋势

1. 全球化

绿色技术的研究和应用将越来越体现全球化的特征和趋势，制造业对环境的影响往往是超越空间的，绿色发展需要区域之间的通力合作。近年来随着全球化市场的形成，绿色产品的市场竞争是全球化的，许多国家要求进口产品绿色性认定，要有"绿色标志"。特别是一些发达国家以保护本国环境为由，设置"绿色贸易壁垒"，制定了极为苛刻的产品环境指标来限制国外产品进入本国市场。绿色技术将为我国提高产品绿色性提供技术手段，为我国企业消除国际贸易壁垒进入国际市场提供有力的支撑。

2. 社会化

新一轮科技革命下绿色技术创新体系带来的不是某一领域或者某一产业的更新换代，而是整个经济体系的重构。如从第二次工业革命来看，汽车产业的兴起，与之配套的是上游钢铁、石油等产业的发展，公路体系、加油站等基础设施的建设，以及包括交通、金融保险、质量标准等一整套制度体系的完善。因此，绿色技术的研究和实施需要全社会的共同努力和参与，建立绿色技术创新所必需的社会支撑系统。无论是绿色技术创新涉及的立法和行政规定以及需要制定的经济政策，还是绿色技术创新所需要建立的企业、产品、用户三者之间新型的集成关系，都十分复杂，均有待于深入研究。绿色技术创新发展战略不应再采取单个、分割的政策，而是要按系统思维来构建适宜绿色技术创新的一整套环境和土壤。

3. 智能化

绿色技术创新的决策目标体系是现有制造系统 TQCS（即产品上市的时间 T、产品质量 Q、产品成本 C 和为用户提供的服务 S）目标体系与环境影响 E 和资源消耗 R 的集成，形成了 TQCSRE 的决策目标体系。要优化这些目标，是一个难以用一般数学方法处理的十分复杂的多目标优化课题，需要用人工智能方法来支撑处理。另外，在绿色产品评估指标体系及评估专家系统中，均需要人工智能和智能制造技术。知识系统、模糊系统和神经网络等人工智能技术将在绿色技术研究开发中起重要作用。

4. 市场化

与改良型创新不同，新一轮科技革命下绿色技术创新呈现颠覆性的特点，表现为新兴产业对传统产业的快速替代，在市场快速反应的浪潮中，大量的传统产业要么转型要么淘汰。例如，柯达和诺基亚的破产、阿里巴巴和支付宝对商贸与银行业务的冲击、小米的轻资产制造模式等等，都体现了这种颠覆性创新带来的巨大替代效应。绿色技术创新带来的不仅仅是传统工业的转型升级，更将导致诸如绿色产品制造业等新兴市场的形成和崛起。

（三）新一轮科技革命背景下绿色技术创新发展的机遇与挑战

新一轮科技革命和产业变革意味着工业化和信息化加速融合，我国绿色技术创新发展将面临新的机遇和挑战。机遇和挑战并不是绝对的，在一定条件下甚至会相互转化，机遇把握不好就变成了挑战，挑战应对得当也会转化成机遇。

从机遇来看，主要包括超大规模国内市场、良好要素基础、社会普遍共识等方面。其一，在拓展外部市场空间难度加大，以及生产地和消费者相分离的产业分工体系出现变化的背景下，超大规模国内市场的重要性将进一步凸显。我国具备仍在不断成长的超大规模国内市场，而且越发表现出个性化、多样化特征。新消费需求的涌现将推动新技术、新产品、新产业、新商业模式的快速发展，为绿色技术创新乃至整个经济转型升级提供新的动力。其二，中国的"科技人口红利"正在显现，网络化环境中大量同文化、同语言人口带来的"新人口红利"正在加快形成，具有支持自主创新和海外并购相对充足的资金基础，而且具有相对雄厚的制造业基础，很多领域特别是能源领域的技术水平取得明显进步。在诸多与创新和绿色发展高度相关的要素基础方面，我国都已具备较多积累甚至是特有优势。其三，社会共识是推动经济社会转型发展的重要动力，"十三五"时期我国创新发展和绿色发展等理念与新一轮产业革命的酝酿兴起，已经在时间段上高度叠加重合。

从挑战来看，主要包括国际产业分工体系调整、贸易壁垒提升、体制机制适应性调整等方面。其一，新一轮产业革命的发展，可能对我国的传统竞争优势带来重大影响，从而对现有的产业体系形成重大挑战。一方面，工业机器人等智能装备的运用，"少人工厂""无人工厂"的出现，将深刻改变传统的大批量制造和流水线式生产模式，使劳动力成本影响产业竞争力的重要性下降。另一方面，数字化制造的优势体现在对市场需求的快速反应和提供个性化的产品，若分散化的生产方式取得重大发展，则我国的产业规模优势和配套优势将遇到重大挑战。其二，国际产业分工体系和竞争格局加快重塑，发达国家积极推进"再工业化"，利用先发优势不断强化其全球竞争优势和价值链高端位置，将绿色壁垒作为国际贸易保护组织的一种新形式，构成了国际市场新的贸易保护网，对一些影响生态环境的进口产品加征额外的关税，制定严格的强制性环保技术标准、卫生检疫标准，限制外国商品进口，对我国产业转型升级、向全球价值链高端攀升形成巨大压力。其三，长期以来我国的体制机制更适应赶超型发展的要求，在引领型方面的成功实践和积累还较少。要真正实现创新发展和绿色发展，依然面临一系列体制机制改革的重大挑战。

三、发达国家重点产业绿色技术创新情况及经验借鉴

在经济全球化与社会信息化的共同推动下，资本、人才、信息等创新要素在全球范围内加速流动，新一轮科技革命孕育兴起，新兴产业不断涌现。绿色技术、绿色产业正在成为各国激烈竞争的制高点，各国纷纷出台国家战略抢抓新一轮科技创新的战略机遇，尤其在绿色技术分布的重点领域予以大力支持。我国要在全球新一轮科技创新浪潮中实现后发赶超，就应抢占绿色技术前沿，充分吸收发达国家绿色技术创新政策的先进经验，健全有利于绿色技术创新的体制机制，全面释放创新潜力与活力。

（一）全球新兴产业绿色技术分布情况

1. 节能环保产业

（1）环境检测技术。从全球环境监测技术专利申请产出国家（地区）来

看，日本申请量遥遥领先其他国家与地区，优势明显；美国、俄罗斯、德国、中国属于第二集团，专利产出量也比较大，专利总产出量都超过了 5000 项，在环境监测技术领域占有一定的优势（见图 11 - 2）。

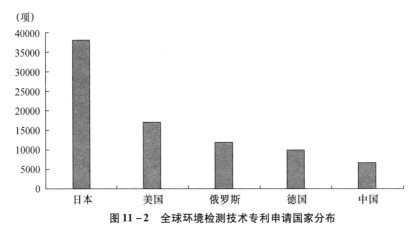

图 11 - 2　全球环境检测技术专利申请国家分布

资料来源：《战略性新兴产业专利技术动向研究》，2013。

（2）土壤生态修复。日本申请人专利申请总量远高于其他国家和地区，美国、欧洲近些年申请量有所降低，而中国增速迅猛，但缺乏具备全球竞争力的跨国公司。从全球土壤生态修复技术专利申请分布情况来看，日本的专利申请量约占全球申请总量的 50%，其申请总量比美国、德国、中国、俄罗斯和韩国的总和还要多，在该领域占据绝对主导地位；美国、俄罗斯是第二梯队，德国、中国是第三梯队（见图 11 - 3）。

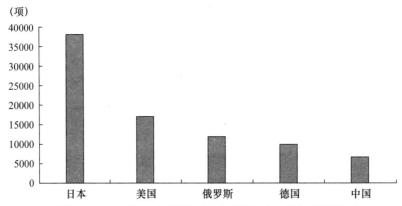

图 11 - 3　全球土壤生态修复技术专利申请产出国家（地区）分布

资料来源：《战略性新兴产业专利技术动向研究》，2013。

2. 新能源产业

新能源产业主要包括光伏光热发电、生物质能发电、风电、核能以及太阳能热利用等产业。全球金融危机爆发以来，新能源凭借其明确的发展前景和对经济较强的拉动作用，在世界范围内获得了快速发展。

（1）太阳能光热发电产业。太阳能光热发电是一项复杂的综合技术，目前掌握该技术的主要有美国、德国、西班牙，中国近几年由于光伏产业重复建设，造成大量产能积压，加之美、欧的反倾销和反补贴关税，导致发展缓慢。从国家（地区）技术专利申请情况来看，美国的专利数量以 41.3% 的比重远超其他国家和地区，是太阳能光热发电技术领域的主要研发主体和市场；中国的专利申请量共计 1174 项，不足美国的 1/2，排名第四。相比来看，中国由于起步较晚，研发能力也有限，虽然申请量较大，并且形成了一定数量的专利保护，但技术门槛相对较低，与美国等发达国家还存在较大的技术差距（见图 11 - 4）。

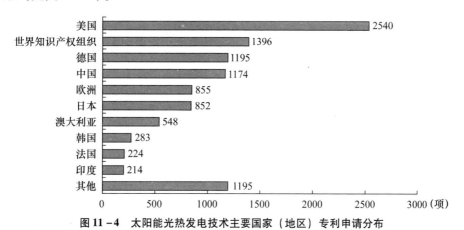

图 11 - 4　太阳能光热发电技术主要国家（地区）专利申请分布

资料来源：《战略性新兴产业专利技术动态研究》，2013。

（2）核电安全技术。2009 年开始，全球核安全技术的专利申请进入了一个快速发展的阶段，专利申请主要集中在日、美、俄、法、德等传统核电发达国家。中国不仅在专利申请量上逊于上述五国，而且专利技术主要集中在安全保护系统，在技术门槛较高的反应堆及热量导出领域申请量则不大。从国家（区域）专利申请情况来看，日本的申请量独占了全球核安全领域专利申请量的43.39%，表明日本的企业在该领域具有极强的优势；美国、俄罗斯、中国属于第二梯队，申请量都达到了10%以上；相比之下，法国虽然是核电大国，但专利申请量仅占全球申请量的4.26%。虽然近些年中国核安全技术专利申请量呈爆发式增长，但无论在量上还是质上与日美等发达国家仍存在一定差距（见图11－5）。

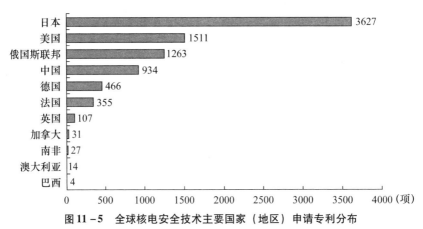

图11－5　全球核电安全技术主要国家（地区）申请专利分布

资料来源：《战略性新兴产业专利技术动向研究》，2013。

3. 新能源汽车产业

新能源汽车产业主要包括混合动力汽车、纯电动汽车、燃料电池汽车、动力电池、驱动电机以及控制技术等产业。近年来，美国、欧洲和日本为代表的发达国家（地区）和以巴西为代表的发展中国家都积极开展新能源汽车产业的实践。中国出于环境保护、能源安全的考虑，也不断加大对新能源汽车产业的支持。

（1）混合电力汽车。日本在混合电力汽车产业方面居世界领先地位，具有绝对的领先优势；美国次之；中国混合电力汽车处于快速发展阶段，但跟美、日两国差距较大。从全球混合动力汽车技术专利申请量上来看，日本申请量遥遥领先于其他国家，其总量比美、德、韩、中、法等国总数还多，具有绝对的技术优势；美国位居第二，共有9422件；中国仅有2608件，位列第五。

（2）燃料电池汽车。日本申请人在燃料电池汽车方面已形成专利集团优势，丰田公司掌握一大批关键和核心技术，确立了其业内的领先地位。美国则位于日本之后，通用汽车和福特汽车在整车生产方面居于领先地位。相比之下，中国目前还不存在优势明显的企业，各企业之间初期竞争还较为激烈。从全球燃料电池汽车领域主要申请人分布来看，排名前10的申请人主要集中在日、美、欧、韩等国家（地区），其中日本共有五家公司入围前10，优势十分显著；中国则没有一家本土企业的专利申请量进入前10，说明中国在燃料电池技术方面与发达国家有很大差距（见图11-6）。

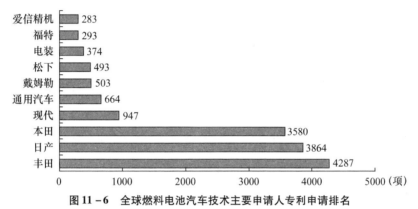

图11-6　全球燃料电池汽车技术主要申请人专利申请排名

资料来源：《战略性新兴产业专利技术动向研究》，2013。

4. 信息产业

以云计算、物联网、下一代通信网络为代表的新一轮信息技术革命，正在成为全球经济和社会发展共同关注的重点。

（1）物联网。正处于起步阶段，但应用前景非常广阔。美国、日本、韩国在物联网技术上拥有很强实力，掌握核心关键技术。而中国物联网研发水平也在逐渐提高，但与国际巨头还有不小的差距。从世界范围专利优先权国家分布情况来看，美国物联网技术专利优先权的申请量比重达到34%，排世界第一，而中国专利申请量仅为美国的1/4；在物联网核心关键技术方面，如RFID标签、非接触式智能卡、应答装置、发射接收器等，美、日、韩排名前三位，而中国对物联网的研发主要集中在拓展物联网的实际应用层面，对核心关键技术的积累与国外巨头存在十来年的差距（见图11-7）。

（2）云计算。目前，云计算正处于发展起步阶段，市场规模相对较小，

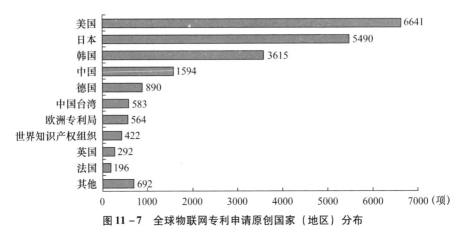

图 11 - 7   全球物联网专利申请原创国家（地区）分布

资料来源：《战略性新兴产业专利技术动向研究》，2013。

但前景诱人。从云计算技术产出国家（地区）构成比例来看，美国、日本、中国、韩国和欧洲的专利申请占到云计算技术申请总数的 90%，特别是美国，其专利申请量占到总量的 50%，是名副其实的云计算技术强国；相比之下，中国虽在申请量上占有一定的优势，但质量上参差不齐（见图 11 - 8）。

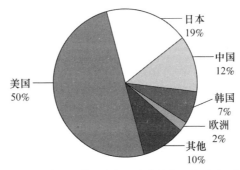

图 11 - 8   全球云计算技术专利申请产出国家（地区）分布

资料来源：《战略性新兴产业专利技术动向研究》，2013。

（3）IPv6 技术。在全球范围内，美国、日本、韩国和欧洲是该领域的主要专利申请产出地区，尤其是美、日比较突出。从 IPv6 技术的全球专利申请的国家区域分布来看，美国 IPv6 技术专利申请量占专利申请总量的 53%，位居世界第一位，是第二位日本的 4 倍，具有绝对的技术优势；而中国在该领域的专利申请量仅约为美国的 1/7，日本的 1/2，差距明显（见图 11 - 9）。

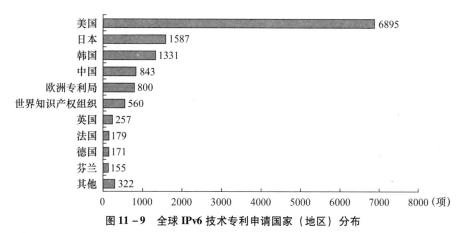

图 11 - 9　全球 IPv6 技术专利申请国家（地区）分布

资料来源：《战略性新兴产业专利技术动向研究》，2013。

5. 生物产业

主要包括生物医药、生物农业、生物制造、生物医学工程四个子产业领域。美国不仅是现代生物技术的发源地，更是世界生物技术的"领头羊"。目前，美国生物产业不仅形成了相当的规模，而且发展势头强劲，生物技术已成为美国战略性新兴产业发展的核心动力之一。相比之下，中国的生物产业才初具规模，但在部分领域处于世界领先水平，如杂交水稻的研究和产业化。

（1）生物医药。在生物医药领域，美国、欧洲、日本的技术竞争力最强。从生物医药国家（地区）专利申请分布来看，美国、日本、欧洲、中国四方中，美国申请量最大，占到了全球专利申请总量的一半以上（包括美国申请人参与的合作申请）；而中国申请人申请量最小，仅占全球专利申请总量的10%（见图 11 - 10）。

（2）转基因育种。全球范围内，美国、澳大利亚、西欧、中国、日本是转基因技术投放的主要目的地国家和地区，其中美国的孟山都、杜邦 - 先锋，以及欧洲的巴斯夫和先正达在转基因育种方面的研究几乎涉及转基因育种操作的整个流程，技术优势十分明显。整体而言，中国与美国、欧洲有较大的差距，但在杂交技术、组织培养等方面具备一定的优势。通过对全球转基因育种技术的主要目标市场国家（地区）进行分析可发现，美国、澳大利亚、西欧、中国、日本是主要的国家和地区，尤其是美国，其申请量占到全球申

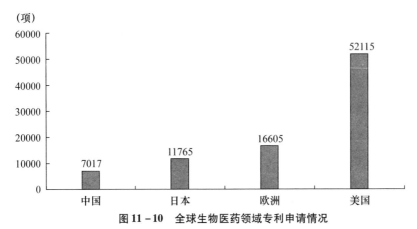

图 11 – 10 全球生物医药领域专利申请情况

资料来源：《战略性新兴产业专利技术动向研究》，2013。

请总量的 34%，是转基因育种技术的第一大主要市场；而中国和加拿大近年来专利申请量增速迅猛，是转基因技术应用的新兴市场（见图 11 – 11）。

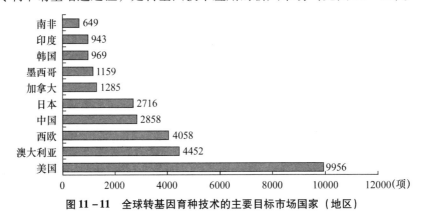

图 11 – 11 全球转基因育种技术的主要目标市场国家（地区）

资料来源：《战略性新兴产业专利技术动向研究》，2013。

（3）核磁共振成像（MRI）技术。近年来，MRI 逐渐成为主流临床诊断工具。美国、德国、日本等大型医疗公司在 MRI 领域占据垄断地位。从全球申请量的分布情况来看，美国、日本专利申请量处于前两位，其总申请量占比超过 50%，集团优势十分明显；而中国仅有 828 项，约为美国的 1/9，仅占世界专利申请总量的 3.1%（见图 11 – 12）。

6. 新材料产业

以新型合金材料、高性能纤维及复合材料、半导体照明材料为核心的新

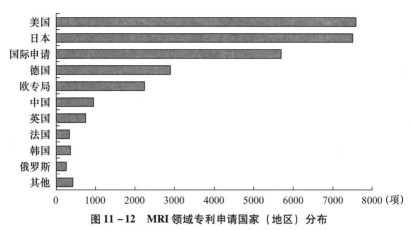

图 11－12　MRI 领域专利申请国家（地区）分布

资料来源：《战略性新兴产业专利技术动向研究》，2013。

材料产业在交通运输、能源动力、资源环境、航天航空等领域扮演越来越重要的作用。日美两国在新材料领域拥有领先优势，中国近年来新材料产业发展迅速，规模不断扩大。但是，中国新材料产业水平与发达国家有较大差距，自主开发能力薄弱、产业发展模式不完善、产业链条短、大型材料企业创新动力不足等问题困扰行业的发展。

（1）高性能纤维及复合材料。在高性能纤维及复合材料领域，日本、美国、中国是主要的研究主体和市场。从全球高性能纤维及复合材料专利申请主要国家分布来看，日本以 4337 项申请位居第一，美国以 3035 项名列第二，中国位列第三。

（2）新型合金材料。日本整个新型合金材料产业占有较大优势。从全球新型合金材料领域专利申请的国家来看，日本原创申请量最大，占排名前五个国家原创总量的 1/2；美国、中国分别居第二位、第四位，分别仅为日本的 27%、17%，其中美国的专利主要集中在生物医用、电子信息、新能源、航空航天、资源环境等，而中国主要侧重于新能源、生物医用、电子信息，与美国的交叉性强（见图 11－13）。

（二）发达国家促进绿色技术创新的经验借鉴

创新发展可以分为三个阶段，也就是李克强总理多次提到的创新的"S

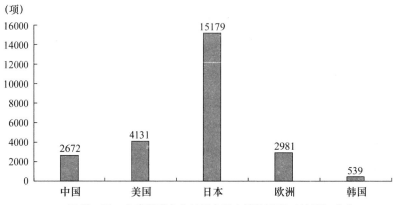

图 11-13　全球新型合金材料专利申请的国家（地区）分布

资料来源：《战略性新兴产业专利技术动向研究》，2013。

曲线"的三个阶段①（见图 11-14）。当前新一轮科技革命蓄势待发，全球的创新发展正处于第二阶段"黎明期"——传统经济下行周期与创新增长上行周期叠加期，新经济发展方向正在明朗中，主要技术已经趋于成熟，新技术正向经济社会各个领域全面渗透，各国（地区）都跃跃欲试，但是与新经济相配套的软硬环境都不完善。对于后发国家（地区）来说，这一阶段是重要的战略机遇期。这一阶段重点围绕"配套"做文章，加快布局与新经济具有内在联系的上下游产业、基础设施、制度、市场、人力资源等，逐步培育新经济生态系统。因此，欧美日等发达国家为促进绿色技术领域快速发展，非常重视制度的保障与完善，包括政策设计和实施、法律制定和保障、企业研发和生产、文化形成和塑造、社会公众和社会组织积极参与等。

1. 积极制定系统高效的科技政策

政府的政策干预能够弥补市场失灵带来的机制缺陷。政府重视并积极制定政策，为绿色技术创新制度提供政策支持。美国组成了以政府、大学、企业和科研机构为创新主体的绿色技术创新体系，出台了国家科学基金计划、

---

① 第一阶段是"黑暗期"，传统经济还处于主导地位，新经济创新的方向完全不确定，美国长期担当"黑暗期"的领军者，采取的是"试错"战略，培育各类新技术和产业发展，借助强大的创投金融体系，通过市场选择优胜劣汰。第三阶段是"白天期"，即新经济趋于成熟，创新方向已明朗。日本崛起就采用"追随"战略，通过对欧美等国的追随-模仿-改进，实现后发赶超。

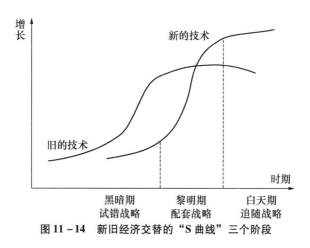

图 11-14 新旧经济交替的 "S 曲线" 三个阶段

企业和大学联合研究计划、中小企业科技创新计划、公共采购计划等。日本建立了科技开发资金制度和技术革新型公募资金制度，确保科研资金的充足；建立了终生学习、终生教育制度；颁布了一系列有益于绿色技术创新的税收政策。丹麦通过制定《能源科技研发和示范规划》，确保对能源的研发投入快速增长，以最终将成本较高的可再生能源技术推向市场。欧盟出台了《创新型联盟》行动计划、科技框架计划、欧洲创新行动计划，把市场经济、政府调节和社会保障充分结合起来，制定相应的政策和经济制度。政府制定系统的科技政策，为绿色技术创新营造了良好的政策环境。

2. 完善市场制度，促进技术创新与市场紧密结合

市场是政府和企业的试金石，市场通过提出新问题、提供新机会、创造新利润实现对绿色技术创新的拉动作用。官产学研合作创新是实现科学技术转化为生产力的重要途径，是优化配置创新资源的有力措施，是实现优势互补、分散风险和提高研发效率的必然趋势。日本以搞活经济为目标，服务于企业技术合作战略，通过以技术突破为目标的官产学研合作来发现和确定研发课题，采用公开招聘制和任期制选拔和吸引人才，促进研究成果的社会转化。在德国，企业一直处于创新活动主导地位，高等院校人才培养要围绕企业对于科技人才的需求；在申报政府的科技项目时，没有企业的参与便不能通过。在瑞典，国有创业基金、风险投资基金与市场融资机构如银行、风险投资机构等相结合，为中小企业提供全方位的融资服务。欧美发达国家纷纷建立比较完善的资本市场制度和风险投资制度，营造了良好的市场环境，一定程度上规避了绿色技术创新风险，推动了绿色技术创新。

3. 调动社会力量，提高公众和社会组织参与程度

社会力量广泛参与是完善绿色技术创新制度的动力之一。丹麦把创新节能技术和可再生能源技术作为发展的根本动力，在政府立法、税收的引导下，能源政策始终强调加大对能源领域研发的投资力度，工业界积极参与，投入大量资金和人力进行技术创新，催生出一个巨大的绿色产业。美国、英国非常重视非营利性组织和科技中介机构的作用。美国的非营利性组织包括非营利研究机构和私人基金会，非营利研究机构开展对绿色技术的研发，但其研发成果不直接进入市场；私人基金会资助企业不愿涉足或不敢投资的项目，推动绿色技术的扩散。英国的科技中介机构分为政府层面、公共层面和私人公司三个层面，主要包括科技园区型中介机构、专业协会型中介机构、慈善型中介机构、盈利型科技中介机构四种主要类型。公众和社会组织的参与程度不断提高，为绿色技术创新营造良好的社会环境。

4. 强化法律保障，全力为绿色技术创新保驾护航

法律法规是绿色技术创新制度的重要保障。美国不断调整完善专利法案，以适应不断涌现的新技术，加强对专利和知识产权的保护。美国专利制度是条文法与判例法的混合体，具有灵活性和可操作性；专利制度通过对发明人提供独占权，使创新产品具有获得高额利润的可能。韩国形成了一套严密的涉及绿色技术创新的法律制度体系，如《韩国专利法》《韩国实用新型法》《韩国外观设计法》《韩国商标法》《韩国防止不正当竞争及保护营业秘密法》等。英国、德国、日本等国制定了多部关于绿色技术创新的法律，注重在法律实施过程中的监督和执行，提高法律的威慑力，加大对绿色技术创新违法行为的打击力度，规范绿色技术创新的秩序，保护创新主体的积极性和主动性，营造绿色技术创新的良好法律环境。

5. 健全绿色技术创新管理制度

为适应全球绿色技术创新的发展趋势，各国纷纷加强绿色技术创新管理制度建设。绿色管理制度更加强调人性化和柔性化管理，实现组织结构扁平

化，减少管理层级，把内耗降到最低，把效率提到最高。企业通过加强绿色管理，树立企业良好的绿色形象，大大增强企业绿色竞争力，推动绿色生产力发展。如 ISO14000 认证是企业打破绿色贸易壁垒，参与国际市场竞争的绿色通行证，从而可以在激烈的竞争中获得更多机会。

四、我国绿色技术创新的发展现状及问题

绿色技术创新与传统技术创新不同，存在多种类型的"市场失灵"，使得政府的有效决策和支持行动至关重要。随着 2009 年我国发展"战略性新兴产业"的目标提出，节能环保、新能源及新能源汽车等领域技术创新引起了全社会的高度关注。近年来我国环境政策和科技创新政策不断出台，绿色技术授权专利数量快速增长，促进绿色技术创新的政策效应逐步显现，但我国仍面临绿色技术创新不足、国际差距较大、产业化规模有限等问题。

（一）我国绿色技术创新的发展现状

一是绿色技术相关的发明专利申请量、授权量总体呈快速增长态势，但总量占比仍旧偏小。我国绿色技术发明专利申请量从 2010 年的 41459 件增长到 2014 年的 89954 件，年均增长 21.4%；绿色技术发明专利授权量从 2010 年的 14470 件增长到 2014 年的 30404 件，年均增长 20.4%。2010~2014 年我国七大战略性新兴产业中，以绿色技术为核心的节能环保产业专利申请量占各产业专利申请量的 21.5%，专利授权量占 18.5%，占据主导性地位（见图 11-15、图 11-16）。但我国绿色技术相关发明专利申请量在国内发明专利申请量的占比由 2010 年的 14.2% 下降至 2014 年的 11.2%，专利授权量占比由 2010 年的 18.1% 上升至 2014 年的 18.7%，与日本、美国等发达国家平均 20% 以上的水平相比，我国绿色技术专利所占比重存在显著差距。

二是绿色技术研发国际竞争力偏弱，PCT 类型发明专利（即国际认可专利）授权量占比较低，且 90% 以上是外籍申请人。2013~2014 年，我国七大战略性新兴产业发明专利授权中 PCT 专利的比重分别为 25.0% 和 24.7%，其

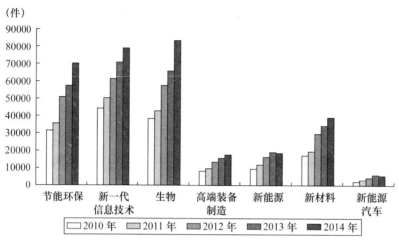

图 11 - 15　2010 ~ 2014 年七大战略性新兴产业发明专利申请量

资料来源：《战略性新兴产业发明专利统计分析总报告》，2015 年。

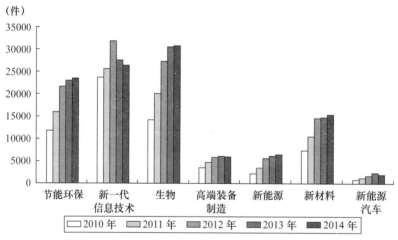

图 11 - 16　2010 ~ 2014 年七大战略性新兴产业发明专利授权量

资料来源：《战略性新兴产业发明专利统计分析总报告》，2015 年。

中外国在华 PCT 类型发明专利授权占当年战略性新兴产业 PCT 发明专利授权比重分别达到 98.0% 和 97.4%（见图 11 - 17）。在领军企业范畴内国外企业优势显著，2014 年我国战略性新兴产业发明专利授权量排名前 20 位的申请人中，国内企业仅占 5 位，其他 15 位申请人均为国外企业。各国在华授权量最大的产业是以新一代信息技术、生物、高端装备制造业为主，节能环保、新能源等绿色技术产业的占比非常低。这不仅显示我国本土绿色技术研发落后，国际认可度亟待提升，还反映出我国适宜绿色技术专利保护及应用的环境不够完善。

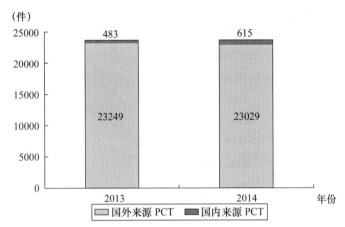

图 11 −17　战略性新兴产业 PCT 类型发明专利授权量

资料来源：《战略性新兴产业发明专利统计分析总报告》，2015 年。

三是绿色技术相关的技术交易市场规模逐步扩大，但占全国技术交易市场比重偏小、增速趋缓，产学研结合不紧密。2010～2014 年，尽管我国环保与资源综合利用领域技术合同交易额从 231 亿元增至 694 亿元，占比从 5.91% 增至 8.1%，但新能源与高效节能领域技术合同交易额从 528 亿元增至 927 亿元，占比从 13.51% 降至 10.81%，两类绿色技术领域技术合同交易额占比几乎没有发生变化，大大滞后于电子信息、先进制造等技术领域的增幅（见图 11 −18）。与此同时，2014 年我国战略性新兴产业发明专利申请中，绝大部分为企业单独申请，占比达到 89.03%；合作申请中最为常见的是企业之间的合作申请，而企业与高校、科研单位之间的合作申请极为少见，产学研脱节现象极为显著。

（二）我国绿色技术创新体系存在的问题

我国绿色技术创新不足、国际差距较大、产业化规模有限等问题十分突出，究其原因，除了过去对绿色发展不够重视、企业研发能力相对落后及科研成果转化率低、多数发达国家缺乏转让前沿绿色技术意愿等因素之外，在

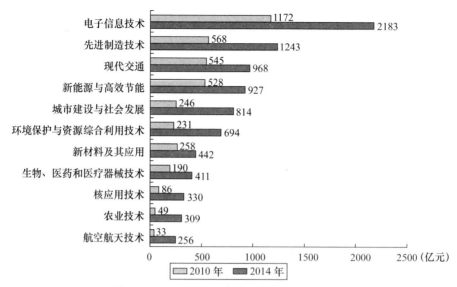

图 11 – 18　2010 ～ 2014 年全国技术交易领域对比

资料来源：2011 年、2015 年《全国技术市场统计年度报告》。

新一轮科技革命背景下的最大挑战还是我国绿色技术创新面临诸多体制机制性障碍。

1. 绿色技术创新的专利保障机制仍有待完善，环保技术标准落后导致绿色技术应用受阻

一是绿色专利服务体系发展滞后削弱创新主体积极性。2012 年，国家知识产权局在发布的《发明专利申请优先审查管理办法》中，第一次正式提出了与绿色技术相关专利的优先审查制度，效仿实施发达国家普遍建立的绿色专利快速审查机制，却因相关的审批程序未做配套、各地审查标准差异大、忽视中小企业诉求、绿色技术判定标准不清晰及缺乏第三方论证等原因，大大影响了我国绿色专利加速审查制度的实施效果。同时，由于我国绿色专利技术信息缺乏统一、权威的专利信息管理协调服务机构，绿色技术专利产业化信息咨询、技术评估等必要服务严重缺位，导致国内科技企业在没有充分了解技术和市场信息的情况下，盲目开展绿色技术研发项目，造成研发力量分散甚至引发低水平重复科研的浪费局面，严重挫伤了企业绿色技术研发的积极性，影响了整个产业的技术优势，不利于绿色技术的发展。

二是技术标准体系的落后和缺位导致绿色技术应用受阻。尽管新环保法明确了"国家支持环保研发和应用、鼓励环保产业发展和信息化建设"等原则性条款，但由于一些产业环保技术标准与国际接轨程度弱、标准修订滞后、惩罚力度小，相配套的部门、地方法规仍有缺失，严重制约了法规和政策环境对企业大规模采用绿色技术、实现绿色改造的倒逼作用。同时，发达国家凭借其技术优势，抢占国际知识产权贸易的高地，结成专利技术联盟推动专利标准化，使专利标准成为新的技术性贸易壁垒，而国内缺乏绿色专利技术壁垒信息收集和咨询机构，信息不对称致使我国企业在应用绿色技术、应对绿色技术壁垒中处于被动地位。

2. 绿色技术创新体系所涉及部门和政策没有形成合理的协同机制

由于绿色技术涉及领域众多，绿色产业渗透性强、交叉面广，国家发展改革委、工业和信息化部、环境保护部、科技部以及国土、水利、海洋、农业、林业、住建等众多部门都对促进绿色技术创新担负着重要职责，难免出现多头管理、资源分散、协调困难，甚至部门间相互推诿和指责等现象，引发政策孤立或冲突，导致政策体系的结构性失衡。加之，从中央到地方的科技创新协调机制不畅、地方政府官员政绩考核绿色发展指标难以量化等也在一定程度上加剧了部门分割、条块分割和区域分割。

3. 绿色技术的公共投入规模相对有限，以财税、投融资为代表的经济手段激励效果不佳

目前，我国绿色技术项目主要依靠政府临时拨款和政策性贷款，投入规模相对有限，且未形成稳定的政府投入机制。如，2015 年我国国家财政环保支出占 GDP 比重仅为 0.7%，而一些发达国家在 20 世纪 70 年代的占比就已达 2%，加上地方财政规模不足、环保支出差异较大，投入绿色技术项目的资金更趋紧张。尽管国家自 2010 年起陆续设立了清洁发展机制基金、清洁生产专项资金及节能减排专项资金等，但因专项资金使用缺乏监管以及地区间污染溢出影响，对吸引社会资本参与的拉动效应不强。同时，包括绿色信贷、绿色债券、绿色保险及股权投资在内的绿色金融体系在我国仍处于探索阶段，资本市场运作和专业化中介服务机构等尚不成熟，制约了绿色技术创新和绿色产业的发展。此外，绿色技术成果转化的税收减免不足、环境税收体系尚不健全以及中央对地方转移支付效率不高等因素，也影响了地方政府及企业投入绿色技术项目的积极性。

4. 政府绿色采购制度体系不够健全，资源环境价格体系扭曲，绿色技术创新的市场化激励手段不足

自从 20 世纪 80 年代中后期一些欧洲国家开始实施政府采购环境友好产品和服务以来，政府绿色采购作为一种环境政策和需求侧创新政策工具逐步成为全球性趋势。我国 2002 年颁布了《政府采购法》，也首次为公共绿色采购提供了法律依据，但相应的发展仍比较缓慢。2013 年我国政府采购节能环保产品的比重已近 20%，但仍与一些发达国家有较大差距。究其原因，一方面在于我国采购制度体系设计存在较多缺陷。如绿色采购清单覆盖面偏小，主要体现在节能环保产品强制采购和优先采购政策上，工程和服务类项目采购涉及较少；对能否列入节能环保产品清单主要依据对末端产品功能的界定，对其生产过程是否节能环保的评估应用不够。此外，受制于政府采购过于强调"资金节约率"等评价标准、资金来源不足以及采购预算信息不透明等因素，很多科技含量高的绿色创新产品或服务往往因不具备价格竞争力而难以中标。另一方面，资源环境价格体系扭曲引发绿色技术创新"劣币驱逐良币"的逆向激励。如我国为推广资源有偿使用和排污权交易制度以激励企业推行节能改造，已在 11 个省市开展试点，但试点工作仍遭遇重重阻力：排污权分配及其性质尚无明确法律依据，国家对初始确权分配至今没有统一的技术规范，排污权交易二级市场发育不足；天然气出厂价格长期低于进口价格引发买卖倒挂现象，严重打击了进口和生产企业的积极性，不利于绿色技术推广。

5. 整个经济社会系统对绿色技术的认知度、接纳度不高造成绿色技术创新推广动力不足

一是原有主流技术的竞争优势决定了绿色技术推广的艰难性。从经济的角度来看，主流技术背后必然有与之长期适应的生产设备与工艺、制度乃至消费者习惯，由此形成了巨大的比较优势。这些因素在很大程度上削弱了绿色技术的竞争优势，使其短期内难以成为主流。例如2015年并网光伏发电的标杆上网电价为燃煤发电的两倍以上，火力发电仍占据大量市场。甘肃、新疆等西部省区的光伏发电，由于消纳能力有限，造成"弃光"现象。再如电动汽车，由于充电设施与油站、气站相比，布局不足且稀疏不均，严重制约了长途运输以及市区交通以外的出行需求，电动汽车也难以在短时间内取代具有完善配套设施的燃油汽车。

二是经济社会系统的短视性造成绿色技术创新推广动力不足。绿色技术的应用和推广归根结底是为社会服务的。相对于发达国家，我国还缺乏不遗余力地支持绿色技术发展的勇气，由此导致绿色技术产品市场热度低、需求疲软。以德国为例，为发展可再生能源，政府对传统能源征收最高达47%的可再生能源附加费，使可再生能源电价低于传统能源电价，有力支持了光伏发电的发展。此外，商品种类稀少、价格高昂等原因使绿色技术的接纳度还不够高。如低能耗的供暖技术、节能家用电器等应用未得到广泛认可，导致建筑能耗整体偏高。2014年我国建筑能耗占社会总能耗的比重高达45%以上。总体来说，政府、企业和消费者着眼短期利益，没有长远目标和规划，导致推广绿色技术创新动力不足。

五、基于新一轮科技革命的绿色技术创新体系构建

（一）绿色技术创新体系构建的基本原则

构建绿色技术创新体系应坚持贴近实际、动态开放和系统全面的基本原则。

第一，长远性与渐进性的原则。绿色技术创新体系的构建和运行，不仅要考虑实现近期目标的需要，更主要研究未来经济发展的可持续性。同时，绿色技术创新是一个动态反馈的过程，其组成部分的变革和进步，对整体的影响是渐进式的，而我国经济体制改革的渐进性更加决定了绿色技术创新体系的建立和完善必然采取渐进式、阶段性推进模式。

第二，创新政策与市场力量相结合原则。绿色技术创新理应从实际出发，按照市场需求，处理好技术与市场的关系，尊重绿色技术创新的规律和市场经济的发展规律。由于绿色技术创新的风险、效益的外部性可能会产生市场失灵的现象，此时政府对市场的培育、规范和引导作用就尤为关键，政府针对绿色技术创新出台的一系列政策措施将形成机制，使得创新体系内部各要素不断地优化组合，以政府构建的机制来弥补市场在绿色技术创新过程出现的市场失灵。

第三，开放与合作原则。绿色技术创新以实现产品生命周期成本总和最小化为目标，是一种不断与外界进行物质、能量和信息交换的动态开放技术体系。只有扩大对内、对外开放，加强系统间的区际和国际联系，吸引国内外的创新资源，才能迅速提升绿色技术创新能力。

第四，与国家创新体系建设有机衔接的原则。我国早在"十五"规划纲要中就提出："建设国家创新体系""建立国家知识创新体系，促进知识创新工程"；"十二五"以来，党中央、国务院又做出深入实施创新驱动发展战略的重大决策部署；党的十九大报告提出，"构建市场导向的绿色技术创新体系"。因此，绿色技术创新体系的构建应充分与国家创新体系建设、创新驱动发展战略有机衔接、互为补充，避免不必要的重复建设。

（二）绿色技术创新体系的总体架构

基于新一轮科技革命的绿色技术创新体系不仅是一个包含创新主体、创新环境、创新资源、创新基础平台等要素体系，更应是一个自上而下全社会共同参与的层次体系（见图 11 – 19）。政府建立完善的体制机制为绿色技术创新的发展提供环境沃土；创新主体之间通力合作，充分激发创新活力与潜力；中介服务机构、创新园区、绿色技术研究中心等平台将创新资源快速聚集，以互联网为核心的新一代创新基础平台将带来高效的全球信息资源交流与共享；在公众绿色消费观念越来越深入的同时，绿色技术产品市场也将愈发兴旺、走向成熟，刺激绿色技术创新不断发展，最终形成一个自我完善、自我更新的良性循环生态系统。

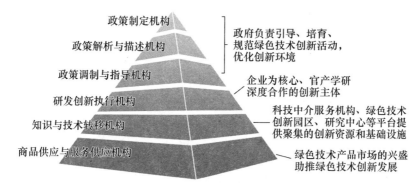

图 11-19　绿色技术创新体系层次结构图

（三）构建绿色技术创新体系的对策建议

构建基于新一轮科技革命的绿色技术创新体系，应以服务创新主体为核心，强化各层面、各地区的统筹协调，从创新资源、创新环境和创新基础平台三个方面全面构建绿色技术创新的政策体系（见图 11-20）。

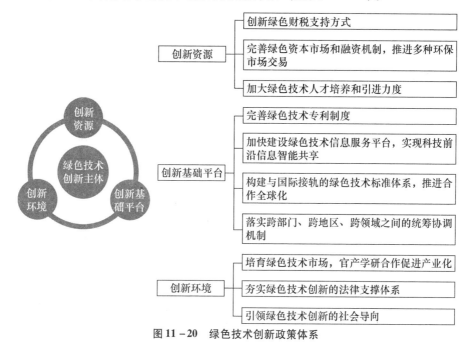

图 11-20　绿色技术创新政策体系

1. 创新资源：加强创新资本、市场、人才等要素支持，发挥政府对绿色技术创新主体的培育、扶持作用

一是创新财税支持方式，体现绿色导向。调整财政资金支持方式，整合各类财政性基金，探索建立政府公共引导基金，提高财政资金使用效率，健全多层次财政补贴体系。重点加强对绿色共性技术研发、人才队伍建设和中小企业创新的公共扶持；提高环保资金的利用效率，形成稳定、充足、高效的投入机制，尤其在环保设施、生态修复、循环利用、能效改进、重大节能装备等薄弱领域，发挥杠杆效应吸引各类社会资本广泛参与。加快推进税制改革，提高税收的绿色化程度。通过征收环境资源税和环境补偿税，促使企业积极研发绿色技术，淘汰落后的传统工艺，推动传统企业向绿色企业转型发展。

二是完善绿色技术资本市场和融资机制，协调推进碳排放权交易等市场交易制度。完善的绿色技术资本市场和融资机制是绿色产业发展的重要支撑，也是实现绿色技术创新产业化发展的关键环节。推动绿色金融发展，完善绿色信贷政策，进一步加大对碳减排项目的金融政策支持力度，鼓励开展碳金融产品创新，支持"众筹"、第三方支付、P2P 等创新模式发展。节能量交易、碳排放权交易、可再生能源交易等市场交易制度安排，能够减少能源消耗，提高可再生能源比重，降低污染排放，有利于推动实现绿色转型发展。应从全国统一市场高度做好顶层设计，研究确定优先序和时间表，确保在2020 年前形成全国统一的交易市场；继续开展多样化试点，允许各地根据实际情况进行差异化探索。

三是加强绿色技术高端人才培养和引进力度，夯实人才基础。新一轮科技革命和产业变革的孕育突破带来日新月异的变化，要求我们的思想观念、人才结构、管理制度、基础设施等方方面面都要与之相适应。加大绿色技术高端人才培养和引进力度，是真正实现绿色技术创新突破发展的系统性解决方案。要进一步完善人才激励政策，健全国有及国有控股的院所转制企业、高新技术企业自主创新和成果转化的激励分配机制，鼓励科研机构和高校科技人员从事职务发明创造；更加积极引进海外高端人才，建立健全海外高端人才引进的优惠政策、激励机制和评价体系，完善人才、智力、项目相结合的柔性引进机制。

2. 创新基础平台：建立健全绿色技术保障和服务配套体系，发挥政府对绿色技术创新活动的促进、支持作用

一是进一步完善绿色技术专利制度，畅通绿色技术创新的申报和使用渠道。改进现有的绿色专利快速审查制度，完善知识产权保护推动绿色技术创新。提高绿色技术审查的效率，保障绿色技术专利的质量，组建专门的绿色技术专利审查机构，对绿色技术的质量和市场应用价值进行评估，使其符合绿色技术产业化的新要求。创新绿色技术专利许可制度，促进绿色技术的利用、实施和后续开发，由政府和多家大型技术企业合作定期向公共领域开放一定数量的绿色技术专利，鼓励企业间对绿色技术方案的合作利用和开发，对相关企业给予合理的财政资助，对表现出色的企业给予奖励，鼓励企业之间加强绿色技术领域合作，减少恶性竞争与专利滥用，提高绿色技术的市场化程度，提升国内绿色技术创新整体水平。

二是加快构建绿色技术信息服务平台，实现科技前沿信息的智能共享。绿色技术信息平台和专利服务机构具体包括信息咨询、专利代理、投资融资、技术评估、法律服务等方面。完善绿色技术信息共享平台和专利服务机构是绿色技术产业化中至关重要的环节。顺应新一轮科技革命和产业变革趋势，构建绿色技术创新信息的共享平台，对于提高绿色技术创新生态系统的开放协同性，形成资源共享的创新合力和形式多样的创新共同体起着关键作用。要充分利用互联网思维，从国家和地方两个层面完善我国知识产权中介服务的法规和政策体系，搭建绿色技术信息智能共享云平台。在国家层面上，统筹规划我国绿色技术产业的专利布局，汇总地方各平台的服务网络，整合国内外前沿信息资源和技术优势，集中攻坚尖端科技；在地方层面上，适应本地区经济、科技发展的特色，补充完善服务平台可提供的信息，切实、有效地为绿色技术创新与应用保驾护航。

三是构建与国际水平接轨的绿色技术标准体系，积极推进绿色技术贸易全球化发展。绿色技术标准在国际贸易中具有重要作用，为应对国际贸易中绿色技术壁垒对我国绿色技术产业化带来的消极影响，加快构建国内的技术标准体系并加强与国际标准的对接，根据我国安全要求制定涉及安全、卫生、健康、环保等方面的强制性标准，把未达到技术标准的产品拒之于国门之外，转被动为主动，争取绿色技术贸易中的主动权。积极推进多层次国际合作，加强合作共赢。围绕"一带一路"重大战略推进国际合作，促进我国绿色技术在重大基础设施建设中的应用；支持创新主体在重要国际组织中的发展，鼓励国内企业、科研机构或个人加入国际性标准化组织和区域性标准化组织，积极参与国际标准的制定工作，制定符合本国利益的技术标准，为我国绿色技术产品走出国门，开拓更广阔的海外市场创造更好的贸易环境。

四是健全中央与地方之间，以及不同部门之间、不同区域之间、不同行业之间的绿色技术创新统筹协调机制。发展绿色技术和绿色产业，跨部门、跨地区、跨领域的管理协调与分工协作必不可少，必须尽快改变当前各自为政、措施冲突、地方保护、行业分割的不利局面。中央层面要以"国家科技体制改革和创新体系建设领导小组"为统领，进一步加强对绿色技术创新的决策统筹，协调解决重大问题、提高行动效率，减少各部门之间的政策冲突。各地也应通过建立健全生态文明建设领导体制和工作机制，强化绿色技术创新的协同合作，严格落实绿色政绩考核，形成统筹规划、分工合理、执行顺畅、监督有力的组织保障。

3. 创新环境：着力推进绿色技术产业化进程，强化绿色技术创新的法律保障，发挥政府对绿色技术市场的引导、规范作用

一是着力推进资源性产品价格改革，大力培育绿色技术市场。市场是驱动绿色技术创新的重要动力。既要理顺长期扭曲的价格体系，也应发挥市场配置资源的基础作用，彻底改变绿色技术产品市场"劣币驱逐良币"的市场乱象。一方面，着力完善政府绿色采购制度的框架体系，尽快修订《政府采购法》中的相关绿色采购内容，明确界定专门机构及其责任，设置绿色产品标准和绿色采购清单。逐步扩大绿色采购范围，更关注节能环保产品的全生命周期和科技创新水平，建立科学的公共绿色采购评价体系，强化相应的组织能力（如环保部门与采购部门的互动、增加专业人才等）。另一方面，各级政府及相关部门要借鉴发达国家的成功经验，结合本地实际情况，逐步建立起多元化的绿色技术市场体系。大力培育绿色技术市场，组织和引导大型商业流通企业参与绿色技术产品市场建设，充分实现绿色技术产品的市场价值；完善绿色技术推广体系，提高绿色技术推广服务水平和服务功能，设立专业部门为绿色技术创新的技术开发方和需求方提供及时准确的技术信息服务和技术标准咨询；实行严格的市场准入制度，强制执行能耗、污染物排放、环境质量、节能标准及环保标识等，并辅以动态更新机制，倒逼企业采用绿色技术，促进产业绿色转型。

二是构建绿色技术创新的法律支撑体系。一要制定和完善法律法规及相应的标准体系，为企业开展绿色技术创新提供法律支持和保障。我国绿色技术创新领域还存在很多法律空白，应结合现阶段我国的国情，不断完善有关资源节约和生态保护的法律法规，废止或修改不利于绿色技术创新长远发展的部分法律制度，尽快制定适应绿色技术创新的法律制度，取消那些不能适应当前及今后绿色技术创新发展要求的相关法律法规。二要严格执法，督促传统企业依靠绿色技术创新改造成绿色企业。在推动企业进行"绿色"改造过程中做到有法必依、执法必严、违法必究，严格执行节约资源和保护环境的法律法规，提高环境监察执法人员的执法水平，对于不达标的企业加大惩罚力度并督促其依靠技术创新进行绿色化改造。

三是引领绿色技术创新的社会导向。我国大部分企业的经济实力不足，绿色技术创新的积极性不高。要在全社会范围营造对企业绿色技术创新进行激励和引导的社会舆论环境，让企业深刻了解绿色技术创新产生的巨大经济效益、社会效益和生态效益，形成社会对企业绿色技术创新众心所向的趋势，推进企业转变传统发展模式，大力开发绿色技术，拓展企业走绿色技术创新道路的深度和广度。同时大力推广绿色消费，强化全社会创新和绿色发展意识，切实转变观念。在政府层面，要为绿色技术创新发展营造一个"正向激励的好环境"，打造"反向约束的硬标准"；在企业层面，要有追求卓越和承担社会责任的理念，更加重视技术创新、品牌创造，更加重视资源能源节约，更加重视生态环境保护，做有道德的"社会人"；在社会公众层面，要成为"大众创业、万众创新"洪流中的一员，牢固树立人与自然和谐共生的理念，"从我做起，从现在做起"。

第十二章

基于全面深化改革的生态资源环境
体制机制创新体系研究

从 1973 年第一次全国环境保护会议提出环保工作方针开始，我国生态环境保护和环境治理已走过 44 年的历程。在这 44 年间，我国生态环境保护和建设取得一定成绩，但生态环境质量并没有得到显著改善。这固然和我国所处的发展阶段有关，但深层次原因仍在于体制机制等制度方面的缺失。大量理论和实践经验证明，生态文明体制机制改革是生态文明建设得以顺利前行的重要保障。为此，党的十八大报告、十八届三中全会、十八届五中全会和十九大报告都强调了制度在生态环境保护中的重要作用，并提出建立系统完整的生态文明制度体系。新时代我国生态环境保护和两型社会建设体制机制改革正在全面深化改革的浪潮中破浪前行。

一、生态资源环境体制机制创新意义重大

体制机制是制度形之于外的具体表现和实施形式，包括了目标体系、行为规则、考核办法、奖惩机制等在内的所有制度总和。随着我国生态文明建设的不断推进，生态文明体制机制改革成为生态环境保护和两型社会建设得以顺利前行的重要保障。

（一）把绿色发展理念转化为实践的重要途径

生态资源环境体制机制是把尊重自然、顺应自然、保护自然的理念，发

展和保护相统一的理念，绿水青山就是金山银山的理念，自然价值和自然资本的理念，空间均衡的理念，山水林田湖是一个生命共同体的理念，以及低碳循环、节能环保等绿色发展理念转化为具体的可操作的规定和实施办法，进而使生态环境保护和两型社会建设的设想变为具有可操作性的具体规范，并付诸生态环境保护和两型社会建设的实践。可以说，没有相关的体制机制方面的创新，生态环境保护和两型社会建设就很难得到切实落实。

（二）处理好生态环境保护和两型社会建设中各种关系的关键之举

生态环境保护和两型社会建设涉及的范围广、领域多，需要处理好中央和地方之间、地方政府各部门之间，政府、企业和公众之间以及环境保护和经济发展等各种利益关系，生态环境保护和两型社会建设是否能够顺利推进，关键在于能否处理好各种复杂的关系。而体制机制就是处理各种关系的规范，是决定人们相互关系而设定的一系列社会规则，通过体制机制的建立与完善，可以为生态环境保护和两型社会建设提供规范和监督、约束和激励力量。通过约束和激励个体行为，有效规范和处理好各方面的利益关系，最终实现维护好生态环境保护和两型社会建设的整体利益和长远利益。

（三）生态环境保护和两型社会建设的整体发展方向的根本保障

加强生态文明制度体系建设可以充分发挥生态文明制度的整体功效。一方面，通过生态文明制度的"顶层设计"和制定相关发展规划，可以确保生态文明体制改革坚持正确方向，尤其是能够保证生态文明建设坚持自然资源资产的公有性质的整体发展方向；另一方面，通过科学的制度设计，构筑完备的生态资源环境体制机制，可以为生态文明建设搭建好基础性制度框架，为生态环境保护和两型社会建设提供一条正确、高效的运行轨道，进而确保生态环境保护和两型社会建设朝着正确的方向整体向前推进。

（四）破解生态环境保护和两型社会建设"公地悲剧"的有效路径

长期以来，生态环境资源的负外部性使得个人和企业不必承担其对环境损害带来的后果，从而使环境问题成为一个典型的"公地悲剧"问题。生态资源环境体制机制的改革创新通过合理确定产权、立法、税收和补贴、政府宏观调控与监督、宣传教育等制度安排，可以有效避免生态环境资源的生态政策失灵和生态管理失灵问题，从而遏制"公地悲剧"现象的发生。合理的生态资源环境体制机制是规避"公地悲剧"的有效路径，也是生态文明建设的根本保证。

二、生态资源环境体制机制创新的国际经验

西方发达国家最早经历了工业文明，同样也较早意识到生态环境危机，经历了"生态破坏之痛、绿色发展之兴"的过程，在体制机制方面进行了卓有成效的探索，积累了大量行之有效的经验，对我国生态环境保护和两型社会建设体制机制改革创新具有较大的借鉴作用。

（一）立法先行

在生态环境保护和治理方面，发达国家把立法放在第一位。如伦敦烟雾事件之后，为化解空气污染危机，1956 年英国颁布了世界上首部空气污染防治法案——《清洁空气法》，随后又相继出台《污染控制法》《空气质量标准》等一系列空气污染防控法案，以改善伦敦空气质量。美国在 1973 年经历了石油危机之后，开始在新能源开发和利用方面着手立法，1975 年颁布《能源政策和节能法案》，之后颁布了《国家节能政策法案》《国家家用电器节能法案》《能源政策法案》等一系列相互配合完善的法律体系。日本由于能源资源短缺，更加注重循环经济方面的立法，是全世界最早在循环经济方面立法的国家，形成了全球最为完善的循环经济法律体系。

（二）税收奖惩机制

环境税是解决环保问题一种常用的市场手段，能够让排污者承担污染的社会成本，起到抑制企业排污的效果。西方一些国家在环境税方面做了大量

有益探索，如丹麦环境税多达 16 种，对化石能源等重污染领域的征税最高，对低碳等新能源领域以及节能环保产业减免税收或不征税；瑞典早在 1991 年就开征了二氧化硫税，有效抑制了硫化物的排放；德国根据企业的排污数量征收环保税，其税率主要根据污染物组成确定，对于达标的企业，税率可降低 3/4。随着汽车带来的空气污染，很多国家针对汽车行业开征环保税，如在新加坡，使用超过 10 年以上的老旧车辆，需要交纳额外的路税；法国对汽车征收燃油税和环保税，对低排放汽车给予一定的补贴，对高污染汽车征收高额环保税；丹麦在汽车行业的税费（主要包括牌照注册费、增值税、汽车购置使用税等）达到了汽车价格的 2 倍；伦敦则对进入市中心的私家车征收"拥堵费"。

（三）政府综合协调机制

为解决跨区域、跨部门协作问题，澳大利亚、日本等国家建立了较为完善的生态环境区域协同机制。如澳大利亚三级政府均有多个部门涉及生态环境，各级政府通过法律或跨部门机构协调避免不同部门之间相互推卸责任；日本在环境厅的基础之上，建立了环境省，并将原来多部门负责的废物管理职能统一划归到环境省管理，推行"环之国"会议机制，加强政府部门之间、政府与产业界之间的沟通协调。

（四）强化环保参与机制

发达国家把强化公众的环境保护参与意识作为生态文明建设中的一项非常重要的举措，形成了一些加强公众环保参与的教育、宣传示范、激励等机制。如德国的环保知识普及教育覆盖了幼儿园、小学、中学、大学全过程，打造了完整的环保教育体系。澳大利亚树立推广堪培拉"无垃圾城市"计划，通过印发相关宣传资料、聘请专家开展讲座等形式，向公众宣传如何做到"无垃圾城市"；通过设立"无垃圾城市"计划示范中心，向公众免费提供垃圾回收利用的知识、技术等各种服务，并通过向全社会招标的方式激励公民参与制定环保法律。

三、我国生态资源环境体制机制存在的问题

随着我国生态资源环境体制机制改革进入深水区，相关的法律法规、政府管理体制、市场经济体制、社会公众参与机制在解决生态环境保护和建设方面仍然存在突出问题。

（一）法律体系无法满足现实需求

一是部分领域法律制度存在空白。由于我国在生态文明制度方面起步较晚，部分领域法律法规不可避免地存在空白。主要表现为：与生态文明建设密切相关的土壤污染防治、化学品环境管理等资源法律、排污权、碳排放权交易、自然产权等方面的产权法律、跨区域环境治理方面以及第三方治理方面的法律尚未出台；缺乏专门的饮用水水源地保护法规以及促进绿色科技创新、民间组织、社会公众在监督管理方面的法律制度保障。

二是法律制度之间协调性不强。目前，我国在生态环境保护方面的法律法规存在一定的内容交叉重叠，且法律法规往往由不同行政主管机关负责执行，导致政出多门，部门间或争权夺利或相互推诿，相关法律法规的相互协调性存在一定困难。

三是法律制度的可操作性较差。我国生态文明法律制度建设过于原则性，缺少具体细化的规定，在环境保护部分领域的法律规定过于宽泛，使得法律的实施效果大打折扣。同时，由于管理关系不顺畅，这些法律在实施过程中的严肃性和约束力遭到质疑，往往是"上有政策、下有对策"。我国在经济绩效评价方面，由资源浪费、环境污染和生态破坏带来的经济发展成本不计入国民收入核算体系，在对地方政府进行考核时，更加看重经济增长指标，淡化了地方政府的环境保护意识。这也造成了一些地方政府，特别是一些欠发达地区的地方政府把发展经济、提高收入作为最重要的事情，忽视或者无视法律制度规定对生态环境的保护。

四是部分法律法规发展滞后。随着我国生态文明建设的不断推进，部分

相关法律法规没有根据我国生态文明建设的形势做出修订，导致相关法律发展滞后，很难满足我国当前生态环境保护和两型社会建设的需要。比如，我国环境法规规定的行政处罚方式以罚款为主，而且数额过低。按照国家规定，《大气污染防治法》对超标排污行为规定的罚款最高限额 10 万元；《环境影响评价法》对违反环评擅自开工建设行为规定罚款最高限额 20 万元。而对造成严重后果的违法行为，《水污染防治法》和《固体污染防治法》规定的罚款最高限额为 100 万元；《大气污染防治法》规定罚款的最高限额为 50 万元。这样的处罚数额显然太轻，既不能与违法行为给社会带来的危害性相适应，也远远低于行为主体从其违法行为中所获得的收益，难以形成对环境违法行为的震慑作用。对破坏生态环境案件查处所依据的都是行政法，"刑事法能够靠得上的条文少之又少"，如对河道投毒、河道采砂、破坏滩涂等行为均无明确的刑事处罚规定。

（二）政府管理体制改革不到位

一是环保与发展综合决策机制尚未形成。在实践中重经济轻环保的现象一直存在，许多地方以牺牲资源环境为代价来发展经济，经济发展方式粗放，环境与发展一直都是"两张皮"，环保部门与经济部门相互合作和制约机制不强。环境政策的设计、执行和实施不能有效纳入社会经济发展的决策过程中，不能从根源上解决环境保护与经济发展的矛盾，许多环境问题都是由于不恰当的经济政策所引发。

二是跨区域、跨部门间的协调机制推行困难重重。生态环境保护和两型社会建设涉及价格、国土、金融、财政、能源等多个领域，既有城市方面的改革，也有乡镇改革，涉及的地域较广，同时涉及发改、环保等几乎所有部门。而当前由于区域分割、部门分割、城乡分割严重，改革涉及权力和利益调整，与部门、地方法规和利益存在一定冲突，导致不同地区、不同部门在改革协同配合的难度增大；地区间、部门间环境合作缺乏制度保障，一定程度上存在"林业部门只顾绿化种树，农业部门只顾开荒种地；环保不下水，水利不上岸"等跨部门管理分割问题和"九龙治水"等跨地域不能协调的问题，导致决策难以达成共识、执行效率缓慢等诸多弊端。此外，中央和地方以及省市分权机制需进一步探索，地方以及省内市一级地方政府在一些需要先行先试的改革领域缺少必要的权限，面临"一试就违法、一试就碰线、一试就无依据"的尴尬局面。

三是环境监管机制落实不到位。一些环境监管人员在监管时流于形式，监管行为不规范。有些地方保护主义严重，为了引进大项目，放松对生态文明的要求，对一些污染企业缺乏必要的监管手段，甚至视而不见，放任自流。一些下级环保部门不能正确对待上级环保部门的监管，对检查发现的问题不积极配合，而是说情保护。

（三）市场制度体系发育程度低

一是企业主体责任制度落地难。当前，我国很多企业法律意识淡薄，加上执法不严，不少企业治污设施建设滞后，技术水平低，提标改造进展缓慢，难以做到污染物达标排放。企业违法排污查处后的罚款额度远低于治污成本，并缺少有效的经济引导措施，不少企业宁愿交罚款也不主动治污。部分企业治污设施不能正常运行，采取检察人员"一来就停，一走就排"、昼停夜排、瞒报虚报监测数据等方式应付和逃避执法监管，主体责任严重缺失。

二是自然资源资产产权制度不健全。总体而言，我国多数地方资源性资产的家底不清，所有权、行政权、经营权混乱，归属界定不清。自然资源的使用权、经营权、勘探权、开采权等产权没有与国家所有权充分分离，导致产权形式较为单一，造成土地集约利用程度不高、荒山沉睡的现象。现行自然资源法律法规没有规定具体的资源产权主体代表，在自然资源制度设计上没有明确规定中央政府、地方政府、部门以及所在地居民的权利和义务。自然资源所有人与经营者在自然资源利用过程中的权利与义务没有从法律中得以体现，造成使用权与所有权不分，由此产生管理上的混乱。

三是排污权交易制度存有较多缺陷。在实践中存在如下问题：①相关法律制度尚未确立，使得交易的合法性成为问题，即交易后合法的排污量难以界定；②总量控制指标难以确定；③指标的原始分配难以做到公平；④排污权交易信息平台和交易市场不完善，排污权交易市场需要有成熟的买卖双方和中介机构。

四是资源性产品价格体系尚未形成：①资源性产品价格形成机制不顺，主要包括：从资源无偿划拨到有偿使用的改革不到位，资源产权市场化程度低，运营不规范，资源税费整体偏低，资源性产品价格没有体现资源的全部价值；②从价格体系看，再生资源价格高于初始资源价格，企业缺乏进行资源再生、循环利用的动力，而是选择利用初始资源，废弃物处理成本高于排放成本，使许多企业宁愿缴纳排污费也不愿意治理污染物。

五是财税与投融资机制改革滞后。银行绿色信贷融资落地较难。新环保法实施后，环保标准进一步提高，排污企业升级环保设施需要大量资金，但排污尚未达标在银行很难融到资，不少企业感叹"不治污等死，治污找死"。绿色融资渠道和产品比较单一。民间资本参与生态文明和两型社会建设的制度体系还不完善，进入难度大，缺乏利益保障。绿色证券等新型绿色金融产品开发不够，相应的低碳金融市场制度亟待建立。

（四）公众参与机制改革力度不大

一是社会环保组织专业化程度低。当前环境污染问题越来越复杂，处理这些问题需要很多相关的专业知识。在国际上知名的环保组织中，其成员专业素质过硬，不同组织之间及组织内部分工明确，可以就一些复杂的环境问题进行高效的合作，进而开展环境保护工作。我国的环保组织成员有相当一部分不具备专业知识，从事环保工作仅仅凭借对环保事业的热情，缺少专业型人才，大多数是通过社会招聘的人员，对生态环保及监督缺乏科学的认识。社会组织不属于经营性单位，资金能力不足，缺乏相应的法律法规保障，这在很大程度上影响着社会组织的发展与壮大。

二是社会环保组织决策独立性差。我国的民间环保组织多为非营利性的，其资金来源很大一部分靠政府扶持，而且我国政府部门对民间环保组织实行双重管理制度，要求这些组织内部要同时设立业务主管部门和行政部门，这导致民间环保组织决策不能自主，总会不可避免地受到地方政府的干扰，最终影响了这些组织保护环境职能的有效发挥。

三是社会公众参与机制针对性不强。当前，我国社会公众渠道不够畅通，社会公众参与环境保护仅局限在一定的范围内，对其发展情况及职责等方面缺乏正确的认识，对监督重大环境问题的信息掌握得更少，社会公众参与的平台较少，大多停留在表面和浅层上，没有形成制度化、常态化和组织化的公众参与机制。同时，我国公民在生态环境保护的责任和义务不明确，现行法律较少规定公民个人在节能减排、环境保护等方面的权利与义务，这也阻碍了社会公众参与生态环境保护的主动性。

四是宣传教育机制尚未建立。社会公众接受生态文明建设教育的机会较少，参与监督的能力弱。一些地方尚未将公众环境教育培训列入公民素质教育计划，缺少环境教育的投入资金和培训渠道，致使公众参与能力弱，仅有参与热情而没有参与能力。特别是在一些农村地区，农民参与生态文明建设的教育体系还未建立，农民对环境保护的意识极其淡薄，生态文明建设工作推进氛围不浓、难度较大。

四、全面深化改革背景下生态资源环境体制机制创新的路径选择

生态文明建设需要实行最严格的生态环境保护制度，通过制度的激励和约束作用，引导各主体走绿色发展道路。新时代，要全面贯彻党的十八大，十八届三中、四中、五中全会，十九大精神，以《生态文明体制改革总体方案》为统帅生态文明体制各领域改革的纲领性文件，紧紧围绕建设美丽中国的目标，坚持依法改革、问题导向、"大生态"格局、保护优先、政府主导原则，积极吸收国内外生态文明制度的先进经验，从法律、政府、市场、公众等方面制定生态环境保护和两型社会建设的制度，构建以政府为主导、以企业为主体、社会组织和公众共同参与的环境治理体系。

（一）建立健全法律制度体系，依法保护和治理

一是树立尊重生态自然的立法理念。将绿色发展理念融入整个立法过程，

确立尊重生态自然的立法精神，并将法律价值取向由人与人的社会秩序向代际公平迈进，由发展经济的绝对自由向相对自由推移，立法重心由工业文明的"经济至上"向生态文明的"绿色发展"倾斜。

二是不断完善法律体系。根据绿色发展需要，及时制定土壤污染防治、排污权、跨区域环境治理、国土空间开发保护、国家公园体制等方面的法律法规，填补相关法律空白；加快"立改废"进程，尽快修订和完善生态环境已有法律制度，制定相关配套实施细则，增强法律的可操作性，全面清理修订现有法律法规中与生态文明建设要求不一致的内容，增强法律法规间的协调性，构建新的适应绿色发展要求的生态文明法律制度体系。

三是严格司法、执法制度。司法方面，完善司法机构，在不同层级的法院建立专门的环境审判法庭，规范诉讼程序，解决环境纠纷，引入第三方监督机制，加强公众监督；在司法裁判上，引入生态修复等非刑罚手段，注重非刑罚手段的运用，在对当事人追究法律责任的同时，要求当事人修复被破坏的生态环境。执法方面，加强环保执法，严厉打击各类环境违法违规行为，提高执法工作的权威性；严格落实生态责任追究制和执法责任追究制，建立生态环境损害责任终身追究制，追究破坏生态环境相关部门、企业负责人的法律责任。

（二）加快政府管理体制改革，强化行政手段

一是改革绩效评价考核和责任追究制度。完善经济社会发展评价体系，建立体现生态文明要求的目标体系。探索建立有利于促进绿色低碳循环发展的经济核算体系，建立体现自然资源生态环境价值的资源环境统计制度，编制自然资源资产负债表。在编制自然资源资产负债表基础上，建立健全自然资源资产离任审计制度，并建立生态环境损害责任终身追究制。科学确定干部生态文明政绩考核指标体系，建立完善以绿色 GDP 为导向的干部政绩考核制度。明确各级各部门推进生态文明建设权责，根据不同区域、不同行业、不同层次的特点，建立各有侧重、各具特色的考核评价标准。按照主体功能区的定位，针对不同主体功能区，选择不同的考核指标，实行差别化评价；

对党政领导班子，加强节能减排、循环经济等方面的考核。将生态文明政绩考核结果与干部任免奖惩挂钩。建立健全问责追责机制，按照奖优、治庸、罚劣的原则，把生态文明建设考核结果作为干部任免奖惩的重要依据。把生态文明建设任务完成情况与财政转移支付、生态补偿资金安排结合起来，让生态文明建设考核由"软约束"变成"硬杠杆"；对不重视生态文明建设、发生重大生态环境破坏事故的，实行严格问责，在评优评先、选拔使用等方面予以一票否决，以激励各级领导干部进行生态文明建设。

二是健全跨领域、跨区域、跨部门统筹协调机制。加强全产业链绿色发展的统筹规划，如发展新能源汽车需要进行整体、电池技术、充电装置和电池回收利用的统筹规划；发展可再生能源发电要与电网、稳定电源布局统筹规划。加快建立区域、流域间环境协同共治机制，抓住水治理这个突破口和"牛鼻子"，建立流域间环境协同共治机制，明确流域党政领导的河流保护工作责任，减少"九龙治水"现象。以"河长制"为基础，探索土、气等其他绿色发展领域跨区域、跨部门管理制度。中央政府各部门要加强政策统筹与分工落实相结合，每项行动计划要明确牵头单位和相关单位，共同制定相关制度。

三是创新资源环境承载能力监测预警机制。首先，明确环境监测体系建设的目标，建立科学完善的环境监测评价体系和运行稳定规范的环境监测监管体系。其次，强力推进环境监测网络体系建设，健全大气、水体、土壤和生物资源的生态环境监测网络，建立资源环境承载能力监测预警机制。再次，制定出台相关政策，实行以奖代投，支持企业加快生态环境监测设施配套建设。最后，将监测体系建设和监测工作纳入考核体系中。

四是改革科学决策机制。从社会整体利益出发，建立全寿命的资源利用效率和环境影响评价体系。在进行重大政策选择和重大技术推广时，进行全寿命期的资源利用效率和环境效果评价，进行不同技术路线的多方案比较，防止局部优化而整体不优。按照边际效率的高低进行政策和投资排序，优化选择边际效率高的领域，用边际效益好的方案代替边际效益差的方案，提高绿色发展的效率和决策的科学性。

（三）积极培育市场机制，注重市场手段解决环境问题

一是健全自然资源产权制度。全面开展地理国情普查，摸清全国自然资源的家底，建立自然资源数据库，积极开展自然生态空间确权登记试点。运用"生态足迹"等理论，准确核算自然资源资产价值，加强对生态系统生产总值 GEP 的核算，编制出自然资源资产负债表，逐步量化自然资源产权。

二是加大生态补偿制度的改革力度。扩大生态补偿范围，对具有重要保护功能的区域、生态敏感性的区域，以及部分生态功能价值较高的限制开发区域纳入生态补偿的范围；拓宽生态补偿的资金来源渠道，提高补偿额度，将生态补偿纳入各级财政预算安排，积极运用碳汇交易、排污权交易、水权交易、生态产品服务标志等补偿方式，探索市场化补偿模式；健全跨区域补偿制度，不断拓展跨区域生态补偿试点范围，建立健全生态环境跨区域、跨流域损害赔偿制度，明确生态环境损害赔偿范围和责任主体、索赔主体损害赔偿解决途径，按照"谁开发、谁保护，谁破坏、谁恢复，谁受益、谁补偿，谁污染、谁付费"的原则，通过破坏者付费、使用者付费、受益者付费等方式确定生态补偿的付费和补偿。

三是创新绿色发展财税与投融资机制。设立绿色发展专项引导资金，推行竞争性分配、以奖代补、贴息补助、股权投入等办法，发挥财政资金的杠杆作用；开展资源税改革，拓宽资源税试点种类和范围，提高资源税，对进口先进的有利于绿色发展的设备和产品在税收上给予优惠；支持环保企业通过发行债券、股票、资产证券化、私募股权、集合票据等方式进行融资，探索碳绿色产业债务融资工具、碳项目收益债等新型投行类产品创新，建立健全"环保审查"机制，推动具备较高标准公司首次公开募股（IPO）审批程序，对于绿色发展项目可适度放宽股票发行资格限制。

四是落实企事业单位污染物排放总量控制制度。以污染物排放许可制为重点，逐步实行企事业单位污染物排放总量控制制度，将现行以行政区为单元层层分解最后才落实到企业，以及仅适用于特定区域和特定污染物的总量控制办法，改变为更加规范、更加公平、以企事业单位为单元、覆盖主要污染物的总量控制制度。

五是推广第三方治理机制。探索制定环境污染第三方治理相关法律法规，明确各利益主体的权利义务与责任。拓宽合作领域，在环境公用设施领域广泛吸引社会资本参与污水垃圾处理设施建设运营、城镇污染场地治理、区域性环境整治和环境监测服务等。推广合同能源管理，推行合同环境服务。规范市场秩序，建立健全第三方治理准入、运营、退出全过程监管机制，特别是加强对第三方服务治理企业服务质量、治理效果的监管，推行第三方治理机构信用建设，建立企业诚信档案和信用累计制度，探索使用黑名单制度，依法公开第三方治理项目环境监管信息等，规范第三方治理行为，确保治理效果。

六是建立推广 PPP 模式。探索制定生态环境保护和两型社会建设 PPP 法律法规，确定生态环境保护和两型社会建设 PPP 项目中政府和项目公司的责权关系。完善风险分担机制，明确政府和企业各自承担和共同承担的风险，引进第三方机构进行风险转移。健全利益分配机制和合理的投资回报率，制定动态利润调整制度。完善监管机制，设立 PPP 项目在线监测中心，通过大数据、云计算、物联网等信息技术加强监控，对专业性较强的项目，引入第三方专业机构进行监管评价。

七是推进资源性产品价格机制改革。进一步改革水、电、气、煤炭、石油、森林、矿产等资源性产品价格改革，促进市场主体多元化竞争，逐步减少交叉补贴，逐步建立全面反映市场供求、资源稀缺程度、生态环境损害成本和修复效益的价格机制。完善资源价格形成机制，建立反映资源勘探开发、生态补偿、枯竭后退出等完全成本的制度体系，将成本反映到资源性产品的价格中。创新资源价格管制，对已具备竞争条件的，尽快放开价格管理，仍需要实行价格管理的，探索将定价权限下放到地方，提高价格调整灵活性。

（四）加快推进社会参与机制改革，引导公众积极参与

一是创新生态文明教育机制。大力弘扬生态文化，倡导绿色生活和消费，广泛深入地宣传生态文明理念和环境保护知识，不断丰富生态文明宣传教育方式，针对不同人群采用不同的方式，寓教于乐，采取更加贴近公众生活、

更加生动的教育形式，使其上课本、进社区、入工厂，提高全民生态文明意识。

二是运用信息化手段引导公众参与。政府相关部门应该通过网站、公报、新闻发布会以及报刊、广播、电视等形式公开生态环境信息；大力推动企业环境信息公开并形成制度，根据企业对环境造成污染的级别及潜在危害程度，进行分级管理。通过公众给企业施加无形的压力，使企业的环境行为由行政监督转向由公众监督与市场监督，实现企业的自主环境管理。

三是形成多渠道的对话机制。由地方环保部门组织公众与企业之间直接对话和协商，如建立定期开展的由环保部门、企业和当地居民共同参与的"企业污染控制报告会"制度、环保部门领导与非政府机构及普通公众之间的定期对话机制等；对涉及群众利益的重大决策和建设项目，广泛听取公众意见和建议，加强环保决策过程中的专家咨询和公众参与，推动政府决策机制的创新。

四是健全公众参与激励机制。设立政府节能减排环保奖，对参与节能减排环境保护并做出突出贡献的单位和个人给予奖励；逐步提高公共参与绿色出行等环保活动的政府补贴额度，扩大补贴范围，降低公众参与环保的成本，提高参与积极性；明确公众对环境的监督权利和义务，加大对破坏环境者的检举和揭发的奖励。

五是优化社会组织参与机制。制定民间社会组织法律法规，促进生态民间社会组织健康发展，保障其合法权益不受到侵害，提高民间社会组织自身生态环境保护的能力。提高民间社会组织自身的参政能力，生态民间社会组织需要在广泛联系群众的基础上，努力提高自身参政能力，扩展自身发展空间。加强与其他组织的合作，政府应对生态民间社会组织管理、引导和监督，加强生态民间社会组织同政府组织以及其他民间社会组织和世界其他民间社会组织的有效合作，使不同领域、不同地域的民间社会组织之间取长补短，相互吸收经验，推动环境问题的有效解决以及生态环保民间组织的良性发展。

第十三章

生态环境保护和两型社会建设的评价与分析

党的十九大报告指出，人与自然是生命共同体，我们要建设的现代化是人与自然和谐共生的现代化，必须坚持节约优先、保护优先、恢复为主的方针；而对生态环境保护和两型社会建设进行准确的评价，是有效推进生态环境保护和两型社会建设的前提和基础。尽管目前国内外学者对于生态环境、两型社会和绿色发展评价已形成了较多的研究成果，但他们的评价要么侧重其中的某一个方面，要么评价体系的指标过多、太烦琐，或者指标数据的来源不稳定、非公开。习近平总书记指出，我国生态文明建设处于"压力叠加、负重前行的关键期，提供更多优质生态产品以满足人民日益增长的优美生态环境需要的攻坚期，有条件有能力解决生态环境突出问题的窗口期"。面临"三期叠加"的机遇和挑战，为了更加准确地评价全国及各省市区推进生态环境保护和两型社会建设的情况，本章将构建一个全新的生态环境保护和两型社会建设评价指标体系。

一、生态环境保护和两型社会建设评价研究述评

（一）关于两型社会评价的研究

自 2005 年我国提出建设两型社会以来，国内学者对如何评价两型社会建设的研究十分丰富，有的学者仅设置资源节约和环境友好 2 个一级指标来进行评价，如简新华、叶林（2009）构建了包含资源节约指数、环境友好指数

2 个一级指标和 36 个具体指标的两型社会综合评价指标体系；而更多的学者认为两型社会不仅仅是节能环保问题，而是与经济社会发展、人民群众生活水平紧密相连，也与小康社会、和谐社会建设有内在联系，因此他们设置了包含资源节约、环境友好在内的多个一级指标体系来对两型社会建设进行评价。如曾翔旻等（2008）设置了包含资源利用、环境保护、经济水平、创新能力、城市魅力 5 个一级指标的两型社会建设水平评价指标体系；湖北省统计局（2008）建立的评价指标体系涵盖资源利用、环境友好、经济发展、科技创新和社会进步 5 个一级指标、35 个具体指标；湖南省的两型社会建设综合评价指标体系则包含资源节约、环境友好、经济社会 3 大领域共 39 个具体指标；龚曙明、朱海玲（2009）构建了包括资源节约、环境友好、经济发展、社会发展 4 个一级指标及 40 个具体指标的两型社会综合监测评价体系；湖南大学《两型社会建设指标体系研究》课题组（2009）构建了包括经济要素、社会要素、制度要素 3 个方面共 61 个具体指标的评价体系；朱顺娟、郑伯红（2010）基于资源利用、环境友好、经济发展、科技进步、社会和谐 5 个一级指标构建了包含 30 个具体指标的评价指标体系；李雪松、夏怡冰（2012）构建的两型社会建设绩效评价指标体系包括资源节约、环境友好、经济发展、社会和谐 4 个一级指标和 28 个具体指标，并运用该指标体系对武汉城市圈2006~2010 年两型社会建设的绩效进行了实证研究。

（二）关于生态环境评价的研究

国外对生态环境评价的研究始于 20 世纪 60 年代。80 年代末，经济合作与发展组织（OECD）开展了生态环境指标构建研究的项目，建立了基于压力－状态－响应模型的概念框架，奠定了现代区域生态环境质量评价研究的理论和方法基础；1992 年，美国环境保护局（EPA）发表了生态风险评价工作框架，在国家层面提出生态风险评价的完整体系；21 世纪初，联合国启动了"新千年生态系统评估计划"，标志着生态系统的评价进入一个全新的发展阶段（Millennium Ecosystem Assessment，2003）。2000 年，由世界经济论坛明日环境工作小组（GLT）、耶鲁大学环境法律与政策中心（YCELP）及哥伦比亚大学国际地球科学信息网络中心（CIESIN）共同发表了环境可持续指数（ESI）。近年来，国外学者从不同角度、层次选取影响因子构建综合生态环境指数，来评价不同区域的生态环境状况。Hope 等（1995）、Butter 和 Eyden、Kang（2002）等各自构建了适用于英国、荷兰和韩国的复合环境指数（CEI），用来评价国家层面上生态环境质量的多年动态变化；Zhou（2006）等提出一种对构建复合环境指数（CEI）的不同聚合方法的客观测量；Jong-Tae 等（2010）和 SeulkeeHeo 等（2013）分别使用环境健康指数（EHI）对韩国的环境污染和健康进行综合衡量；Esty 等提出环境绩效指数（EPI）；Maryam Robati 等（2015）提出了一种评估城市质量潜在可持续性的复合指数（SUQCI），包括气候、自然灾害、土地利用、人口教育等 10 个方面的 16 个指标，并对德黑兰 22 个区的城市环境质量可持续性进行评估。

国内对于生态环境质量的评价始于 20 世纪 80 年代末至 90 年代初。中国科学院生态环境研究中心的傅伯杰（1992）从生态破坏、自然资源、环境污染和社会经济四个方面首次构建了区域生态环境质量综合评价的指标体系，并对我国各省区的生态环境质量进行了定量评价和分析；叶亚平等（2000）提出了省域生态环境质量评价指标体系及评价方法，对中国各省区生态环境质量进行评价分级；中国环境监测总站（2004）首次以《生态环境状况评价技术规范（试行）》为基础，对 2000 年全国各省区及各县市的生态环境质量进行评价；董贵华等（2008）以省级行政区为评价单元，评价了 2000 年和 2005 年我国生态环境状况及动态变化趋势；黄宝荣、欧阳志云等（2008）通过灰色关联法构建综合生态环境可持续性指数（CEI），对我国各省生态环境可持续性进行评价；孙东琪（2012）等选择生态破坏、自然资源、环境污染和社会经济等因素，利用层次分析法构建指标体系，对全国各省 1990 年、1995 年、2000 年、2005 年、2010 年五个时间点的生态环境质量进行综合评价，并对其变化态势和重心变化轨迹进行分析；李汝资等（2013）构建基于"压力－状态－响应"（PSR）模型的生态环境综合评价体系，应用熵值法建立生态环境质量综合指数，系统评价 2003 年以来东北地区生态环境演变及其特征；欧阳志云、王桥、郑华等（2014）阐述和评估 2000 年以来全国生态系统类型分布与格局、生态系统质量、生态服务功能及其变化趋势，揭示我国生态环境变化特征及其驱动因素。

（三）关于绿色发展评价的研究

国外对绿色发展评价的研究始于绿色 GDP 核算。1993 年，联合国统计局将资源环境纳入国民核算体系，提出了环境经济账户（SEEA），为各国建立绿色国民经济核算提供了理论框架；之后 OECD 以经济活动中的环境和资源生产率、自然资产基础、生活质量的环境因素、经济机遇和政策响应这 4 个相互关联的核心要素为一级指标，构建了包涵 14 个二级指标和 23 个三级指标的绿色增长指标体系；联合国环境规划署（UNEP）则构建了涵盖经济转型、资源效率、社会进步和人类福祉三个方面的绿色经济衡量框架；联合国开发计划署则提出了人类发展指数用来计算各国的经济社会发展水平。

国内对绿色发展评价指数的研究虽然起步晚，但内容丰富。王金南等（2005）提出了用绿色距离与绿色贡献作为绿色发展水平的评价方法；杨多贵（2006）在"绿色国家"内涵的基础上，建立了绿色发展指标体系。北京工商大学（2010）从城市绿色发展角度出发，按照效率、和谐、持续三维目标，从经济效率、结构效率、社会效率、人员效率、发展效率、环境效率六个方面对国内 300 个城市管理与人居环境指数进行指数评价，目前已经连续发布多年；胡鞍钢（2010）提出了绿色发展的国家核心指标，即单位 GDP 能源消耗量、可再生和清洁能源消费比重、主要污染物排放量、单位 GDP 二氧化碳排放量、森林覆盖率；北京师范大学、西南财经大学和国家统计局中国经济景气监测中心（2010）从经济增长绿化度、资源环境承载潜力和政府政策支持度三个方面遴选了 9 个二级指标、55 个基础指标建立了绿色发展的监测指标体系，并坚持每年对指标体系进行调整更新并发布中国绿色发展指数；刘西明（2013）通过构建经济增长、资源节约、环境保护 3 个一级指标以及人均 GDP、万元 GDP 能耗、人均废水排放量、人均二氧化硫排放量、人均氮氧化物排放量、人均烟（粉）尘排放量 6 个二级指标测度了中国 2000～2011 年的绿色发展水平；李晓西等（2014）借鉴人类发展指数，在社会经济可持续发展和生态资源环境可持续发展两大维度同等重要的基础上，以 12 个元素指标为计算基础，构建了"人类绿色发展指数"，测算了 123 个国家绿色发展指数值及其排序；此外，国家发改委（2016）从资源利用、环境治理、环境质量、生态保护、增长质量、绿色生活、公众满意程度等七个方面设置了共 56 项评价指标，对全国各省市区的绿色发展进行评价。

（四）简要述评

总体来看，尽管已有的研究成果非常丰富，但也存在一些局限性：一是过多地侧重对单一经济指标或单一环境指标的评价，对各省市区经济发展水平的差距、人口基数和辖区面积的差异考虑不够，容易忽视某地生态保护和两型社会建设评价水平较高可能只是因为其经济发展水平较高所致；二是对与人民切身感受相关的评价指标重视程度不够，导致评价结果与群众的实际感受不一致，影响评价结果的准确性和可信度；三是评价指标过多、过于复杂，部分指标数据来自非公开渠道，导致评价的重点不突出、评价结果的公信力不足。为了克服上述不足，我们需要选择一些新的指标体系，来对全国各省市区的生态环境保护和两型社会建设进行更加公平准确的评价分析。

二、生态环境保护和两型社会建设评价指数编制思路及原则

（一）评价指数编制思路

1. 评价的内容突出三个方面

一是资源节约、保护与可持续利用，突出要保护人类赖以生存和发展的自然资源基础，努力实现自然资源的可持续利用。二是环境保护、治理与可持续容纳，突出要保护好与我们息息相关的自然环境，包括大气环境、水环境、土壤环境等，努力实现自然环境的优美。三是生态保育、修复与可持续承载，突出要保护好与人类共同演进的生态系统，努力实现生态系统的持续稳定和服务功能增强。

2. 评价的对象为除港澳台地区和西藏自治区外的全国各省市区

本次对生态环境保护和两型社会建设水平的评价，选取的样本来自除港澳台地区和西藏自治区（由于缺乏统计数据）外的 30 个省市区。由于我国国土范围广，各省市区资源要素禀赋和经济发展各具特色，即便是在国家层面形成同等的政策导向，但各省市区的发展也不尽相同。通过省际间的比较分析，可以发现各省市区在生态环境保护和两型社会建设方面的长处与不足，进而有利于在各省市区间推广好的经验、弥补发展的不足。

3. 评价指标选择突出强度和人均指标

为了使各省区间的评价更加公平可比，将重点突出单位 GDP、单位面积等强度指标和人均指标，淡化纯经济指标和总量指标的评价。淡化纯经济指标、突出人均指标主要是考虑到各省市区经济发展水平的差距、人口基数差异、辖区面积差异以及绿色发展的要求。

（二）指数编制原则

1. 习近平生态文明思想六项原则

习近平总书记着眼于世界文明形态的演进、中华民族的永续发展、我们党的宗旨责任、人民群众的民生福祉以及构建人类命运共同体的宏大视野，提出了"坚持人与自然和谐共生""绿水青山就是金山银山""良好生态环境是最普惠的民生福祉""山水林田湖草是生命共同体""用最严格制度最严密法治保护生态环境""共谋全球生态文明建设"六项原则，为新时代推进生态文明建设指明了方向，是新时代推进生态文明建设的根本遵循，也是我们构建评价指标体系的首要原则。

2. 有效但有限的原则

编制生态环境保护和两型社会建设评价指数，不是为了全面评价各省市区的经济社会发展水平，仅仅是为了更加准确地把握各省市区的生态环境保护和两型社会建设水平，鼓励先进，激励后进，有效推进全国生态环境保护和两型社会建设；鉴于水平和能力有限，我们的指数也没有做到对各个环节、各个方面进行面面俱到的评价，只是力求使用公开的数据，用最基本、最重要的要素，来测度各省市区生态环境保护和两型社会建设水平，在推动全国生态环境保护和两型社会建设上做一些有效但有限的工作。

3. 经济与环境相结合的原则

只讲环境不讲经济，是缘木求鱼；只讲经济不讲环境，是竭泽而渔。我国提出生态环境保护与两型社会建设的背景，是经济增长与资源、环境、生态之间的矛盾，但这并不意味着要否定经济增长，而是在寻求绿色发展这一新的经济发展方式。因此，我们的指数淡化了单一经济指标或单一环境指标的评价，而是通过将资源利用、环境污染指标分摊到单位 GDP、单位规模工业增加值上，更多地选用比例指标，将经济与环境结合起来进行评价。

4. 稳定性与灵活性相结合的原则

一方面，为了保证评价在时间序列上的可比性，能够在不同的年份连续进行评价和比较，指标的权重和指标体系的结构都要相对稳定，具体评价指标要注重公开性和权威性，才能保证指标数据的稳定性、可获得性和准确性；另一方面，为了增强指数的适应能力，各指标的权重、具体评价指标体系又要具有一定的灵活性，能够及时纳入一些新的指标，根据不同时期侧重点的不同来调整指标和权重。

三、生态环境保护和两型社会建设评价指标体系的构建

（一）评价指标选择

评价指标体系确定的依据如下：一是对于指标体系结构，主要是遵循编制思路，以习近平生态文明思想为引领，按照党的十九大报告提出的节约优先、保护优先、恢复为主的方针，以及全国"十三五"规划纲要对改善生态环境的要求，确定了 3 个一级指标为资源节约、环境友好和生态保育，11 个二级指标为节能、节水、节地、废弃物资源化利用、排放强度、主要污染物排放、减排能力、环境质量、生态资源、生态保护、治理修复。二是对于三级指标选择，既参考了联合国环境规划署绿色经济测度指标体系、国家发改委绿色发展评价指标体系、中国绿色发展指数（北京师范大

学等)、人类绿色发展指数（李晓西等）、中国省级生态文明建设评价指标体系（北京林业大学）、长株潭试验区两型社会建设指数、台州市绿色化发展评价指标体系等多种指数的指标体系，又综合考虑了指标数据的可得性、稳定性和可比性。

以节能方面的三级指标选择为例，单位规模工业增加值能耗是衡量能耗的一个重要指标，但由于该指标现在不公布绝对值只有同比降幅数据，而且与单位 GDP 能耗存在一定的重合，所以被放弃；非化石能源消费量占能源消费量比重是衡量能源结构的重要指标，但由于涉及能源转化成标准煤的问题，缺乏各省市区公开、准确的数据来源，也只能放弃，最终确定了单位 GDP 能耗、人均能源消耗量、六大高耗能行业产值占规模工业产值比重、城市每万人拥有公共交通车辆 4 个三级指标对节能进行评价衡量，其他具体指标的选择就不再一一阐述，最终确定的 36 个三级指标体系见表 13 - 1。

表 13 - 1 　　　　　　　生态环境保护和两型社会建设评价指标体系

一级指标	二级指标	三级指标
资源节约	节　能	单位 GDP 能耗
		人均能源消耗量
		六大高耗能行业产值占规模工业产值比重
		城市每万人拥有公共交通车辆
	节　水	单位 GDP 水耗
		人均综合用水量
		耕地节水灌溉面积占耕地总面积的比例
	节　地	单位 GDP 建设用地使用面积
		当年人均新增建设用地面积
	废弃物资源化利用	工业固体废物综合利用率
		工业用水重复利用率
环境友好	排放强度	单位 GDP 废水排放量
		人均废水排放量
		万元工业增加值废气排放量
		万元工业增加值工业固废产生量
		城市人均生活垃圾清运量

续表

一级指标	二级指标	三级指标
环境友好	主要污染物排放	单位面积化学需氧量（COD）排放
		单位面积砷铅排放量
		单位面积二氧化硫排放量
		单位面积氮氧化物排放量
		单位面积烟（粉）尘排放量
		单位耕地面积化肥使用量
		单位耕地面积农药使用量
	减排能力	城市生活垃圾无害化处理率
		城市污水处理率
		农村无害化卫生厕所普及率
	环境质量	突发环境事件次数
		省会城市空气质量达到及好于二级的天数
生态保育	生态资源	森林覆盖率
		城市人均公园绿地面积
		人均水资源量
	生态保护	自然保护区面积占辖区面积比重
		湿地面积占辖区面积比重
	治理修复	人均造林总面积
		环境污染治理投资占 GDP 比重
		节能环保支出占财政支出比重

（二）指标解释及数据来源

表 13 - 2 ~ 表 13 - 4 对于上述各三级指标的含义与计算做了具体说明，同时列出每个指标的数据来源。

表 13 - 2　　　　　　资源节约评价指标的含义与数据来源

指标名称	指标含义与数据来源
单位 GDP 能耗	折算成标准煤的能源消耗总量与不变价地区生产总值之比，反映每产生一单位地区生产总值所消耗的能源数量 资料来源：《中国统计年鉴》《中国能源统计年鉴》

指标名称	指标含义与数据来源
人均能源消耗量	折算成标准煤的能源消耗总量与地区总人口之比，反映地区每一个人平均的能源使用量 资料来源：《中国统计年鉴》《中国能源统计年鉴》
六大高耗能行业产值占规模工业产值比重	规模以上工业中石油加工、化学原料及化学制品制造、非金属矿物加工等六大高耗能行业产值占全部工业总产值的百分比，反映规模工业中能源密集型产业发展情况 资料来源：《中国统计年鉴》
城市每万人拥有公共交通车辆	城市每万人拥有的不同类型的运营车辆按统一的标准折算成的营运车辆数，反映城市公共交通发展水平和绿色出行情况 资料来源：《中国统计年鉴》
单位 GDP 水耗	地区用水总量与不变价地区生产总值之比，反映每产生一单位地区生产总值所消耗的水资源量 资料来源：《中国统计年鉴》《中国能源统计年鉴》
人均综合用水量	地区用水总量与地区总人口之比，反映地区每一个人平均的水资源使用量 资料来源：《中国统计年鉴》
耕地节水灌溉面积占耕地总面积的比例	使用喷灌、滴灌等节水灌溉设备进行灌溉的耕地面积占全部耕地面积的百分比，反映耕地节约用水情况 资料来源：《中国环境统计年鉴》
单位 GDP 建设用地使用面积	地区建设用地面积与不变价地区生产总值之比，反映每产生一单位地区生产总值所使用的建设用地情况 资料来源：《中国统计年鉴》《中国环境统计年鉴》
当年人均新增建设用地面积	当年新增国有建设用地供应面积与地区总人口之比，反映地区当年平均每一个人新增加的建设用地使用量 资料来源：《中国统计年鉴》
工业固体废物综合利用率	指工业固体废弃物综合利用量占工业固体废弃物产生量（包含综合利用往年贮存量）的百分率，反映对工业固体废弃物的重新利用情况 资料来源：《中国统计年鉴》
工业用水重复利用率	指生产过程中使用的重复利用水量与总用水量之比，反映工业生产节水情况 资料来源：《中国环境统计年鉴》

表 13 - 3 环境友好评价指标的含义与数据来源

指标名称	指标含义与数据来源
单位 GDP 废水排放量	地区废水排放总量与不变价地区生产总值之比，反映每产生一单位地区生产总值所带来的废水排放量 资料来源：《中国统计年鉴》《中国环境统计年鉴》
人均废水排放量	地区废水排放总量与地区总人口之比，反映地区每一个人平均的废水排放量 资料来源：《中国统计年鉴》《中国环境统计年鉴》
万元工业增加值废气排放量	地区工业废气排放总量与工业增加值之比，反映每产生万元工业增加值所带来的废气排放量 资料来源：《中国统计年鉴》《中国环境统计年鉴》
万元工业增加值工业固废产生量	地区工业固体废弃物产生总量与工业增加值之比，反映每产生万元工业增加值带来的固体废弃物数量 资料来源：《中国统计年鉴》《中国环境统计年鉴》
城市人均生活垃圾清运量	指收集和运送到各生活垃圾处理厂（场）和生活垃圾最终消纳点的城市生活垃圾数量与城市人口之比，反映地区每一个人平均的生活垃圾清运量 资料来源：《中国统计年鉴》
单位面积化学需氧量（COD）排放	地区排放废水中所含化学需氧量与该地区辖区面积之比，反映每公顷土地上的化学需氧量排放情况 资料来源：《中国统计年鉴》《中国环境统计年鉴》
单位面积砷铅排放量	地区排放废水中所含砷、铅总量与该地区辖区面积之比，反映每公顷土地上的金属砷、铅排放情况 资料来源：《中国统计年鉴》
单位面积二氧化硫排放量	地区排放废气中所含二氧化硫总量与该地区辖区面积之比，反映每公顷土地上的二氧化硫排放情况 资料来源：《中国统计年鉴》
单位面积氮氧化物排放量	地区排放废气中所含氮氧化物总量与该地区辖区面积之比，反映每公顷土地上的氮氧化物排放情况 资料来源：《中国统计年鉴》
单位面积烟（粉）尘排放量	地区排放废气中所含烟（粉）尘总量与该地区辖区面积之比，反映每公顷土地上的烟（粉）尘排放情况 资料来源：《中国统计年鉴》
单位耕地面积化肥使用量	指本年内实际用于农业生产的化肥数量与经常进行耕耘的土地面积之比，反映每公顷耕地使用的农用化肥总量 资料来源：《中国环境统计年鉴》

续表

指标名称	指标含义与数据来源
单位耕地面积农药使用量	指本年内实际用于农业生产的农药数量与经常进行耕耘的土地面积之比，反映每公顷耕地使用的农药总量 资料来源：《中国环境统计年鉴》
城市生活垃圾无害化处理率	指生活垃圾无害化处理量与生活垃圾产生量之比，由于生活垃圾产生量不易取得，可用清运量代替，反映城市生活垃圾的无害化处理水平 资料来源：《中国统计年鉴》
城市污水处理率	指城市污水处理厂和处理装置实际处理的污水量与污水排放总量之比，反映城市污水的处理情况 资料来源：《中国统计年鉴》
农村无害化卫生厕所普及率	指有完整下水道系统和能对粪便进行无害化处理的厕所占农村厕所的百分比，反映农村粪便污染的处理能力 资料来源：《中国环境统计年鉴》
突发环境事件次数	指突然发生，造成或可能造成重大人员伤亡、重大财产损失和对全国或者某一地区的经济社会稳定、政治安定构成重大威胁和损害，有重大社会影响的涉及公共安全的环境事件，反映该地区对环境的日常保护情况 资料来源：《中国统计年鉴》
省会城市空气质量达到及好于二级的天数	指省会城市一年中空气污染指数低于100的天数，反映该地区空气中细颗粒物、可吸入颗粒物、二氧化硫、二氧化氮、臭氧、一氧化碳等六项污染物的浓度情况 资料来源：《中国统计年鉴》

表 13 – 4　　　　　　　　　　生态保育评价指标的含义与数据来源

指标名称	指标含义与数据来源
森林覆盖率	指以行政区域为单位的森林面积占区域土地总面积的百分比，反映地区森林植被的覆盖水平 资料来源：《中国统计年鉴》
城市人均公园绿地面积	指包括综合公园、社区公园、专类公园、带状公园和街旁绿地在内的公园绿地总面积与城市人口之比，反应平均每一个人拥有的公园绿地情况 资料来源：《中国环境统计年鉴》
人均水资源量	指地区内按人口平均每个人占有的水资源量，反映平均每一个人拥有的水资源情况 资料来源：《中国统计年鉴》

指标名称	指标含义与数据来源
自然保护区面积占辖区面积比重	指经各级人民政府批准而对自然资源和自然环境进行特殊保护、管理的区域面积占辖区面积之比，风景名胜区、文物保护区不计在内，反映地区对各类自然资源的保护情况 资料来源：《中国统计年鉴》
湿地面积占辖区面积比重	指天然或人工、长久或暂时性的沼泽地、泥炭地或水域地带总面积与辖区面积之比，反映地区对湿地资源的保护情况 资料来源：《中国统计年鉴》
人均造林总面积	指在宜林荒山荒地、宜林沙荒地、无立木林地、疏林地和退耕地等其他宜林地上通过人工措施形成或恢复森林、林木、灌木林的总面积与辖区人口之比，反映地区对森林资源的修复情况 资料来源：《中国统计年鉴》
环境污染治理投资占 GDP 比重	指在工业污染源治理和城市环境基础设施建设的资金投入中，用于形成固定资产的资金与地区生产总值之比，反映地区对环境污染修复治理的总体投入情况 资料来源：《中国环境统计年鉴》
节能环保支出占财政支出比重	指政府对节能环境保护的财政支出与财政总支出之比，反映政府对节能和环境保护的投入情况 资料来源：《中国环境统计年鉴》

四、生态环境保护和两型社会建设评价指数的测算

（一）指标的一致性处理

在多指标综合评价中，根据指标性质的不同，指标可分为正指标、逆指标和适度指标。正指标是指标值越大评价越好的指标，也称效益型指标或望大型指标；逆指标是指标值越小评价越好的指标，也称成本型指标或望小型指标；适度指标是指标值越接近某个值越好的指标，称为适度指标。在综合评价时，首先必须将指标同趋势化，一般是将逆向指标和适度指标转化为正向指标，也称为指标的正向化；而且不同评价指标往往具有不同的量纲和量纲单位，为此还应将各评价指标做无量纲化处理。

1. 逆指标的同向化处理

逆指标的正向化处理主要有倒数逆变换法和倒扣逆变换法。倒数逆变换法是指将指标取倒数处理，这种方法当原指标值较大时，其值的变动引起变换后指标值的变动较慢；而当原指标值较小时，其值的变动会引起变换后指标值的较快变动；特别是当原指标值接近 0 时，变换后指标值的变动会非常快，往往导致原指标的分布规律改变。因此，本文选择倒扣逆变换法，用指标序列中的最大值减去原值进行处理，这种线性变换不会改变指标值的分布规律，计算公式如下：

$$X'_{ij} = \max_{1 \leq i \leq n}\{x_{ij}\} - x_{ij}$$

本文所选指标体系中的逆指标见表 13 – 5。

2. 指标的无量纲标准化处理

考虑到指标体系主要是对全国各省市区的生态环境保护和两型社会建设水平进行比较分析，需考察各省市区每一个指标的发展变化情况。这里参照国家发改委社会发展评价体系、国家信息中心区域评级指标体系的做法，采用阈值法进行指标标准化处理，计算公式如下：

$$Y_{ij} = \frac{X_{ij} - \min(X_{oi})}{\max(X_{oj}) - \min(X_{oj})}$$

其中，Y_{ij}为第 i 个省第 j 个指标的标准化值；

Y_{ij}为第 i 个省第 j 个指标的实际数值；

$\max(Y_{oj})$ 是某年全国各省中第 j 个指标的最大值；

$\min(Y_{oj})$ 是某年全国各省中第 j 个指标的最小值。

（二）指标权重的确定

确定指标权重的方法很多，鉴于上述评价指标体系层次结构清晰，本文采用层次分析法，邀请不同的专家对权重进行打分，根据打分结果，同时参考其他指数计算过程中权重的设定，确定最终各级各指标的权重。由于层次分析方法非常成熟，这里不再介绍其计算过程和步骤，最终的权重计算结果如表 13 -5 所示。

表 13 – 5 　　　　　生态环境保护和两型社会建设评价指标性质与权重

一级指标（权重）	二级指标（权重）	三级指标		指标性质
		名称	权重	
资源节约（0.35）	节能（0.4）	单位 GDP 能耗	0.4	逆向指标
		人均能源消耗量	0.2	逆向指标
		六大高耗能行业产值占规模工业产值比重	0.3	逆向指标
		城市每万人拥有公共交通车辆	0.1	正向指标
	节水（0.2）	单位 GDP 水耗	0.4	逆向指标
		人均综合用水量	0.4	逆向指标
		耕地节水灌溉面积占耕地总面积的比例	0.2	正向指标
	节地（0.2）	单位 GDP 建设用地使用面积	0.4	逆向指标
		当年人均新增建设用地面积	0.6	逆向指标
	废弃物资源化利用（0.2）	工业固体废物综合利用率	0.5	正向指标
		工业用水重复利用率	0.5	正向指标
环境友好（0.3）	排放强度（0.3）	单位 GDP 废水排放量	0.25	逆向指标
		人均废水排放量	0.2	逆向指标
		万元工业增加值废气排放量	0.25	逆向指标
		万元工业增加值工业固废产生量	0.2	逆向指标
		城市人均生活垃圾清运量	0.1	逆向指标
	主要污染物排放（0.2）	单位面积化学需氧量（COD）排放	0.1	逆向指标
		单位面积砷铅排放量	0.15	逆向指标
		单位面积 P 二氧化硫排放量	0.2	逆向指标
		单位面积氮氧化物排放量	0.15	逆向指标
		单位面积烟（粉）尘排放量	0.2	逆向指标
		单位耕地面积化肥使用量	0.1	逆向指标
		单位耕地面积农药使用量	0.1	逆向指标
	减排能力（0.3）	城市生活垃圾无害化处理率	0.4	正向指标
		城市污水处理率	0.4	正向指标
		农村无害化卫生厕所普及率	0.2	正向指标
	环境质量（0.2）	突发环境事件次数	0.3	逆向指标
		省会城市空气质量达到及好于二级的天数	0.7	正向指标

续表

一级指标 （权重）	二级指标 （权重）	三级指标		指标性质
		名称	权重	
生态保育 （0.35）	生态资源 （0.5）	森林覆盖率	0.6	正向指标
		城市人均公园绿地面积	0.1	正向指标
		人均水资源量	0.3	正向指标
	生态保护 （0.2）	自然保护区面积占辖区面积比重	0.7	正向指标
		湿地面积占辖区面积比重	0.3	正向指标
	治理修复 （0.3）	人均造林总面积	0.2	正向指标
		环境污染治理投资占 GDP 比重	0.5	正向指标
		节能环保支出占财政支出比重	0.3	正向指标

（三）综合指数的计算

首先计算二级指标得分。根据每个三级评价指标的上、下限阈值来对单个指标进行无量纲处理，将二级指标下各三级指标的权重与无量纲值相乘后再相加，即可得到二级指标的得分，即某二级指标得分值。

$$I_i = \sum_{j=1}^{m} F_j Y_{ij} \times 100 (i = 1, 2, \cdots, 30)$$

其中，F_j 为第 j 个指标的权重，$\sum F_j = 1$。

Y_{ij} 为第 i 个地区第 j 个指标的标准化值，M 为指标数。

其次计算一级指标得分。将计算得到的二级指标得分与其对应的权重相乘后再相加，就可以得到对于资源节约、环境优化和生态保育某一方面的发展水平得分。

最后，再将上述 3 个一级指标的得分值分别与其相应的权重相乘，求和并转换成百分制，就可以得到最终发展水平指数。

五、生态环境保护和两型社会建设评价指数测算结果及分析

（一）总指数及一级指标指数测算结果及排名分析

在上述指标体系基础上，根据收集到的 2015 年数据，我们进行了计算处

理并测算①，得到了除西藏外中国 30 个省市区的生态环境保护和两型社会建设评价指数及排名情况，如图 13 - 1 和表 13 - 6 所示。

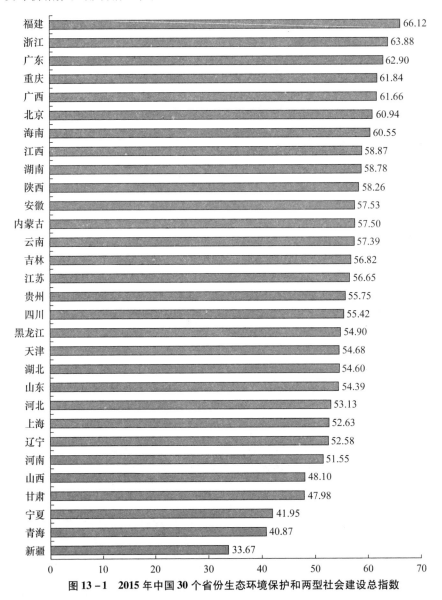

图 13 - 1　2015 年中国 30 个省份生态环境保护和两型社会建设总指数

① 数据来源于《2016 年中国统计年鉴》《中国环境统计年鉴》《中国工业统计年鉴》、中国能源统计年鉴，涉及单位 GDP 的指标，都是以 2010 年不变价 GDP 进行计算，单位面积用各省国土面积进行计算。

表 13 – 6　　2015 年全国 30 个省份生态环境保护和两型社会建设评价指数及排名

地区	最终指数		一级指标					
			资源节约指数		环境友好指数		生态保育指数	
	指数值	排名	指数值	排名	指数值	排名	指数值	排名
福建	66.12	1	27.79	6	23.55	4	14.78	4
浙江	63.88	2	29.03	2	21.67	11	13.18	8
广东	62.90	3	29.78	1	21.36	15	11.76	12
重庆	61.84	4	25.63	12	24.52	1	11.4	13
广西	61.66	5	23.52	18	23.61	3	14.52	6
北京	60.94	6	28.15	4	20.16	20	12.63	10
海南	60.55	7	20.96	25	22.09	8	17.5	1
江西	58.87	8	22.04	20	21.98	10	14.85	3
湖南	58.78	9	23.89	15	21.57	13	13.31	7
陕西	58.26	10	25.78	11	20.93	17	11.56	14
安徽	57.53	11	26.4	10	21.64	12	9.5	20
内蒙古	57.50	12	18.17	27	24.18	2	15.15	2
云南	57.39	13	21.95	22	22.42	7	13.02	9
吉林	56.82	14	24.5	14	21.35	16	10.97	17
江苏	56.65	15	27.99	5	21.45	14	7.21	26
贵州	55.75	16	21.46	24	23.01	5	11.28	15
四川	55.42	17	23.82	17	21.99	9	9.61	19
黑龙江	54.90	18	22.13	19	20.13	22	12.63	10
天津	54.68	19	28.36	3	22.8	6	3.53	30
湖北	54.60	20	25.29	13	20.22	19	9.09	22
山东	54.39	21	27.75	7	20.14	21	6.5	27
河北	53.13	22	23.87	16	20	23	9.25	21
上海	52.63	23	27.2	8	19.98	24	5.45	28
辽宁	52.58	24	21.95	21	20.56	18	10.07	18
河南	51.55	25	26.55	9	19.68	26	5.31	29
山西	48.10	26	20.69	26	19.38	27	8.03	25
甘肃	47.98	27	21.63	23	18.11	29	8.24	24

地区	最终指数		一级指标					
			资源节约指数		环境友好指数		生态保育指数	
	指数值	排名	指数值	排名	指数值	排名	指数值	排名
宁夏	41.95	28	10.84	28	19.87	25	11.24	16
青海	40.87	29	9.49	29	16.73	30	14.65	5
新疆	33.67	30	6.48	30	18.44	28	8.76	23

从表 13 - 6 可知，2015 年生态环境保护和两型社会建设评价指数排名前 10 位的省份依次是福建、浙江、广东、重庆、广西、北京、海南、江西、湖南、陕西；位于第 11～20 位的 10 个省份依次是安徽、内蒙古、云南、吉林、江苏、贵州、四川、黑龙江、天津、湖北；位于第 21～30 位的 10 个省份依次是山东、河北、上海、辽宁、河南、山西、甘肃、宁夏、青海、新疆。

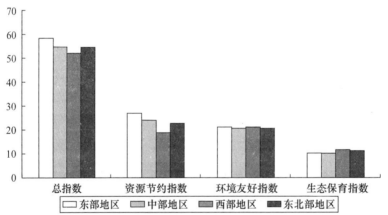

图 13 - 2　2015 年中国生态环境保护和两型社会建设指数区域比较

注：图中数据为四大区域各省指标的平均值。

从区域分布来看，东部地区生态环境保护和两型社会建设水平高于其他地区，东部 10 个省中有 5 个省都排名全国前 10 位（见图 13 - 2）。从 3 个一级指标来看，东部地区指数排名靠前主要靠资源节约分项指数支撑，资源节约分项指数中，除河北、海南外其他 8 个东部省市全部列全国前 8 位；环境友好分项指数中，有福建、天津、海南 3 个东部省进入全国前 10 位；生态保育分项指数中，有海南、福建、浙江3个东部省进入全国前10位。

中部地区生态环境保护和两型社会建设水平在四大板块中得分仅次于东部地区，中部6个省中排名较高的为江西省（第8位）和湖南省（第9位），安徽、湖北分别列第11位、第20位，河南、山西分别列第25位、第26位。从3个一级指标来看，中部地区省份的资源节约分项指数相对较好，河南、安徽进入资源节约分项指数全国前10位，湖北、湖南、江西处在全国第11~20位中，仅山西相对靠后列全国第26位；环境友好分项指数中，全国排位最高的中部省份为江西省（第10位），安徽、湖南、湖北分列全国第12位、第13位、第19位，河南、山西分列全国第26位、第27位；生态保育指数排位最高的是江西省（第3位），湖南省进入全国前10位，列第7位，除此之外，仅有安徽省列第20位，其他中部省份都在全国第20位以后。

西部地区尽管生态环境保护和两型社会建设总指数平均值最低，但仍有重庆、广西、陕西3个省市进入全国前10位，其中，重庆、广西高居全国第4位、第5位，陕西居全国第10位，而甘肃、宁夏、青海、新疆位列全国最后四位；从三个分项指数来看，西部地区资源节约分项指数值普遍不高，排位靠前的为陕西、重庆、四川、广西，分别为全国第11位、第12位、第17位和第18位，其他西部省份资源节约分项指数值排位都在全国第20位以后；环境友好分项指数中，重庆、内蒙古、广西、贵州、云南、四川排位进入全国前10位，分列全国第1位、第2位、第3位、第5位、第7位、第9位，陕西列全国第17位，其他西部各省排位都在全国第20位以后；生态保育分项指数中，内蒙古、青海、广西和云南分列全国第2位、第5位、第6位和第9位。

东北三省生态环境保护和两型社会建设综合指数仅高于西部地区，排名都相对靠后，吉林、黑龙江综合指数列全国第14位、第18位，辽宁省仅列全国第24位，其中吉林省资源节约、环境友好和生态保育三个分项指数分别列全国第14位、第16位和第17位，黑龙江省三个分项指数分别列全国第19位、第22位和第10位，辽宁省三个分项指数分列全国第21位、第18位、第18位。

（二）资源节约分项指数的比较与分析

2015 年资源节约分项指数排名全国前 10 位的省份依次是广东、浙江、天津、北京、江苏、福建、山东、上海、河南、安徽；位于第 11~20 位的 10 个省份依次是陕西、重庆、湖北、吉林、湖南、河北、四川、广西、黑龙江、江西；位于第 21~30 位的 10 个省份依次是辽宁、云南、甘肃、贵州、海南、山西、内蒙古、宁夏、青海、新疆（见图 13-3）。从区域分布来看，东、中、西及东北部地区间差距显著，排名在全国前 8 位的都为东部省份，排名在全国后 10 位的有 7 个西部省份，西部地区排位最高的是陕西（第 11 位），中部地区排位较高的是河南（第 9 位），东北地区排位最高的是吉林（第 14 位）。

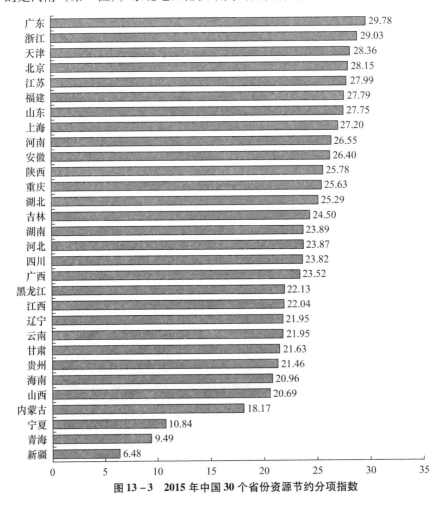

图 13-3   2015 年中国 30 个省份资源节约分项指数

　　资源节约分项指数下面共有节能、节水、节地和废弃物资源化利用 4 个二级指数，在 4 个二级指数上各省份的排位情况也有较大差异。由于节能在资源节约分项指数中所占权重达到 40%，因此各省份资源节约分项指数排名受节能指数影响较大，资源节约分项指数排名前 10 位的省份中，有广东、浙江、北京、江苏、福建、上海、安徽 7 个省的节能指数排名进入全国前 10 位，资源节约分项指数排名第 21 ~ 30 位的省份中，有宁夏、青海、新疆、山西、内蒙古、贵州、海南、辽宁、云南 9 个省的节能指数排名位于全国后 10 位。当然也有例外，如东部地区的天津市资源节约分项指数排名全国第 3 位，但这主要是其节水和废弃物资源化利用水平较高所致，其节水和废弃物资源化利用指数分列全国第 3 位和第 1 位，而节能指数仅列全国第 14 位；中部地区湖南省节能指数居全国第 11 位，然而其节水和废弃物资源化利用指数仅分别列全国第 23 位和第 25 位，使得湖南省资源节约分项指数仅列全国第 15 位；西部地区的重庆市节能指数高居全国 5 位，然而其节水、节地和废弃物资源化利用指数仅分别列全国第 14 位、第 8 位和第 19 位，导致重庆市资源节约分项指数仅列全国第 12 位。资源环境分项指数下的二级指标指数值和排位情况如表 13 - 7 所示。

表 13 - 7　　　　　　　2015 年全国 30 个省份资源节约分项指数及排名

地　区	节能		节水		节地		废弃物资源化利用	
	指数	排位	指数	排位	指数	排位	指数	排位
北　京	33. 26	1	19. 93	1	18. 36	3	8. 89	27
广　东	32. 85	2	14. 73	15	19. 01	2	18. 5	3
浙　江	30. 72	3	17. 36	4	17	5	17. 85	6
福　建	30. 66	4	15. 63	10	17. 04	4	16. 09	8
重　庆	30. 50	5	15. 23	14	16. 12	8	11. 36	19
江　苏	30. 32	6	15. 28	12	15. 7	13	18. 67	2
上　海	29. 97	7	18. 06	2	20	1	9. 68	26
吉　林	29. 96	8	13. 95	19	14. 38	20	11. 7	17
安　徽	29. 86	9	13. 74	21	13. 36	25	18. 46	4
四　川	29. 03	10	15. 24	13	13. 8	24	9. 99	22

续表

地 区	节能		节水		节地		废弃物资源化利用	
	指数	排位	指数	排位	指数	排位	指数	排位
湖 南	28.98	11	13.53	23	16.01	10	9.73	25
湖 北	28.89	12	13.54	22	15.21	16	14.62	9
陕 西	27.26	13	15.97	8	16.31	7	14.1	11
天 津	27.25	14	17.95	3	16	11	19.82	1
黑龙江	27.15	15	10.77	28	14.25	22	11.06	20
河 南	27.15	16	15.83	9	16.05	9	16.84	7
山 东	27.14	17	17.09	6	16.89	6	18.15	5
江 西	26.84	18	13.32	26	14.4	19	8.42	28
广 西	26.43	19	12.82	27	15.06	17	12.9	15
甘 肃	25.32	20	13.42	24	10.11	27	12.95	14
云 南	22.51	21	14.32	17	14.26	21	11.61	18
辽 宁	22.13	22	15.43	11	15.34	15	9.81	24
海 南	21.79	23	13.42	24	14.72	18	9.94	23
河 北	20.96	24	17.1	5	16	11	14.16	10
贵 州	20.87	25	14.31	18	13.88	23	12.25	16
内蒙古	16.46	26	13.89	20	10.62	26	10.93	21
山 西	14.28	27	16.1	7	15.6	14	13.14	13
新 疆	9.18	28	3.07	30	1.47	30	6.65	29
青 海	3.74	29	14.43	16	2.28	29	4.79	30
宁 夏	3.49	30	10.58	29	2.89	28	14.02	12

具体来看，节能指数排名全国前10位的省份中，除西部的重庆列第5位、四川列第10位、中部的安徽列第9位、东北部的吉林列第8位外，北京、广东、浙江、福建、江苏、上海都为东部地区省份；而排名位于第21~30位的10个省份中，除东北部的辽宁、东部的海南与河北、中部的山西外，云南、贵州、内蒙古、新疆、青海、宁夏都为西部地区省份。

节水方面做得较好的大多是北方缺水省，节水指数排名全国前10位的省份依次是北京、上海、天津、浙江、河北、山东、山西、陕西、河南、福建，其中东、中、西部地区分别有7个、2个、1个，除上海、浙江、福建外，其他都为北方缺水地区省份；节水指数排名第21～30位的省份依次是安徽、湖北、湖南、海南、甘肃、江西、广西、黑龙江、宁夏、新疆，大部分都是水资源较为丰富的省份。

节地方面做得较好的依然是东部地区省份，节地指数排名全国前10位的省份依次是上海、广东、北京、福建、浙江、山东、陕西、重庆、河南、湖南，前6位都是东部地区省份，第7～8位为西部地区省份，第9～10位为中部地区省份；中部地区中，山西、湖北、江西位列全国第11～20位，安徽最低居全国第25位；东北地区排位最高的是辽宁（第15位）；而在节地指数排名第21～30位的10个省份中，除东部的吉林、黑龙江以及中部的安徽省外，其他7个省都为西部地区省份。

废弃物资源化利用水平地区内部存在较大差异。东部地区中，天津、江苏、广东、山东、浙江、福建、河北依然位列全国前10位，但海南、上海、北京却分列全国第23位、第26位和第27位；中部地区中，安徽、河南、湖北居全国第4位、第7位和第9位，但湖南、江西仅列全国第25位、第28位；西部地区中，陕西居全国第11位，但四川、新疆、青海分列全国第22位、第29位、第30位。

（三）环境友好分项指数的比较与分析

2015年环境友好分项指数排名全国前10位的省依次是重庆、内蒙古、广西、福建、贵州、天津、云南、海南、四川、江西；位于第11～20位的10个省份依次是浙江、安徽、湖南、江苏、广东、吉林、陕西、辽宁、湖北、北京；位于第21～30位的10个省份依次是山东、黑龙江、河北、上海、宁夏、河南、山西、新疆、甘肃、青海。从区域分布来看，西部地区有6个省份进入全国前10位，东部地区有3个省份进入全国前10位，中部地区有1个省份进入全国前10位；排名在全国后10位的省份中，东部、中部、西部和东北地区分别有3个、2个、4个和1个，新疆、甘肃、青海分列全国最后三位（见图13－4）。

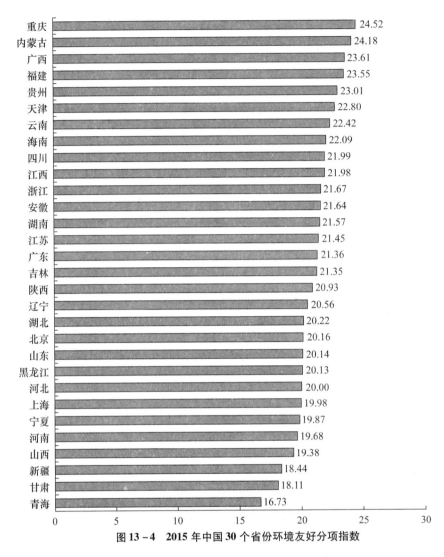

图 13-4　2015 年中国 30 个省份环境友好分项指数

环境友好分项指数下面共有排放强度、主要污染物排放、减排能力和环境质量 4 个二级指数，各省份 4 个二级指数的排位情况同样存在较大差异（见表 13-8）。天津市按单位 GDP 计算的排放强度指数居全国第 1 位，但按单位面积计算的主要污染物排放指数居全国第 29 位；吉林省排放强度指数居全国第 2 位，但减排能力指数仅居全国第 26 位；江苏省减排能力指数居全国第 2 位，但主要污染物排放指数居全国第 26 位；海南省、青海省都存在类似指数排名相差很大的情况。

表 13-8　　　　　2015 年全国 30 个省环境友好分项指数及排名

地　区	排放强度		主要污染物排放		减排能力		环境质量	
	指数	排位	指数	排位	指数	排位	指数	排位
天　津	26.26	1	12.6	29	25.54	9	11.6	19
吉　林	22.74	2	18.13	9	17.3	26	13	12
内蒙古	22.58	3	19.09	3	23.52	16	15.42	9
北　京	22.27	4	16.47	14	20.16	25	8.29	27
黑龙江	22.26	5	19.26	2	13.21	28	12.38	16
重　庆	22.17	6	17.33	11	26.75	6	15.48	8
山　东	21.36	7	13.87	27	26.95	5	4.97	30
四　川	21.11	8	18.54	7	23.72	15	9.94	22
湖　南	20.80	9	13.63	28	24.89	11	12.58	15
陕　西	20.51	10	17.38	10	24.06	14	7.81	28
河　南	20.48	11	14.54	23	24.88	12	5.71	29
上　海	20.22	12	4.82	30	28.66	1	12.89	13
湖　北	19.60	13	15.61	20	23.19	19	8.99	25
辽　宁	19.45	14	16.09	15	23.2	18	9.8	24
福　建	19.35	15	14.5	24	26.98	4	17.66	5
江　苏	19.15	16	14.16	26	28.37	2	9.84	23
安　徽	18.01	17	16.04	16	25.84	8	12.23	18
江　西	17.93	18	15.32	21	23.14	20	16.86	6
广　西	17.88	19	17.17	12	25.99	7	17.67	4
河　北	17.76	20	15.27	22	24.79	13	8.85	26
甘　肃	17.59	21	18.86	5	11.22	29	12.69	14
浙　江	17.45	22	16.02	18	27.74	3	11.03	21
广　东	16.72	23	14.39	25	25.44	10	14.65	10
海　南	16.44	24	16.03	17	21.43	23	19.73	1
贵　州	16.34	25	18.57	6	23.33	17	18.45	3
云　南	16.09	26	18.34	8	20.73	24	19.59	2
新　疆	14.92	27	19.03	4	16.09	27	11.41	20
山　西	14.18	28	15.94	19	22.24	22	12.26	17
宁　夏	12.23	29	17.05	13	22.78	21	14.16	11
青　海	11.92	30	19.88	1	7.7	30	16.28	7

具体来看，区域间排放强度指数排名的差距相对较小，排名全国前 10 位的省份中，东部地区有天津、北京、山东 3 个省份，中部地区有湖南 1 个省，西部地区有内蒙古、重庆、四川、陕西 4 个省份，东北部地区有吉林、黑龙江 2 个省；而排名位于第 21~30 位的 10 个省份中，东部地区有浙江、广东、海南 3 个省，中部地区有山西 1 个省，西部地区有甘肃、贵州、云南、新疆、宁夏、青海 5 个省份。

主要污染物排放方面表现较好的是西部地区，在排名全国前 10 位的 10 个省中，有青海、内蒙古、新疆、甘肃、贵州、四川、云南、陕西 8 个省份来自西部，其他 2 个位东北地区的黑龙江和吉林，这与该指数按照单位国土面积来评价有关；中部地区排位最高的为安徽（第 16 位），山西、湖北、江西分列第 19 位、第 20 位、第 21 位，河南、湖南分列第 23 位、第 28 位；东部地区排位最高的为北京（第 14 位），福建、广东、江苏、山东、天津、上海 6 个省份位于全国最后 7 位中。

减排能力较强的依旧是东部省份，减排能力指数排名全国前 10 位的省份中，除西部的重庆、广西和中部的安徽分列第 6 位、第 7 位和第 8 位外，上海、江苏、浙江、福建、山东、天津、广东都为东部地区省份；中部地区除山西外整体表现尚可，湖南、河南分列全国第 11 位、第 12 位，湖北、江西分列全国第 19 位、第 20 位，山西列全国第 22 位；东北部地区表现不佳，辽宁、吉林、黑龙江分列全国第 18 位、第 26 位、第 28 位。

环境质量方面西部省份表现较好，环境质量指数排名全国前 10 位的省份中，西部地区有云南、贵州、广西、青海、重庆、内蒙古 6 个省份，东部地区有海南、福建、广东 3 个沿海省，中部地区有江西 1 个省，而环境质量指数排名位于第 21~30 位的 10 个省份中，除四川、湖北、河南、陕西和辽宁 5 省外，浙江、江苏、河北、北京、山东 5 省份都为东部地区省份。

（四）生态保育分项指数的比较与分析

2015 年生态保育分项指数排名全国前 10 位的省份依次是海南、内蒙古、江西、福建、青海、广西、湖南、浙江、云南、黑龙江；位于第 11~20 位的

10 个省份依次是北京、广东、重庆、陕西、贵州、宁夏、吉林、辽宁、四川、安徽；位于第 21～30 位的 10 个省依次是河北、湖北、新疆、甘肃、山西、江苏、山东、上海、河南、天津（见图 13-5）。从区域分布来看，东部、中部、西部和东北地区各有 3 个、2 个、4 个和 1 个省进入全国前 10 位，其中东部的海南、西部的内蒙古分列第 1 位、第 2 位，中部的江西排第 3 位；而排名在全国后 10 位的省份中，有 2 个西部省份、3 个中部省份和 5 个东部省份，东部地区的天津位居全国最后一位，中部地区的河南位居第 29 位，西部地区排位最靠后的是甘肃，为第 24 位。

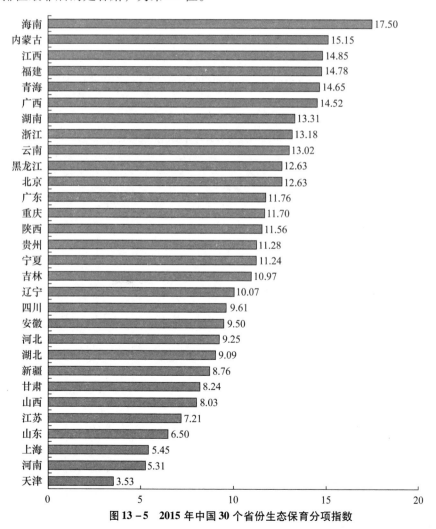

图 13-5　2015 年中国 30 个省份生态保育分项指数

　　生态保育分项指数下面共有生态资源、生态保护和治理修复 3 个二级指数，由于生态资源二级指标在该分项指数所占权重达到 50%，因此生态资源指数的排位对各省份生态保育分项指数的排位影响较大，在生态保育分项指数排名前 10 位的 10 个省份中，有海南、江西、福建、广西、湖南、浙江、云南、黑龙江 8 个省的生态资源指数位列全国前 10 位。此外，东部地区的上海虽然生态保护指数高居全国第 2 位，但由于其生态资源指数居全国最后一位，使得其生态保育分项指数仅排全国第 28 位；中部地区的江西省虽然治理修复指数仅排全国第 19 位，但是由于其生态资源指数高居全国第 2 位，使得其生态保育分项指数居全国第 3 位；东北地区的辽宁省生态保护指数居全国第 4 位，但生态资源指数居全国第 17 位，使得其生态保育分项指数仅居全国第 18 位。生态保育分项指数下的二级指标指数值和排位情况如表 13 - 9 所示。

表 13 - 9　　　　　　2015 年全国 30 个省份生态保育分项指数及排名

地　区	生态资源		生态保护		治理修复	
	指数	排位	指数	排位	指数	排位
福　建	35.77	1	0.83	24	5.61	22
江　西	33.73	2	1.37	17	7.34	19
海　南	31.79	3	14.68	1	3.53	27
广　西	31.67	4	0.94	22	8.89	14
浙　江	31.23	5	0.82	25	5.6	23
广　东	28.74	6	2.28	11	2.6	30
云　南	27.51	7	1.03	21	8.68	17
湖　南	25.06	8	1.1	20	11.88	9
黑龙江	23.43	9	3.56	6	9.1	13
重　庆	22.93	10	1.62	16	8.87	15
贵　州	21.97	11	0.59	30	9.66	12
陕　西	21.16	12	0.7	27	11.17	11
吉　林	20.81	13	2.5	10	8.05	18
四　川	20.33	14	3.03	7	4.09	26
湖　北	19.71	15	1.25	19	5	24

续表

地　区	生态资源		生态保护		治理修复	
	指数	排位	指数	排位	指数	排位
北　京	18.97	16	1.27	18	15.84	5
辽　宁	18.48	17	3.79	4	6.5	20
青　海	16.92	18	6.06	3	18.88	3
内蒙古	15.45	19	1.97	12	25.87	1
安　徽	15.13	20	0.78	26	11.23	10
河　北	12.22	21	0.67	29	13.56	7
山　东	10.34	22	1.8	14	6.43	21
河　南	9.75	23	0.69	28	4.74	25
江　苏	9.08	24	2.8	9	8.73	16
山　西	8.67	25	0.94	22	13.34	8
宁　夏	8.29	26	1.8	14	22.03	2
甘　肃	6.15	27	3.61	5	13.78	6
新　疆	5.10	28	1.94	13	17.98	4
天　津	3.81	29	2.91	8	3.35	28
上　海	3.29	30	9.61	2	2.67	29

　　具体来看，各地区的生态资源指数排名差距相对较小。生态资源指数排名全国前 10 位的 10 个省份中，东部地区有福建、海南、浙江、广东 4 个省，其中福建省排全国第 1 位，西部地区有广西、云南、重庆 3 个省份，其中排名最靠前的广西位列全国第 4 位，中部地区江西、湖南省分别排全国第 2 位、第 8 位，东北部地区的黑龙江省排全国第 9 位；而排名位于第 21～30 位的 10 个省份中，东部地区有河北、山东、江苏、天津、上海 5 个省份，其中天津、上海分列全国第 29 位、第 30 位，中部地区有河南、山西 2 个省分别列第 23 位、第 25 位，西部地区有宁夏、甘肃、新疆 3 个省份，其中排名最低的是新疆，为第 28 位。

　　生态保护方面东北三省全部进入全国前 10 位，而排名靠前的仍以东、西部省份居多，中部省份整体排名不佳。生态保护指数排名全国前 10 位的 10 个省份中，东部地区有海南、上海、天津、江苏 4 个省份，其中海南、上海分列全国第 1 位、第 2 位，西部地区有青海、甘肃、四川 3 个省，其中青海省居全国第 3 位，东北部地区的辽宁、黑龙江、吉林分列第 4 位、第 6 位、第 10 位；中部地区排位最高的为江西省（第 17 位），湖北、湖南分列第 19 位、第 20 位，山西、安徽、河南则分列第 22 位、第 26 位、第 28 位；西部地区的贵州省排全国最后一位。

治理修复方面排名靠前的以北方西部省份居多，治理修复指数排名前 9 位的省份全部为北方省份，其中西部地区有内蒙古、宁夏、青海、新疆、甘肃 5 个省份，内蒙古、宁夏、青海列全国前 3 位，东部地区有北京、河北 2 个省份，北京居全国第 5 位，此外还有中部地区的山西、湖南、安徽省分列全国第 8 位、第 9 位和第 10 位；治理修复排名靠后的以东部省份居多，排名全国后 10 位的省份中，有山东、福建、浙江、海南、天津、上海、广东 7 个东部省份，其中天津、上海、广东排名为全国最后 3 位，中部地区有湖北、河南 2 个省分列全国第 24 位、第 25 位，此外还有西部的四川列全国第 26 位。

六、分区域推进全国生态环境保护和两型社会建设的建议

从中国各省市区生态环境保护和两型社会建设评价的结果来看，国内各地区之间以及地区内部各省份之间在生态环境保护和两型社会建设方面存在显著差异，在资源节约、环境友好和生态保育等不同方面也各有优势和短板。因此，推进全国生态环境保护和两型社会建设，要以习近平新时代中国特色社会主义思想为指导，按照党的十九大报告对"加快生态文明体制改革，建设美丽中国"的部署，针对各区域、各省市区实际，采取突出重点、分类推进的方式，发挥优势，补足短板，推动全国范围内生态环境保护和两型社会建设评价水平的整体提升。

（一）东部地区要着力提升生态保育水平

相对于资源节约和环境友好两个方面来说，东部地区整体的生态保育水平仍有待提高。具体来看，山东、江苏、上海、天津、河北等省份要采取有

效措施，着力提高森林覆盖率水平；天津、上海需进一步加大各类综合公园、社区公园、街旁绿地的建设力度，大力增加城市人均公园绿地面积；江苏、河北、福建、浙江需大力加强各类自然保护区建设，提高自然保护区面积占国土面积的比重；山东、广东、北京、海南、江苏、浙江、天津、上海要进一步做好植树造林工作，稳步增加植树造林面积。此外，在环境友好尤其是在主要污染物排放和环境质量两个方面，东部地区也需进一步加强。具体来看，河北、浙江、广东、北京、江苏、山东、天津、上海等省份要进一步控制废水的排放总量，尤其是废水中的化学需氧量排放，而广东、山东、上海、福建更是要重点减少废水中的铅砷重金属排放；浙江、河北、江苏、山东、天津、上海要大力控制废气中的二氧化硫、氮氧化合物和烟（粉）尘排放量；上海、北京、福建、浙江、江苏、广东要加强防控措施，努力减少突发环境质量事件的爆发；天津、北京、山东、河北要多措并举降低空气中的细颗粒物、可吸入颗粒物、二氧化硫、二氧化氮、臭氧、一氧化碳等含量，大力提高空气优良率。

（二）中部地区要加快补齐环境友好及生态保育短板

环境友好及生态保育两方面对中部地区生态环境保护和两型社会建设水平的制约明显，尤其是在环境友好的主要污染物排放、环境治理方面，以及生态保育的保护及治理修复方面。具体来说，在环境友好方面，河南、湖南、安徽、江西要进一步控制废水的排放总量，尤其是湖南、江西、湖北、安徽等省要严格控制废水中的铅砷重金属及化学需氧量排放，努力降低废水及所含主要污染物的排放水平；山西省要突出做好废气总量及其所含二氧化硫、氮氧化物和烟（粉）尘的排放控制；安徽、湖南、湖北、河南、江西作为粮食主产省要不断减少耕作过程中对化肥、农药的使用量；山西、江西要进一步提高城市生活垃圾和污水的无害化处理水平，提高农村无害化卫生厕所的普及率，增强减排能力；湖北、山西、河南要多措并举减低省会空气中的细颗粒物、可吸入颗粒物、二氧化硫、二氧化氮、臭氧、一氧化碳等含量，大力提高空气质量。在生态保育方面，湖北、河南、湖南、山西仍需大力增加城市公园绿地面积，湖北、河南、河南、安徽要加强自然保护区建设力度；湖北、河南要进一步提高环境污染治理投资占 GDP 的比重，安徽、湖北、江西需要持续加大财政资金在节能环保方面的支出力度。

（三）西部地区要大力增强资源节约能力

资源节约对西部地区生态环境保护和两型社会建设整体水平的制约明显，因此必须重点做好节能、节水、节地、废弃物资源化利用等方面的工作。具体来看，云南、内蒙古、贵州、新疆、青海、宁夏、甘肃要大力减少能源消耗，去除六大高耗能行业过剩产能，降低单位 GDP 能耗、人均能源消耗量和六大高耗能产值占规模工业产值的比重，同时要进一步提高用地效率，增加单位面积建设用地产出；重庆、贵州、甘肃、广西、内蒙古要大力发展城市公共交通，增加城市每万人拥有公共交通车辆数；青海、云南、甘肃、广西、宁夏、新疆要突出做好水资源的节约利用，提高生产和生活中水资源的利用效率；广西、内蒙古、甘肃、云南、青海、新疆、四川要进一步做好废弃物的资源化利用工作，提高工业固体废弃物综合利用率和工业用水重复利用率。而在环境友好方面，云南、贵州、四川、广西要大力减少废水排放总量；宁夏、甘肃、新疆、青海、云南要大力推广节能环保生活理念，控制城市生活垃圾产生量，提高城市生活垃圾无害化处理水平和城市污水处理水平；甘肃、云南、内蒙古、广西要进一步严格控制废水中的铅砷等重金属排放；云南、贵州、甘肃、内蒙古、青海要大力推广农村无害化卫生厕所，提高普及率，减少农村生活污染。

（四）东北三省要提高环境友好水平，推动区域整体提升

东北三省整体水平不高，尤其是在环境友好方面得分为各板块最低，必须按照习总书记在深入推进东北振兴座谈会上提出的"更好支持生态建设和粮食生产，巩固提升绿色发展优势"要求，在拉长短板的同时全面提升生态环境保护和两型社会建设水平。具体来看，吉林省要努力发展城市公共交通，推广耕地节水灌溉，严控废水中的化学需氧量排放，提高城市生活垃圾无害

化处理率和农村卫生厕所普及率。黑龙江省要进一步减少能耗总量和用水总量，大力提高用能效率，推广耕地节水灌溉，推动工业用水重复利用，提高用水效率和工业用水重复利用率，降低单位 GDP 水耗和人均用水量；进一步提高单位面积建设用地产出；大力提高城市生活垃圾无害化处理率和农村卫生厕所普及率；严格控制废气中的氮氧化物、烟（粉）尘排放，提高城市空气质量。辽宁省要继续大力减少能源消耗，降低单位 GDP 能耗和人均能源消耗量；提高耕地节水灌溉面积占比；严格控制废水排放和工业固体废弃物产生，降低化学需氧量、二氧化硫和烟（粉）尘排放量，进一步推动工业固体废弃物综合利用，提高利用率；大力提高城市生活垃圾无害化处理率、城市污水处理率和农村卫生厕所普及率，增加城市公园数量和面积，加大对环境污染的投资。

生态环境保护和两型社会建设的湖南探索

2007 年 12 月，长株潭城市群获批国家两型社会建设综合配套改革试验区。试验区获批以来，湖南紧紧围绕"率先形成有利于资源节约、环境友好的体制机制，率先积累传统工业化成功转型的新经验，率先形成城市群发展的新模式"的"三个率先"的目标，以及成为"全国两型社会建设的示范区，中部崛起的重要增长极，全省新型工业化、新型城市化和新农村建设的引领区，具有国际品质的现代化生态型城市群"的"四个定位"，大胆先行先试，纵深推进试验区各项改革，不断创新推进机制，大力实施重点工程，着力培育两型文化，基本形成了比较完善的两型社会建设制度保障体系和新型工业化、新型城镇化、农业现代化、信息化促进机制，初步形成了节约资源和保护环境的产业结构、增长方式和消费模式。改革试验为全国两型社会和生态文明建设探索了经验，有力推动了湖南绿色发展，取得了丰硕成果和显著成效。2011 年 3 月和 2013 年 11 月，习近平总书记两次考察湖南时都对长株潭试验区的改革探索给予充分肯定。他说，"长株潭城市群两型社会建设，你们抓得早，抓得主动，抓出了效果，走出了一条自己的路子"，并要求长株潭试验区"继续探索，为全国提供借鉴和经验""谱写建设美丽中国湖南新篇章"。湖南在推动绿色发展的路上越走越坚定。

一、锐意改革，积极探索

长株潭试验区把改革作为试验区建设的灵魂，以规划为引领，以市场化为根本动力，以重大工程为抓手，以绩效考评为有力导向，以法治为坚强保障，以生态文化作为精神血脉，全面推进八大类制度创新和十大改革，实施原创性改革100多项，多项改革走在全国前列。

（一）以顶层设计为引领，创新规划体制机制

坚持加强顶层设计和"摸着石头过河"相结合，改变以往多头规划、互不衔接的规划方式，将两型理念全面贯穿到各项方案和规划的制定中。一方面，制定《长株潭城市群资源节约型和环境友好型社会建设综合配套改革试验总体方案》以及10个专项改革方案，出台全国首个省级生态文明体制改革实施方案《湖南省生态文明体制改革实施方案（2014－2020年)》，加快形成系统完备、科学规范、运行有效的生态文明制度体系。另一方面，创新规划体制机制，建立了由《长株潭城市群区域规划（2008－2020年)》为龙头，以及10个专项改革方案、14个专项规划、18个示范片区规划和87个市域规划组成的全方位、多层次的改革建设规划体系。探索实现经济社会发展规划、城市总体规划、土地利用总体规划、融资规划、环境规划"五规合一"的有效途径；通过建立执法检查、区域重大规划及项目两型性审查、资源环境"一票否决"等制度，推动规划的落实。

（二）以资源性产品价格改革为突破口，创新资源节约体制机制

发挥价格杠杆调节机制和市场配置资源的决定性作用，建立资源有偿使用和循环利用的激励约束机制。一是开展居民生活用水、电、气阶梯价格改革，在全省试行居民用阶梯电价，在长株潭三市推行居民生活用阶梯气价，在长沙、常德、怀化启动居民用阶梯水价试点，在长沙推行非居民用水超定额累进加价政策，湖南成为全国率先全面推行民用阶梯水、电、气价格改革

的省份。二是实施工业脱硫、脱硝、除尘电价政策，全省统调燃煤机组脱硫设施建设和改造率达100%；2013年起实施脱硝电价政策，有效减少氮氧化物排放；按国家规定对燃煤电厂进行了除尘的每度给予2厘钱除尘电价补贴。三是落实高能耗、高污染行业差别电价和惩罚性电价政策，对电解铝、铁合金等8大高耗能产业的666家企业分别按千瓦时加价2角和5角收取差别电价，促使654家实现关停并转和产业技术升级；执行惩罚性电价的74家企业仍在执行的企业减至13家。四是实施可再生能源电价附加政策，对2006年核准的可再生能源发电项目上网电价按每度0.25～0.35元进行补贴，支持建成可再生能源项目25个。五是出台农村集中供水价格管理办法，规范县城以下的乡、镇、村各类投资建成运行的农村集中供水价格，按居民生活用水和非居民生活用水价格1：2的比价系数，实行分类水价，促进了农村节约用水。六是创新资源循环利用模式，按照"减量化、再利用、资源化"的原则，推动资源回收、聚散、循环的标准化，形成了企业、产业、园区、社会四个层面的循环发展模式，汨罗"城市矿产"示范基地、长沙餐厨废弃物综合利用等进入国家试点。七是实施绿色建筑行动，推进住宅产业化，在全国率先制定实施绿色建筑评价标准。实施大型公共建筑节能监控和改造，出台民用建筑节能条例，开展节能减排全覆盖试点。长沙、株洲全面启动国家绿色建筑、可再生能源示范城市试点；长株潭三市城市新建建筑节能强制性标准执行率设计阶段达到100%、施工阶段达到95%以上。长沙率先全国在宾馆酒店禁止免费提供"七小件"，并开展客房新型智能节电管理改造试点。

（三）以产业准入推出提升机制为重点，创新转型升级体制机制

针对重化工业比重偏高、承接珠三角产业转移条件优越的现实，建立两型导向的资源配置和产业转型升级机制。一是严格产业准入门槛。出台长株潭三市共同的产业环境准入政策，制定11大类产品的能耗限额，提出禁止进入产业目录，推行"一票否决""重大环保项目一支笔审批"，近年来先后否决达不到节能环保要求的项目500多个。二是强化落后产能退出机制。集中运用政策引导、倒逼机制、合理补偿等手段，引导企业退出。探索株洲清水

塘"绿色搬迁"、湘潭竹埠港"退二进三"、长沙坪塘老工业区整体退出的老工矿区治理模式。坪塘、竹埠港已全部关停退出重化工企业，清水塘261家冶炼化工建材企业已关停、搬迁255家，剩下的6家也将停产。先后对19个工业行业700多户企业的落后产能进行淘汰，关停3734家小散乱污企业。三是创新产业提升机制。制定支持两型产业发展的差异化产业政策和重点行业"十二五""十三五"发展专项规划，建立工业重点用能企业在线监测管理、工业清洁生产审批、合同能源管理、资源综合利用产品认证等制度，推动企业技术改造升级。建立和完善战略性新兴产业企业申报认定、考核统计工作体系和配套支持政策，促进战略性新兴产业发展。

（四）以市场化为主攻方向，创新环境保护治理体制机制

将生态环境治理作为履行政府公共服务职责的重要内容，着力建立生态环境保护市场化运作机制。一是严格环评审批。出台建设项目环境管理办法、长株潭区域产业发展环境准入规定。二是创新重点流域和地区污染整治模式。①启动实施湘江流域保护和治理"一号重点工程"，实行"一票否决""重大环保项目一支笔审批"，成立以省长为主任的湘江保护协调委员会和湘江重金属污染治理委员会，推行"河长制"，率先对政府一把手实行生态环境损害责任终身追究制。成功探索湘潭竹埠港"退二进三"、长沙坪塘老工业区整体退出的综合治理模式。自2013年以来共实施2768个整治项目，流域内淘汰关闭涉重金属污染企业1000多家，干流500米范围内2273户规模畜禽养殖场全部退出，到2017年底，湘江流域禁养区外15727家畜禽规模养殖场，已有12811家完成粪污处理设施设备配套建设。②推行农村环保自治改革，开展农村环境连片综合整治，形成了"分户减量、分散处理"的垃圾处理模式，"农户－村组保洁员－乡村环保合作社"的环保自治体系，"以县为主、市级补贴、镇村分担、农民自治"的运行机制。2015年4月，湖南被确定为全国唯一农村环境综合整治全省域覆盖试点省。③实施大气污染联防联控工程，协调推进火电、水泥、钢铁、石化、有色等重点行业脱硫脱硝、氮氧化物、工业粉尘和汽车尾气排放等治理。30万千瓦以上火电机组和新型干法水泥生产

线全部完成脱硫脱硝设施建设，提前一年在全省水泥企业执行氮氧化物排放新标准，在长沙市火电企业执行烟尘特别排放限值。实行重污染天气应急管理。三是深化排污权交易试点。出台主要污染物排污权有偿使用和交易管理办法及相关配套政策。排污权交易范围由 2011 年长株潭三市 9 大重点治污行业，拓展到湘江流域 8 市的所有工业企业以及全省范围内的火电、钢铁企业，再拓展到全省 14 个市州的 20 多个行业。形成了省级和覆盖全省 14 个市州的排污权交易平台体系，截至 2018 年 10 月，完成火电、造纸等 15 个行业的排污许可核发，8370 家企业缴纳排污权有偿使用费，累计收缴有偿使用费 5.47 亿元，实施市场交易 4872 次，交易金额 5.31 亿元，初步形成"谁污染谁付费、谁减排谁受益"的多级市场体系。长株潭缴费企业比率达到 92%，在全国领先。四是健全生态补偿机制。制定《湘江流域生态补偿（水质水量奖罚）暂行办法》，率先在湘江流域试行"上游对下游超标排放或环境责任事故赔偿、下游对上游水质优于目标值补偿"双向担责，对流域内 3475 万亩生态公益林实施生态补偿。省级公益林补偿集体和个人部分补偿标准不断提高。湘江源头区域和武陵山片区纳入国家生态文明先行示范区。五是推广"两个合同"。探索环境污染第三方治理模式，在 14 个县市区（园区）开展"两个合同"试点，形成了"湘潭竹埠港重金属污染整治"等一批成功经验模式。推行 PPP 模式，在株洲生活垃圾焚烧发电、湘潭经开区污水处理、长沙磁悬浮轨道交通等项目试点实施。六是开展企业环境行为信用评价、环境污染责任保险试点。七是严格水资源管理。出台最严格的水资源管理制度实施方案和考核办法，明确水资源开发利用控制、用水效率控制、水功能区限制纳污三条红线，建立水资源监控体系、管理责任和考核制度。加大污水处理费征收力度。八是探索生态功能区保护机制。划定三市交界地区 522 平方公里的生态绿心，制定实施《生态绿心地区总体规划》《生态绿心地区保护条例》，将 30 项保护职责落实到长株潭三市政府和省直单位；埋设禁开区和限开区界桩、界碑；建立绿心地区卫星监控系统。

（五）以清洁低碳技术为核心，创新科技体制机制

一是创新成果转化机制，推进"知识资本化、成果股份化"，在实施企业

研发费用加计扣除、高新技术企业所得税减免、研发设备加速折旧等政策的基础上，率先在全国实行"两个70%"政策。二是创新科技项目立项和奖励评价机制，以科技成果转化和产业化为价值导向，突出标志性科技成果转化为产业化。三是建立企业为主体、产学研结合的协同创新体系，探索区域协同、产业协同、上下协同等多种协同创新模式，着力破解经济与科技"两张皮"问题。四是开展科技与金融结合试点，在长株潭国家高新区开展企业股权和分红激励试点。五是创新科技项目管理机制，强化项目导向，降低项目申报门槛，就建立科技重大专项"四评三审"立项制度和"两条线"监管模式，在全国首创对科技重大专项实行公开招标制度。六是创新技术推广机制。在全国率先集中大规模组织推广新能源发电、餐厨垃圾资源化利用和无害化处理、农村畜禽污染治理和资源化利用等十大清洁低碳技术，出台《长株潭两型试验区清洁低碳技术推广实施方案（2017－2020年)》，实施十大技术滴灌式、点穴式推广；长沙、株洲启动天然气冷热电三联供项目15个，规模居国内城市前列；积极开发风能、生物质能、太阳能和页岩气；建成余热余气余压发电和热电联产项目66个。七是探索政府支持服务科技创新的新机制，在全国第一个出台创新型省市建设纲要《创新型湖南建设纲要》，制订实施强化企业主体地位、企业股权和分红激励试点、科技和金融结合等一系列支持科技发展的政策文件，在全国首创政府两型采购制度。

（六）以集约节约为目标，创新土地利用体制机制

坚持以提高土地利用效率和效益为重要手段，不断创新节约集约用地制度，健全激励约束机制。一是将园区用地效率纳入新型工业化考核，制定市级政府土地管理和耕地保护责任目标考核办法，将耕地保护纳入领导干部离任审计内容。二是改革征用地审批方式，探索增减挂钩建设用地节余指标有偿转让制度，建立土地利用动态监测体系，促进农村建设用地节约，满足城市用地需要。三是成功探索出农民安置、城市建设、开发园区、新农村建设、道路建设等节地模式，得到国土资源部肯定并向全国推广。四是积极探索建立城乡统一的土地流转交易市场，实行土地使用权、林权、承包经营权归口

交易。加强流转土地的用途管制。五是以城乡建设用地增减挂钩和土地整理复垦为平台，推进土地综合整治。六是开展互换、出租、转包、转让、入股等多种形式的土地流转，探索土地信托、托管、股田制等新的流转模式。长沙、株洲等地成立农村土地流转交易中心，实现了农村土地承包权由自发交易向集中交易的突破。

（七）以区域联动为着力点，创新城市群一体化发展体制机制

长株潭摒弃传统"摊大饼"式的城市发展路径，积极探索现代化、集约式、生态型城市群发展的新模式，成功跻身全国十大城市群。一是积极构建城市群生态发展的组团式空间布局。按照紧凑布局、生态隔离、生态服务的组团式理念，探索建设"绿心"式生态城市群，将长株潭三市之间522平方公里的区域规划为"生态绿心"区，明确其中89%的面积划为禁止和限制开发区，并出台相应管理措施。二是探索区域一体化建设新模式。实施十大标志性工程和试验区八大工程，推动交通同网、能源同体、信息同享、生态同建、环境同治"新五同"建设，探索突破行政区划界线、分工合作机制，加快区域一体化进程。三是探索城市群管理新模式。突出"智慧城市群"建设，以全国"三网融合"试点为契机，以信息一体化建设为牵引，加快搭建起城建、环卫、交通等城市群资源共享平台和公共资源市场交易平台，长株潭三市成功实现固定电话同号升位，公交一体运营、异地取款、移动电子商务、购房同城待遇等综合管理和服务逐步实现。四是推进城乡统筹机制创新。三市基本养老保险从制度上实现对城乡居民的全覆盖，开展新型农村社会养老保险试点和被征地农民社会保障工作，基本医疗保险提前两年实现城乡居民全覆盖；深化户籍制度改革，探索城乡统一的户籍管理制度改革试点。

（八）以金融创新为核心，创新投融资体制机制

组建试验区投融资平台，积极探索无形资产抵押、税融合作、产业链融资等金融服务创新，并设立中小企业融资中心；探索两型社会建设融资的新机制，编制全国第一个区域性融资规划——《长株潭城市群两型社会建设系

统性融资规划（2010－2020年）》；运用两型产业投资基金、创业投资基金、发展风险投资基金等方式促进两型产业发展。开设全国首家环保支行。探索发行湘江流域重金属治理债券。建立集企业产权、物权、债权、非公众公司股权于一体的省股权登记管理中心并开展交易。开展绿色保险试点。

（九）以党政同责为重点，创新政绩考评与责任追究机制

通过建立健全各项监管机制，为全面推进两型社会建设提供了强有力的制度保障。一是完善法规体系。在坚持法治统一原则的前提下，及时将局部试验成果法制化，先后颁布实施《法治湖南建设纲要》《绿色湖南建设纲要》《长株潭城市群区域规划条例》《湘江保护条例》《长株潭城市群生态绿心地区保护条例》等70多个法律规章，形成了绿色发展依法行政创新制度体系，促进"先行先试"和"于法有据"的有机结合。二是健全标准体系。出台了两型企业、两型园区、两型景区等70多项两型标准、规范、指南，率先在全国形成了两型社会建设标准体系框架。使两型社会建设"有标可对"。三是构建监测体系。开发企业用能监测系统，搭建全国首个综合性节能减排监管平台和"数字环保"系统。建立"监测－通报－治理"的管理新机制，实施《湖南省环境质量监测考评办法》，对各市州、县市区大气、水环境质量及重大环境损害情况进行全面考评并通报，同步实施警示、约谈、处罚、问责等。四是构建资源环境综合执法体系。探索区域环境执法联动机制，在资源环境领域开展相对集中行政处罚权、相对集中行政许可权试点。探索建立生态环保法庭。五是创新考评体系。实施党委政府绿色绩效考核，不断提高资源生态环境有关指标分值的比重，全省市州分值中最高的年份占到18%左右，省直单位中分值最高的占到40%。考核范围由长株潭地区扩大到全省14个市州，省直单位由24个扩大到38个。将考核结果与干部选拔任用、薪酬绩效直接挂钩，打破政府绩效"唯GDP"考核。从2014年起，对全省四个板块实行分类考核，对79个限制开发县市区取消人均GDP考核。建立绿色GDP评价体系，把资源消耗、环境损害、生态效益等指标纳入评价范围，2013年以来每年发布年度两型（生态文明）综合评价报告。探索建立绿色GDP核算体

系。在韶山开展绿色 GDP 评价试点。六是强化责任体系。建立生态环境损害责任终身追究制，2015 年 1 月、3 月出台全国第一个地方环境保护责任规定《湖南省环境保护工作责任规定（试行）》和《湖南省重大环境问题（事件）责任追究办法（暂行）》（2018 年 1 月转为正式），率先对湘江流域各级政府"一把手"实行环境损害终身追责。建立领导干部资源环境离任审计制度。以严问责、严执法、严赔偿为重点，推动各项制度落实。

（十）以示范创建为抓手，创新全民参与机制

一是全省推广绿色出行改革。二是实施绿色建筑行动，推进住宅产业化，在全国率先制定实施绿色建筑评价标准。推行农村环保自治改革。三是深入推进两型示范创建，开展"两型五进"活动，即两型技术产品、两型生产生活方式、两型服务设施、优美生态环境、两型文化，进机关、学校、园区、企业、乡镇、社区、乡村、景区、家庭等，培育两型创建单位近 1000 个。四是在全国率先编制《中小学两型教育纲要》和《小学生两型知识读本》，免费向全省小学生发放两型读本。"教育一个孩子、带动一个家庭、影响一个社区"的经验模式享誉全国。五是开展思想解放大讨论、观念更新大宣传活动，倡导两型理念。六是在广播、电视、报刊和公共场所持续推出两型系列攻略，让两型融入百姓的衣食住行、购物娱乐、生产生活。

二、成果丰硕，一批经验模式可复制可推广

（一）探索了两型社会建设的"长株潭模式"

坚持政府、市场"两只手"相互作用，技术创新和制度创新双轮驱动，以治理体系和治理能力的现代化，汇聚两型社会建设的强大力量，积累了一大批可推广可复制的改革经验。实施 100 多项原创性改革，形成 70 多个改革创新案例，为全国两型社会建设提供了重要借鉴。资源性产品价格改革经验在全国复制推广，湘江流域综合治理、绿色产品政府优先采购、绿色标准认证、农村环保合作社、"四分"模式处理农村垃圾、畜禽养殖废弃物第三方治

理模式、绿色文化理念传播、生态"绿心"保护、城市环境多主体综合治理、环保信用评价制度、精准扶贫与生态保护联动等经验模式得到国家发改委肯定，并提请国务院拟向全国推广。

（二）创造了自主创新的"长株潭现象"

在全国率先实行"两个70%"等政策，形成了以企业为主体、产学研结合的协同创新体系；大规模组织推广十大清洁低碳技术重点建设项目800多个，突破两型关键技术1000多项。2013年11月，习近平总书记考察并充分肯定了中南大学国家重金属污染防治工程技术、威胜集团公司能源在线监控系统。2015年长株潭获批国家自主创新示范区，成为继北京中关村、上海张江、武汉东湖等之后的全国第七个自主创新示范区。

（三）形成了区域经济自主一体化的"长株潭样本"

长株潭试验区逐步探索出生态型、集约式、现代化的城市群发展新模式，城市群规划、产业发展、公共服务等一体化进程加快。实施交通同网、能源同体、信息同享、生态同建、环境同治"新五同"建设，强力推进"三通四化"，实施公交、社保、健康一卡通，交通、户籍、信息、地名一体化，三市形成半小时通勤圈。特色产业园、轨道交通、湘江风光带等一批重大项目建设，打造了长株潭一体化的"升级版"。近年来，长株潭自主创新示范区、湘江新区、"宽带中国"长株潭示范城市群、"中国制造2025"长株潭试点示范城市群等"国字号"平台成功获批。长沙、株洲被评为"全国文明城市"；长沙市被评为"全球绿色城市"，湘潭市进入"全国园林城市"行列，长株潭城市群成功跻身全国十大城市群。

（四）创造了一大批走在全国前列的改革制度成果和实践成果

长株潭试验区在建立健全自然资源资产产权制度、国土空间开发保护制度、资源总量管理和全面节约制度、资源有偿使用制度和生态补偿制度、环境治理体系、环境治理和生态保护市场体系、生态文明绩效评价考核和责任追究制度、培育生态文化等方面，形成了一批在全国率先的改革制度成果和实践成果（见表 14 - 1）。

表 14 - 1　　　　　　长株潭试验区率先全国的改革制度成果和实践成果

分　类	成果名称
一、顶层设计	1. 在全国率先出台《湖南省生态文明体制改革实施方案（2014 - 2020 年）》，为全国首个省级同类实施方案
二、健全自然资源资产产权制度	2. 在浏阳市、澧县、芷江县启动不动产统一登记试点，编制完成不动产统一登记业务流程设计方案，研发不动产登记信息系统，建设省市两级数据中心。2015 年在全省推开不动产统一登记 3. 出台全国首个省级国有林场改革实施方案，率先完成国有林场改革 4. 成立中部林业产权交易服务中心，开展林权交易；建立健全全省林权交易服务体系，开展林权抵押贷款等业务
三、建立国土空间开发保护制度	5. 编制实施《长株潭城市群生态绿心地区总体规划》，为国内首个以村为规划单元的主体功能区规划，并实行红线控制 6. 开展以东江库区为重点的综合性生态红线划定试点，制定湖南省生态红线制度建设改革试点实施方案和总体实施计划，基本建立生态红线划定数据库，形成生态保护红线管控制度初步框架
四、建立空间规划体系	7. 编制了"多规合一"改革方案及发展总体规划框架思路，推进临湘"多规合一"试点
五、完善资源总量管理和全面节约制度	8. 率先集中大规模组织推广十大清洁低碳技术，将传统的分散型、宣传引导型技术推广模式，转变为组织化、务实型模式 9. 创新节约集约用地制度，形成 6 种城乡节地模式，黎托片区成为国土资源部批复的全国唯一节约集约用地试点片区，在全国率先编制节约集约用地专项规划 10. 推进农业水价综合改革试点，形成了"先费后水、节奖超罚"的农业水价改革模式 11. 率先制定实施绿色建筑评价标准，制定《湖南省绿色建筑评价技术细则》，明确大型公共建筑等全面执行绿色建筑标准 12. 率先开展绿色建筑审查制度改革，以长沙市为试点，出台了《绿色建筑审查管理办法》和《绿色建筑审查技术要点》，开创了绿色建筑标识评价和审查双轨制改革的先河，得到住建部的充分肯定 13. 开发企业用能监测系统，搭建全国首个综合性节能减排监管平台和数字环保系统 14. 长沙率先全国在宾馆酒店禁止免费提供"七小件"

分　类	成果名称
六、健全资源有偿使用制度和生态补偿制度	15. 率先全面设计、协同推进资源性产品价格改革，成为全国率先全面推行民用阶梯水、电、气价格改革的省份 16. 全面实施工业脱硫、除尘电价政策，率先推行脱硝电价政策，全省统调燃煤机组脱硫设施建设和改造率达100% 17. 出台《铅锌矿石和石墨资源税从价计征改革试点》，探索征管方法，为资源税改革及全面实行从价计征改革积累经验 18. 出台《湖南省湘江流域生态补偿（水质水量奖罚）暂行办法》，对湘江流域跨市、县断面进行水质、水量目标考核奖罚 19. 率先开展长株潭耕地重金属污染治理试点，完成耕地修复治理面积274.01万亩
七、建立健全环境治理体系	20. 创新湘江流域综合治理，《湘江流域重金属污染治理实施方案》为全国第一个获国务院批准的重金属污染治理试点方案，迄今为止唯一由国家批准的不跨省的流域治理方案 21. 创新长株潭"绿心"保护模式。将长株潭三市之间522平方公里的区域规划为"生态绿心"区，明确其中89%的面积划为禁止和限制开发区；建立绿心地区监控系统，每季度监测土地使用变化情况 22. 组建长株潭三市环境执法大队 23. 把城市清扫权等实行市场化运作，形成行政引导、市场运作、大数据支撑的两型城市综合治理机制 24. 将餐厨废弃物等垃圾处理打包，通过采用PPP方式，与专业环保科技公司签订特许经营协议，由企业承担废弃物的收集、运输、处理设施设备的建设和运营 25. 在全国率先实施以县（市、区）为基本单元整县推进农村环境综合整治，2015年成为环保部、财政部确定的全国首个农村环境综合整治全省域覆盖试点省 26. 攸县的分区包干、分散处理、分级投入、分期考核"四分法"，长沙县的"户分类、村收集、乡中转、县处理"垃圾分类处理模式等，被誉为"农村生活方式的一次深刻变革" 27. 创新集镇生活污水设施建设、运营和管理模式，长沙县引进BOT、BT、OM等模式建设乡镇污水处理厂，破解乡镇污水处理技术上的难题和资金瓶颈 28. 建立环境行为信用评价，对存在环境问题的企业进行环境行为信用评价，信用评价等级与企业申请上市或再融资、环保专项资金或其他资金补助、清洁生产示范项目、绿色信贷等直接挂钩 29. 建立环境保护年度工作情况白皮书制度，向社会报告湘江水质及治理工作

分　类	成果名称
	30. 完善公众参与机制，组建"守望母亲河"湘江流域民间观察和行动网络，在湘江流域建立11个志愿者工作站；发起江豚保护等行动；民间发布年度环境评价报告
八、健全环境治理和生态保护市场体系	31. 编制全国第一个区域性融资规划《长株潭城市群两型社会建设系统性融资规划（2010－2020年)》
	32. 推行政府两型采购制度，将经济体制改革、科技体制改革、生态文明体制改革融为一体
	33. 推进第三方治理试点，发布实施环境污染第三方治理推介项目，引导和鼓励社会资本采取PPP、环境合同服务等方式参与环境治理。株洲市清水塘和湘潭市竹埠港地区纳入国家环境污染第三方治理试点
	34. 第一批排污权交易试点省，有偿使用和交易范围由长株潭3市扩大到湘江流域8市所有工业企业和全省火电、钢铁企业，再扩大到全省14个市州，全省排污权初始分配完成
	35. 开设全国首家环保支行。2013年，原长沙银行万家丽路支行正式更名为长沙银行环保支行，成为全国首家以"环保"命名的银行
	36. 环保部首批环境污染责任保险试点省份之一，出具国内首张环境污染责任险保单，妥善处理了全国首例环境污染责任险理赔
	37. 发行第一只流域治理债券——湘江污染治理债券
九、完善生态文明绩效评价考核和责任追究制度	（一）探索建立两型标准体系
	38. 率先建设两型标准体系，出台70多项标准、规范、指南，用标准指导实践
	39. 率先全国开展两型标准认证，出台《湖南省两型认证管理暂行办法》，第一批7家景区被评选为两型旅游景区
	（二）首创绿色导向的两型综合评价体系
	40. 发布年度两型综合评价报告。2014～2017年连续四年发布年度两型（生态文明）综合评价报告，为科学评价两型化进程提供了模式和经验
	41. 探索绿色GDP评价。在韶山开展绿色GDP评价试点
	（三）完善法律法规
	42. 先后制定和实施了全国第一部系统规范行政程序的省级政府规章《湖南省行政程序规定》、全国第一部系统规范行政裁量权的省级政府规章《湖南省规范行政裁量权办法》、全国第一部关于"服务型政府建设"的省级政府规章《湖南省政府服务规定》
	43. 出台实施全国首部江河流域保护的综合性地方法规《湖南省湘江保护条例》
	44. 出台全国首个跨区域生态保护法规《湖南省长株潭城市群生态绿心地区保护条例》

续表

分　类	成果名称
	45. 在全国率先建立责权明晰、科学完备的省级环境保护责任体系，2015 年 3 月印发《湖南省环境保护责任规定（试行）》《湖南省重大环境问题（事件）责任追究办法（试行）》，2018 年 1 月转为正式
	46. 出台《环境风险企业分类管理办法》，在全国首次对环境风险企业进行分级监管，被环保部列入创新工作示范教材进行推广
十、培育生态文化	47. 编制全国首个《中小学两型教育指导纲要》
	48. 编印《小学生两型知识读本》，免费向全省小学生发放
	49. 系统开展中小学两型教育，"教育一个孩子、带动一个家庭、影响一片社区"的经验得到中央领导同志肯定

三、成效显著，绿色发展水平明显提升

（一）推动了经济社会转型升级跨越发展

一是经济规模迅速扩大。全省 2008～2017 年 GDP 年均增速 11.07%，比全国高 3.53 个百分点；2017 年，全省 GDP、工业增加值、地方一般预算收入分别达到 3.39 万亿元、1.19 万亿元、4566.8 亿元，分别是 2007 年的 3.57 倍、3.46 亿和 4.06 倍，经济总量占中部 6 省的比重由 2007 年的 17.8% 提高到 19.2%，经济总量、工业增加值居全国十强。长株潭经济增长极的作用不断强化。2017 年，长株潭地区生产总值达到 15171.67 亿元，占全省的比重由 2007 年的 37.8% 上升到 43.9%。二是经济结构不断改善。2017 年，全省三次产业结构由 2007 年的 17.2∶42.1∶40.7 调整为 8.8∶41.7∶49.5；城镇化率由 2007 年的 40.45% 上升到 54.62%。三是产业加速绿色转型。2017 年，全省高新技术产业增加值占 GDP 的比重达到 24%，比 2007 年提高 14.8 个百分点；高加工度工业和高技术产业增加值占规模以上工业的比重分别为 38.0% 和 11.3%，分别比 2010 年提高 6.0 和 6.7 个百分点；规模工业战略性新兴产业增加值占全部规模工业的比重达到 31.8%，比 2011 年提高 6.2 个百分点；环保产业产值 2016 年达到 1947 亿元，年均增长 20% 以上，规模居中部第一、全国前十。六大高耗能行业增加值占全部规模工业增加值的比重 2017 年为 30.3%，比 2008 年降低 9.6 个百分点。四是人民生活不断改善。2017 年，全省城镇居民人均可支配收入 33948 元、农民人均可支配收入（纯收入）12936 元，分别是 2007 年的 2.76 倍、3.31 倍，增幅均高于全国平均水平，城乡居民收入差距由 2007 年的 3.15∶1 缩小为 2017 年的 2.62∶1。

（二）节能降耗减排效果明显

2017 年，原煤占一次能源生产总量的比重从 2012 年的 79.7% 下降到 44.6%，新能源发电 67.84 亿千瓦时，比 2012 年增长 9.8 倍。2017 年，全省规模工业能源回收利用量比 2006 年增加 578 万吨标准煤，增长近 10 倍。2017 年，全省单位 GDP 能耗比 2005 年累计下降 46.8%，单位规模工业增加值能耗 2005~2017 年累计下降 72.2%。2017 年，全省化学需氧量、氨氮、二氧化硫、氮氧化物排放量比 2016 年分别削减 5.56%、3.04%、6.65%、5.07%。

（三）生态环境持续改善

水环境质量持续向好。2017 年，全省监测的 345 个地表水断面中，达到 Ⅰ~Ⅲ类标准的比例为 93.6%，比 2012 年提高 3 个百分点；湘江流域干流水质总体为优，湘江长株潭段水质均保持Ⅲ类标准；整个湘江流域 Ⅰ~Ⅲ类水质断面达到 97.2%，比 2007 年提高 14.7 个百分点，全部消灭了 Ⅴ类水质河段。2017 年，县以上城镇污水处理率达到 95.35%，长株潭地区集中式饮用水源水质全年达标率 100%。大气质量恶化势头得以遏制。2017 年，县以上生活垃圾无害化处理率达到 99.9%。湖南 14 个市州城市环境空气质量平均优良天数比例达到 81.5%，比 2015 年提高 3.7 个百分点；PM2.5、PM10 浓度比 2015 年分别下降 14.8%、10.8%。自然生态质量稳步提高。2017 年，湖南森林覆盖率达到 59.68%，远高于全国 21.66% 的平均水平；湿地保护率达到 75.44%，居全国第一。2017 年，湖南城市建成区绿化覆盖率达 40.6%，人均公园绿地面积由 2012 年的 8.8 平方米增加至 2017 年的 10.6 平方米。

（四）基础设施全面提升

武广高铁和沪昆高铁、长株潭城际快速干道网、湘江长沙综合枢纽、长沙黄花国际机场改扩建等重大基础设施项目完成，长株潭城际铁路正式开通运营，长株潭形成了"半小时经济圈"。2017 年，全省高速公路里程由 2009 年的 606.3 公里增加到 1396 公里，国际航线由 2008 年的 7 条增加到 41 条。长株潭三市通信同号并网升位，开创了全国先河。实施三网融合、智能医疗、数字家庭、智慧城市等信息化工程，人们通信、上网、出行等生活条件不断得到改善。

（五）两型理念和两型文化深入人心

"青山绿水就是金山银山"理念融入湖湘文化，成为全省人民的精神血脉。"抓两型就是抓发展、抓转型、抓机遇"成为各级党委政府推动发展的共识；"企业不消灭污染，污染就消灭企业"成为企业的共识。"两型五进"活动蓬勃开展，居民重拎菜篮子、布袋子、自行车出行、选绿电、认绿标成为新风尚，两型文化融入千家万户。

参考文献 / Reference

［1］习近平．决胜全面建成小康社会 夺取新时代中国特色社会主义伟大胜利——在中国共产党第十九次全国代表大会上的报告．2017－10－18

［2］胡锦涛．坚定不移沿着中国特色社会主义道路前进 为全面建成小康社会而奋斗——在中国共产党第十八次全国代表大会上的报告．2012－11－8

［3］中共中央，国务院．中共中央 国务院关于加快推进生态文明建设的意见．2015－4－25

［4］中共中央，国务院．生态文明体制改革总体方案．2015－9－21

［5］中共中央，国务院．中共中央 国务院关于全面加强生态环境保护 坚决打好污染防治攻坚战的意见．2018－6－16

［6］国家发展改革委等九部委．关于加强资源环境生态红线管控的指导意见．2016－5－30

［7］中共中央，国务院．中共中央 国务院关于完善主体功能区战略和制度的若干意见．2017－8－29.

［8］国务院．"十三五"节能减排综合工作方案．2016－12－20

［9］国务院．"十三五"控制温室气体排放工作方案．2016－10－27

［10］国家发展改革委等十部委．关于促进绿色消费的指导意见．2016－2－17

［11］国务院．"十三五"生态环境保护规划．2016－11－24

［12］国务院．全国国土规划纲要（2016－2030年）．2017－1－3

［13］国务院．全国主体功能区规划．2010－12－21

［14］国家发展改革委，国家能源局．能源发展"十三五"规划．2016－12－26

［15］国务院．"十三五"国家战略性新兴产业发展规划．2016－11－29

［16］国家发展改革委，科技部，工业和信息化部，环境保护部．"十三五"节能环保产业发展规划．2016－12－22

［17］国家发展改革委，水利部，住房和城乡建设部．水利改革发展"十三五"规划．2016－12

［18］国家林业局．林业发展"十三五"规划．2017－12－28

［19］住房和城乡建设部，国家发展和改革委员会．全国城市市政基础设施建设"十三五"规划．2017－5－17

［20］环境保护部，财政部．全国农村环境综合整治"十三五"规划．2017－1－20

［21］国务院．大气污染防治行动计划．2013－9－10

［22］国务院．水污染防治行动计划．2015－4－2

［23］国务院．土壤污染防治行动计划．2016 - 5 - 28

［24］全国人民代表大会常务委员会．中华人民共和国环境保护法．2015 - 1 - 1

［25］全国人民代表大会常务委员会．全国人民代表大会常务委员会关于修改《中华人民共和国节约能源法》等六部法律的决定．2016 - 7 - 7

［26］全国人民代表大会常务委员会．中华人民共和国环境保护税法．2016 - 12 - 25

［27］全国人民代表大会常务委员会．中华人民共和国循环经济促进法．2008 - 8 - 29

［28］中共中央文献研究室．习近平关于社会主义生态文明建设论述摘编．北京：中国文献出版社，2017

［29］习近平．在十八届中央政治局第四十一次集体学习时的讲话．2017 - 5 - 26

［30］习近平．在省部级主要领导干部学习贯彻党的十八届五中全会精神专题研讨班上的讲话．2016 - 1 - 18

［31］习近平．习近平谈治国理政．北京：外文出版社，2014

［32］习近平．携手推进亚洲绿色发展和可持续发展．人民日报，2010 - 4 - 11

［33］中央经济工作会议报告（2012 - 2017）

［34］李干杰．美丽中国建设深入人心稳步推进．人民日报，2017 - 9 - 26

［35］李干杰．坚决打好污染防治攻坚战．学习时报，2018 - 5 - 16

［36］生态环境部．2017 年中国生态环境状况公报．2018 - 5 - 22

［37］环境保护部．中国环境状况公报．（2012 - 2016）

［38］陈吉宁．在 2017 年全国环境保护工作会议上的讲话．中国环境报，2017 - 1 - 25

［39］陈吉宁．在 2016 年全国环境保护工作会议上的讲话．中国环境报，2016 - 1 - 14

［40］周生贤．在 2015 年全国环境保护工作会议上的讲话．中国环境报，2015 - 1 - 26

［41］周生贤．我国环境保护的发展历程与成效．"中国特色社会主义和中国梦宣传教育系列报告会"上的报告，2013 - 7 - 9

［42］David W. Pearce, R. Kerry Turner. Economics of Natural Resources and the Environment. London: Harveaster Wheatsheaf, 1990.

［43］Stuart Ross. Use of Life Cycle Assessment in Environmental Management. Environmental Management, 2002 (1): 132 ~ 142.

［44］Lester R. Brown. Eco-Economy: Building an Economy for the Earth . New York: Norton, 2001.

［45］Ramakrishnan Rammanathan. A multi-factor efficiency perspective to the relationships among world GDP, energy consumption and carbon dioxide emissions. Technological Forecasting & Social Change , 2006 (73): 483 ~ 494.

［46］Ugur Soytas, Ramazan Sari, Bradley T . Ewing . Energy consumption, income, and carbon emissions in the United States. Ecological Economics, 2007, 62 (3): 482 ~ 489.

［47］Adam G Bumpus, Diana M Liverman. Accumulation by Decar-bonization and the Governance of Carbon Offsets. Economic Geography, 2007 (2): 127 ~ 155.

［48］Ebi K L, Semenza J C. Community-based adaptation to the health impacts of climate change. American Journal of Prevent Medi-cine, 2008 (5): 501 ~ 507.

［49］Tapio P. Towards a theory of decoupling: Degrees of decoupling in the EU and the Case of road traffic in Finland between 1970 and 2001. Journal of Transport Policy, 2005 (12): 137 ~ 151.

［50］Horst Siebert. Economics of the Environment. New York: W. W. Norton, 1987.

[51] Akihiko Yanase. Global environment and dynamic games of environmental policy in an international duopoly. Journal of Economics, 2009 (2): 121~140.

[52] Jonathan H. Adler. Free & Green: A New Approach to Environmental Protection. Harvard Journal of Law & Public Policy, 2001 (24): 43.

[53] Brent S. Steel. Thinking Globally and Acting Locally: Environmental Attitudes. Behavior and Activism. Journal of Environmental Management, 1996 (47): 27~36.

[54] Robert D. Klassen, Linda C. Angell. An International comparison of environmental management in operations: the impact of manufacturing flexibility in the U. S. and Germany. Journal of Operations Management, 1998 (16): 177~194.

[55] Jacqueline Peel. Giving the Public a Voice in the Protection of the Global Environment: Avenues for anticipation by NGOs in Dispute Resolution at the European Court of Justice and World Trade Organization. Colorado Journal of International Environmental Law &Policy, 2001 (47): 115~120.

[56] John W. Delicath, Marie-France Aepli Elsenbeer, Stephen P Depoe. Communication and Public Participation in Environmental Decision Making. New York: Albany. N. Y. State of University, 2004.

[57] Dufourd M C, Harrington J, Rogers P. Leontief's environmental repercussions and the economic structure revisited: a general equilibrium formulation. Geographical Analysis, 1988 (4): 318~327.

[58] Babiker M H, Viguier L K, Reilly J M, et al. The welfare costs of hybrid carbon policies in the European Union. Report NO. 70, MIT Joint Program on the Science and Policy of Global Change, 2001.

[59] Hallegatte S, Heal G, Fay M, et al. From Growth to Green Growth: A Framework. Policy Research Working Paper. Washington DC: World Bank, 2011.

[60] Hart R. Growth, Environment and Innovation: A Model with Production Vintages and Environmentally Oriented Research. Journal of Environmental Economics and Management, 2004, 48 (3): 1078~1098.

[61] Ricci F. Channels of Transmission of Environmental Policy to Economic Growth: A Survey of the Theory. Ecological Economics, 2007, 60 (4): 688~699.

[62] Schmalensee R. From "Green Growth" to Sound Policies: An Overview. Energy Economics, 2012 (34): 2~6.

[63] Jeroen C. J. M. Van den Bergh. Environment versus Growth: A Criticism of "Degrowth" and a Plea for "A-growth"? . Ecological Economics, 2011, 70 (5): 881~890.

[64] Nordhaus W D, Tobin J. Is Growth Obsolete? . New York: Columbia University Press for NBER, 1972.

[65] Daly H E, Cobb J B. For the Common Good: Redirecting the Economy Toward Community, the Environment and a Sustainable Future. Boston: Beacon Press, 1989.

[66] Rosenthal R W. External economics and cores. Journal of Economic Theory, 1971, 3 (2): 182~188.

[67] Yale Center for Environmental Law and Policy. EPI2012: Environmental Performance Index and Pilot Trend Env-ironmental Performance Index, 2012.

[68] UNESCAP. Eco-efficiency Indicators: Measuring Resource-use Efficiency and the Impact of Economic Activities on the Environment, 2009.

[69] OECD. Towards Green Growth: Monitoring Progress OECD Indicator, 2011.

[70] UNEP. Green Economy Indicators-Brief Paper, 2012.

[71] NEXT 10. 2012 California Green Innovation Index, 2012.

[72] Anderson T, Leal D. Free market environmentalism for the next generation. New York: Palgrave Macmil-

lan，2015.

[73] Acheson J. The lobster gangs of Maine. Hanover，N. H：University Press of New England，1998.

[74] Fiorino T，Ostergren D. Institutional instability and the challenges of protected area management in Russia. Society & Natural Resources，2012，25（2）：191～202.

[75] Brooks T M，Bakarr M I，et al. Coverage provided by the global protected-area system：is it enough？ BioScience，2004，54（12）：1081～1091.

[76] Felli R. Environment，not planning：the neoliberal depoliticisation of environmental policy by means of emissions trading. Environmental Politics，2015（5）.

[77] Robert G. Bailey. Ecoregion-Based Design for Sustainability. New York：Springer-Verlag New York，2002.

[78] Kelly P，Huo xuexi. Land Retirement and Nonfarm Labor Market Participation：An Analysis of China's Sloping Land Conversion Program. World Development，2013，48（04）：156～169.

[79] Costanza R，D'Arge R，Groot R，et al. The value of the world's ecosystem services and natural capital. Nature，1997，387：253～260.

[80] 叶平."人类中心主义"的生态伦理. 哲学研究，1995（1）

[81] 李秀艳. 非人类中心主义价值观与非人类中心主义理论流派辨析. 社会科学论坛，2005（9）

[82] 周静，杨桂山，戴胡爽. 经济发展与环境退化的动态演进——环境库兹涅茨曲线研究进展. 长江流域资源与环境，2007（4）

[83] 王之佳，柯金良. 世界环境与发展委员会编：我们共同的未来. 长春：吉林人民出版社，1997

[84] 祖述宪. 彼得·辛格：动物解放. 青岛：青岛出版社，2004

[85] 倪外，曾刚. 国外低碳经济研究动向分析. 经济地理，2010（8）

[86] 姚杰，张存涛. 西方国家绿色 GDP 核算及对中国的启示意义. 商场现代化，2007（11）

[87] 陈金鑫. 可持续发展与真实储备率评述. 时代金融，2012（32）

[88] 李天星. 国内外可持续发展指标体系研究进展. 生态环境学报，2013（6）

[89] 戴星翼. 走向绿色的发展. 上海：复旦大学出版社，1998

[90] 厉以宁，章铮. 环境经济学. 北京：中国计划出版社，1995

[91] 卢风. 生态文明新论. 北京：中国科技出版社，2013

[92] 邓本元. 福建生态文明进行时联采访团专访. 人民网，2013－6－18

[93] 郇庆治. 推进生态文明建设的十大理论与实践问题. 北京行政学院学报，2014（4）

[94] 黄志斌，刘晓峰. 意义与价值世界中的"两型社会"建设. 当代世界与社会主义，2011（3）

[95] 张萍."两型"社会建设是历史责任，也是历史使命. 文史博览（理论），2008（3）

[96] 付允，马永欢，刘怡君. 低碳经济的发展模式研究. 中国人口·资源与环境，2008（3）

[97] 解振华. 努力创建中国特色低碳经济发展模式. 山西能源与节能，2010（2）

[98] 陈晓红. 转变经济发展方式大力发展"两甩"产业. 新湘评论，2011（3）

[99] 李正图. 中国发展绿色经济新探索的总体思路. 中国人口·资源与环境，2013（4）

[100] 胡鞍钢，周绍杰. 绿色发展：功能界定、机制分析与发展战略. 中国人口·资源与环境，2014（1）

[101] 李霞. 中国绿色经济发展路径研究. 中国物价，2016（4）

[102] 黄寰，郭义盟. 自然契约、生态经济系统与城市群协调发展. 社会科学研究，2017（4）

[103] 杨发庭. 构建绿色技术创新的联动制度体系研究. 学术论坛，2016（1）

[104] 金凤君. 以绿色科技统领创新，构建绿色技术创新体系. 人民论坛，2017（S2）

[105] 舒永久. 用生态文化建设生态文明. 云南民族大学学报（哲学社会科学版），2013，30（4）

[106] 张保伟 . 论生态文化与两型社会建设 . 未来与发展，2010（2）

[107] 白光林，万晨阳 . 城市居民绿色消费现状及影响因素调查 . 消费经济，2012（2）

[108] 董淑芬 . 培育我国绿色消费模式的对策与建议 . 生态经济：学术版，2009（S1）

[109] 曹光辉，汪锋，张宗益，邹畅 . 我国经济增长与环境污染关系研究 . 中国人口·资源与环境，2006（1）

[110] 王敏，黄滢 . 中国的环境污染与经济增长 . 经济学（季刊），2015，14（2）

[111] 刘洋，万玉秋 . 跨区域环境治理中地方政府间的博弈分析 . 环境保护科学，2010（1）

[112] 陈真玲，王文举 . 环境税制下政府与污染企业演化博弈分析 . 管理评论，2017（5）

[113] 夏金华 . "网络化治理"——政府回应力建设的新视阈 . 行政与法，2009（6）

[114] 严丹屏，王春凤 . 生态环境多中心治理路径探析 . 中国环境管理，2010（4）

[115] 万长松，李智超 . 京津冀地区环境整体性治理研究 . 河北科技师范学院学报：社会科学版，2014（3）

[116] 李红祥，王金南，葛察忠 . 中国"十一五"期间污染减排费用 – 效益分析 . 环境科学学报，2013（8）

[117] 苏明，邢丽，许文，施文泼 . 推进环境保护税立法的若干看法与政策建议 . 财政研究，2016（1）

[118] 左正强，郭亮 . 环境资源产权制度：一个基本框架 . 生态经济，2013（4）

[119] 马永欢，刘清春 . 对我国自然资源产权制度建设的战略思考 . 中国科学院院刊，2015（4）

[120] 杜群飞 . 当前排污权交易市场化机制的问题及对策研究 . 生态经济，2015（1）

[121] 刘喜梅，桂建廷，傅渝洁 . 能源价格形成机制研究 . 广义虚拟经济研究，2013（2）

[122] 王灿发 . 论生态文明建设法律保障体系的构建 . 中国法学，2014（3）

[123] 中国科学院可持续发展战略研究组 . 2006 中国可持续发展战略报告——建设资源节约和环境友好型社会 . 北京：科学出版社，2006

[124] 中国工程院，环境保护部 . 中国环境宏观战略研究：综合报告卷 . 北京：中国环境科学出版社，2011

[125] 吴凤章 . 生态文明构建：理论与实践，北京：中央编译出版社，2008

[126] 北京师范大学等 . 2011 中国绿色发展指数报告——区域比较 . 北京：北京师范大学出版社，2011

[127] 朱孔来，王如燕 . 基于熵模糊物元的资源节约型、环境友好型社会综合评价研究 . 中国现场统计研究会第十五届学术年会，2012

[128] 陈晓红等 . "两型社会"建设评价理论与实践 . 北京：经济科学出版社，2012

[129] 叶文忠，李林，欧婵娟 . 基于集对理论的"两型社会"综合评价模型 . 统计与决策，2010（22）

[130] 来尧静 . 丹麦低碳发展经验及其借鉴 . 湖南科技大学学报（社会科学版），2010（11）

[131] 彭博 . 英国低碳经济发展经验及其对我国的启示 . 经济研究参考，2013（44）

[132] 金永男 . 日本低碳经济政策践行及对我国的启示 . 东北财经大学，2012

[133] 杨拓，张德辉 . 英国伦敦雾霾治理经验及启示 . 当代经济管理，2014（3）

[134] 史虹 . 泰晤士河流域与太湖流域水污染治理比较分析 . 水资源保护，2009（5）

[135] 窦明，马军霞，胡彩虹 . 北美五大湖水环境保护经验分析 . 气象与环境科学，2007（5）

[136] 李云峰 . 日本公害治理及赔偿的历程、经验及对中国的启示 . 环境与发展，2014（3）

［137］周昱，刘美云，徐晓晶．德国污染土壤治理情况和相关政策法规．环境与发展，2014（5）

［138］中央文献研究室第一编研部课题组．以"两型社会"建设为突破口加快经济发展方式转变——长株潭"两型社会"试验区建设的经验与启示．毛泽东邓小平理论研究，2011（2）

［139］王克修．武汉城市圈两型社会的经验与启示．改革与开放，2012（7）

［140］孙春兰．坚持科学发展 建设生态文明——福建生态省建设的探索与实践．求是，2012（18）

［141］贾秀飞，叶鸿蔚．泰晤士河与秦淮河水环境治理经验探析．环境保护科学，2015（4）

［142］朱枚．太湖流域治理十年回顾与展望．环境保护，2017（24）

［143］刘瑞华，曹暄林．滇池20年污染治理实践与探索．环境科学导刊，2017（6）

［144］王宏鸣．京津冀大气污染治理模式的转型分析．科技创新与应用，2016（13）

［145］高鸿欣，陈海旭，陈兴鹏．兰州环境空气污染特征及治理经验．甘肃科技，2015（2）

［146］岳植行．贵州破解重金属污染治理难题．中国环境报，2017－2－23

［147］冯建华．走有中国特色的环保之路——专访国家环保局首任局长曲格平．中国社会科学报，2009－7－1

［148］何立波．周恩来为新中国环保事业奠基．党史博览，2010（5）

［149］姜伟新等．中国节约型社会政策汇编．北京：中国发展出版社，2006

［150］李建波．从"十六大"到"十八大"：党的生态文明思想日臻完善．太湖论丛，2012（4）

［151］李妍辉．从"管理"到"治理"：政府环境责任的新趋势．社会科学家，2011（10）

［152］刘东．周恩来关于环境保护的论述与实践．载周恩来百周年纪念论文集．北京：中央文献出版社，1999

［153］王灿发．环境法的辉煌、挑战及前瞻．政法论坛，2010，28（3）

［154］杨立华，张云．环境管理的范式变迁：管理、参与式管理到治理．公共行政评论，2013－12－15

［155］杨文利．周恩来与中国环境保护工作的起步，当代中国史研究，2008（3）

［156］俞海等．"十三五"时期中国的环境保护形势与政策方向．城市与环境研究，2015（4）

［157］翟亚柳．中国环境保护事业的初创——兼述第一次全国环境保护会议及其历史贡献．中共党史研究，2012（8）

［158］张坤民主编．中国环境保护行政二十年．北京：中国环境科学出版社，1994

［159］中央文献研究室编．话说周恩来：知情者访谈录．中央文献出版社，2000（6）

［160］周宏春，季曦．改革开放三十年中国环境保护政策演进．南京大学学报（哲社版），2009（1）

［161］李佐军．中国绿色转型发展报告．北京：中共中央党校出版社，2012

［162］程臻宇，侯效敏，王宝义．全球生态治理与生态经济研究进展——"生态经济研究前沿国际高层论坛"会议综述．生态经济，2015，31（10）

［163］韩彦军．人与自然关系的历史演变与反思．价值工程，2011，30（16）

［164］郑国诜，廖福霖．生态文明经济发展规律探析．福建论坛（人文社会科学版），2012（7）

［165］陈洪波，潘家华．我国生态文明建设理论与实践进展．中国地质大学学报（社会科学版），2012（9）

［166］孙新章，王兰英，姜艺，贾莉，秦媛，何霄嘉，姚娜．以全球视野推进生态文明建设．中国人口·资源与环境，2013，23（7）

［167］高红贵．关于生态文明建设的几点思考．中国地质大学学报（社会科学版），2013（9）

［168］谷树忠，谢美娥，张新华．绿色转型发展．杭州：浙江大学出版社，2016

[169] 刘思华. 生态文明与绿色低碳经济发展总论. 北京：中国财政经济出版社，2001

[170] 马尔萨斯. 人口原理. 郭大力译. 北京：商务印书馆，1959

[171] 穆勒. 政治经济学原理. 金镝，金熠译. 北京：华夏出版社，2009

[172] 德内拉·梅多斯，乔根·兰德斯，丹尼斯·梅多斯. 增长的极限：罗马俱乐部关于人类困境的报告. 李宝恒译. 成都：四川人民出版社，1983

[173] 兰德斯. 2052：未来四十年的中国与世界. 秦雪征等译. 北京：译林出版社，2013

[174] 胡鞍钢. 中国绿色发展的重要途径. 中国环境报，2004 - 10 - 28

[175] 诸大建. 生态文明与绿色发展. 上海：上海人民出版社，2001

[176] 孔德新. 绿色发展与生态文明. 安徽：合肥工业大学出版社，2007

[177] 辜胜阻. 让绿色发展成为经济转型的引擎. 中国经济和信息化，2012（17）

[178] 石翊龙. 中国绿色经济发展的机制与制度研究. 时代金融，2015（27）

[179] 胡鞍钢. 中国：创新绿色发展. 北京：中国人民大学出版社，2012

[180] 国务院参事在海南解读中国绿色发展5大主题. 新华网，2013 - 04 - 21

[181] 傅晓华. 可持续发展之人文生态. 长沙：湖南人民出版社，2013

[182] 王如松. 生态整合与文明发展. 生态学报，2013，33（1）

[183] 张念瑜. 绿色文明形态——中国制度文化研究. 北京：中国市场出版社，2014

[184] 廖小平. 培育公众绿色素养是推进绿色发展的人文之基. 红网论道湖南频道，http：//ldhn. rednet. cn/c/2015/09/02/3782760. htm

[185] 李伟. 同心协力，共同促进全球绿色可持续发展. 中国经济时报，2015 - 6 - 29

[186] 中国环境与发展国际合作委员会. 中国经济发展方式的绿色转型. 北京：中国环境科学出版社，2012

[187] 科学技术部社会发展科技司，中国 21 世纪议程管理中心. 绿色发展与科技创新. 北京：科学出版社，2011

[188] 刘思华. 正确把握生态文明的绿色发展道路与模式的时代特征. 毛泽东邓小平理论研究，2015（8）

[189] 杨雪星. 新常态下中国绿色经济转型发展与策略应对. 福州党校学报，2015（1）

[190] 薛澜. 国家绿色转型治理能力研究. 中国环境报，2015 - 11 - 11

[191] 刘燕华. 关于绿色经济和绿色发展若干问题的战略思考. 中国科技奖励，2010（12）

[192] 彭斯震，孙新章. 中国发展绿色经济的主要挑战和战略对策研究. 中国人口资源与环境，2014，24（3）

[193] 吴晶晶. 中科院报告建议我国从三个层面实现绿色经济转型. 新华网，http：//news. xinhuanet. com/2011 - 03/08/c_ 121163635. htm

[194] 中国国际经济交流中心课题组. 中国实施绿色发展的公共政策研究. 北京：中国经济出版社，2013

[195] 中国可持续发展研究会. 绿色发展：全球视野与中国抉择. 北京：人民邮电出版社，2014

[196] 李佐军. 中国绿色转型发展报告. 北京：中共中央党校出版社，2012

[197] 严耕. 中国生态文明建设发展报告2014. 北京：北京大学出版社，2015

[198] 牛文元，刘学谦，刘怡君. 2015 世界可持续发展年度报告. 光明日报，2015 - 9 - 9

[199] 张坤民. 可持续发展论. 北京：中国环境出版社，1997

[200] 徐冬青. 生态文明建设的国际经验及我国的政策取向. 世界经济与政治论坛，2013（6）

［201］高红贵.中国绿色经济发展中的诸方博弈研究.中国人口·资源环境，2012，22（4）

［202］鲍莫尔，奥茨.环境经济理论与政策设计（第2版）.严旭洋译.北京：经济科学出版社，2003

［203］珀曼，马越等.自然资源与环境经济学（第2版）.侯元裕等译.北京：中国经济出版社，2002

［204］方创琳.区域规划与空间管治论.北京：商务印书馆，2007

［205］刘国新，宋华忠，高国卫.美丽中国：中国生态文明建设政策解读.天津：天津人民出版社，2014

［206］丁四保等.主体功能区的生态补偿研究.北京：科学出版社，2009

［207］刘灿等.我国自然资源产权制度构建研究.成都：西南财经大学出版社，2009

［208］高国力，国家发展改革委宏观经济研究院国土地区研究所课题组.我国主体功能区划分及其分类政策初步研究.宏观经济研究，2007（4）

［209］樊杰.主体功能区战略与优化国土空间开发格局.中国科学院院刊，2013（2）

［210］樊杰.我国空间治理体系现代化在"十九大"后的新态势.中国科学院院刊，2017（4）

［211］蔡春，毕铭悦.关于自然资源资产离任审计的理论思考.审计研究，2014（5）

［212］陈献东.开展领导干部自然资源资产离任审计的若干思考.审计研究，2014（5）

［213］张宏亮，刘长翠，曹丽娟.地方领导人自然资源资产离任审计探讨——框架构建及案例运用.审计研究，2015（2）

［214］祁帆，李宪文，刘康.自然生态空间用途管制制度研究.中国土地，2016（12）

［215］祁帆，高延利，贾克敬.浅析国土空间的用途管制制度改革.中国土地，2018（2）

［216］贾根良.第三次工业革命与工业智能化.中国社会科学，2016（2）

［217］张昌勇.我国绿色产业创新的理论研究与实证分析.武汉：武汉理工大学，2011

［218］黄群慧，贺俊."第三次工业革命"与中国经济发展战略调整——技术经济范式转变的视角.中国工业经济，2013（1）

［219］贾根良.第三次工业革命与新型工业化道路的新思维——来自演化经济学和经济史的视角.中国人民大学学报，2013（2）

［220］Caiani A，Godin A，Lucarelli S．Innovation and finance：a stock flow consistent analysis of great surges of development．Journal of Evolutionary Economics，2014，24（2）：421～448.

［221］Michael Jacobs．The Green Economy：Environment，Sustainable Development and the Politics of the Future．Massachusetts：Pluto Press，1991.

［222］Fulai S，Flomenhoft G，Downs T J，et al．Is the Concept of a Green Economy a Useful Way of Framing Policy Discussions and Policymaking to Promote Sustainable Development？．Natural Resources Forum，2011，35（1）：63～72.

［223］Edward Barbier．The Policy Challenges for Green Economy and Sustainable Economic Development．Natural Resources Forum，2011，Vol.35（3）：233～245.

［224］Hans Hoogeveen，Patrick Verkooijen．Transforming Global Forest Governance．Beyond Rio + 20：Governance for a Green Economy，Boston University The Frederick S．Pardee Center for the Study of the Longer–Range Future，Mar.2011：69～76.

［225］Tara Rao，et al．Building an Equitable Green Economy．paper prepared for The Danish 92 Group Forum for Sustainable Development，Jun.2012：6.

［226］ Janicke M. Green Growth: From a Growing Eco-industry to Economic Sustainability. Energy Policy, 2012（48）: 13～21.

［227］ Acemoglu D, Aghion P, Bursztyn L, et al. The Environment and Directed Technical Change. American Economic Review, 2012, 102（1）: 131～166.

［228］ 渠慎宁，李鹏飞，李伟红. 国外绿色经济增长理论研究进展述评. 城市与环境研究, 2015（1）

［229］ 里夫金. 第三次工业革命：新经济模式如何改变世界. 北京：中信出版社, 2012

［230］ 贾康，苏京春. 供给侧改革：新供给简明读本. 北京：中信出版社, 2016

［231］ 厉以宁，吴敬琏等. 三去一降一补：深化供给侧结构性改革. 北京：中信出版社, 2017

［232］ 倪学志. 我国绿色农产品有效供给研究. 农业经济问题, 2012（4）

［233］ 李志青. 绿色发展视角下的供给侧改革. 环境经济, 2016（Z2）

［234］ 鲍健强. 供给侧结构性改革与绿色低碳发展. 浙江经济, 2016（7）

［235］ 霍建林. 推进绿色供给正当其时. 国土绿化, 2016（7）

［236］ 天津市委会. 从加强绿色供给的角度推动供给侧结构性改革. 前进论坛, 2016（9）

［237］ 杜艳春，葛察忠. 以改善环境质量为核心推动供给侧绿色结构改革. 环境保护科学, 2016（6）

［238］ 郑风田. 绿色生产是农业供给侧结构性改革成功的关键. 中国党政干部论坛, 2017（1）

［239］ 包景岭. 加强绿色供给推动供给侧结构性改革. 前进论坛, 2016（12）

［240］ 李翀. 论供给侧改革的理论依据和政策选择. 社会经济体制比较, 2016（1）

［241］ 迈克尔·波特. 竞争优势. 北京：中信出版社, 2014

［242］ 胡雪萍. 绿色消费. 北京：中国环境出版社, 2016

［243］ 刘敏，牟俊山. 绿色消费与绿色营销. 北京：清华大学出版社, 2012

［244］ 赵一鹤. 消费升级趋势下新农食行业首当其冲. 声屏世界·广告人, 2017（2）

［245］ 徐梦. 从消费主义谈绿色消费. 边疆经济与文化, 2013（4）

［246］ 杜素生. 我国绿色消费的发展现状、问题及解决途径. 时代金融, 2016（11）

［247］ 邬晓霞，张双悦. "绿色发展"理念的形成及未来趋势. 经济问题, 2017（2）

［248］ 马维晨，邓徐. 我国绿色消费的政策措施研究. 环境保护, 2017（6）

［249］ 谢高地等. 青藏高原生态资产的价值评估. 自然资源学报, 2003, 18（2）

［250］ 李宏熙. 生态社会学概论. 北京：冶金工业出版社, 2009

［251］ 李慧. 公共产品供给过程中的市场机制. 天津：南开大学, 2010

［252］ 贾康，冯俏彬. 从替代走向合作：论公共产品提供过程中政府、市场、志愿部门之间的新型关系. 财贸经济, 2012（8）

［253］ 曾贤刚等. 生态产品的概念、分类及其市场化供给机制. 中国人口·资源与环境, 2014, 24（7）

［254］ 勒乐山，李小云，左停. 生态环境服务付费的国际经验及其对中国的启示. 生态经济, 2009（12）

［255］ 王金南. 环境税收政策及其实施战略. 北京：中国环境科学出版社, 2006

［256］ 谢高地等. 全球生态系统服务价值评估研究进展. 资源科学, 2001（6）

［257］ 袁伟彦，小柯. 生态补偿问题国外研究进展综述. 中国人口·资源与环境, 2014, 4（11）

［258］ 欧阳志云，郑华，岳平. 建立我国生态补偿机制的思路与措施. 生态学报, 2013, 3（3）

［259］ 赵翠薇，世杰. 生态补偿效益、标准——国际经验及对我国的启示. 地理研究, 2010, 9（4）

［260］ 国土资源部信息中心课题组. 国外自然资源管理的基本特点和主要内容. 中国机构改革与管理, 2016（5）

［261］ 施志源. 自然资源用途管制的有效实施及其制度保障—美国经验与中国策略. 中国软科学,

2017（9）

[262] 唐京春，王峰. 国外自然资源公共服务及对我国的启示. 中国国土资源经济，2015（1）

[263] 赵振斌，包浩生. 国外城市自然保护与生态重建及其对我国的启示. 自然资源学报，2001，16（4）

[264] 尹伟伦. 提高生态产品供给能力. 瞭望，2007（11）

[265] 陈静. 找准生态公共产品有效供给的切入点. 人民日报，2013-11-6

[266] 陈辞. 生态产品的供给机制与制度创新研究. 生态经济，2014，30（3）

[267] 黄亚娟. 生态资本的市场机制设计. 北京：中央党校，2011

[268] 蔡守秋主编. 环境政策学. 武汉：武汉大学出版社，2002

[269] 贾生华，陈宏辉. 利益相关者的界定方法述评. 外国经济与管理，2002（5）

[270] 国家环境保护总局环境与经济政策研究中心. 中国建立生态补偿机制的战略与政策框架研究报告. 北京：中国环境科学出版社，2006

[271] 甘峰. 新理性时代对开发、环境与和谐社会的思考. 北京：学林出版社，2005

[272] 张紧跟. 流域治理中的政府间环境协作机制研究——以小东江治理为例. 公共管理学报，2007（3）

[273] 俞可平. 国家治理评估：中国与世界. 北京：中央编译局出版社，2009

[274] 肖建华，赵运林，傅晓华. 走向多中心合作的生态环境治理研究. 长沙：湖南人民出版社，2010

[275] 孙鳌. 环境外部性非内部化的原因与对策：政府的视角. 学海，2010（1）

[276] 理查德·瑞吉斯特（Richard Register）著. 王如松，于古杰译. 生态城市：重建与自然平衡的城市（修订版）. 社会科学文献出版社，2010

[277] 中国工程院，环境保护部. 中国环境宏观战略研究：主要环境领域保护战略卷. 北京：中国环境科学出版社，2011

[278] 张康之. 民主的没落与公共性的扩散. 社会科学研究，2011（2）

[279] 安志蓉，丁慧平，侯海玮. 环境绩效利益相关者的博弈分析及策略研究. 经济问题探索，2013（3）

[280] 王晓亮，杨裕钦，曾春缓. 生态环境利益相关者的界定与分类. 环境科学导刊，2013（3）

[281] 任景明. 从头越：国家环境保护管理体制顶层设计探索. 北京：中国环境出版社，2013

[282] 国家生态环境治理体系研究课题组. 政府生态环境保护行政管理体制方案研究. 中国国际经济交流中心基金课题，2014

[283] 中国科学院可持续发展战略研究组. 中国可持续发展报告——重塑生态环境治理体系. 北京：科学出版社，2015

[284] 杨美勤，唐鸣. 治理行动体系：生态治理现代化的困境及应对. 学术论坛，2016（10）

[285] 胡晓明. 生态文明建设视域下我国环境治理体系建设研究. 生态经济，2017（2）

[286] 李多，董直庆. 绿色技术创新政策研究. 经济问题探索，2016（2）

[287] 宋歌. 绿色技术产业化与专利制度创新问题初探. 电子知识产权，2016（2）

[288] 熊鸿儒. 绿色技术创新障碍与对策. 新经济导刊，2016，9（244）

[289] 杨生元. 生态文明视角下绿色技术创新研究. 时代经贸，2013（22）

[290] 车巍. 丹麦绿色发展经验对中国的借鉴意义. 党政视野，2015（12）

[291] 秦书生，付晗宁. 以绿色技术创新促进生态文明建设. 环境保护，2013，41（15）

[292] 甘德建，王莉莉. 绿色技术和绿色技术创新——可持续发展的当代形式. 河南社会科学，2003，11（2）

[293] 孙早，梁晓辉，许薛璐. 新一轮技术革命与工业化国家的工业再升级战略. 审计与经济研究，

2016 （2）

[294] 国家知识产权局规划发展司. 中国专利密集型产业主要统计数据报告（2015）

[295] 国家知识产权局. 战略性新兴产业发明专利统计分析总报告（2015 年）

[296] 黄群慧. 从新一轮科技革命看培育供给侧新动能. 人民日报，2016 – 5 – 23

[297] 杨发庭. 国外绿色技术创新制度. 学习时报，2016 – 1 – 28

[298] 吴平. 技术创新引领绿色发展新动力. 中国经济时报，2016 – 11 – 1

[299] 熊鸿儒. 为绿色发展培育创新的土壤. 中国经济时报，2016 – 7 – 25

[300] 中国国际经济交流中心课题组：赵家荣，曾少军，张瑾，王毅，刘向东，王凤春，苏明，马骏，刘树杰，杨来. 促进我国生态文明建设的体制机制研究. 全球化，2017 （10）

[301] 环境保护部环境与经济政策研究中心. 生态文明制度建设概论. 北京：中国环境出版社，2016

[302] 齐杰. 论生态文明建设法律保障体系的构建. 法制博览，2016 （10）

[303] 才中. 浅析我国生态文明建设中法律制度的构建. 法制与社会，2016 （6）

[304] 王岩. 生态文明制度创新研究. 沈阳师范大学硕士学位论文，2016

[305] 沈满洪. 生态文明制度建设：一个研究框架. 中共浙江省委党校学报，2016 （1）

[306] 吕薇. 绿色发展体制机制与政策. 北京：中国发展出版社，2015

[307] 张振峰. 我国生态文明制度建设研究. 河南农业大学硕士学位论文，2015

[308] 李仙娥，郝奇华. 生态文明制度建设的路径依赖及其破解路径. 生态经济，2015 （31）

[309] 杨志，王岩，刘铮等. 中国特色社会主义生态文明制度研究. 北京：经济科学出版社，2014

[310] 徐冬青. 生态文明建设的国际经验及我国的政策取向. 世界经济与政治论坛，2013 （6）

[311] Global Green Growth Institute. Green Growth in Practice：Lessons from Country Experiences，2014.

[312] UNDP. A Toolkit of Policy Options to Support Inclusive Green Growth. 2013.

[313] Millennium Ecosystem Assessment. Ecosystems and Human Well-being：A Framework for Assessment. Washington DC：Island Press，2003.

[314] Hope C，Parker J. Environmental indices for France，Italy and the UK. European Environment，1995，5 （1）：13 ~ 19.

[315] Kang S M. A sensitivity analysis of the Korean composite environmental index. Ecological Economics，2002，43 （2）：159 ~ 174.

[316] Zhou P，Ang B W，Poh K L. Comparing aggregating methods for constructing the composite environmental index：An objective measure. Ecological Economics，2006，59 （3）：305 ~ 311.

[317] Heo S，Lee J T. Study of environmental health problems in Korea using integrated environmental health indicators. International journal of environmental research and public health，2013，10 （8）

[318] 简新华，叶林. 论中国的"两型社会"建设. 学术月刊，2009，41 （3）

[319] 曾翔旻，赵曼，聂佩进等. "两型社会"综合评价指标体系建设和实证分析. 科技创业月刊，2008 （5）

[320] 湖北省统计局. 武汉城市圈"两型"社会建设现状初步评价. http：//www. stats-hb. gov. cn/structure/tjfx/qstjfx/zw_ 10474_ 1. htm，2008 – 9 – 22

[321] 龚曙明，朱海玲. "两型社会"综合监测评价体系与方法研究. 统计与决策，2009 （3）

[322] 湖南大学《两型社会建设指标体系研究》课题组. "两型社会"综合指标体系研究. 财经理论与实践，2009，30 （159）

[323] 朱顺娟，郑伯红. 长株潭"两型社会"评价指标体系研究. 统计与参考，2010 （2）

［324］李雪松，夏怡冰．基于层次分析的武汉城市圈"两型社会"建设绩效评价．长江流域资源与环境，2012，21（7）

［325］傅伯杰．中国各省区生态环境质量评价与排序．中国人口·资源与环境，1992，2（2）

［326］叶亚平，刘鲁君．中国省域生态环境质量评价指标体系研究．环境科学研究，2000，13（3）

［327］中国环境监测总站．中国生态环境质量评价研究．北京：中国环境科学出版社，2004

［328］董贵华，张建辉，赵晓军等．近期我国生态环境状况变化趋势分析研究．中国环境监测，2008，24（2）

［329］黄宝荣，欧阳志云，张慧等．中国省级行政区生态环境可持续性评价．生态学报，2008，28（1）

［330］刘海江，张建辉，何立环等．我国县域尺度生态环境质量状况及空间格局分析．中国环境监测，2010（6）

［331］孙东琪，张京祥，朱传耿等．中国生态环境质量变化态势及其空间分异分析．地理学报，2012，67（12）

［332］李汝资，宋玉祥，李雨停等．近10a来东北地区生态环境演变及其特征研究．地理科学，2013，33（8）

［333］欧阳志云，王桥，郑华等．全国生态环境十年变化（2000－2010年）遥感调查评估．生态系统服务与评估，2014，29（4）

［334］王金南，李勇，曹东．关于地区绿色距离和绿色贡献的变迁分析．中国人口·资源与环境，2005（6）

［335］杨多贵，高飞鹏．"绿色"发展道路的理论解析．科学管理研究，2006（5）

［336］北京工商大学，遂宁绿色经济研究院．中国300个省市绿色经济指数报告（CCGEI 2010）．http：//a4019409. site. hichina. com/ - d270832643. htm.

［337］胡鞍钢．全球气候变化与中国绿色发展．中共中央党校学报，2010（2）

［338］北京师范大学等．2010中国绿色发展指数报告－区域比较．北京：北京师范大学出版社，2011

［339］刘西明．绿色经济测度指标及发展对策．宏观经济管理，2013（2）

［340］李晓西，刘一萌，宋涛．人类绿色发展指数的测算．中国社会科学，2014（6）

后记 / Postscript

生态兴则文明兴。党的十八大以来，以习近平同志为核心的党中央对生态环境的重视前所未有，把生态文明建设作为统筹推进"五位一体"总体布局和协调推进"四个全面"战略布局的重要内容。生态环境保护和两型社会建设，是生态文明建设的重要内容，是实现可持续发展和美丽中国梦的题中之意和必然选择。2015年底，中宣部将《生态环境保护和两型社会建设研究》列为中国特色社会主义理论体系研究中心重大项目，同时列为马克思主义理论研究与建设工程重大项目、国家社会科学基金重大项目（批准号：2015YZD19），委托湖南省中国特色社会主义理论研究中心、湖南省人民政府发展研究中心开展研究。

2016年3月课题下达后，湖南省人民政府发展研究中心立即成立了由时任中心主任梁志峰博士、中心副主任唐宇文研究员任第一首席专家，二十多名研究骨干为主要成员的课题组。2016年3月至2018年3月，课题组先后多次深入国家部委、有关省市及湖南各地开展调查研究，五次集中讨论研究提纲，五次集中讨论修改研究报告，课题评审后，根据专家意见，再次进行修改完善，最终十易其稿，历时两年多如期完成研究任务，形成该成果。

值得欣慰的是，经过努力，成果达到了预期目的和效果。一方面，得到多位部省级领导的肯定性批示。中共湖南省委书记杜家毫参阅本课题系列研究成果后，两次作出肯定性批示，其中，2017年5月6日批示："拟可在城市垃圾处理上走出一条可推广、可持续并正本清源的PPP模式。"2017年6月

23 日，国务院发展研究中心副主任隆国强批示："报告思路开阔，政策建议可操作性强，值得认真阅研。"另一方面，得到专家的肯定。2018 年 3 月，课题成果通过了以中国工程院院士、湖南商学院校长、博导陈晓红教授为组长的专家评审组的评审，与会专家一致认为：课题成果具有较高的学术水平、理论价值和实践操作性，是一个高质量的研究成果。同时，产生了较大的社会影响，20 多项阶段性成果在《人民日报》《经济日报》等报刊杂志发表。

研究过程中，课题组注重理论研究与政策研究相结合，历史规律分析与现实问题研究相结合，国际经验借鉴与国内实践总结相结合，选取基于新技术和产业革命、供给侧结构性改革、消费升级、自然价值和自然资本、利益相关者、全面深化改革、大数据等新视角，提供新的解决思路。力争在丰富理论，探索路径，总结经验，指导实践方面形成特色，使其具有较强的理论性、实用性、创新性和系统性。

全书分三大板块。第一板块为总报告。第二板块为主体部分，共 13 章，第 1~4 章为总论，由文献综述、面临的形势分析、发展规律总结、总体战略研究四部分组成；第 5~13 章为分论，是总论的支撑和深化，分别就空间治理、绿色产业、绿色供给、绿色消费、资源环境市场、环境治理、绿色技术创新、体制机制创新、绿色发展评价进行研究阐述。第三板块为实践案例。

本项研究由时任湖南省人民政府发展研究中心主任梁志峰博士、中心副主任唐宇文研究员任第一首席专家。梁志峰同志负责总体策划、框架设计、全书审稿、修改、定稿等工作，唐宇文同志参与总体策划、框架设计、全书审稿，负责课题组织实施、文稿修改等工作，彭蔓玲同志负责课题协调沟通、书稿编辑等工作。具体章节执笔者如下：总报告，梁志峰、唐宇文、彭蔓玲；第一章，黄君；第二章，文必正、禹向群；第三章，龙花兰、蔡建河；第四章，彭蔓玲；第五章，刘琪、罗会逸；第六章，左宏；第七章，贺超群、禹向群；第八章，邓润平；第九章，言彦、禹向群；第十章，王颖、唐文玉；第十一章，张诗逸、谢坚持；第十二章，闫仲勇；第十三章，李学文、黄玮；实践篇，彭蔓玲。此外，中心宏观处彭蔓玲、刘琪、戴丹、闫仲勇、黄君、罗会逸同志在组织课题讨论、汇报、评审等方面做了大量的工作。

　　本书出版，得到多方面的大力支持，在此表示衷心的感谢！特别要感谢中宣部提供的资助！感谢湖南省委宣传部副部长肖君华和理论处处长殷晓元同志的大力支持和指导！感谢中国发展出版社对本书出版的支持！

　　由于时间仓促，水平有限，不当之处在所难免，敬请各位读者批评指正。

湖南省中国特色社会主义理论体系研究中心

湖 南 省 人 民 政 府 发 展 研 究 中 心

2018 年 10 月